海洋活性物质农业应用

● 李义强 邹 平 张成省 等 著

中国农业科学技术出版社

图书在版编目（CIP）数据

海洋活性物质农业应用/ 李义强等著. --北京：
中国农业科学技术出版社，2021.12

ISBN 978-7-5116-5595-0

Ⅰ.① 海…　Ⅱ.① 李…　Ⅲ.① 海洋生物–应用–
农业–研究 Ⅳ.① Q178.53② S

中国版本图书馆 CIP 数据核字（2021）第 245765 号

责任编辑　姚　欢　施睿佳
责任校对　马广洋
责任印制　姜义伟　王思文

出 版 者　中国农业科学技术出版社
　　　　　北京市中关村南大街 12 号　　邮编：100081
电　　话　(010) 82106631 (编辑室)　　(010) 82109702 (发行部)
　　　　　(010) 82109709 (读者服务部)
网　　址　http://www.castp.cn
经 销 者　各地新华书店
印 刷 者　北京建宏印刷有限公司
开　　本　185 mm×260 mm　1/16
印　　张　19
字　　数　400 千字
版　　次　2021 年 12 月第 1 版　2021 年 12 月第 1 次印刷
定　　价　80.00 元

《海洋活性物质农业应用》
著作委员会

主　　著：李义强　邹　平　张成省

副 主 著：赵栋霖　袁　源　黄德亮　祁立新

著作人员：（按姓氏笔画排序）

丁朋辉　马斯琦　王铁铮　王　鹏

王耀斌　尤祥伟　刘庆祥　刘　芮

刘　蕾　孙加利　孙瑞雪　杜秀春

杨英杰　杨　霞　李　斌　余佳敏

余雪洋　沈广才　林跃平　所凤阅

郑艳芬　孟　晨　赵福彬　荆常亮

胡志明　胡希好　贾海江　徐宗昌

龚鹏飞　程亚东

前　言

　　近年来随着经济的快速发展、人口数量的增加、城市化进程的不断加快，导致耕地退化和恶劣气候多发，陆地上的自然资源已经难以满足人类社会发展的需求，为解决陆地资源紧张的问题，人们开始将目光转向海洋资源。海洋面积约占地球表面积的 71%，含水量约占地球总含水量的 97%，生物量约占地球总生物量的 87%，生活着 20 多万种海洋生物，是一个独特的生态系统。在海洋生态系统漫长的演化过程中，为了适应特殊和严酷的海洋生存环境，海洋生物形成了与陆地微生物截然不同且独特的生存代谢和遗传机制，以及高盐、高压、低温、少光照、寡营养的主要特征，成为地球上丰富和重要的战略资源。

　　海洋现已成为新物种的聚宝盆与可利用资源的宝库。海洋生物活性物质由于其独特的化学结构和较高的生物活性在食品、医药、保健和化妆品领域备受青睐。以海洋动植物、微生物和水产加工副产物或废弃物为原料，运用生物工程、酶工程、细胞工程和发酵工程等现代生物技术手段，能够全面开发生产海洋药物、海洋食品、海洋保健品、海洋农用制品、海洋化妆品和功能材料、医用生物材料等高价值产品。从 20 世纪 70 年代以来，我国在海洋资源利用方面已经取得了长足进步及众多科研成果，促进了我国海洋产业的发展，体现出科技、经济与社会的三重价值。海洋生物产业正在发展成为高附加值、高效益和巨大潜力的新兴产业模式。

　　人类利用海洋资源进行农业生产的历史悠久，近年来，海洋生物资源农业应用也取得了较高水平的成果，但现有的一些资料和研究成果较为零散，缺乏系统性的总结。为此，我们搜集了大量的国内外相关研究成果，并结合自己的实际工作，编写了这本《海洋活性物质农业应用》。本书聚焦海洋活性物质在农业上的应用，较全面地对海藻资源、滩涂植物资源以及海洋微生物资源的开发及其在农业上的应用进行了阐述。本书第一章介绍了海藻资源利用现状及其在农业上的应用；第二章介绍了滩涂植物资源开发利用现状及其农业应用前景；第三章介绍了海洋微生物资源及农业应用现状。本书将当前海洋生物资源在农业上的应用成果及未来应用前景进行综述，以期为深入开发海洋生物资源、扩展海洋生物资源在农业中的应用研究提供一些基础资料和科学依据。

与本书有关的研究工作，得到了中国农业科学院科技创新工程的资助，编撰工作得到中国农业科学技术出版社的大力支持和帮助，在此表示诚挚的谢意。鉴于本书收录的资料范围较广，加上作者水平和能力有限，本书疏漏和错误之处仍在所难免，恳请各方面专家和广大读者批评指正。

著　者

2021. 12

目　录

第一章　海藻活性物质农业应用

海洋藻类是海洋生物资源重要的组成部分，是海洋中最大的植物类群，是海洋中无机物的天然富集者和有机物的最大生产者。地球上的海藻资源非常丰富、种类繁多，且海藻具有生长速度快、细胞结构简单、环境适应能力强的特点。海藻由于生长在复杂的海水环境中，导致其外观形体、代谢过程和代谢产物与陆地植物大相径庭，其中还含有大量陆地生物所缺乏的生物活性物质。海藻的价值不仅体现在食用价值、动物饲料、功能药品等方面，而且在生物活性性质、生物质燃料、环保用纸等方面也发挥了重要的作用。大型海藻种类繁杂，数量众多，其中海带、紫菜、江蓠、羊栖菜和浒苔等作为优质食品和重要的化工原料被广泛地应用于食品、化工和医药等领域，具有重要的经济价值。研究发现海藻中除了含有丰富的氨基酸、维生素、蛋白质和矿物质等常见营养物质外，还含有植物激素、多酚、寡糖、多糖及糖胶等具有独特调节功能的活性物质。随着有机农业、绿色农业意识的深化，海藻功能物质作为高效环保的新型农业肥料，能够同时满足减少农药和肥料使用以及增产保质的需求，成为新型农药和肥料的研究热点。我国海藻栽培业发达，藻体本身、藻类加工的中间产物或废弃物，海藻潮产生的大量藻类，均可作为海藻功能物质的开发原料。与传统的化学药剂和其他陆源提取物相比，藻类功能物质的开发利用，不仅更加安全环保，补充了陆源产品缺乏的生物功能，利于高品质农作物的绿色生产，还延伸和提升了藻类产业链，成为水产养殖反哺农业的有效尝试和重要发展方向。

第一节　海藻资源概论

一、海藻概述

（一）海藻的分类

海藻是单细胞或多细胞的生物有机体，甚至有些海藻生物是单细胞个体，人的肉眼看不到，只有在显微镜下才能观察到，然而有些海藻的藻体却长达若干米，甚至达到百余米，非常庞大。无论海藻的形态大小，它们都是非常高效的太阳能转换器，它们能像陆地植物一样，可以利用光、水和空气中的二氧化碳进行光合作用，甚至它们的光合作用效率比陆地植物更高，从而将光能转化为化学能，储存在海藻细胞内，脂肪是主要的储存化学能的表现形式，海藻脂肪的积累量通常大于干重的60%。

我国海岸线长，浅海面积大，海藻种类丰富，海藻受生态环境的影响很大，对海藻的分类相对困难。在过去的几十年，不同国家的研究人员集中研究了各种各样的海藻，它们形态各异，大小悬殊。海藻一般分为微型海藻和大型海藻两类。通常情况下肉眼看不到微藻，它们是以漂浮的状态存在水中的，通常也被称为浮游生物，在海水中阳光光线能照射到的地方，均有微藻的分布，例如硅藻、涡鞭毛藻等。大型海藻是指生长在潮间带或亚潮带的海藻，是潮间带生态系统中重要的初级生产者，可以为多种生物提供栖息地和生物来源。它们是肉眼可见的，形态庞大，例如海带，是所有藻类中最庞大、最具有经济价值的海藻植物。大型海藻的分类多种多样，通常根据色素的不同，可将大型海藻分为蓝藻、绿藻、褐藻、金藻四大类群。据统计，全世界现有褐藻、红藻、绿藻等大型海藻6 459种，其中褐藻1 485种、红藻4 100种、绿藻90种（见表1-1）。

表1-1　主要的海藻及其产物

门类	主要种类	主要产物
红藻门	石花菜、江蓠、鸡毛菜、松节藻、沙菜、红舌藻、紫球藻、蔷薇藻等	琼胶、卡拉胶、红藻淀粉、木聚糖、甘露聚糖
绿藻门	孔石莼、杜氏藻、衣藻、栅藻、小球藻、扁浒苔、刚毛藻、刺松藻等	木聚糖、甘露聚糖、葡聚糖、硫酸多糖
褐藻门	海带、昆布、裙带菜、海蒿子、羊栖菜、鼠尾藻、亨氏马尾藻、半叶马尾藻、铜藻等	褐藻胶、海带淀粉、褐藻糖胶、海藻纤维素

褐藻属于褐藻纲，海带是褐藻的典型代表，因为它的细胞壁含有聚合硅，呈现褐色。几乎所有的褐藻细胞都含有色素，能够吸收二氧化碳，进行光合作用，将光能转换为化学能，以天然油的形式或碳氢聚合物的形式存储二氧化碳，其光合作用的效率非常高。

绿藻属于绿藻纲的真核、单细胞生物，是现代植物进化的祖细胞，典型代表有石莼、裙带菜、马尾藻等，其储量是相当丰富的，不论在淡水域还是海洋里都随处可见，然而绿藻生长速度相对较缓慢，但含有60%多的脂肪酸，其分泌物可以形成细胞壁。

蓝藻属于蓝藻纲，原核生物，其细胞的组织结构与细菌很类似，这种海藻在固定大气中的氮气方面发挥了重要作用，其典型代表有真枝藻、微囊藻、螺旋藻等。据统计，迄今为止在各种各样的栖息地发现的这种藻类物种大约有 2 000 种。

金藻属于金藻纲，这种海藻的色素和生化成分与硅藻大同小异，它们有复杂的颜色系统，并且会出现黄色、棕色或橙色的颜色，目前在淡水系统中已知存在的大约有 1 000 种。

（二）几种主要海藻

1. 泡叶藻

泡叶藻（*Ascophyllum nodosum*）是褐藻门的一个主要种类，属于褐藻门泡叶藻属，藻体呈橄榄绿色，外观细长、苗壮，有类似根、茎、叶等器官，叶片呈褶皱状，上面每间隔一段距离就有一球状物。泡叶藻属于冷水藻类，其生命力顽强，多生于潮间带的岩石上，或者海底，有很强大的富集和吸收能力，可富集海水里的营养，并代谢合成海藻多糖、甘露醇、酚类、藻朊酸盐、褐藻多酚、海带多糖、岩藻多糖、细胞分裂素，及赤霉素等数十种生物活性物质，主要分布美洲大西洋沿岸和爱尔兰北部海岸。

自然界中，泡叶藻是与球腔菌属（*Mycosphaerella*）共生的，野生泡叶藻都受细菌感染，真菌菌丝体围绕海藻细胞可形成一个紧密的网络。由于生长条件苛刻，泡叶藻无法像海带一样进行低成本人工养殖，完全依靠天然生长，因此价格相对较高。作为一种野生海藻，泡叶藻产业能可持续发展很大程度上依赖于合理收获的情况下，其叶子可以重复生长。恶劣的生长环境赋予泡叶藻极强的富集和吸收营养的能力，藻体富含海藻酸、褐藻淀粉、岩藻多糖、蛋白质、脂肪、纤维素等活性成分，其中褐藻酸占总重量的 15%~30%，是目前全世界公认的生产海藻肥的最好原料。

研究表明，泡叶藻含有丰富的脱落酸、生长素和细胞分裂素，是国际上生产海藻肥的经典主流原料。以泡叶藻为原料加工制备的土壤调理剂，可有效促进植株多种组织的分化和生长，提高植物的抗逆能力。泡叶藻富含的海藻酸及其寡糖还有改良和修复土壤、缓解土壤盐渍化的作用。有数据表明，泡叶藻提取物使用效果明显。科学家利用泡叶藻产品花了大量精力在全球各种作物上进行试验，比如苹果、葡萄、番茄、马铃薯、蓝莓、草莓等。他们详细记录了每一种作物的试验方法、产品用量、使用方法、使用效果在产量、抗逆上的体现等各项指标。试验数据显示，泡叶藻提取物在提高作物品质、增产、提高抗逆性、提高果实商品性上效果突出。以泡叶藻提取物在番茄上的试验为例，每公顷以 2L 超级五零兑 500L 水，分 4 次施用，第一次在种植 1 个月后，之后再分别在 7d、10d、21d 后施用 3 次，番茄产量从没有使用之前的 $38.5t/hm^2$ 提高到 $47.95t/hm^2$，增产 25.5%。

2. 海带

海带（*Laminaria japonica*）属于褐藻门海带科，孢子体大型，藻体褐色，长带状，革质，一般长 2~6m，宽 20~30cm。藻体明显地区分为固着器、柄部和叶状体，叶边缘较薄软，呈波浪褶，叶基部为短柱状叶柄与固着器相连，固着器呈假根状。叶片由表皮、皮层和髓部组织所组成，叶片下部有孢子囊。具有黏液腔，可分泌滑性物质。固着器树状分支，用以附着海底岩石。海带通体橄榄褐色，干燥后变为深褐色、黑褐色，上附白色粉状盐渍。海带在流速大的海区生长良好，反之生长很慢且易染病害。由于从北到南温差和光照等诸因素的影响，使海带的生长成熟期有早有迟，在同一海区或同一苗绳上的海带，其成熟期也有先后，所以，收获期从 5 月中旬延续到 7 月上旬。海带生长主要受温度和光照影响，海水中氮素营养含量多少，也影响海带生长及产量。此外，潮流、风浪等对海带生长也有较大影响。

　　海带属于亚寒带藻类，是北太平洋特有地方种类。自然分布于朝鲜北部沿海、日本本州北部，北海道及苏联的南部沿海，以日本北海道的青森县和岩手县分布为最多，此外朝鲜元山沿海也有分布。我国原不产海带，1927 年和 1930 年由日本引进后，首先在大连养殖，后来群众性海带养殖业蓬勃发展。现我国北部沿海及浙江、福建沿海大量栽培，产量居世界第一，这是由于自然光低温育苗和海带全人工筏式养殖技术的厚实基础。20 世纪 50 年代，"秋苗法"改进为"夏苗法"，大幅度提高了单产。20 世纪 60—70 年代海带遗传育种获得新品种，而后随着海带配子体克隆繁育研究技术的深入，海带保种、新品种培育、育苗生产取得重大进展，对海带养殖业的发展起到了极大的促进作用。海带自然生长的分布范围，我国限于辽东和山东两个半岛的肥沃海区。人工养殖已推广到浙江、福建、广东等地沿海，但为冷温带性种类。我国分布于浙江、福建沿海，为暖温带性种类。我国裙带菜可分为两型：北海型（*forma distans* Miyabe et Okam.）藻体较为细长，羽状裂缺接近中肋，孢子叶距叶部有相当的距离，生长在大连、山东沿海；南海型（*forma ypical* Yendo）恰好相反，即体形较短，羽状裂缺较浅，孢子叶接近叶部，浙江嵊泗列岛海域自然生长，即属此型。

　　海带是一种营养价值很高的食物，同时具有一定的药用价值。海带含热量低、蛋白质含量中等、矿物质丰富，有粗纤维、无机盐、胡萝卜素、钙、铁以及维生素 B_1，含有 3%~10% 的碘等矿物质。研究发现，海带具有降血脂、降血糖、调节免疫、抗凝血、抗肿瘤、排铅解毒和抗氧化等多种生物功能，富含褐藻胶和碘质，可食用及可提取碘、褐藻胶、甘露醇等工业原料。

3. 马尾藻

　　马尾藻（*Sargassum* sp.）属于褐藻门墨角藻目马尾藻科马尾藻属，是热带及温带海域沿海地区常见的一类大型褐藻，多数种类生长于低潮带以下，一般高在 1m 以上，是海藻床的重要构成物种。马尾藻的藻体呈黄褐色，藻体分固着器、茎、叶和气囊四部分。藻多大型，多年生，藻体可区分为固着器、主干、分枝和藻叶几部分，主干圆柱状，长短不一，向四周辐射分枝；分枝扁平或圆柱形；茎略呈三棱形，叶子多为披针形；固着器有盘状、圆锥状、假根状等；藻叶扁平，多数具有毛窝。雌雄同托或不同托、同株或异株。生殖托扁平，圆锥形或纺锤形。

马尾藻中的大多数为暖水性种类，广泛分布于暖水和温水领域，例如印度-西太平洋和澳大利亚、加勒比海等热带及亚热带海区。我国是马尾藻主要产地之一，有60种。盛产于广东、广西沿海，尤其是海南岛、涠洲岛等地。马尾藻属的海藻种类很多，有记录的种、变种及变型共878个，目前已被证实存在的有340种。马尾藻在我国沿海三大海藻区系中都有分布，黄海、东海有17种，南海有124种。常见的种类有海蒿子、海黍子、鼠尾藻、匍枝马尾藻等。本属的种类可提取褐藻胶等重要的工业原料，羊栖菜可药用和食用。

在自然海区，马尾藻是紫海胆、鲍鱼等的饵料。马尾藻的榨取液可以代替或部分代替单细胞藻作为中国对虾幼体的饵料。把马尾藻粉碎加工后制成的海藻粉不但能代替部分粮食和矿物微量元素，还能促进肉鸡的生长。马尾藻含有药用功效很高的一些特殊活性物质、不饱和脂肪酸、碘等生物质成分。崔征等发现半叶马尾藻对小鼠S180实体瘤抑制率为55.7%，显示较强的抗肿瘤活性。在韩国民间，用半叶马尾藻治疗各种过敏性疾病也有很长的历史。用马尾藻进行补碘治疗甲状腺肿大在《本草纲目》中就有记载，南方产的马尾藻如瓦氏马尾藻的含碘量甚至比"含碘之王"海带还要高。马尾藻还含有丰富的膳食纤维、褐藻淀粉、矿物质、维生素以及高度不饱和脂肪酸和必需氨基酸，可作为保健食品和药物的优质原料。

近年来，随着对马尾藻应用研究的不断深入，其经济价值得到了更多的认可，是生产海藻肥的一种新型原料。但是由于马尾藻生长在近海，受近海采捕、港口建设、贝类采集、环境污染等因素的影响，马尾藻的自然资源量在不断下降，成为业内关注的一个问题。

4. 极大昆布

极大昆布（*Ecklonia maxima*），也称海竹，属于褐藻门昆布属，藻体有类似茎和叶的分化，茎如树干一般粗壮高大。这种海藻主要存在于从南非到纳米比亚的非洲南大西洋海岸。极大昆布为多年生大型褐藻。根状固着器由树枝状的叉状假根组成，数轮重叠成圆锥状，直径5~15cm。柄部圆柱状或略扁圆形，中实，长8~100cm，直径10~15mm，黏液腔道呈不规则的环状，散生在皮层中。叶状体扁平，革质，微皱缩，暗褐色，厚2~3mm，1~2回羽状深裂，两侧裂片长舌状，基部楔形，叶缘一般有粗锯齿。孢子囊群在叶状体表面形成，9—11月产生游孢子。

自然生长的昆布生于较冷的海洋中，多附生于大干潮线以下1~3m深处的岩礁上，在我国分布于山东、辽宁一带沿海地区。目前已有人工养殖昆布，生于低潮线附近的岩礁上，在我国分布于福建、浙江等沿海地区。昆布具有消痰软坚散结、利水消肿的功效。用于治疗瘿瘤、瘰疬、睾丸肿痛、痰饮水肿。

极大昆布在南非西海岸大量分布，占据了海岸线上的浅温带，在深度达 8m 的海岸线上，形成壮观的海底森林。这类海藻通过固着器与海底的石块或其他海藻相连，固着器以上有一根单一的、很长的茎浮出水面，在海面上通过气囊把一组叶片悬浮在海面进行光合作用。极大昆布既可以加工成肥料，也可以作为养殖鲍鱼的材料，南非的 Kelpak 公司以极大昆布为原料生产海藻肥。

5. 海洋巨藻

海洋巨藻 [Macrocystis pyrifera（L.）Ag] 为褐藻门海带目巨藻科巨藻属，成熟的巨藻一般有 70~80m 长，最长的可达到 500m，因而称为巨藻。藻体褐色，革质，多年生，寿命最长可达 12 年，藻体具有粗绳状的茎状舌柄，近基部长出 2~3 次双叉分枝，分枝细长，柄的直径 1~2cm，有韧性，可弯曲。分枝上侧生很多叶片，呈互生或螺旋形叶序，叶片长 3~5m，宽 10~25cm，表面常凹凸不平具皱褶，边缘具锯齿状突起。分枝的顶生叶片，常自叶基开始向叶尖作不规则分裂，而生成新的侧生叶片。成熟的叶片，具一短柄，柄基部为一纺锤形或类球形的气囊，直径 2~3cm，长 5~7cm。叶间距离为 0.7~50cm，越接近海面则距离越小，分枝的伸展由于具有许多气囊而能漂浮海面。藻体成熟时，在基部簇生带状孢子叶片，长 30~60cm，宽 2~6cm，叶柄无气囊，因产生孢子囊群而表面大块隆起。分固着器、柄和叶片。固着器圆柱状，由钩形的多次二叉分枝状假根组成；柄部圆柱状；成体叶片为许多平行排列的狭长小片，具有气囊使藻体上半部平漂浮水面。巨藻喜生长在水深流急的海底岩石上，垂直分布于低潮线下 5~20m。在透明度高的水域，其着生深度可达 30m，以 18~20m 处生长最茂盛。其生长最适水温为 8~20℃。巨藻属冷水性海藻，主要分布在美洲太平洋沿岸，自阿拉斯加经加拿大、美国至秘鲁和智利等地。我国于 1978 年从墨西哥引进，曾在青岛海域栽培。

通常所说的巨藻主要有 3 种：巨藻 MP（Macrocystis Pyrifera）、巨藻 LF（Lessonia Flavicans）、巨藻 LN（Lessonia Nigrescens）。以巨藻 MP 为例，其长度（最长 300m）和生长速度（每天最多生长 30~60cm）皆可称为"世界之最"。由巨藻形成的海底森林，是海洋中最庞大复杂、最有活力的生态体系之一，达尔文把巨藻森林比喻成慷慨的热带雨林。巨藻 LF 和 LN 在南美太平洋沿岸尤其繁盛，来自南极的秘鲁寒流为其提供了适宜的冷水、丰富的营养，生长环境得天独厚，这使南美洲西海岸的智利和秘鲁成为全球十分重要的海藻产区。

巨藻是化工、能源、医药等领域的重要原料。巨藻体内 80% 是水分，并含有钾和碘等，因此可以提取多种化工原料。将巨藻的植物体粉碎，加入微生物发酵几天后，每1 000t原料就可产生4 000m³以甲烷为主的可燃性气体，转化率达80%以上，利用这种沼气作原料还可制造酒精、丙酮等。用巨藻作为蛋鸡饲料添加剂产出的高碘蛋含碘量可增加十几倍或几十倍，效果优于海带。其褐藻胶含量与海带相近，具有重要工业价值。又由于含有氨基酸及微量元素，美国学者Seifert报道，用之治疗产妇贫血，可使血色素提高至12g，有效率为85%，还能降低感冒发病率，对缩短病程和缓和症状有着奇特功效。此外，对提高老年人的体力和抗疲劳也能起到良好作用。

巨藻的价值不仅是提取碘、胶、醇的廉价原料和家禽、家畜以及某些鱼、贝类的辅助饲料，它的生殖区还是天然的海藻鱼礁，能为鱼、贝类提供良好的栖息索饵场所，促进鱼类资源的增殖。它们生机旺盛，身阔体长，冠盖漂浮水面，诱引鱼、虾、海参、海胆、鲍鱼等海生物争相前来索饵栖息。

6. 浒苔

浒苔（Enteromorpha），亦称苔条、苔菜。属绿藻门石莼目石莼科，是野生藻类资源中的优势种，广泛分布于中、低潮区的沙砾、岩石、滩涂和石沼海岸中。藻体鲜绿色，由单层细胞组成，围成管状或粘连为带状。细胞排列与种有关，单核，淀粉核一至多个。

浒苔是绿藻纲石莼科的一属，约有40种，我国约有11种。我国常见种类有缘管浒苔、扁浒苔、条浒苔。多数种类海产，广泛分布在全世界各海洋中，有的种类在半咸水或江河中也可见到。常生长在潮间带岩石上，泥沙滩的石砾上，有时也可附生在大型海藻的藻体上。它的植物体非常纤细，肉眼看去呈绿色细丝状，是由多细胞构成的。

浒苔中的纤维素具有很好的解毒的作用，尤其是对于吸烟的人来说，是很好的解毒烟碱的物质，因为浒苔中碘元素的含量很多，所以经常食用可以起到预防地方性甲状腺肿大的作用，一般可药用，也可以用来当食物食用。

由于全球气候变化、水体富营养化等原因，造成海洋大型海藻浒苔绿潮暴发。大量浒苔漂浮聚集到岸边，阻塞航道，同时破坏海洋生态系统，严重威胁沿海渔业、旅游业发展。我国沿海潮间带均有生长，东海沿岸产量最大。对于生态环境来说，大量繁殖的浒苔也能遮蔽阳光，影响海底藻类的生长；死亡的浒苔会消耗海水中的氧气。对于水产经济，研究表明，浒苔分泌的化学物质很可能还会对其他海洋生物造成不利影响。对于旅游业来说，浒苔暴发还会严重影响景观，干扰旅游观光和水上运动的进行，这正是人们想要竭力消除的最大不利影响。

从2008年起，每年夏季青岛沿海海域都会受到大面积浒苔侵袭。经过多年研究发现，浒苔主要来自苏北浅滩海域。中国科学院海洋所原所长孙松曾透露，2007年6

月，在我国南黄海局部海域首次观察到浒苔形成的绿潮现象，但绿潮规模不大，影响区域较小，沿海地区共处理绿藻约 6 000t。2008 年，黄海海域再次暴发大面积绿潮，大量漂浮绿藻聚集在青岛沿岸一线，为消除绿潮威胁，青岛市政府组织了大量人力、物力进行绿潮的打捞和清除，清理绿藻上百万吨。此后，每年夏季绿潮都会在黄海出现，至今已连续多年，青岛市政府投入大量人力、物力，对进入青岛近海的绿藻进行收集、打捞和处理，但仍有大量绿藻在近岸堆积，对黄海沿岸地区景观、环境和养殖业构成了持续威胁。

作为一种海洋生物，浒苔在经过去沙、去生活垃圾、烘干、磨粉后可用于制备海藻饲料添加剂和土壤调理剂等系列产品，具有很高的应用价值。多糖、蛋白质和纤维素是这类生物体的主要成分。

7. 江蓠

江蓠（*Gracilaria*）是一年生的红藻类。隶属杉藻目江蓠科江蓠属。江蓠的颜色一般有浅红色、紫红色、暗红色，或稍微显绿色和黄色；它一般高为 5~45cm，为圆柱状的多分枝藻体，像一丛细长的头发丝；有的是像鹿角一般扁平的叶状体，故称为鹿角菜；分枝的形状有时为互生，有时则生在一侧，它的下方叫基部，基部有一个很小的盘状固着器，固定着整株藻体；江蓠的内部结构很简单，由表皮细胞、皮层细胞和髓部细胞组成。

江蓠广泛分布在世界各地，从温带到热带海区均有分布。根据江蓠的种类和生长环境，可分为热带性、亚热带性和温带性三种类型。江蓠属有 167 种，我国报道有 35 种 2 变种，最常见的是温带性海藻，从我国北到南方都有分布，但也有不少热带性和亚热带性的江蓠只生长在福建、广东、广西和海南等省区的沿海地区。

江蓠被称为"海边石头上的植物"。大多数江蓠的家分布在有淡水流入、养分丰富、风平浪静的内湾的潮间带中，它的房子（生长基）是由贝壳、瓦片、石块等筑成的，在泥沙地质中建造的房子会使江蓠住得更加舒适，也生长得比较良好，颜色亦会相对较深。当然，在同一片海区，生长在水深处藻体的颜色也会较浓。

江蓠可以作为制造琼胶的原料，也是天然绿色无公害食品。江蓠不但营养丰富，药用价值高，还可作为海洋药物资源，用来辅助治疗多种疾病，具有广泛的应用前景。我国古代已经认识到江蓠的药用价值，明代名医李时珍的《本草纲目》记载了江蓠有治疗内热痰结、瘿瘤结气、小便不利等功能。试验证明，江蓠还能润肠泻火、降血压、治疗便秘，其多糖有抑制肿瘤的功能。江蓠不仅有很高的食用和药用价值，而且还有显著的生态效益，是海洋的清洁工。随着国民经济和城市化进程的高速发展，我国的水域富营养化与赤潮灾害不断加剧，江蓠的栽培对于解决近岸海水富营养化问题，恢复海洋生态环境，缓解大气中二氧化碳含量升高问题，促进海洋资源的可持续利用是很有益的。

江蓠具有适温范围较广、生长快、产量高、适应环境能力强等优点。江蓠藻体中含有较高的灰分，能够吸附海水中的矿物元素，富集于海藻体内，并且某些种类的江蓠还释放出抑制因子，抑制某些形成赤潮生物的生长繁殖，又因其生长快，在快速生长的同时能大量利用海水中的氮、磷等营养物，并可吸收二氧化碳，释放氧气。据科学家初步试验表明，每公顷海面可以产出江蓠（鲜重）50t，可固定碳 1 259kg、氮 125kg，同时释放出氧 3 333kg。因此，江蓠能够净化海区环境，减缓赤潮的发生，成为富营养化海域的重要并且理想的生物修复材料，是海洋环境中的清洁工。

8. 紫菜

紫菜（Porphyra）俗称索菜，又名子菜、紫英，为红藻门红毛菜科紫菜属中叶状藻体可食的种群。紫菜外形简单，藻体为扁平叶状体，由盘状固着器、柄和叶状体 3 部分组成。由柄上生出的叶状体呈广披针形或椭圆形，一般长可达 15~20cm，宽 10~16cm，个别的长可达 50cm，宽可达 30cm。膜质，边缘波状；幼时浅粉红色，以后逐渐变为深紫色，衰老时转为浅紫黄色。紫菜叶状体多生长在潮间带，喜风浪大、潮流通畅、营养盐丰富的海区。我国沿海的漫长海域均有生产，每年 2、3 月开始生长，4、5 月是紫菜最嫩的季节。紫菜广泛分布于世界温带和亚热带沿海，约 45 种，我国有 12 种，从南到北沿岸均有。紫菜生长于浅海潮间带的岩石上，我国常见有圆紫菜、坛紫菜、长紫菜、甘紫菜等 10 多种。

紫菜营养丰富，其蛋白质含量超过海带，并含有较多的胡萝卜素和核黄素。每 100g 干紫菜含蛋白质 24~28g、碳水化合物 31~50g、丙氨酸 3.4g、谷氨酸 3.2g、甘氨酸 2.4g、白氨酸 2.6g、异白氨酸 1.4g，同时还富含磷、胡萝卜素等物质，其中核黄素的含量达到了每百克 2~3mg，居各种蔬菜之冠，故紫菜又有"营养宝库"的美称。紫菜是我国大规模海水养殖的重要的经济海藻之一，可加工成高附加值的功能性食品，属于高膳食纤维、高蛋白、低脂肪、低热量的碱性食物。目前，末水紫菜约占紫菜总产量的 10%。已有的科学试验证明海藻多糖能够促进作物生长，能提高植物对非生物胁迫的抗性。笔者团队采用微波辅助水热法快速有效地获得了紫菜多糖及其降解产物，并对紫菜多糖的农业功能活性进行了挖掘。探索发现不同分子量紫菜多糖能够降低盐胁迫导致的植物叶片质膜过氧化程度，提高植物叶绿素含量和抗氧化酶活性，调节植物体内离子转运与区域化，限制 Na^+ 在植物叶片的积累，从而提高植物抗盐性；分子量在紫菜多糖诱导植物抵抗盐胁迫中具有重要作用，低分子量紫菜多糖诱导活性最强。这项研究结果，为紫菜在农业方面的高值综合利用提供了依据。

全球海洋面积 3.62 亿 km^2，约占地球总面积的 71%。全球海洋平均深度约 3 800m，含有的海水总量约为 $13.7×10^8km^3$，约占地球总量的 97%。作为地球万物的生命之源，海洋生物的多样性远比陆地生物丰富，目前估计海洋生物有 500 万~5 000 万种，已有记载的约有 140 万种。在浩瀚的海洋中，海藻是一大类海洋植物群，包括种类繁多、数量庞大的微型海藻和大型海藻类植物群，是生态系统的一个重要组成部分。海藻广泛分布于海洋潮间带及潮间带以下的透光层，其初级生产力约占海洋初级生产力的 10%。海藻在提供海洋动物饵料和生活场所的同时，在近海生态系统中发挥重要作用，特别是在生物固碳方面，起着极其重要的作用。研究表明，大型海藻养殖水域面积的净固碳能力分别是森林和草原的 10 倍和 20 倍。全球每年的生物固碳总量为 800 亿 t，其中海藻固碳 550 亿 t，是全球生物固碳的最大组成部分。除了固碳制氧，大型海藻还具有气候调节、缓解富营养化、净化环境等生态功能。与此同时，海洋中产生的大量海藻生物资源为海藻生物产业提供了数量巨大的生物质资源，也为海藻类肥料产业的发展提供了资源保障。

二、我国海藻资源利用的基本情况

（一）海藻资源现状

我国海藻资源丰富，野生海藻在我国沿海各省均有分布，有经济价值的大型藻类约 100 多种，养殖海藻的年总产量占世界海藻年总产量的一半以上，是世界上海藻养殖产量最大的国家。由表 1-2 看出，2010—2018 年，我国海藻总产量持续稳步增长，2018 年的增幅达到 5.15%。我国海藻捕捞产量占藻类总产量的比重较低，具体看来，2010—2015 年，我国海藻捕捞产量呈现小幅波动，而从 2015 年之后，我国海藻捕捞产量持续下降；2018 年首次跌破 2 万 t，海藻捕捞产量占海藻总产量的比例下降到 0.76%。与此相反，海藻养殖面积与养殖产量稳步增加，2010—2018 年，我国海藻养殖面积稳步增加，2018 年我国藻类养殖面积达到 14.4 万 hm²，海藻养殖总产量达到 234.4 万 t，同比增长 5.20%。养殖海藻已成为我国海藻工业的主要原料来源。

表 1-2　2010—2018 年海藻产量与养殖面积

项目	2010 年	2011 年	2012 年	2013 年	2014 年	2015 年	2016 年	2017 年	2018 年
海藻总产量（万 t）	163.7	179.9	179.9	189.3	203.8	212.2	220.2	225.5	237.6
海藻捕捞产量（万 t）	2.5	2.7	2.6	2.8	2.4	2.6	2.4	2.0	1.8
捕捞占比（%）	1.53	1.50	1.45	1.48	1.18	1.23	1.09	0.89	0.76
海藻养殖产量（万 t）	154.1	160.2	176.5	185.7	200.5	208.9	216.9	222.8	234.4
养殖占比（%）	94.16	89.07	98.14	98.08	98.40	98.43	98.48	98.79	98.65
海藻养殖面积（万 hm²）	12.0	11.9	12.1	12.2	12.5	13.1	14.1	14.5	14.4

数据来源：2011—2019 年《中国渔业统计年鉴》。

从海藻养殖品种构成来看，我国海藻养殖品种主要是海带，此外依次是江蓠、裙带菜、紫菜、羊栖菜等（见图1-1）。在20世纪80年代，我国海藻生产品种还比较单一，主要以海带为主，占海藻总产量的95%~98%；到20世纪90年代逐渐演变为以海带和紫菜为主的二元结构。随着海藻产品加工业的兴起以及居民消费膳食结构的多样化，海藻产品生产逐渐朝品种多样化方向发展。2020年，我国海带养殖产量约165.2万t，海藻总产量占比下降到0.83%；江蒿养殖产量约36.9万t、裙带菜约22.6万t、紫菜约22.2万t、羊栖菜约2.7万t，分别占全国海藻总产量的14.11%、8.63%、8.49%、1.01%；而这5个品种共占海藻养殖总量的95.39%。

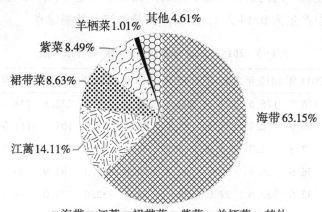

图1-1 海藻养殖结构

（数据来源：2021年《中国渔业统计年鉴》）

从养殖地域分布来看，我国海藻养殖产区较为集中，变化不大，主要集中在福建省、山东省和辽宁省；但随着海藻产业的发展，福建省逐渐成为海藻养殖大省（见表1-3）。2010—2020年，福建省海藻养殖产量稳步上升，由62.8万t增至123.6万t，增幅达96.82%。山东省和辽宁省海藻养殖总量均有小幅度波动但整体呈上升趋势，增幅分别为31.95%和51.45%。以2020年为例，福建省、山东省和辽宁省的海藻养殖产量分别为123.6万t、66.9万t和47.1万t，分别占全国总产量的47.27%、25.58%和18.01%。目前，我国海藻养殖形成了以福建、山东、辽宁为主导，浙江、广东、江苏为辅的结构。

海藻养殖有较强的地域性，海带属于冷温性海藻，早期多产于山东省、辽宁省等低温海区，随着海带栽培技术的提升，品种改良，现已经推广到福建、广东等地区（见图1-2）。以2020年数据为例，海带主要在福建（45.49%）、山东（33.13%）、辽宁（18.88%）、浙江（2.30%）、广东（0.18%）、河北（0.02%）养殖，裙带菜主要分布在辽宁（82.67%）、山东（17.19%）、广东（0.14%），紫菜主要在江苏

（56.66%）、浙江（21.23%）、福建（17.81%）、山东（3.57%）、广东（0.82%），江蓠主要分布在福建（84.02%）、广东（11.55%）、山东（3.82%）、海南（0.60%），羊栖菜主要分布在浙江（72.24%）、广东（27.76%）。裙带菜是一年生海藻，适宜生长在风浪不大，水质较好的海湾岩礁上，2020年，我国裙带菜总产量为0.71万t，主要产区是辽宁省和山东省。我国主要的紫菜品种是条斑紫菜和坛紫菜，条斑紫菜是冷温性海藻，主要产区在浙江省；而坛紫菜是暖温性海藻，主要产区在福建省。2020年，我国紫菜总产量为7.24万t，主要产区是江苏省、浙江省及福建省。江蓠主要生长于内湾的沙砾上，主要产区在于福建省、广东省及山东省。2020年，我国羊栖菜总产量为0.14万t，主要产区是浙江省及福建省。

表1-3　2010—2020年全国各地区海藻养殖产量　　　　单位：万t

主产区	2010年	2011年	2012年	2013年	2014年	2015年	2016年	2017年	2018年	2019年	2020年
全国总计	160.1	176.5	176.5	185.7	200.5	208.9	216.9	222.8	234.4	253.8	261.5
福建	62.8	70.9	70.9	77.5	81.3	89.4	97.9	103.2	111.9	118.7	123.6
江苏	2.4	2.3	2.3	3.0	2.7	2.8	2.9	4.2	4.3	4.1	4.7
山东	50.7	56.6	56.6	58.9	66.3	66.6	67.3	65.9	66.5	66.2	66.9
辽宁	31.1	32.6	32.6	32.0	35.1	34.8	32.6	33.0	34.2	46.8	47.1
浙江	4.5	4.7	4.7	4.5	4.6	4.9	5.3	7.4	8.8	9.8	11.9
广东	6.6	7.4	7.4	7.6	7.5	7.5	7.9	7.5	7.3	7.3	6.8
海南	1.8	2.0	2.0	2.3	3.0	2.9	3.0	1.5	1.3	0.6	0.5

数据来源：2011—2021年《中国渔业统计年鉴》。

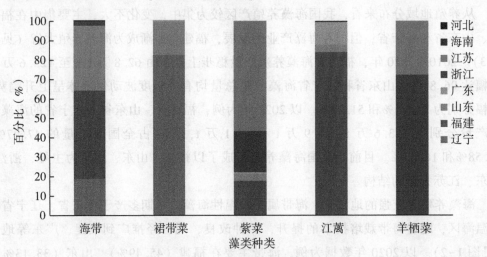

图1-2　2020年海藻养殖种类地区分布

（数据来源：2021年《中国渔业统计年鉴》）

目前我国海藻苗种生产的主要品种为海带和紫菜。海带是海藻工业需求最大的原料，随着海带养殖产量不断提升，海带育苗量逐年增长，2010—2018 年，海带育苗量从 394.51 亿株增长到 490.27 亿株。由图 1-3 可以看出，育苗地主要分布在福建、山东、广东，这与海带养殖区域具有一致性，2018 年福建育苗量达 290.27 亿株，广东 100 亿株，山东 94 亿株，目前已形成以福建为主导，广东、山东为辅的海带育苗新格局。

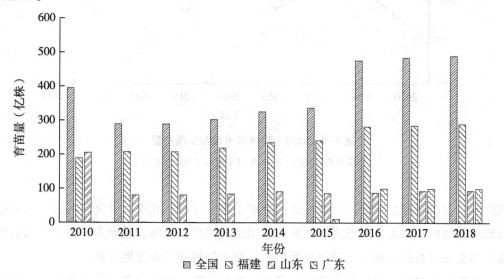

图 1-3   2010—2018 年海带育苗区域分布

（二）海藻产业现状

20 世纪 60 年代开始，我国将海带加工成碘、褐藻胶、甘露醇等大宗产品，利用丰富的海藻资源，我国海藻加工业发展迅速。由图 1-4 可以看出，2010—2018 年，我国藻类加工品产量波动较大但总体呈上升趋势，2018 年达 110.7 万 t，比 2010 年 96.96 万 t 增长 13.74 万 t。

在海藻产业发展中，对海藻进行深层次开发利用成为我国的特色优势产业，其产品在农业、食品、医药、纺织等领域得到广泛应用。

1. 海藻产品在农业上的应用

海藻是重要的海洋生物资源，富含多糖及糖胶类物质、寡糖、多酚、植物激素、色素等众多活性物质，具有促进植物生长与生殖、提高农作物产量及品质、提供养分、保水保湿、增强植株抗病抗逆等活性，在农业生产中发挥肥料、农药、保湿剂、激发子和激素调节因子等作用。

具体来看，在农业应用方面，海藻体内丰富的营养物质被提取制作杀虫剂、土壤

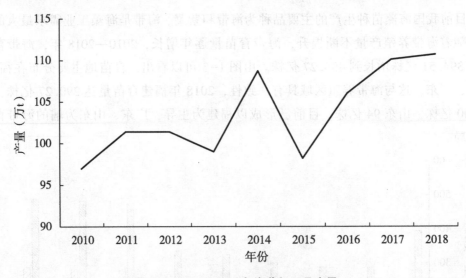

图 1-4　2010—2018 年海藻加工品产量

（数据来源：2011—2019 年《中国渔业统计年鉴》）

调理剂、农药悬浮稳定剂、增产剂等广泛用于农业生产。其中，以海藻酸及海藻酸盐为原料制成的液态肥、固态肥等已推广使用，如明月、海狮、肥老头、雷力等品牌海藻肥深受农民欢迎。同时，以海藻为原料的海参饲料加工业发展迅速。

随着有机农业、绿色农业意识的深化，海藻功能物质作为高效环保的新型农业肥料，能够同时满足减少农药和肥料使用以及增产保质的需求，成为新型农药和肥料的研究热点。我国海藻栽培业发达，藻体本身、藻类加工的中间产物或废弃物，海藻潮产生的大量藻类，均可作为海藻功能物质的开发原料。与传统的化学药剂和其他陆源提取物相比，藻类功能物质的开发利用，不仅更加安全环保，补充了陆源产品缺乏的生物功能，利于高品质农作物的绿色生产，还延伸和提升了藻类产业链，成为水产养殖反哺农业的有效尝试和重要发展方向。

2. 海藻产品在食品加工方面的应用

在食品加工方面，我国已形成初、精、深加工层次的海藻食品工业。其中，海藻多糖可作为食品供人直接食用，在中国、日本以及东南亚各地常以琼脂为食物。中国的南方各地也将海藻多糖胶视为夏季最适宜的清凉食品。海藻多糖产业化生产是海藻产业的关键研究点，随着对海藻多糖研究的深入，海藻多糖的应用领域越来越广泛。海藻多糖因其良好的溶解性、增稠作用、凝胶性、乳化稳定性、安全稳定性等，被广泛应用于饮料、肉制品、糖果等食品加工中，不仅能够增加食品的功能性，提高营养价值，对于改善食品品质也有积极的促进作用。同时，海藻多糖可以制成可食性食品薄膜，用于食品包装。另外，海藻多糖在食品的涂膜保鲜方面也有广泛的应用。

目前，全球使用最广泛的海藻提取功能食品配料是从海带、巨藻等褐藻中提取的海藻酸盐类产品，尤其是海藻酸钠已经成为全球产销量最大的海藻提取功能食品配料，在营养强化和改善食品品质方面均起到积极的作用。另外海藻膳食纤维的应用主要体现在降血脂功能方面。

3. 海藻产品在医药上的应用

海洋源生物大分子具有资源丰富、功能独特、生物安全、成本低廉等特点，是生物医用材料研发的优良原料。

海藻酸及其盐具有抗肿瘤、调节免疫力、抗氧化、抗病毒、降血脂、降血糖、止血、保健等生物活性，广泛应用于药物制剂、缓释制剂、医药敷料等领域。海藻多糖具有广泛的药理作用，多样的生物活性，如抗病毒、抗凝血、抗肿瘤、抗氧化等，在保健品行业有广泛的发展前景。此外，海藻多糖类物质已被制成各种海洋新药，如海藻碘片、降压药、"肾海康" FPS、抗艾滋病毒新药 911、植物空心胶囊、抗艾滋病新药 SPMG 等。

壳聚糖与海藻酸盐是海洋源生物材料中商业化开发最多的两类材料，在伤口敷料、牙科材料、抗菌处理、药物控释、组织工程等领域均有广泛的应用。壳聚糖与海藻酸基医用材料是海洋源生物材料中开发利用最多的两种材料，目前在生物医用领域已经开始展现出独特的优势。壳聚糖因其杀菌、止血、促进伤口愈合的功能在快速止血、防止伤口感染、妇科炎症处理等方面已有广泛应用。海藻酸盐因其生物相容性、交联条件温和等性能也已应用在伤口敷料与牙科造模等方面。

4. 海藻产品在纺织纤维方面的应用

海藻纤维被业界称为"第三种纤维"，具有抗菌、可降解、可再生、无毒、无害、阻燃等特性。在纺织纤维方面，海藻酸已广泛用在经纱上浆材料、印花糊料等领域，以褐藻胶为原料制成的复合纤维织物是伤口缝合线、医用纱布等的重要材料。同时，海藻酸钙纤维在纺织、刺绣机布、无纺布等领域也有着广泛的应用。

海藻纤维具有高吸湿性、高透氧性、生物相容性等优良特性，国内外学者对其性能及应用进行了大量研究。目前，海藻纤维已在医疗、保健、环保等行业广泛应用，海藻纤维医用辅料已实现产业化。因存在强度低、耐酸碱性差、生产成本高等不利因素，海藻纤维在常规纺织品上的应用范围还较窄，规模化生产还处于探索阶段。青岛大学历经 10 余年的不懈探索，攻克了海藻纤维工业化生产的系列关键技术难题，于2012 年铺设了年产量 800t 的海藻纤维专用生产线。2016 年，青岛大学夏延致团队研发的海藻纤维产业化成套技术及装备集理论创新、工艺技术创新、装备集成创新为一体，建成了产业化海藻纤维生产线，为海藻纤维在服用纺织品领域的发展打下了坚实基础。另外，在海藻纤维服装制品的应用上，我国纺织服装企业积极进行产业化探索。目前，国内市场上的海藻纤维制品大体上可分为纺织品、化妆品、卫生用品、医疗用品等类别，相关厂家主要分布在青岛、深圳、广州、厦门、上海、济南、佛山、温州、金华、杭州等地。

近年来，海藻产业表现出以下发展趋势：一是海藻产业链延长，精、深加工产品种类增多，在海洋药物、功能食品、化妆品等领域表现出巨大发展潜力；二是海藻在健康保健方面的活性功能逐步为消费者所认知，潜在消费市场正在逐步孕育；三是传统海藻化工企业普遍表现出转型升级意愿，开始推动海藻产业向高技术产业转化。

我国海藻资源丰富，种类繁多，有一定的食品、医疗保健价值，目前在农业、医药、食品、化妆品及纺织纤维等领域均有广泛的应用，具有巨大的开发潜力。近年来，随着生活水平的提高，人们对绿色健康的食品及医疗保健的需求也随之增加，因此，对海藻及其衍生物产品的更全面的开发利用有着重要的市场价值。

在生产工艺方面，我国与美国、日本、挪威等发达国家的生产加工工艺基本相同，仍然采用纯碱消化法。近年来，我国部分海藻化工企业致力于改进传统生产工艺，探索新型生产工艺，提高产品附加值。明月海藻集团、洁晶集团、聚大洋藻业集团等企业开始使用酶解-化学联合法，高速分离、高压过滤、高浓度稀释等技术改良生产工艺，提高产品附加值。寻山集团、蓝丹生物等企业尝试直接使用鲜海带进行加工，以节约淡水。

第二节 海藻活性物质及农业应用

海藻含有丰富的生物活性物质，包括海藻细胞外基质、细胞壁及原生质体的组成部分以及细胞生物体内的初级和次级代谢产物，其中初级代谢产物是海藻从外界吸收营养物质后通过分解代谢与合成代谢，生成的维持生命活动所必需的氨基酸、核苷酸、多糖、脂类、维生素等物质；次级代谢产物是海藻在一定生长期内，以初级代谢产物为前体合成的一些对生物生命活动非必需的有机化合物，也称天然产物，包括生物信息物质、药用物质、生物毒素、功能材料等海藻源化合物。这些结构新颖、功效独特的天然化合物可以通过化学、物理、生物等作用机理对农作物的生长产生积极影响，是海藻类肥料优良使用功效的物质基础。虽然海藻的细胞结构单一，但其化学成分多种多样，目前，从海藻中分离出且能应用的功能物质主要为多糖及糖胶、多酚、寡糖、植物激素、藻类色素和萜类及脂类等。

一、多糖及糖胶物质

海藻多糖是非常重要的生物大分子物质，通常总糖的含量会达到海藻细胞干重的

40%~50%，海藻多糖结构成分较为复杂，是一类多组分的混合物，由不同的单糖基通过糖苷键（一般为C1,3-键和C1,4-键）相连形成，是海藻细胞间和细胞内所含的各种高分子碳水化合物的总称。一般为水溶性，大多数含有硫酸基，具有高黏度或凝固的能力。海藻多糖的种类很多，根据其来源不同，可分为红藻多糖、绿藻多糖、褐藻多糖等，其中褐藻多糖的种类和数量最多。海藻多糖是一种极性大分子物质，含大量羟基，一般易溶于水。稀酸、稀碱或热水提取等常见方法，均表现出提取率低、损失大、耗时长的缺点，在很大程度上限制了海藻多糖的大规模生产。为了有效地提高海藻多糖的提取效率，近几年开发并广泛采用了酶解法、微波与超声波辅助法等辅助技术。

海藻寡糖是一类由海藻多糖降解得到的低聚糖，是聚合度在2~10的直链或支链化合物，它保留独特的活性基团，具有分子量小、水溶性好、功能多样等优点。在海藻寡糖中最具代表性是琼胶寡糖和褐藻寡糖。琼胶寡糖由红藻胶降解而来，主要由琼二糖的重复单位连接而成，包括琼寡糖和新琼寡糖两个系列，其中琼寡糖以3,6-内醚-α-L-半乳糖残基为还原性末端，新琼寡糖以β-D-半乳糖残基为还原性末端。褐藻寡糖源于褐藻胶降解，是由β-D-甘露糖醛酸和α-L-古罗糖醛酸组成。海藻寡糖常用的制备方法有：化学提取法、酸降解法、氧化降解法、酶降解法和酶法合成法等。化学提取法主要用于天然寡糖的制备，提取未衍生化的寡糖则相对困难。酸降解法能在不同酸解条件下产生不同程度的降解，以此获得不同的结构和信息，但容易造成一些多糖发生功能基团脱落，从而损失活性。氧化降解法虽然可以减少一些基团的脱落，但产物复杂，易带入杂质。酶法合成法是在酶的作用下将聚合度低的寡糖中的糖链延伸成聚合度高的寡糖，该方法较化学提取法有一定的优势，但受到寡糖物化性质的限制。酶降解法的反应条件较温和，制备时生物活性高，反应过程和产物均容易控制，是一种较为理想的方法。

（一）海藻多糖的提取

海藻多糖为极性大分子化合物，含有大量羟基而易溶于水。目前，国内外海藻粗多糖的提取主要采用热水抽提、弱酸提取以及弱碱提取的方法。随着分离提取技术的进步，在传统浸提法的基础上又发展了许多如超声波提取法、微波提取法、酶解提取法等新型提取技术。尽管传统方法的工艺流程简单、对设备要求较低，但也存在着提取产量低、活性影响大等缺点，一定程度上限制了海藻多糖的规模化生产；而新发展起来的现代提取技术因具有节能、提取效率高、生产周期短等优势大大促进了海藻多糖的深入研究。生物质的结构与性质密切相关，海藻多糖相关产品的活性依赖其独特的天然高级结构，尤其是硫酸基团发挥了重要作用，提取过程中，如何保护其天然高级结构，避免或者减少硫酸基团的脱落等问题，是提取工艺考虑的关键。通常选择相对温和的提取条件，或在提取过程中避免有机试剂等有毒有害物质的添加，都会降低后续工艺纯化的难度，并提高产品的生物安全性。

1. 水提法

热水提取法是多糖提取中最为常用的一种方法。通常情况下，多糖类物质在热水中具有较高的溶解度和相对稳定的性质，采用这种方法进行提取，对多糖破坏最小，操作也最为简便；科学家采用热水抽提法对市购海带多糖的水提工艺进行了探讨，获得的最佳参数为在 pH 值为 8.0 的碱性条件下进行热水浸提，当提取温度达到 90℃，料液比为 1∶40 时，提取 270min，海带多糖总提取量为 5.42%；另一行研究人员获得的水法浸提的最佳条件为：料液比为 1∶25，90℃下浸提 5h，最终海带多糖总提取量的得率为 10.49%。科研学者对市售海带硫酸化多糖的提取工艺条件进行了优化，最优提取参数为：以硫酸化多糖为优化指标，得出提取温度为 90℃、提取时间为 2h、固液比为 1∶25 的条件下，海带硫酸化多糖提取率可达到 1.99%。蔡彬新等（2012）用该法提取海带多糖得到最佳提取工艺为：在固液比 1∶40，70℃温度下，提取 270min，海带多糖总提取率高达 7.92%。

2. 碱液提取法

因纤维素、木质素类等物质可以在碱性环境中析出，所以整体上看，该方法进行多糖提取可以在一定程度提高总多糖提取率；有些在热水中溶解度较低的酸性多糖，可以在稀碱溶液中表现出较高的溶解度，因此常用稀氢氧化钠或碳酸钠溶液进行提取。研究发现采用料液比为 1∶20 的 1.5% 的 Na_2CO_3 溶液进行干海带多糖提取，60℃碱提 1h，褐藻酸的提取率达到 76.88%，该提取方法是利用 Na_2CO_3 溶液可以将不溶物消化成可溶性的褐藻酸盐而与藻体分离，进而将多糖提出的特点进行的，而且科研人员认为使用碳酸钠比氢氧化钠效果要好，其浓度应控制在 1%~2%。

3. 酸化法提取

有些多糖可在酸性条件下得到更高的提取率。目前较常用的仍是盐酸提取方法，但因酸度不好掌控，酸性条件下很可能引起多糖中糖苷键的断裂而形成较多的单糖和低聚糖，因而目前相关研究的报道较少。研究表明，用酸法提取纯化海带中多糖，最佳参数为：采用 0.1mol/L 的盐酸，在提取温度 75℃、反应时间 4h、料液比为 1∶20 的条件下，海带多糖总提取量可达到 35.10%。弱酸如柠檬酸提取法相比有一定优势，可在促进多糖溶出、提高多糖得率的同时，有效降低多糖降解。

4. 微波辅助提取法

微波具有强大的穿透能力，细胞经微波处理会吸收能量，细胞内部的高温高压会使细胞壁破裂流出内容物，从而提高了多糖的提取率。该方法具有操作方便、提取时间短、效率高、无污染的优点，但也有耗电量大、易破坏多糖活性的不足。利用该技术进行海带多糖提取得到最佳提取条件为：碱性环境（pH 值 8.0）下，加 90 倍于干海带的水溶剂，设置微波功率为 400W，提取时间为 7min，得到的海带多糖总提取量高达 7.17%。采用微波法提取球等鞭金藻多糖，当功率为 600W，pH 值为 9，温度为 90℃，萃取 20min 时，多糖产率达到 96.8mg/g，明显优于热水浸提法的多糖产率 47.7mg/g。

5. 超声波辅助提取法

超声波辅助提取法，是利用超声波高频振荡所产生的空化作用、机械作用及热学作用，在物体的内部形成局部高温、高压环境，致使动植物细胞组织变形、破裂，促进细胞内有效成分的溶出。该方法为常压操作，无须加热，具有活性成分损失少、提取效率高的优点；缺点是可能导致可溶性多糖发生降解。科学家发现超声波功率 300W，温度 80℃，提取时间 30min，料液比 1∶60 时海带多糖的提取效果最佳，提取率能达 10.8%，其中多糖含量为 24.92%，与传统的热水提取方法相比大大缩短了提取时间，且粗多糖的色泽比传统方法要好得多。另一行研究人员同样采用超声提取技术进行细胞壁多糖的提取，结果显示，同微波提取法相似，超声波能够有效攻击多糖细胞壁，降解并释放细胞壁多糖，胞内多糖组分溶出，但并不会对其结构造成损害。也有很多研究表明，超声波辅助提取法极大地提高了海藻多糖等非淀粉多糖的提取效率。

6. 酶解辅助提取

细胞壁的主要成分是纤维素，利用酶进行处理，可使细胞壁软化、膨胀、崩溃、通透性改变，从而提高细胞内容物的流出率。与常规方法相比，酶解提取法具有操作条件温和、多糖活性高、提取时间短等优点，但其技术条件苛刻、对设备要求高。用纤维素酶法提取马尾藻多糖，得出最佳条件为：温度 50℃，时间 2.5h，酶用量 1%，pH 值 4.8，料液比为 1∶30。马尾藻多糖的提取率达到 6.13%，明显高于常规热水提取法的 4.50%。

（二）海藻多糖分离纯化与精制

多糖提取完成后，其分离通常采用沉淀的方法，乙醇沉淀法是目前多糖分离最为常用也是最初的一步。采用酒精来沉淀多糖不仅操作流程简单，同时又具有良好的线性放大特点。试验结果显示大量多糖提取液的醇沉效果仍然保持较高水平，适合于大规模生产。但沉淀法的分离工艺相对粗糙，特异性不高，经乙醇处理所获得的多糖常含有较多的蛋白质、色素等杂质，需要后续进一步的分离纯化。

1. 脱蛋白与脱色素

蛋白质和多糖性质相近，都是结构复杂的亲水性大分子，且二者的水、醇溶性也很相似。常常利用蛋白质在特定条件下可以变性的特点，去除多糖中的大部分蛋白质。传统的脱蛋白一般采用溶剂沉淀法除蛋白质，常用的有 Sevag 法、三氟三氯乙烷法、三氯醋酸法等。这些方法虽然成本低，操作简便，但操作次数多，多糖损失大，并且会有一定量有机试剂残留，影响多糖活性。余华等（2005）在除蛋白实验中采用 Sevag 法除蛋白未能达到理想的效果，萃取多次后，在分液漏斗的分界面仍可以看到明显的蛋白层，操作过程十分烦琐耗时。

酶法可有效脱除蛋白质，但该法成本相对较高并且容易造成酶残留，无法将蛋白质脱除干净，实验过程中为最大程度减少多糖损失，提高蛋白杂质的脱除效果，常常采用复合酶等方式进行蛋白脱除。木瓜蛋白酶法以其安全高效等特点成为蛋白脱除技术中较为推崇的一种方法。除了上述方法外，色谱柱法除蛋白逐渐兴起，因在柱层析过程中蛋白可与色素同时被去除，得到很多研究者的青睐。

多糖脱色是研究多糖十分重要的一步，脱色方法主要有 4 种：乙醇洗涤法，该方法将提取所得的多糖提取物水溶液反复进行乙醇沉淀，色素洗除完毕后终止，一般针对色素含量较少的多糖提取物，操作简单；活性炭处理法，操作简单，但活性炭的自身特殊结构会吸附大量多糖，造成多糖损失，并对多糖产生"二次污染"；过氧化氢法，脱色率高且多糖的保留率也较高的一种方法，但过氧化氢属于强氧化剂，操作过程条件严格，容易引起多糖降解，破坏多糖的生物活性；色谱柱吸附脱色，目前应用不同树脂进行脱色的技术已经相当成熟，可有效保护多糖的结构和活性。

2. 海藻多糖的分级纯化研究

多糖分离纯化的目的是将提取得到的混合多糖通过一定的手段分离成一定范围内的均一多糖。多糖的纯化方法有很多种，包括分级沉淀法、季铵盐沉淀法、盐析法、金属络合法以及柱层析法、超滤法和电泳法等。其中，分级沉淀法和柱层析法较为常用。

（1）分级沉淀法

分级沉淀法是根据多糖在不同浓度有机溶剂（常用的是甲醇、乙醇和丙酮）中的溶解度不同来进行分离。分子量越大的多糖，溶解度越低，越先沉淀出来。为避免共沉淀现象的发生，采用该方法进行多糖分级时要尽量降低有机溶剂加入速度以及多糖溶液浓度。该法操作方便，用于大量粗多糖的初级纯化；但经过分级沉淀处理的海藻多糖，其空间结构和生物活性可能会有些变化。杨宝灵等（2010）对螺旋藻多糖的提取工艺进行优化，确定最佳组合为：pH 值 11.0，浸提温度 80℃，固液比 1:30，浸提次数 2 次。经体积分数 95% 乙醇沉淀、氯仿-正丁醇溶液（体积比 4:1）分离纯化，得到脱蛋白粗多糖，粗多糖的浸提率最多可达 4.21%。

（2）季铵盐沉淀法

季铵盐沉淀法不同于上述以分子量来分离多糖的分级沉淀法，它可进行不同电荷多糖的分离。季铵盐及其氢氧化物是一类乳化剂，可与酸性糖或高分子量长链多糖分子形成不溶性沉淀，在低离子强度的水溶液中析出，常用于酸性多糖和中性高分子量多糖的分离。季铵盐沉淀法依据带电性质不同进行多糖分级，较为经典，至今仍被广泛使用。

（3）柱层析法

柱层析法是利用混合物中各组分物理化学性质的差别，使其以不同浓度分布于两相中，其中一个相为固定的（称为固定相），另一个相流过此固定相并使各组分以不同的速度移动（称为流动相），从而达到分离。柱层析法是现阶段多糖分离纯化中应用较多也是最有效的方法，其中阴离子交换柱层析和凝胶柱层析使用尤其多，亲和层析也较为常用。柱层析又分为凝胶柱层析和离子交换柱层析。

（4）离子交换柱层析

离子交换柱层析是根据树脂对不同离子的亲和力不同来溶出各类多糖，从而达到分离的效果。分离过程中，常采用 Na^+ 溶液或磷酸缓冲溶液梯度洗脱，得到不同级分的单一组分。如：带负电荷的多糖可在阴离子型 DEAE-纤维素柱或 DEAE-Sephadex 柱上得到分级。于广利等（2010）以刺松藻为原料提取粗多糖，采用 Q-SepharoseFF 强阴离子交换柱进行分离纯化，用 NaCl 溶液进行梯度洗脱，得到的洗脱组分占粗多糖的 16.8%。

张慧玲（2007）通过 DEAEC-52 纤维素离子交换柱进行多糖分级，并通过填充 DEAE-SephadexA-200 树脂的凝胶柱进行海带粗多糖的进一步纯化，得到单一多糖；孙惠洁通过 DEAECellulose-52 离子交换柱和 SephadexG-100 凝胶柱对红毛藻多糖进行分级分离和进一步纯化；在利用大孔树脂 D4020 脱色除杂后，选择了阴离子交换树脂 DEAESepharoseCL-6 和排阻限为 5kDa 的 SephadexG-25 凝胶树脂进行真菌发酵上清液多糖的纯化和精制。

对于体积较大的多糖溶液，阴离子交换层析的使用更加广泛，它可以使多糖溶液实现浓缩和初步纯化，而且阴离子交换柱层析常常可根据电荷和分子量的不同达到的双重分离效果。一般常用的柱填料型号主要有 DEAE-琼脂糖（DEAE-Sepharose），二乙基氨基乙基-纤维素（DEAE-cellulose）以及 DEAE-葡聚糖（DEAE-Sephadex）。这几种阴离子交换树脂应用较为广泛，在多糖等大分子物质的分离纯化研究中发挥了重要作用，但针对不同的待分离物质，其化学性质仍然不够稳定。为达到更好的大分子物质纯化效果，后来陆续发展了诸如 DEAE-SepharoseCL-6B、DEAE-Sepharose-FastFlow 等新型填料型号，其中 DEAE-SepharoseFastFlow 被应用于很多分离纯化研究，达到了良好的纯化效果，该树脂化学性质稳定，适于进行大通量纯化。

此外，在进行离子交换层析时，需要不同盐浓度的缓冲液进行梯度洗脱，我们的目标物质中就因此增加了大量的盐分。为除去溶液中的盐分和小分子物质，常常采用透析的方法。透析是利用小分子能通过而大分子不能通过半透膜的原理把它们分开的一种重要手段，是生物化学分离提纯过程经常使用的一项技术。纯化多糖时，可根据多糖的分子量大小选择相应的截留分子量的透析袋，用流水透析，可以除去无机盐、低聚糖，以及部分色素等杂质。该法操作简便，但是处理时间较长。

（5）凝胶柱层析

凝胶柱里的凝胶起着分子筛的作用，可分离大小、形状不同的分子，特别适用于分离不同聚合度的糖类，效果显著。葡聚糖凝胶、琼脂糖凝胶、聚丙烯酰胺凝胶均为亲水性凝胶，广泛应用于多糖的纯化，分离过程中常用水或稀盐溶液来洗脱。研究人员以海带为原料，研究岩藻多糖的提取工艺，得出最佳组合为：料液比 1∶20，温度 80℃，提取 3 次，提取时间 10h。岩藻多糖得率为 25%，经葡聚糖凝胶柱层析纯化，纯度可达 93%。

凝胶柱层析常用于多糖最后的精制环节，根据多糖分子量的大小不同选择不同排阻极限的柱填料来进行分离纯化。凝胶柱层析常用的柱填料型号有琼脂糖凝胶（Sepharose）、交联葡聚糖凝胶（Sephadex）、聚丙烯酰胺凝胶（Biogel），以及后来经过性能改良的 Sephacryl、Superdex 和 Superose 等新型柱填料。此外，盐析法、亲和层析法、超滤和超速离心法也有应用。

（三）海藻多糖的分析方法

海藻多糖的成分比较复杂，除了天然多糖，还有一部分多糖与蛋白质结合形成糖蛋白。一般采用三氟乙酸来水解多糖，检测其产物中的单糖组分。传统的检测法有：纸层析（PC）、薄层层析（TLC）、气相色谱（GC）和高效液相色谱法（HPLC）等。但经典的 PC 和 TLC 不够灵敏，目前广泛采用的是毛细管电泳法、红外光谱法、核磁共振分析和质谱法，使得多糖的分析更加简便快捷。

1. 毛细管电泳（CE）

毛细管电泳以高分辨率，高灵敏度著称，与常用的 HPLC 相比，其柱效更高、速度更快，样品用量仅为 HPLC 的百分之一。在多糖结构的研究中，CE 可用于测定多糖的相对分子质量、组成分析、纯度鉴定、结构归属与单糖差向异构体的分离。在毛细管电泳仪上，各种单糖组分均能被检出，尤其是在 HPLC 上不易分开的葡萄糖和甘露糖能够得到较好的分离。

2. 红外光谱法（IR）

红外光谱图上的每一个吸收峰，都对应于分子中的每一个原子或官能团的振动情况。因此，利用红外光谱能确定出多糖的主要官能团，如-OH、C-O-C、C＝O 和

$-NH_2$ 等，并能判断出糖苷键的构型，如：在 897cm^{-1} 处的吸收峰，说明含有 β-糖苷键型；而在 840cm^{-1} 处的吸收峰，说明含有 α-糖苷键型。于广利等（2009）运用红外光谱扫描分析刺松藻多糖组分，测得其分别在 3 400cm^{-1}，2 900cm^{-1}，1 645cm^{-1} 和 1 250cm^{-1} 处有吸收峰，属于硫酸阿拉伯半乳聚糖，其硫酸基主要在 C-2 和 C-4 位。

3. 核磁共振（NMR）分析

核磁共振技术可不破坏样品，通过化学位移、偶合常数、积分面积、NOE 和弛豫时间等参数来表达糖链的结构特征，用于鉴别氨基、脱氧糖、氧-乙酰基和其他非糖取代基，常规采用 ^{1}H-NMR 与 ^{13}C-NMR。^{13}C-NMR 在多糖结构上的分析比 ^{1}H-NMR 广，化学位移可达到 200×10^{-6}，共振信号分得较开，容易辨别，在多糖的分析中起着重要作用。采用热水提取法，从珊瑚藻中提取分离得到多糖组分，采用 ^{13}C-NMR 分析了珊瑚藻多糖的结构特征，表明其属于含有 κ-卡拉胶与硫琼胶的杂合型硫酸半乳聚糖。研究学者以青岛 2 种不同生长期的萱藻为材料，从中提取萱藻多糖，通过 ^{1}H-NMR 分析确定其为褐藻胶，并进一步测定了其单糖组成及细微结构，表明萱藻多糖是一种含有古罗糖醛酸的褐藻胶。

4. 质谱法（MS）

质谱法常用于鉴定各种甲基衍生物的碎片、确定各种单糖残基的连接位置。近年来，由于电喷雾电离质谱（ESI-MS）、基质辅助激光解吸电离飞行时间质谱（MALDI-TOF）及快原子轰击质谱（FAB-MS）的出现，MS 还可以用来测定糖链的相对分子质量和一级结构。ESI-MS 可形成多电荷离子，能测量相对分子质量近 10×10^4 的大分子，还能与 HPLC、CE、SFC 等技术联用，大大提高了工作效率与精确度；MALDI-TOF 技术电离产生的分子、离子很稳定、不易裂解、准确度极高，适用于测定多糖的相对分子质量和大小分布；FAB-MS 可用于分析多糖部分水解片段的结构与组成，使得低聚糖结构的测定更加简易快速。

（四）多糖的降解

由于天然海藻多糖分子量大，分子量从几百、几千到几万不等，至今尚无仪器可以开展完整的分析，且正是由于具有分子量大、黏度高、溶解度低、不利于吸收等特点，严重制约了其临床应用。因此，通过合适的降解方法将大分子多糖降解为中、小分子多糖，是开展结构解析的必要步骤，也是提高其生物活性和利用率的重要举措，依据降解方法和降解后分子量的不同，可以将其分为化学降解、物理降解和生物降解。

1. 化学降解法

化学降解法是最为常见和常用的降解方法，依据降解剂的不同可以将化学降解分为酸解法、碱解法、盐解法和氧化解法。其中酸解法尤为常见，由于其造价最低，因而很容易被工业化所接受。杭志喜等对酸的降解效果进行了研究,结果表明:影响酸降解程度好坏的主要原因是酸的浓度和与接触物的接触面积。因此提高酸浓度,增加接触面积、增加辅助搅拌等有助于提高降解率。碱解法,亦利用酸降解类似的原理,通过在强碱作用下打破糖链和肽链,以达到降解多糖的目的,但是在实际试验中发现,碱解易导致生理活性基团的改变而限制了其使用与推广。盐解法也是一种较为常用的海藻多糖的降解方法,且降解程度和降解产物的大小可以通过控制亚硝酸钠等盐的加入量和降解时间来控制。科学家利用亚硝酸钠降解法获得小分子量的肝素,极大地扩展了肝素的应用范围。国内则多采用盐解法制备低壳聚糖,如研究人员对亚硝酸钠降解壳聚糖的效果进行了研究,结果表明:反应时间是影响降解后壳聚糖分子量大小的关键因素。虽然盐解法具有操作简单、成本低等优点,但是其降解产物的分子量分布较宽,且产物提纯成本高、对环境污染大,因而限制了其工业化应用。

氧化降解是海藻多糖降解中研究的热点,尤以日本研究最为广泛,与其他化学降解方法相比,过氧化氢法因其毒性低、无副产物而受到推崇。因而过氧化氢降解法成为最为理想的、环境友好型化学降解法。科研者对 H_2O_2 降解海藻酸钠的工艺进行了研究,认真分析了 pH 值、温度、H_2O_2 浓度及金属离子浓度对降解速率的影响,为探讨清洁、高效的海藻酸钠过氧化氢降解工艺奠定了基础。Sehweikert 等认为过氧化物产生的 O^{2-} 和 O^- 离子是导致细胞多糖降解的主要因素,推测 O^{2-} 和 O^- 离子将作为氧化降解的主流,成为新型的、理想的海藻多糖降解方法。

2. 物理降解法

物理降解法是一种高效的海藻多糖降解方法,常采用微波、超声波、辐射等方法,不仅降解效率高、绿色环保、操作简便,而且反应条件温和、可控。微波是指频率为 300MHz~300GHz 的电磁波,是无线电波中一个有限频带的简称,能够使物料中的极性分子根据高频磁场的变化而产生自旋运动,从而使物料内部发热。超声波降解比较受研究人员的青睐,包括空气泡破碎和化学反应两种机理。空气泡破碎即机械性断键作用,利用超声波的极速振动,多糖可具有极高的运动加速度,激烈而快速变化的机械运动使多糖在介质中随着波的高速振动及剪切力的作用而降解,且超声降解主要使多糖的糖苷键断裂,官能团不发生变化;化学反应即自由基氧化还原反应,主要是液体在超声波作用下产生空化效应所导致的。有研究表明,将 γ 射线辐射降解应用于海藻多糖的降解,经过辐射处理的壳聚糖分子量减小。但由于微波、超声波、辐射对人体和环境有较大的伤害和污染,且超声降解后的小分子多糖多呈现出多样性,物理降解海藻多糖尚处于实验室试验阶段。

3. 生物降解法

生物降解法多指酶降解法,利用专一性或非专一性的内切酶或外切酶,通过切断糖苷键达到降解多糖的目的，是一种绿色、高效、环保的降解方法，且反应条件温和、易于控制，是一种较为理想的多糖降解方法。目前已发现有 30 多种专一性和非专一性多糖降解酶，可用于催化各种类型的生物多糖的降解，为广泛应用与推广多糖奠定了基础。科学家对纤维素的酶解体系进行了研究，其认为：pH 值、酶用量、反应温度和反应时间等是制约酶解效果的重要因素。科研人员研究了非专一性酶对壳聚糖的降解效果，结果表明溶菌酶能显著提高壳聚糖的降解速率和降解效果。有人研究物理降解和生物降解对壳聚糖的降解效果，结果表明在不改变 pH 值和反应温度的前提下，联合使用超声波和 α-淀粉酶能显著提高单一处理的降解效果。

1931 年，有学者从鲍鱼内脏中分离出了褐藻酸裂解酶，研究人员陆续从海洋动物、海洋藻类和微生物中发现了褐藻酸裂解酶。其中产褐藻酸裂解酶的微生物种类复杂，分布广泛，是目前研究最多的一类。海洋细菌和土壤细菌是最主要的来源（如黄杆菌、假单胞菌、芽孢杆菌、肠杆菌、克雷伯氏菌、弧菌等）。少数的真菌和病毒也存在褐藻酸裂解酶基因，Singh 等从网地藻附近的一株米曲霉（*Aspergillus oryzae*）中纯化出了褐藻酸裂解酶，该酶能专一性识别 PolyM 和 PolyG 之间的 β-1,4 糖苷键，Co^{2+} 和 Na^+ 能明显提高酶的活性。Davidson 发现固氮菌（*Azotobacter vinelandii*）的噬菌体诱导产生 PolyM 裂解酶，对固氮菌褐藻酸被膜有很强的穿透作用。不同来源褐藻酸裂解菌的褐藻酸裂解酶酶学性质见表 1-4。

表 1-4　不同来源褐藻酸裂解菌的褐藻酸裂解酶酶学性质

	来源	分子质量（kDa）	酶类型	最适 pH 值	最适温度（℃）	底物特异性
土壤细菌	铜绿假单胞菌	43	外酶	7.5	37	PolyM
	假单胞菌 QD03	42.2	外酶	7.5	37	PolyMG
	固氮菌	39	外酶	8.1	30	PolyMG
	褐球固氮菌	23~24	外酶	6.0	60	PolyM
	肠杆菌 M-1	31	内酶	7.5	35	PolyG
	棒状杆菌	27	外酶	7.0	35	PolyG
海洋细菌	交替单胞菌属 H-4	60.25	外酶	5.0~9.0	35	PolyMG
	弧菌属 510	34.6	外酶	7.5	35	PolyG
	大西洋假单胞菌 AR06	30.5	外酶	7.4	40	PolyMG
	弧菌属 O2	28	外酶	8.2	37	PolyMG
	弧菌属 QY 101	34	外酶	7.5	40	PolyMG
	链霉菌 A-5	32	外酶	7.5	37	PolyMG
	假交替单胞菌 SM0524	32	外酶	8.5	50	PolyMG

（续表）

来源		分子质量 （kDa）	酶类型	最适 pH 值	最适温度 （℃）	底物 特异性
软体动物和甲壳纲	滨螺属	28	外酶	7.0	50	PolyM
	盘鲍	28	外酶	8.0~8.5	35	PolyMG
	黑足鲍	34	外酶	8.0~8.5	45	PolyM
	蟹虾属	34	外酶	8.0~8.5	45	PolyMG

按分子质量的大小，褐藻酸裂解酶主要分为 3 大类：20~35kDa、40kDa、60kDa。分子质量 40kDa 的酶类对 PolyM 具有特异性，分子质量 20~35kDa 的酶类有不同的底物特异性。按照底物特异性，褐藻酸裂解酶被分为：专一性裂解 PolyM 的 PolyM 裂解酶，如来自铜绿假单胞菌、固氮菌等的褐藻酸裂解酶；专一性裂解 PolyG 的 PolyG 裂解酶，如来自阴沟肠杆菌、弧菌 510 等的褐藻酸裂解酶，以及能同时裂解 PolyM 和 PolyG 的双功能裂解酶。鞘氨醇单胞菌菌种（*Sphingomonas* sp. A1）产生三种褐藻酸内切酶（A1-I、A1-II 和 A1-III），这些酶表现出不同的底物特异性：A1-II 特异性降解褐藻酸 PolyG，A1-III 能特异性降解绿脓杆菌产生的乙酰化褐藻酸 PolyM，而 A1-I 同时具有 A1-II 和 A1-III 的特性。

碳水化合物活性酶数据库（carbohydrate-active enzymes，CAZY）根据氨基酸序列将多糖裂解酶划分到 22 个多糖裂解酶类（polysaccharide lyases，PLs）家族中。PLs 是一类专一性识别多糖的糖醛酸残基，通过 β-消去反应在非还原性末端形成含有 C＝C 双键的不饱和寡糖的酶家族，可细化为 24 个家族，褐藻酸裂解酶分布在其中的 7 个家族中。大多数细菌产生的褐藻酸裂解酶属于 PL-5 和-7 家族，分别具有 PolyM 裂解酶和 PolyG 裂解酶的特性，小球藻病毒和海洋动物产生的酶属于 PL-14 家族。大多数报道的褐藻酸具有内切酶的活性，两种新发现的褐藻酸裂解酶菌株产生的褐藻酸裂解酶 A1-IV 和 *A. tumefaciens* 产生的褐藻酸裂解酶 Atu3025 具有外切酶的活性，被划分到 PL-15 家族，其他 5 个家族的酶具有内切酶活性。

二、几种代表性多糖

（一）褐藻酸

褐藻酸是一种黏性有机酸，又名海藻酸、藻朊酸，一种直链的嵌段聚糖醛酸，由均聚的 α-L-吡喃古罗糖醛酸嵌段、均聚的 β-D-吡喃甘露糖醛酸嵌段以及这两种糖醛酸的交聚嵌段，以 1,4-糖苷键连接而成。以钙、镁、钠、钾、锶盐等形式存在于许多海洋褐藻的细胞壁中。自然界广泛存在于巨藻、克劳氏海带、掌状海带、糖海带、海带、楔基海带、狭叶海带、泡叶藻、沟鹿角藻、墨角藻、齿缘黑角藻、空茎昆布和翅藻等上百种褐藻的细胞壁中，其中昆布科藻类中含量较多（平均20%左右）。一般提取方法是：原料海藻经洗涤后，用碱消化，使褐藻酸生成可溶性碱金属盐，过滤、加酸使褐藻酸沉淀析出。褐藻酸还可转化为钠、钾、铵、钙盐或其他有机衍生物，总称为褐藻胶（aglin）。商品褐藻胶主要指褐藻酸钠。游离褐藻酸为白色固体。在冷水中不溶解，微溶于热水。酸性较强，具有耐酸性，但易被热碱分解。浓盐酸作用发生脱羧。对金属离子有一定的选择吸附作用，特别是 Fe（Ⅱ）离子。其碱金属盐和铵盐溶于水中生成黏稠液，但不易生成凝胶。在 pH 值 3.0 以下转化为不溶性褐藻酸凝胶或沉淀。加入多价金属离子（如氯化钙）易使之胶凝。钠盐为微黄色粉末，不溶于有机溶剂。

褐藻酸是从褐藻类植物中提取的一种天然高分子材料，具有许多优良的性能，在食品、医药、纺织、印染造纸、日用化工、废水处理等领域有十分广阔的应用，是我们日常生活中使用最多的高分子材料之一。英国化学家在 1881 年 1 月 12 日发表的一项英国专利中，首先介绍了从褐藻类海藻植物狭叶海带（*Laminaria stenophylla*）中提取出的一种凝胶状物质。他把用稀碱溶液提取出的物质命名为 Algin，加酸后生成的凝胶为 Alginic acid，即褐藻酸。随后的研究证明，褐藻酸是一种由两种单体组成的天然高分子共聚物。作为一种天然高分子，褐藻酸具有很高的相对分子质量，从褐藻中提取的高黏度褐藻酸的聚合度达 600～1 000，对应的相对分子质量为 120 000～190 000，由于褐藻酸的钠盐可溶解于水中，因此将褐藻酸钠溶于水中制备纺丝液后，可以很容易地通过湿法纺丝制备褐藻酸纤维。褐藻酸与大多数二价或多价金属离子形成的盐是不溶于水的，因此可以采用二价金属离子的水溶液作为凝固液。由于氯化钙价格便宜，并且对人体无任何毒性，因此用氯化钙为凝固液生产褐藻酸钙纤维是工业上最常用的生产方法。在农业上，海藻酸也具有促生抗逆等多种生物学功能，目前寡糖在农业领域的应用主要涉及生物农药、植物生长调节剂、作物抗逆剂等。

（二）褐藻多糖硫酸酯

褐藻岩藻聚糖硫酸酯，也称为岩藻多糖，早期被认为是一种由 L-岩藻糖和 SO_4^{2-} 组成的单一结构化合物，随着研究的不断深入发现岩藻聚糖硫酸酯还含有丰富的半乳糖、葡萄糖、甘露糖、木糖、鼠李糖、葡萄糖醛酸、半乳糖醛酸等，是具有不同化学组分的一族化合物。岩藻多糖主要存在于褐藻（如海藻、裙带菜孢子叶及海带）的表面黏液中，含量很少，在新鲜海带中的含量为 0.1%左右，在干海带中的含量为 1%左右。其相对分子质量分布范围广，一般为 1～1 000kDa，主要结构单元是硫酸化的 L-岩藻糖。硫酸化 L-岩藻糖结构单元是由 C1、C2、C3、C4、C5 及 1 个氧杂原子形成的吡喃糖环，并在 C5 位置链接有 1 个甲基（C6），在 C2、C3、C4 位置链接有羟基（-OH）或 SO_2^{4-} 基团。从褐藻中提取的岩藻聚糖硫酸酯主要具有强负旋光值，为 α-L 构型，仅有极少数具有正旋光值，为 β-D 构型。研究也证明褐藻岩藻聚糖硫酸酯主链及侧链糖苷键均由岩藻糖、半乳糖及少量的其他单糖通过（1→2），（1→3）和（1→4）-（C-C 连接）3 种形式链接，其中岩藻糖间连接是最主要的形式。SO_4^{2-} 基团是影响多糖生物学活性表达的主要官能团，同样褐藻岩藻聚糖硫酸酯中 SO_4^{2-} 的数量、链接位置对岩藻聚糖硫酸酯的生物学活性至关重要。L-岩藻糖结构单元一般仅能够链接 1 个 SO_4^{2-} 基团，但也有些褐藻岩藻聚糖硫酸酯能带有 2 个 SO_4^{2-} 基团，或未被 SO_4^{2-} 基团取代。对 SO_4^{2-} 基团取代位置的研究发现，虽然在 L-岩藻糖结构单元中 C2、C3、C4 位置中均能被 SO_4^{2-} 基团取代，但 C2 与 C4 是主要的链接位置；此外 SO_4^{2-} 基团还能链接于半乳糖上，形成褐藻半乳糖聚糖硫酸酯，此研究多发现于马尾藻岩藻聚糖硫酸酯。而 OH 基团虽然也是吡喃糖环上常见的取代官能团通常并未将其作为构效关系研究的重点方向；但在多糖的分子修饰和结构改造时，常将羟基运用物理、化学方法进行修饰，以提高多糖的生物活性。目前，证实岩藻多糖具有多种生物功能，如抗肿瘤、改善胃肠道、抗氧化、增强免疫力、抗血栓、降血压、抗病毒等作用。但岩藻多糖在农业上的应用研究较少，笔者研究了来源于巨藻 LN 的岩藻多糖，发现其能够提高植物的抗逆性。

（三）卡拉胶

卡拉胶（Carrageenan）是从某些红藻的细胞壁中提取的一种多糖，属于细胞壁多糖，我国早期曾称其为角叉菜胶、鹿角藻胶，后统一为卡拉胶。卡拉胶可溶于热水但不溶于有机溶剂，凝胶强度和黏度受分子量、离子强度、盐、氧化剂及其他化学物质的影响。卡拉胶（凝胶和非凝胶）与蛋白质反应是通过其硫酸基与蛋白质分子上的荷电离子间的离子反应产生。该反应依赖于蛋白质等电点、系统 pH 值、卡拉胶与蛋白质比率等。

从化学结构来看，卡拉胶是一种硫酸半乳聚糖，不同的卡拉胶类型均是以 1,3-β-D 半乳糖和 1,4-α-D 半乳糖交替连接形成骨架结构，但可根据半乳糖中是否含有内醚以及半乳糖上硫酸基的数量和连接位置不同区分为 κ-、μ-、ι-、θ-、λ-、ε-和 ν-七种类型。一般常见的卡拉胶多是 κ-、ι-或 λ-型卡拉胶。

对于它们的结构以往多采用传统的化学方法，如甲基化、氧化降解，随着科学技术的提高特别是仪器分析的采用，使得分析更为简单。采用酸水解、酶解、^1H 和 ^{13}C 核磁共振、ESI-MS（electrospray ionization-mass spectrometry）或 MALDI-TOF-MS（matrix-assisted ultraviolet laserdesorption ionization and electrospray-ionization time of flight mass spectrometry）质谱等方法的联合使用，便可测定出糖链的组成和连接方式。国外科学家利用 ^{1}H-NMR 方法定量分析卡拉胶混合物中 κ-、ι-和 λ-卡拉胶的含量，后来又利用红外和偏最小二乘法多变量回归的方法（partial least-squares multivariate regression）快速而准确的定量卡拉胶混合物中 κ-、ι-和 λ-型卡拉胶的含量。又有研究人员对应用于研究和工业的卡拉胶的 ^{1}H 和 ^{13}C 核磁共振谱做了详细的综述，后又对其化学位移数据进行了校正。

目前，商业化生产的卡拉胶主要是 κ-、λ-和 ι-型，1996 年世界年产量约为 4 万 t。欧洲产量最多，美国次之，亚洲最少，其中产量较大的是日本和菲律宾，其次是我国台湾地区。目前卡拉胶消费量最大的是美国，其次是加拿大、日本和法国等，它们的消费量占总产量的近 3/4。近 5 年来，我国卡拉胶工业蓬勃发展，卡拉胶在国内的应用日渐广泛和成熟。目前卡拉胶的生产厂家主要分布在广东、福建和海南，基本上以麒麟菜为生产原料。但我国的麒麟菜资源不足，生产原料主要依靠进口，且所生产的卡拉胶质量偏低，更没有试剂级产品。因此，不仅需要改进生产工艺，提高产品质量，而且提高研究水平也十分必要。

（四）石莼多糖

石莼多糖（Ulvan）是从石莼细胞壁中提取的主要水溶性多糖，占总藻干重的 8%~29%，其作为石莼内的主要基质物质。在结构上，石莼多糖是由 3-硫酸化鼠李糖（3-sulfated rhamnose，Rha3S）、葡糖醛酸（glucuronic acid，GlcA）、艾杜糖醛酸（iduronic acid，IdoA）和一些木糖（xylose，Xyl）单元组成的阴离子硫酸化多糖。该多糖由于其丰富的单糖组成形式，因而具备独特的生物活性，在食品、生物医药、化妆品等领域均有广阔的应用前景。而且其由石莼裂解酶降解产生的小分子寡糖，在抗氧化、抗血脂、抗菌等方面表现出更优于大分子多糖的特性。

由于多糖提取及检测技术，以及多糖来源差异等区别，对石莼多糖的具体成分与含量鉴定造成了一定的影响。经过坚持不懈的探索，及大量研究者对其成分进行补充研究后，针对现已报道过的多个石莼种属的多糖成分如下：鼠李糖（16.8%~45.0%）、木糖（2.1%~12.0%）、葡萄糖（0.5%~6.4%）、糖醛酸（6.5%~19.0%）、硫酸盐（16.0%~23.2%）以及艾杜糖醛酸（1.1%~9.1%）。现在公认的石莼多糖的主要组成成分为葡萄糖醛酸（GlcA）、艾杜糖醛酸（IdoA）、硫酸化鼠李糖（Rha3S）及部分木糖（Xyl）。这些成分以在石莼多糖中与鼠李糖组合为二糖单元来作为其主要存在形式。其中，A3S 型石莼多糖组成形式为葡萄糖醛酸通过 1→4 糖苷键与鼠李糖进行连接，然后鼠李糖又以 1→4 糖苷键连接葡萄糖醛酸形成主链。在鼠李糖的 C3 位上会存在硫酸基团进行修饰，在 C2 位上可能产生分支。这是石莼多糖中主要的一个二糖单元结构。将葡萄糖醛酸替换为艾杜糖醛酸后，就是另一种 B3S

型石莼多糖,其在海莴苣(Sea Lettuce,石莼属)中存在。另外,存在以木糖与3-硫酸化鼠李糖1→4糖苷键形成的二糖单元U3S,其在加那利群岛(Canary Islands)获取的石莼中发现。因此,根据二糖组成单元不同可区分为D-葡萄糖醛酸(GlcA)+L-3-硫酸化鼠李糖(Rha3S)、L-艾杜糖醛酸(IdoA)+L-3-硫酸化鼠李糖(Rha3S)、D-木糖(Xyl)+L-3-硫酸化鼠李糖(Rha3S)这三种二糖单元。其具体构成为A3S:[→4)-β-D-葡糖醛酸-(1→4)-α-L-3-硫酸化鼠李糖-(1→]、B3S:[→4)-α-L-艾杜糖醛酸-(1→4)-α-L-3-硫酸化鼠李糖(1→]、U3S:[→4)-β-D-木糖-(1→4)-α-L-3-硫酸化鼠李糖(1→]。

这些二糖结构中,木糖(Xyl)二糖单元U3S内的3-硫酸化鼠李糖与木糖间的1→4糖苷键无法被现在表征的任何一种石莼多糖裂解酶降解。所有多糖裂解酶的降解产物都存在有含有Xyl的四糖终产物。与U3S不同,A3S内的葡萄糖醛酸(GlcA)与3-硫酸化鼠李糖构成的1→4糖苷键能被现在所有的石莼多糖裂解酶降解。比较有趣的是,B3S内的艾杜糖醛酸(IdoA)与3-硫酸化鼠李糖构成的1→4糖苷键则会被PL24家族的裂解酶特异性识别从而无法进行降解,从而在该家族的酶解产物中会存在残余的IdoA四糖。其他PL25、PL28及新族石莼多糖裂解酶都能对该糖苷键进行降解。不过值得注意的是,现已知所有石莼多糖裂解酶都只能将石莼多糖降解至二糖单元。

三、海藻活性多糖农业应用

海藻多糖是海藻中重要的活性物质,一类多组分混合物,是由多个相同或不同的单糖基通过糖苷键相连而成的高分子碳水化合物,具有抗病毒、抗肿瘤、抗突变、抗辐射和增强免疫力等作用。但海藻多糖常因分子量大、黏度高、溶解度低等特点,而影响其在生物医药、农业领域中的应用效果。海藻寡糖是由海藻多糖降解得到的聚合度在2~10的直链或支链化合物,因保留独特活性基团,同时具有分子量小、水溶性好等优点,越来越受到人们的关注。海藻寡糖以琼胶寡糖(Agaro-oligosaccharide,AOS)和褐藻寡糖(Alginate-derived oligosaccharide,ADO)等为代表。琼胶寡糖由琼二糖为重复单位连接而成,包括新琼寡糖和琼寡糖两个系列。褐藻寡糖是由β-D甘露糖醛酸和α-L古洛糖醛酸通过β-1-4糖苷键连接而成的线性低聚糖,是一种功能性寡糖,已在医药领域得到广泛应用。海藻寡糖具有抗氧化、调节植物生长、提高植物抗逆性、减少植物病虫害发病率等作用,尤其作为新型绿色环保生物肥在农业生产中发挥了重要作用。

(一)促进植物营养吸收,促进生长

据文献记载,16世纪英国人就开始利用海藻制作肥料,在日本、法国、加拿大

等地早就有采集海藻制作堆肥的习惯，大不列颠岛的 South、Wales 和德国的 Keswics 等地也有用海岸边腐烂的海藻或海藻灰作为农作物和蔬菜肥料的历史。17 世纪法国政府积极推广在沿海地区用海藻作肥料的技术，并明文规定了海藻的采集条件、收割时间以及海域；1880 年有人第 1 次进行施用海藻肥的试验，表明海藻肥具有明显的效果。1949 年海藻液体肥作为海藻加工的新产品在大不列颠岛问世。目前，世界上已有好几个国家和地区生产海藻肥，如南非的 Kelpak66、英国的 Algue、澳大利亚的 Sea-sol、法国的 GoemarGA14 等。

　　自古以来，我国人民就采捞和利用礁膜、浒苔、石莼、紫菜、小石花菜、江蓠、鹿角海萝、裙带菜、昆布和马尾藻等。自 20 世纪 90 年代起，海藻及其提取物作为肥料的研究与应用得到了快速发展。中国科学院海洋研究所、中国海洋大学、青岛明月海藻集团公司等一大批科研院所、高校和企业在海藻提取加工、使用方法、应用效果及其作用机理等方面进行了积极的探索，并不断取得新的进展。据统计，目前获得农业农村部肥料登记证的国内海藻肥加工企业有 40 余家。

　　通常，海藻肥的使用方法主要有种子浸泡、叶面喷施和土壤施用等。海藻肥浸泡种子具有较好的效果。如百合科植物的茎和种子在海藻液体肥 Maxi crop 稀释液中浸渍一昼夜，可促进其发芽。在潮湿地带移栽植物前，用这种肥料浸渍，可以防止植物根和叶的枯萎。叶面喷肥是生产上常用的一种施肥方法。它的突出特点是针对性强、用量少、吸收快、不受土壤环境因素影响、养分利用率高且增产效果明显，尤其在土壤环境不良，水分过多或干旱，土壤过酸或过碱造成根系吸收受阻和作物缺素急需营养，以及在作物生长后期根系活力衰退时，采用叶面追肥可以弥补根系吸肥的不足。另外，叶面喷施可以在作物的不同生长阶段、不同种植密度和高度下进行，利于集约农业的大规模机械化操作。有研究表明，叶面喷施是施用海藻肥最方便和有效的方法。海藻肥中的褐藻酸可以降低水的表面张力，在植物叶表面形成一层薄膜，增大接触面积，便于水或水溶性物质透过叶表面细胞膜进入植物细胞，供植物有效吸收养分。含有海藻多糖等物质的海藻肥是天然的土壤调节剂。土壤中施用海藻肥，不但能螯合土壤重金属离子，减轻污染，而且能促进土壤团粒结构的形成，还可直接或间接增加土壤有机质。此外，海藻肥中富含的维生素等有机物质和多种微量元素能激活土壤中多种微生物，增加土壤生物活动量，从而加速养分释放和土壤养分的有效化。有研究者认为在这种施用方式中，灌根效果好于拌土效果。通常认为叶面喷施的效果最好，但在不同的试验条件下也有不一致的结论，有人在番茄和辣椒等作物上施用海藻肥的试验结果表明，土壤施用效果好于叶面喷施。

　　海藻提取物（海藻肥）在农作物及蔬菜等生产中的应用取得了很好的效果。它能促使种子萌发，促进作物生长发育，增强抗逆性，提高产量，改善品质。

1. 促使种子萌发

海藻提取物对促进种子萌发有显著作用。经海藻提取物处理的种子，呼吸速率加快，发芽率明显提高。海藻活性物质作为植物的生长调节剂是目前该领域的开发热点之一。通过研究表明，0.125%的褐藻胶寡糖可提高高粱种子的发芽率，促进其幼苗生长；而浓度为0.062 5%褐藻胶寡糖在经浸种处理后会促进高粱叶中叶绿素的合成，提高根系的活力。Anisimov 等（2013）利用多种海藻提取物处理黑麦种子，促进根长增长率达15%以上，指出只需施用少量的海藻提取物便可以达到促进植株根系生长的目的。刘培京（2012）用不同浓度的海藻提取液对黄瓜、番茄、辣椒3种蔬菜种子进行浸种处理和盆栽试验，发现使用稀释200倍和400倍海藻提取液的3种蔬菜幼苗的根长、株高、株鲜重、株干重、叶绿素含量和叶面积等指标均显著高于对照组。很多研究已证实起作用的正是海藻提取物中的生理活性成分（植物生长素）和其他具有生理活性的有机化合物。刘瑞志（2009）研究表明，褐藻寡糖的存在激活了植物幼苗体内的激素表达，改变了淀粉酶、脂肪酶和蛋白酶的活力，加快了胚乳淀粉水解过程，促进了种子萌发及根、芽的生长。马纯艳等（2010）研究表明，0.125%褐藻胶寡糖有利于提高高粱种子发芽率，促进幼苗生长，而0.062 5%褐藻胶寡糖浸种处理更有利于促进高粱叶子的叶绿素合成，提高根系活力。海藻寡糖对植物的促生作用除了表现在株高、叶面积、根长等生长指标的增加外，还表现在功能叶片叶绿素含量、光合速率、气孔导度、蒸腾速率、胞间 CO_2 浓度等指标的显著升高。而最普通的植物生长素是吲哚乙酸（IAA），它广泛地存在于海藻中。合适的浓度条件下它还能促进作物根的生成、花菜果实的发育以及新器官的生长，促进组织分化和细胞生长。

2. 提高作物产量

海藻寡糖结构中含有羧基、羟基，能结合氮肥中铵根离子形成络合物，从而抑制铵态氮（NH_4^+）向硝态氮（NO_3^-）转化，减少氮素损失并长期对植物提供养分。同时，低剂量的海藻寡糖还可促进植物根系吸收 N、P、Ca、Mg、Mn、B、Zn 等元素。将海藻寡糖提取液与尿素、过磷酸钙、氯化钾（海藻寡糖增效尿素）充分混匀施入土壤，当海藻寡糖添加量为0.4%时，玉米氮肥、钾肥和磷肥的利用率分别提高了49.59%、24.30%和52.85%，同时促使玉米百粒质量和产量提高了16.45%和13.75%；将海藻寡糖增效尿素施用于油菜、茼蒿、黄瓜、茄子、马铃薯、萝卜等农作物，结果表明叶类和茄果类蔬菜对氮素的利用率及产量均比对照组有了较大提高，但根茎类蔬菜效果不明显。研究发现，海藻寡糖能结合外源 Ca^{2+}，提高植物叶片细胞内硝酸还原酶（NR）、谷氨酰胺合成酶（GS）、谷氨酸脱氢酶（GDH）等相关代谢酶的活性，促使更多 NH_4^+ 进入氮代谢，促使蛋白质合成积累，影响植物生长。还有研究者在黄瓜、辣椒、油麦菜、甘薯、马铃薯、苹果、鸭梨、桃、柑橘、葡萄、大豆、玉米、棉花等蔬菜、瓜果及农作物上的试验结果表明，海藻肥均能显著增加产量。

3. 促进植物生殖生长

1984 年南非 CapeTown 大学的园艺学家用不同种类的花做试验，证明海藻肥不仅能促使花早开，还能明显增加花芽数目，并且增加率可达 30%～60%。海藻提取物具有刺激作物提前开花，提高植物坐果率的作用。国外科学家发现不同稀释倍数的海藻提取物处理花生能够显著提高花生产量，最高增产可达约 1.4 倍；并且将海藻肥和化学肥料进行等比例混合使用后，不仅能够减少化肥的用量，而且还能获得较高的产量。Kumari 等（2011）以马尾藻（Sargassum）提取液作为液体生物肥料，对番茄做叶面喷施、根施以及叶面喷施根施等同时施用，发现 3 种处理均能促进番茄的生殖生长及营养生长，尤其是进行根施处理的植株在鲜重、株高、开花数目及果实鲜重等方面的改善最为显著。研究者利用海藻提取液喷施大豆叶面，发现不同浓度的海藻提取物对大豆的生殖指标和产量参数均有促进作用，且以浓度为 15% 和 12.5% 的海藻提取物效果最好，而且大豆在营养含量上也有显著提高。在我国，研究者曾用棉花、稻麦、蔬菜和烟草等做试验，获得幅度为 10%～30% 的增产效果。另外，烟草施用海藻肥还能提高上等烟的比例。大棚试验结果表明，施用海藻提取物的番茄比对照株高、茎粗、平均坐果率和产量均显著增加。

（二）增强作物抗病能力

海藻功能物质能够刺激作物体内某些基因的表达和代谢途径，促使植物自身产生防御性应激反应，从而释放多种酶及多酚类等功能因子，并诱导其产生抗病性。在辣椒、番茄、黄瓜、茄子、油菜、胡萝卜、西芹、甘蓝、青菜和白菜等蔬菜上施用海藻肥，对提高其抗逆性有积极作用。如施用海藻肥能提高作物的抗病能力，可提高烟草花叶病毒的抗病毒有效率，降低番茄灰霉病发病率，减轻水稻瘟枯病病情，对秋季大白菜的软腐病和霜霉病有明显的抗病效果。海藻功能物质能够刺激作物体内某些基因的表达和代谢途径，促使植物自身产生防御性应激反应，从而释放多种酶及多酚类等功能因子，并诱导其产生抗病性。Jayaraman 等（2011）发现喷施适量的海藻提取物后能明显降低黄瓜真菌病的发病率，尤其是对叶面和根部同时使用时抑病效果更加明显；同时检测到经海藻提取物处理的黄瓜，不但能增强多种防御相关酶的活性，而且其防御基因（包括几丁质酶、葡聚糖酶、过氧化物酶和苯丙氨酸氨裂解酶等）的表达也发生了很大变化。Sultana 等（2005）在实验中发现海藻粗提取物能够降低番茄和向日葵等植株的根系感染腐烂真菌的概率，并有效地抑制真菌或虫害对根系的附着和渗透能力。研究人员利用海藻粗提取物中的硫酸化多糖处理普通豆科植物，发现粗提取物喷施豆类后，叶面干重增加了 20%，在不影响植物生长的前提下，将豆类炭疽病的发病程度减轻了 38%，说明海藻提取物可诱导植物产生抗病性。

科学家在研究红藻海头红提取物的杀虫活性时发现，该提取物对烟草天蛾、夜蛾和蚊子幼虫均有很强的抑杀作用，且其杀虫效果超过沙蚕毒素类的巴丹。后来又有研究者从海头红中分离出 2 种有杀虫活性的多卤化单萜并研究了其作用机理，认为该化合物可能作用于试虫的神经系统。经研究发现，不同种海藻的不同蛋白质组分对香蕉炭疽菌菌丝生长和分生孢子萌发有不同的作用效果，并指出海藻中存在对香蕉炭疽菌具有抑制作用的蛋白质组分。研究者通过研究海藻提取物对番茄 CMV 病毒的作用，发现海藻提取物对 CMV 有很好的体外钝化效果和预防 CMV 侵染的作用；接种 CMV 病毒后施用海藻提取物，病株的 SOD、POD 酶活性明显升高，并明显降低了病株的病毒含量，降低了病毒对叶绿体的破坏。

（三）提高作物的抗逆性能

盐碱土也称盐渍土，是盐化或碱化土壤的总称。土壤含盐量大于 0.6% 的称为盐土，土壤胶体的交换 Na^+ 占总交换阳离子超过 20% 且 pH 值 >9.0 的称为碱土。事实上，这 2 种土壤经常是混合的，所以习惯上称为盐碱土。据联合国教科文组织不完全统计，现全球盐碱地面积已达 $9.54 \times 10^9 hm^2$，且每年仍以约 100 万 hm^2 的速度增长。其中，我国盐碱土面积约为 $1.0 \times 10^8 hm^2$，主要分布在滨海、黄淮海平原、东北松嫩平原、西北干旱半干旱地区，以及青海和新疆极端干旱漠境等地，且呈整体恶化、面积增加的趋势，现已成为影响我国区域经济发展、生态恢复建设的重要因素之一。

在土壤盐渍化严重的地区，植物很难生存。近年来，我国社会、经济高速发展，工业化进程不断加快，土地的不合理利用导致我国盐碱地面积不断扩大，耕地数量和质量不断下降，粮食安全面临巨大风险，因而盐碱地改良技术具有重要的生态效益和经济效益。我国改良盐碱地的历史悠久，早在 2 000 多年前就对盐碱地的成因及治理有一定的认识，如《齐民要术》中有"绿肥轮作改碱"的记载。新中国成立初期，盐碱地的治理侧重于水利措施，以排为主，灌排结合。近些年，我国科研人员在盐碱地的治理上投入了大量的精力，并取得了一定的成果。综合分析前人的研究，我国的盐碱地改良技术可以归纳为以下 4 种措施，即工程措施、农业措施、化学措施和生物措施。而海藻活性物质在盐碱地改良方面展现出了巨大的潜力。

海藻功能物质能够通过诱导植株产生抗性物质来缓解或抵抗逆境造成的危害，起到调控作物生长的作用。海藻寡糖能提高植物体内可溶性糖和游离脯氨酸含量，增强植物抗氧化酶活性，并诱导植保素的合成，降低细胞膜的通透性和丙二醛含量，从而提高植物抗逆性。张守栋等（2015）探讨了褐藻胶寡糖对毒死蜱胁迫下小麦生理特性的缓解作用，结果表明，海藻寡糖处理浓度与叶片细胞膜通透性、可溶性糖和脯氨酸含量呈明显的正相关，其中以 0.4% 褐藻胶寡糖效果最明显，可增加植物的抗性并缓解毒死蜱对植物造成的伤害。植物在逆境胁迫下，会产生较多的氧自由基，从而导致抗逆防御酶过氧化氢酶（CAT）、超氧化物歧化酶（SOD）、过氧化物酶（POD）和苯丙氨酸解氨酶（PAL）活性的增强，清除自由基，以防止逆境胁迫对植物造成的伤害。刘瑞志等研究表明，0.20%褐藻寡糖能够诱导烟草植物低温抗性的产生，可导致抗逆防御酶 CAT、SOD 和 POD 活性的显著升高，增强了烟草耐低温性能，保护烟草免受低温伤害。Zhang 等（2015）研究了 0.4%褐藻胶寡糖能够缓解毒死蜱对小麦产生的生理胁迫并增加植株抗性，发现海藻寡糖处理浓度与作物细胞膜的通透性、脯氨酸以及可溶性糖含量呈现明显的正相关。Ibrahim 等（2014）发现：在盐胁迫条件下，经海藻提取物处理的小麦种子的萌发率和生长参数显著高于对照，植物体内过氧化氢酶、超氧化物歧化酶、抗坏血酸过氧化物酶及谷胱甘肽还原酶等酶类活性增强，同时小麦幼苗的总蛋白图谱中出现 12 条新增条带，推断这些变化是源于海藻提取物所诱导小麦产生减缓盐胁迫的应激反应。

近年来，针对海藻提取物的研发工作更倾向于从混合物向单一物质发展，其中利用丰富的海藻酸多糖资源制备海藻寡糖并开发寡糖农用制剂具有较好前景。中国科学院大连化学物理研究所将海藻酸钠寡糖应用于小麦，研究结果表明：海藻酸钠寡糖浸种处理后，显著地促进了小麦种子的萌发率。0.05%海藻酸钠寡糖水溶液处理时效果最佳，发芽指数和活力指数分别比清水对照提高 12.96%和 14.74%，不定根数增加 12.13%；并且还增加了小麦叶片中叶绿素、可溶性糖和可溶性蛋白质的含量。海藻寡糖作为有效的生物刺激素还可以提高小麦对干旱胁迫的抗性。中国科学院大连化学物理研究所在聚乙二醇-6000（PEG-6000）模拟的干旱条件下，研究海藻寡糖对小麦生理、生化指标的影响。结果显示：PEG 处理的小麦生长显著受到抑制，然而海藻寡糖处理的小麦幼苗、根长、鲜重和相对含水量和 PEG 单独处理比较分别增加了 18%、26%、43%和 33%。海藻寡糖处理的小麦中抗氧化酶活性明显增强，丙二醛（MDA）含量降低 37.9%，同时 ABA 信号通路中耐旱相关基因的表达显著上调。Griffiths 等（2016）研究发现，干旱胁迫后喷施海藻酸钠寡糖，可在一定程度上缓解干旱胁迫对小麦生长发育的抑制作用，苗长、根长和生物量均显著增加。但目前有关海洋多/寡糖对植物生长调节功能的研究还多是关注表观效应，其对植物的生理调控机制并不十分清楚，即海洋多/寡糖作为植物生长调节剂开发并不多。

（四）缓解重金属对植物的毒害作用，修复土壤

海藻提取物除了具有促进作物生长的特性外，也会影响土壤物理、化学和生物特性，进而影响作物的生长。海藻及其提取物通过改善土壤保水能力，促进有益土壤微生物的生长而强化土壤健康。海藻提取物与化学肥料配成的有机-无机复混肥料，在增强肥效的同时能改善土壤结构，增强土壤透气保水能力。与普通肥料相比，海藻肥更具高效、易吸收和环境友好的特点。

　　土壤的退化是我国红壤土地区当前较为普遍的现象，部分地区的退化状况甚至已达到十分严重的地步，肥力退化主要表现为有机质及氮、磷、钾等养分的含量下降，即土壤中养分的供应能力减弱。同时，部分土壤出现酸化、pH值下降，向更不利于作物生长的方向发展；而且，部分土壤的实际生产能力下降，对化肥的依赖性越来越大。主要是由于施肥结构更趋于无机化，从而使土壤中的活性腐殖质被大量消耗，导致土壤结构变坏、保肥供肥性能下降，因而不利于作物的生长和高产稳产。

　　比如我国云南省，属低纬度热带亚热带地区，全省铁铝土纲土壤占土地面积56.55%，淋溶土纲土壤占18.12%，红壤是云南省的基础土壤类型。红壤养分一般不高，速效磷缺乏，pH值4.5~5.5，质地黏重，保水、保肥力强，耕性较差。在红壤之上，长期以来人们施用化肥的耕地，有机质减少，其他微量元素也逐渐减少。由于磷在酸性土壤中，与镁、铁、铝、锰等结合形成难溶性磷化合物，受磷自身特性及耕作措施影响，每年施入土壤中的磷肥只有15%~20%被当季作物吸收利用，其余80%以上被土壤固定，形成大量磷酸盐沉积，破坏了土壤团粒结构，造成土壤板结，耕性变差。海藻肥与土壤活化剂相互配合使用，海藻肥补充土壤中的有机质，调整土壤团粒结构，增加土壤的透气性，防止土壤板结，有利于作物根部的呼吸和生长，同时提供土壤之中微生物的活性，固氮菌、根瘤菌及一些有益微生物能够固氮，而且分泌有机酸使一些难以利用的元素活化利用。同时含有作物生长所需的各种元素。加上配以土壤活化剂，能够大大加强土壤之中的营养活性。补充单一使用化肥而提供不了的营养元素，还能够防止土壤因长期施肥不合理造成的土壤退化，增加作物产量，提高作物品质。

　　海藻寡糖能提高植物对重金属的抗性，保护植物不受重金属伤害。科研人员研究发现，海带多糖可以缓解重金属对黄瓜种子的毒害作用，添加1.6mg/mL海带多糖可使种子发芽率、胚芽生长情况恢复到无重金属污染水平。有研究发现，低浓度（0.062 5%~1.000 0%）的褐藻胶寡糖可缓解Cd对蚕豆根尖细胞造成的损伤，0.125 0%褐藻胶寡糖能够提高蚕豆根尖细胞有丝分裂指数，抑制微核产生，降低染色体畸变；同时也发现Cd胁迫下小麦苗的根茎长、干重比对照组下降了20%，而添加1g/L褐藻胶寡糖可提高小麦对Cd胁迫（100lx mol/L）的抗性。可见，海藻寡糖能保护植物免受重金属的毒害作用，增加其作为植物抗逆添加成分应用的可行性。

　　海藻寡糖分子中具有不饱和离子和具有孤对电子的羧基、羟基等化学基团。一方面，海藻寡糖中的不饱和离子能与重金属离子发生交换作用；另一方面，海藻寡糖中羧基、羟基的孤对电子可投入重金属离子空轨道中，形成配位键结合。与海藻寡糖相比，结构相类似的海藻多糖、壳聚糖在水溶液中存在羧基和羟基，也能够吸附 Zn^{2+}、Cr^{6+}、Cu^{2+}、Ca^{2+}、Pb^+ 等重金属离子，但对于不同的重金属离子，参与的吸附基团不同，吸附性能也存在一定差异。海藻寡糖是海藻多糖降解后得到分子量较小的产物，不仅具有海藻多糖原有的功能特性，还因其分子量低，水溶性好，预期与重金属离子能达到更好的络合，增大吸附量，发挥更大的效用。但目前有关海藻寡糖与重金属离子络合的研究报道较少，因此有待进一步探讨并发掘出潜在的应用价值。

海藻寡糖属于可溶性有机质（DOC），对土壤重金属吸附具有抑制和促进两种效应。DOC通过络合重金属，与土壤胶体产生竞争关系，从而抑制土壤中重金属离子的吸附作用。有学者研究表明，在酸性土壤中，带负电荷的DOC能够与带正电荷的土壤胶体通过静电作用相结合，一方面可提高土壤pH值，降低DOC对重金属离子吸附的抑制作用；另一方面DOC与土壤胶体结合，提高了土壤有机质含量，增加了土壤胶体表面负电荷，同时增加了土壤有效吸附位点，从而促进重金属离子的吸附。在酸性土壤中，以海藻寡糖为土壤修复剂，对重金属吸附以促进作用为主。在碱性土壤中，施加高浓度的海藻寡糖，土壤中可溶态重金属离子含量增加；低浓度的海藻寡糖虽然对土壤重金属也起到部分活化作用，但因能与重金属离子和土壤胶体形成复合体，从而增加土壤胶体表面活性基团，提高土壤胶体对重金属的吸附作用。已有研究发现，外源加入低浓度（碳含量为8mg/L）的DOC可络合土壤中阳离子（Cu^{2+}），并通过桥接方式与土壤胶体相结合。重金属污染土壤中加入低浓度的海藻寡糖，更多的海藻寡糖通过桥接作用吸附到土壤颗粒表面，消耗一部分的重金属离子，同时也增加了土壤胶体的电负性，提高对重金属离子的吸附作用。科学家研究表明，低浓度的海藻寡糖可以降低土壤中有效态和无机结合态Cd的含量，同时能够抑制植物对Cd的吸收；当添加1.0%海藻寡糖时，土壤水溶态和交换态Cd含量比对照组下降了21.97%，小油菜地上部和根部中的Cd含量比对照组分别降低了7.45%和27.52%。

（五）保水、保鲜及改善品质

新鲜水果和蔬菜富含各类无机盐、维生素、微量元素、有机酸和碳水化合物，这些都是人体健康所需要的重要营养。然而果蔬从成熟到消费要涉及采收、包装、运输和贮藏等环节，因受采收方法、贮藏条件和市场原因等因素造成的经济损失已成为世界性的突出问题。据报道，发达国家果蔬采后经济损失达10%~30%，发展中国家果蔬采后经济损失高达50%以上，我国是世界上果蔬生产的第一大国，产量约占全球总量的14%，采后经济损失高达20%~30%，年均经济损失超过700多亿元。病原菌侵染引起的腐烂是果蔬采后腐烂的主要原因。随着人们对食品和环境中农药残留问题的日益关注，以及病原菌对许多化学杀菌剂产生的抗性问题，许多国家正在探索防治果蔬采后病害的新途径。

海藻含有的大量糖类及其衍生物，不仅能抵抗一些不利因素、促进生长增殖，还具有可观的保水保鲜及改善品质的作用。周研（2016）等发现海藻酸钠和壳聚糖复合涂膜对哈密瓜具有良好的保水保鲜效果，都能降低瓜果的失重率，维持较高的硬度和维生素 C 含量，提高一些酶的活性，并抑制果肉中细菌的繁殖。相关研究表明将藻酸盐-亚油酸制成复合保鲜涂膜液，于常温贮藏条件下，涂覆于"Gala"苹果表面，使其在表面形成一层保护膜，不仅保持果实外观透亮、明艳，而且能够有效地抵抗微生物等不利因素对果实的侵害，延缓果实腐烂及变质程度，减少果实重量、硬度及营养物质的损失；此外该复合膜还有良好的气体选择透过性，可抑制苹果的呼吸作用，有效地增强了果实的保水保鲜性能，从而延长"Gala"苹果的贮藏期。烟台市农业科学研究院某海藻产品在黄瓜上的试验显示，优质瓜比对照增加 22.7%，劣质瓜比对照减少 20.4%，并且口味优良。海藻提取物能改善胡萝卜的外观品质（色泽）；可降低西芹粗纤维含量，增加番茄有机酸含量和可溶性固形物含量，提高维生素 C 含量。在桃、鸭梨上施用海藻提取物能提高单果重和果实硬度，增加果实可溶性固形物含量。荷兰彩椒上施用海藻肥后，果形方正，畸形果少。试验人员以芋芴为原料，在（10±1）℃的贮藏条件下，研究不同浓度海藻酸钠涂膜对鲜切芋芴营养品质和酶活性的影响。结果表明：与对照组相比，不同浓度海藻酸钠涂膜可降低鲜切芋芴贮藏过程中多酚氧化酶和过氧化物酶的活性，显著抑制鲜切芋芴的褐变，减少淀粉、可滴定酸和维生素 C 的降解，延缓失重，维持可溶性糖和还原糖的含量，保持鲜切芋芴的营养品质。其中以 2% 海藻酸钠涂膜处理效果较好，与对照组相比可延长保鲜期 4d。

目前，对海藻及其功能提取物的功能研究多涉及产量、品质和表观性状分析等，关于其作用的分子机理和调控机制等方面研究有待进一步突破。

四、海藻多酚及其农业应用

（一）海藻多酚概述

多酚类化合物，是指分子结构中有若干个酚性羟基的植物成分的总称，可分为简单酚类和多酚类化合物。简单酚类可分为卤代酚和不含卤的单酚类化合物。海藻多酚，尤其是间苯三酚及其衍生物，是藻类植物中重要的生物活性物质，其独特的抗氧化、抑菌等生理学功能成为海洋药物及功能产品的重要来源之一。1955 年，日本学者首次从内枝多管藻（*Polysiphonia morrowii*）中分离并鉴定出一种含溴的单酚，后来海洋科研人员又陆续从其他海藻中分离出上百种卤代单酚及其衍生物和卤代二酚化合物，在已确定的简单卤代酚中，绝大多数含有溴，极少数含氯。此外，也有研究指出，从红藻和褐藻可以分离出不含卤代物的简单酚衍生物和带有脂肪链的酚类，但这些简单酚的结构类型及其来源相对较少。目前，在海藻多酚的众多研究中，褐藻多酚是现阶段研究的主要方向，这主要是因为褐藻分布广、种类多、产量高、多酚含量丰富。

多酚类物质的经典提取方法是溶剂萃取法。鉴于该方法有机溶剂消耗大、样品损失率高、耗费时间长及安全性低，人们又开发了超声波提取法、微波提取法、低温纯化酶法和超临界流体萃取等相对快速、准确、简单的提取方法。

据研究表明，海藻多酚的主要成分是间苯三酚及其衍生物。由于多酚类本身容易被氧化，并可在藻体内进行聚合，组成多酚的间苯三酚连接方式和数量不同，这是因为海藻种类、藻龄、产地、季节和藻体的不同部位会对海藻多酚结构产生显著差异。根据其聚合方式不同，可分为以下4种。① 多羟基联苯：是一类联苯的低聚物，每个间苯三酚分子是以环对环 C-C 链相连，包括多羟基二联苯、九羟基三联苯、十二羟基四联苯等；② 多羟基苯醚：是间苯三酚单位以醚键连接起来的低聚物，包括五羟基二苯醚、七羟基三苯醚等；③ 混合多羟基联苯多苯醚：是多羟基二联苯和多羟基苯醚的混合型，这类化合物大多含有一个单位的多羟基二联苯，以醚键与 1~3 个间苯醚单位相连接；④ 多（间邻）羟基苯醚：与多（间）羟基苯醚的结构类似，只是分子末端酚的羟基少为间位，多为邻位。

海藻中的多酚类化合物是一种重要的生物活性成分，具有抗氧化、抗肿瘤、抑菌、生物防御等生物活性。近年来随着现代分析和分离技术的发展与应用，对海藻多酚的研究逐步深入，因其具有独特的生物学活性也越来越为人们所关注。近年来，众多学者对海藻多酚的分子结构研究做出了不懈的努力，自20世纪90年代以来，已有学者采用预先乙酰化、柱色谱、核磁共振和质谱等方法从多种海藻中分离并鉴定出上百种新的海藻多酚化合物，但是海藻多酚的研究尚处于成分分离、结构阐明的阶段，还未进行生物合成途径的比较研究。

海藻多酚是一种安全无毒、具有独特生物活性的天然化学产物。我国海藻资源丰富，应利用这一资源优势，并结合海藻多酚独特的生物学特性，研究和开发新型海洋药物和生物功能性制品。目前对海藻多酚的分离纯化及功能特性已研究的较为深入，但对其结构形成规律、化学结构与生物活性间的关系及生物活性的作用机理尚不完全清楚，还有待进一步的研究。多酚类物质稳定性差、体内生物利用率低也是影响多酚研究和开发的重要因素。因此发展利用新的提取技术，并对海藻多酚的结构进行优化，这对海藻多酚的研究具有重要意义。此外，对海藻多酚的多数研究仍处于实验室阶段。要实现海藻多酚相关产品的开发与推广还有赖于规模化纯化技术的进一步成熟与应用。

1. 海藻多酚的提取

海藻多酚（Algae Polyphenols）在红藻、褐藻、绿藻和蓝藻中均有分布，是一种低含量的活性物质，近年来，研究者围绕着其提取工艺进行了许多有益探索。多酚类物质的经典提取方法是溶剂萃取法，这种方法技术较成熟、不需要特殊的仪器、应用较为普遍，但具有使用有机溶剂、处理时间长、样品损失、安全性低等缺点。为了解决传统方法中的不足，近年来一些准确度高、快速简单的提取方法快速发展起来，如超声波提取法、微波提取法、超临界流体萃取法等。

（1）溶剂萃取法

溶剂萃取法作为多酚提取的经典方法，其原理为利用植物中化合物在溶剂中的溶解度差异进行提取分离。此方法提取的海藻多酚纯度、提取率相较于纯水均有较大提升，氧化程度和生物活性也有一定改善。但溶剂使用量大、加热时间长、干扰化合物多、安全性差是多酚产业中亟待解决的问题。2016年，有科研人员研究探讨了乙醇提取海发菜（*Gracilaria lemaneformis*）中多酚工艺条件，最佳提取条件为70%乙醇、回流2h、液固比50mL/g，海藻多酚提取率为（2.20±0.04）mg/g。而又有学者关于纯水和70%丙酮溶液提取对多种海藻多酚提取率试验表明，不同来源的海藻采用有机溶剂作为提取剂，其多酚提取率均显著高于单纯水提法的提取率。研究表明，在甲醇和乙醚两种不同溶剂对北婆罗洲的8种海藻中多酚提取率的影响研究中，同等条件下采用甲醇作为萃取剂，多酚提取效果明显优于乙醚，因此，甲醇更适宜应用于海藻多酚的提取。

（2）超声波提取法

超声波提取法是应用超声波对媒介的机械振动作用和空化作用，提取植物内的有效成分，是一种物理破碎过程。为了更有效地提取海藻多酚，研究工作者在利用溶剂萃取的基础上辅以超声波震动，以提高提取效率，即为超声波辅助萃取法。

多酚类物质都存在于植物的细胞内部，提取时往往需要进行细胞破碎，现有的机械破碎方法很难将细胞进行有效破碎，化学方法又容易造成多酚类物质结构性质发生变化而失去活性。利用超声波的高频振动产生能量，可使溶剂与植物体中的有效成分充分接触，促使有效成分尽可能向溶剂中转移，强化胞内物质的释放、扩散和溶解以提高提取率。超声萃取因其高效、节能和环保的优点，已成为植物多酚提取的一种新手段。科学家比较了超声波提取法和溶剂提取法对茶多酚提取率和品质的影响。实验结果表明，超声波的机械破碎和空化作用使植物细胞组织更易破碎，从而加速茶多酚浸提物从茶叶向溶剂的扩散速率，大大减少了茶多酚长时间处在高温下的氧化，保持活性成分的稳定。研究者以海带（*Laminaria japonica*）为原料，通过正交试验优化超声波浸提法提取多酚工艺，研究结果显示，对海带多酚提取率具有显著影响的因素为提取温度和时间，最优提取工艺参数为：在超声辅助提取为前提下，采用80%的乙醇作为萃取剂，在65℃条件下萃取4h，提取物中多酚含量高达11.1mg GAE/g（GAE为没食子酸当量）。杨会成等研究发现，超声波处理后的海带样品，再辅以适当的微波辐射，可以缩短多酚的提取时间，并显著提升提取效率，提取率最高为2.08%。虽然相较于传统水提法和溶剂萃取法，超声辅助萃取法可提高海藻多酚的提取率及提取物中多酚含量，但超声辅助萃取法在工厂化生产过程中，因受超声波衰减因素的制约（在器壁形成超声空白区），以及无法实现在线维修等因素影响，目前仅限于小批量加工。

（3）微波提取法

微波辅助提取是利用微波能来提高提取率的一种新技术。微波提取过程中，微波辐射导致细胞内极性物质，尤其是水分子吸收微波能，产生大量热量，使细胞内温度迅速上升，液态水汽化产生的压力将细胞膜和细胞壁冲破，形成微小的孔洞；进一步加热，导致细胞内部和细胞壁水分减少，细胞收缩，表面出现裂纹，使胞外溶剂进入细胞内部，溶解并释放出胞内产物。微波提取法浸提时间短、产品杂质少且有效活性成分稳定、提取率高。但是，微波萃取的缺点是不易自动化，缺乏与其他仪器在线联机的可能性，且由于微波启动中释放了大量热能，不能应用于热敏性生物活性物质的提取。

钟明杰（2010）运用微波法提取紫菜中的多酚类物质，最佳提取条件为微波辐射功率 800W，乙醇浓度 25%，液固比 50mL/g，微波辐射时间 60s。杨会成等（2014）分别采用超声波法、微波法和超声波-微波复合法对海带进行前处理并与未处理过的方式进行比较，得出经过前处理的海带较未处理过的多酚浸出率高，且超声波-微波复合法处理的效果最高。劳敏军等（2010）分析了超声萃取法与微波萃取法对海带多酚提取率的影响，研究发现，微波辅助提取优于超声辅助提取，微波提取最佳条件为液固比 75mL/g、乙醇浓度 60%、微波功率 800W、提取时间 60s，多酚提取率为 1.6mg/g。欧阳小琨等（2010）研究表明，在微波提取功率为 700W、乙醇浓度为 15%、液固比为 25mL/g、微波处理 40s 的条件下，鼠尾藻（*Sargassum thunbergii*）多酚提取率为 2.81mg/g。钟明杰等研究表明，在功率为 800W、时间为 60s、液固比为 50mL/g、乙醇浓度为 25% 的条件下，紫菜（*Porphyra haitanensis*）多酚提取率最高为 4.80mg/g。又有研究者比较了 4 种提取方法（浸提法、索氏回流法、技术纯化法、柱层析法）对海带多酚提取率的影响，结果表明，微波辅助提取法能显著提升海带多酚得率，该法比甲醇浸提法、索氏回流法高 62.5%，比超声提取法高 150.5%。将微波技术应用于海藻多酚类活性物质的提取中，可大大缩短实验时间，提高效率，获得较好的实验效果。

（4）超临界流体萃取法

超临界流体萃取简称超临界萃取，它是以高压、高密度的超临界流体为溶剂，从液体或固体中溶解所需要的组分，然后采用升温、降温、吸收（吸附）等手段将溶剂与所萃取的组分分离，最终得到所需纯组分的操作。超临界流体萃取法的优点是具有萃取和分离的双重作用，而且萃取效率高，过程易于控制；萃取温度低，适用于热敏性成分的分离；萃取流体可循环使用，安全无污染；超临界流体的极性可改变，适用范围广。但其要求装备复杂，溶剂选择范围窄，受处理样品少，回收率受样品中基体的影响，设备投资大，能耗高，建立大规模提取生产线有难度。

研究证实，超临界流体萃取条件下溶剂易渗透到海藻的基质中，甚至可从钝顶螺旋藻（*Spirulina platensis*）中提取到其内低含量的酚类物质，且产品提取率高，无溶剂残留。利用超临界二氧化碳和乙醇作为共溶剂，探索了裙带菜（*Undaria pinnatfida*）干品的多酚最佳提取工艺，在压力为 250 bar、温度为 59.85℃条件下多酚提取率最高。科学家在研究超声强化超临界流体萃取对海藻中生物活性物质的影响时发现，与超临界流体萃取相比，超声强化超临界流体萃取过程可以减小 CO_2 流量，降低萃取温度及压力，缩短萃取时间，而生物活性物质的释放量显著升高。

另外，离子沉淀法是一种比较常用的多酚提取法，被广泛用于分离茶多酚及果蔬多酚，但对于海藻多酚的应用研究尚未见报道。这可能是因为海藻中的多酚含量相较于陆生植物较低，不易聚集形成金属离子络合物基团析出或析出时间长。而生物酶解法工艺温和，有利于保护产物活性，环保低能耗，易于实现工业化，目前在陆生植物多酚的研究中多有应用，必将成为海藻多酚提取工艺探索的新方向。除此之外，一些高新技术提取法也相继应用于海藻多酚的提取，如脉冲电场刺激、纳滤结合技术等方法。这些方法的应用丰富了海藻多酚的提取工艺，还可避免一些物理或化学性损失，有效提高多酚提取率。

2. 海藻多酚的分离纯化

由溶剂萃取等方法提取的海藻多酚中杂质含量高，纯度不能满足实际生产需求，多酚粗品需要进一步分离纯化。目前，多酚的分离纯化技术主要分为两种类型：粗分离技术（大孔树脂吸附法、膜技术纯化法、柱层析法、超滤法）和纯化技术（高效液相色谱法、高速逆流色谱法）。其中，大孔树脂吸附法、凝胶柱层析法应用于多酚纯化已呈现出工业化发展的趋势，而高效液相技术等多酚纯化法仍处于实验室研究阶段。

（1）吸附树脂法

大孔树脂是一种不溶于酸、碱及各种有机溶剂的有机高分子聚合物。大孔树脂的孔径与比表面积都比较大，在树脂内部具有三维空间立体孔结构。可以选择性吸附水溶液中的有机物，是一类不含交换基团且具有大孔结构的高分子吸附树脂，具有物理化学稳定性高、比表面积大、吸附容量大、选择性好、吸附速度快、解吸条件温和、再生处理方便、使用周期长、宜于构成闭路循环，节省费用等诸多优点，广泛应用于多酚类物质的分离纯化。

大孔吸附树脂的性能主要取决于树脂极性、空间结构和被吸附分子的极性、大小等性质。吸附容量和解析率是大孔吸附树脂种类选择的主要依据。刘晓丽等研究了 5 种大孔树脂对海带多酚的吸附与解吸性能，并对这 5 种大孔吸附树脂的静态吸附和解吸效果进行了比较和筛选，得出 XDA-1 型大孔吸附树脂对海带多酚的吸附量大，具有良好的富集作用，纯化后可得到纯度为 80.5% 的海带多酚。Kim 等比较了 4 种不同类型大孔树脂对腔昆布（*Ecklonia cava*）多酚的吸附条件，研究结果表明，大孔树脂 HP-20 对多酚的分离效果最佳，纯化后的多酚含量可由 452mg PGE/g 增加到 905 mgPGE/g，解吸率高达 92%。吕成林等（2014）以多酚吸附量和解吸率为指标比较了 10 种大孔树脂对羊栖菜（*Hizikia fusifarme*）多酚的分离效果，其中 NKA-9 表现最佳，其吸附量为 0.73mg/g，解吸率高达 91%，并确定最佳工艺条件为 pH 值为 4.0 的多酚粗品 300mL，流速 1mL/min。最佳分离条件为 70% 的乙醇体积 400mL，流速 1mL/min。

（2）膜技术

膜技术是通过仿生学膜材料实现不同介质分离的技术，分离过程中由于原料中不同组分浓度、性质和膜两侧的压力差等因素的驱动，使得原料的各组分有选择的透过膜，从而实现分离的目的。此法可在常温下进行且选择性好，此外，膜技术无相态变化和化学变化，不破坏活性成分。但由于试验成本高，缺乏实践经验，目前，膜技术应用于多酚纯化研究尚处于初级阶段。

（3）柱层析技术

柱层析技术是根据样品混合物中各组分在固定相和流动相中的分配系数不同，经多次反复分配将各组分分离的一种分离纯化技术。柱层析分离纯化技术在多酚的纯化中应用比较广泛，研究中大多采用硅胶柱层析法、凝胶柱层析法和微晶纤维素柱层析法等。曲词在早期制备的海黍子（*Sargassum kjellmaniamum*）多酚（多酚含量 2.17mg GAE/g）中，先通过 NKA-9 大孔树脂吸附树脂分离多酚组分 F1、F2（多酚含量分别为 4.40mg GAE/g 和 5.52mg GAE/g），再经 Sephadex LH-20 凝胶柱层析分离纯化，得到 F1-1、F2-1 和 F2-2 这 3 个组分，其多酚含量分别为 4.57mg GAE/g、5.28mg GAE/g、6.61mg GAE/g，结果显示，凝胶柱层析分离法相较于大孔树脂吸附法，其分离效果和多酚含量均得到有效提升。科学家通过葡聚糖 G-25 凝胶柱和 Sephadex LH-20 凝胶柱对海带多酚分离纯化效果的对比发现，两种凝胶柱对海带多酚分离时分配系数（Kav）相差较大，可对各组分进行有效分离，特别是 Sephadex LH-20 凝胶柱分离效果最佳，能够分离得到 6 个峰。综合分析葡聚糖 G-25 凝胶柱（Kav1、Kav2 分别为 0.00、0.60）更适宜应用于海带多酚的分离纯化。

（4）超滤法

超滤是在静压差的推动力作用下进行的液相分离过程，其分离原理是筛分。膜孔的大小和形状对分离起主要作用。超滤常用于分离溶液中的大分子、胶体和微粒。研究人员采用超滤法对茶多酚进行前处理，纯度达到 84.3%。比未经超滤处理的纯度提高了 32.8%，后经 HPLC 色谱图分析，茶多酚中儿茶素的纯度提高了 8.75%，说明超滤用于树脂法纯化茶树花多酚工艺的有效性。

（5）液相色谱纯化

液相色谱纯化是利用混合物中各组分理化性质差异，使其不同程度地分布在流动相和固定相中，各组分在两相的相对运动中，发生多次分布进行分离。Lopez 等（2011）通过反相高效液相（RP-HPLC）对帚状麻基藻（*Stypocaulon scoparium*）多酚粗提物进行研究，成功分离出 14 种酚类物质，且出峰效果良好。Steevensz 等（2012）研究证实，超高效液相色谱-高分辨质谱技术（UHPLC-HRMS）也能够满足海藻多酚的分离及性能分析要求，同时发现，由于受到多酚聚合度的限制，亲水性液相色谱对不同褐藻多酚的分离差异显著，其对于低分子质量的多酚分离效果最佳。上述研究从侧面验证了高效液相技术应用于海藻多酚分离的可行性，并为下一步采用制备型高效液相色谱快速、大量分离纯化多酚粗品指明了方向。

（6）高速逆流色谱法

高速逆流色谱（HSCCC）是新型的液-液分配色谱技术，它利用多层螺旋管同步行星式离心运动，在短时间内实现样品在互不相溶的两相溶剂系统中的高效分配，从而实现样品分离。HSCCC 最大的优点在于每次的进样量比较大，可以达到毫克量级，甚至克量级；同时，HSCCC 是无载体的分离，所以不存在载体的吸附，样品的利用率非常高。HSCCC 仪器价格低廉、性能可靠、分析成本低、易于操作，是一种适用于中药和天然产物研究的现代化仪器。

学者运用高速逆流色谱法，从五味子中同时分离出 4 种纯度较高的多酚类物质，分别为五味子酚、五味子甲素、五味子乙素和五味子酯甲，在短时间内实现高效分离和制备，取得了理想的实验结果。虽然现阶段依旧缺乏 HSCCC 大规模分离制备海藻多酚的技术与设备，但随着各种相关技术的不断发展和完善，HSCCC 将会在多酚分离领域发挥越来越重要的作用。

（二）海藻多酚在农业上的应用

随着水产品需求的增加及对其新鲜度要求的提升，在运输过程中的防腐保鲜问题越发受到关注。党法斌等（2012）采用平板生长抑制法检验角叉菜、海蒿子和鼠尾藻多酚对多种海洋弧菌的抑菌效果，试验结果表明，不同来源海藻多酚对受试海洋弧菌均具有显著性的抑制作用（$P < 0.05$），且随着多酚浓度的增加，抑菌能力逐渐增强；王亮等（2009）以细菌群体感应抑制活性为指标，选取海带多酚对南美白对虾（*Litopenaeus vannamei*）进行保鲜处理，结果表明，海带多酚可有效抑制微生物的生长和挥发性盐基氮（TVB-N）的增加，保持水产品 pH 值稳定和良好的感官质量，且相

较于不处理组，喷洒海带多酚可延长南美白对虾货架期48h以上；曾惠（2012）则以细菌群体感应抑制活性为指标，选取石莼（*Ulva lactuca* L.）、马尾藻（*Sargassum* C.）和裙带菜（*Undaria pinnatfida*）3种海藻多酚对大菱鲆（*Scophthalmus maximus*）进行保鲜处理，试验证明，0.5mg/mL的3种海藻多酚就可不同程度地延缓大菱鲆的品质变化，并指出海藻多酚是一种发展潜力巨大的水产品保鲜剂。

海藻多酚还可应用于果蔬等食品的保鲜，但目前这方面的研究相对较少。李会丽等（2012）研究了鼠尾藻海藻多酚处理对采后草莓（*Fragaria ananassa* Duch.）腐烂的控制与贮藏品质的影响，发现海藻多酚不但具有直接抗菌活性，控制草莓的采后腐烂，而且能诱导草莓的采后抗病性，提高抗病的相关酶活性，保持草莓品质。刘尊英等（2007）的研究指出鼠尾藻多酚有较强的抗果蔬病原菌活性，体外抑菌试验结果显示，在浓度分别为16mg/mL、12mg/mL时，其能有效抑制灰葡萄孢菌（*Botrytis cinerea*）和扩展青霉菌（*Penicillium expansum*）的正常生长，进一步对草莓致病的研究结果表明，经鼠尾藻多酚处理后的草莓，其灰葡萄孢菌和扩展青霉菌病斑直径相较于对照组分别降低了28.4%和47.6%。

五、海藻中的植物激素及其农业应用

（一）海藻中的植物激素

与陆地高等植物一样，许多大型海藻内都含有植物生长素和类植物生长素，早在1940年就有吲哚乙酸广泛存在于多种海藻中的报道。于1972年和1985年就有科学家使用GC-MS技术确认了蕨藻、马尾藻和裙带菜等海藻中吲哚乙酸及其他两种植物生长素（苯乙酸和羟基苯乙酸）的结构与含量，证实了海藻中植物生长素的存在。随后在海藻中又发现了3-（羟基乙酰）吲哚、异吲哚、吲哚羧酸和吲哚乙醛等生长素类物质。作为海藻体内天然活性物质的一种植物激素，其种类与陆地植物中所含的一样，主要包括生长素（IAA）、细胞分裂素（CTK）、赤霉素（GA3）、脱落酸（ABA）、乙烯（ETH）、油菜素内酯（BRs）、茉莉酸（JA）和水杨酸（SA）等；除此之外，还包括一些碱性植物激素，如甜菜碱（Betaine）等。这些植物激素具有多方面的生理作用：调节着植物体各部位的生长、发育、衰老和死亡，可促进藻类生长，控制菌体分枝；还控制着其生殖过程，影响生殖器官形成；同时也使植物能应对各种外界不良环境。

植物激素是植物所产生的在其自身生长、环境应激和相关基础代谢等生理过程中发挥重要调控作用的代谢产物。植物激素种类繁多，在较低浓度下就能够产生明显的生理效应，调节植物重要的代谢活动。相较于一些高等植物而言，藻类植物激素的研究起步较晚。目前已在藻类中发现了吲哚乙酸、异戊烯腺苷、反式玉米素核苷、独脚

金内酯、脱落酸、水杨酸等多种植物激素。

海藻中的主要植物激素包括以下几种。

1. 生长素（IAA）

植物生长素在不同藻类中的分布不同，且藻体中其含量往往很低。通常，新鲜藻体中植物生长素的总含量在 $1 \sim 100 \mu g/kg$。现在已知的大部分生长素类物质都是吲哚类化合物，尤其是吲哚乙酸（indole-3-acetic acid，IAA）。生长素具有刺激作物根系发育、增加果蔬坐果率和抗寒的作用。

2. 细胞分裂素（CTK）

也称细胞激动素，是具有生理活性的一类嘌呤衍生物。它是海藻肥的重要功效成分，其促生长作用特别明显。已被证实存在于海藻中的细胞分裂素有葡糖玉米素、玉米素、二氢玉米素、异戊烯基腺嘌呤核苷、异戊烯基腺嘌呤、玉米素核苷和6-氨甲基嘌呤等。细胞分裂素具有促进细胞分裂和分化、延迟植物器官衰老等功能。

3. 赤霉素（GA3）

早在20世纪60年代，科学家就发现海藻中含有赤霉素类似物，后经生物检测证明至少存在 GA3 和 GA7 两种赤霉素活性物质。研究者利用莴苣下胚轴检定，发现绿藻萃取相部分具类赤霉素活性。赤霉素可以促进大型海藻的生长，影响藻的形态建成、再生和许多生理生化过程。后来有人在鹅掌菜和冻沙菜中检出赤霉素的存在。赤霉素具有促进植物发芽、生长、开花和结实的功能。

4. 脱落酸（ABA）

脱落酸是植物生长抑制剂，可促进离层细胞分化和离层形成，从而引起器官脱落，加速衰老。1982年有学者发现掌状海带中含有水溶性的植物生长抑制剂，后被证实是脱落酸。

5. 乙烯（ETH）

有关海藻中乙烯的报道较少，1988年科学家在研究伞藻的发育生理节律时发现其含有乙烯，研究者测定南非生产的海藻植物生长调节剂产品 Kelpak 66 时发现其中含有乙烯生物合成的前体物——1-氨基环丙烷羧酸（ACC）。乙烯在植物生长中的作用是降低生长速度，促进果实早熟。

6. 甜菜碱（Betaine）

1984年首次报道海藻中发现甜菜碱。甜菜碱是一种氨基酸或氨基酸的衍生物，目前海藻中发现了约18种，其中包括甘氨酸甜菜碱、β-丙氨酸甜菜碱、γ-2氨基丁酸甜菜碱、高丝氨酸甜菜碱和脯氨酸甜菜碱等。甜菜碱主要作用表现为在浓度很低的情况下可大大提高植物叶绿素含量。以上这些生理活性物质参与了植物体内有机和无机物质的运输，它们的存在强化了作物对营养物质的吸收，同时刺激植物体内非特异性活性因子的产生和调节内源激素的平衡，对植物的生长发育起着重要的调节作用。

（二）海藻中激素的检测方法

随着现代分子生物学检测手段的不断进步，各种植物内源激素可以得到定性和定量的检测，为海藻类肥料的研究开发和科学应用提供技术支撑。目前，植物激素的检测过程一般包括前处理、纯化和检测 3 个阶段，每个阶段都有不同的实验方法。

1. 前处理方法

前处理包括样品的分离、提取、除杂、浓缩等很多步骤，一般在前处理开始之前需要保证样品不受污染，对受试样品进行有效的处理和贮藏，根据相似相溶的原理选用合适的溶剂提取目标植物激素，提取过程中需要保证溶剂与样品不产生不可逆的化学反应。提取过程应该最大限度地提取出目标物质、尽可能减少其他干扰物质。

前处理中提取方法的选择十分重要。早期用于提取植物激素的方法有索氏提取法、振荡提取法、液-液分配提取法等，近年来发展出了超声波辅助提取法、固相萃取法、固相微萃取法、超临界流体萃取、微波辅助提取法和基质固相分散法等先进的提取方法，克服了早期技术和仪器设备普遍有耗时、耗力、重现性低、耗提取溶剂的缺点，在可操作性、提取溶剂用量、提取时间等方面都有较大提升。

2. 纯化方法

样品纯化旨在除去海藻提取物样品中的干扰杂质和不需要物质，以提高检测的稳定性和灵敏性。目前，较常用的纯化方法有液-液分配法、固相萃取法、凝胶渗透色法和薄层层析法等。

3. 检测方法

（1）生物检测法

生物检测法是植物激素测定过程中最早使用的一种方法，也是到目前为止检测生物活性的一种常用方法。它主要利用植物激素对植物的调控反应，通过对植物组织以及器官呈现特异性反应进行测定。常用的生物检测法有：① 萝卜叶扩张分析法；② 大麦叶感觉分析法；③ 莴苣下胚轴生长分析法；④ Amaranthus Caudatus 分析法；⑤ 烟草愈伤组织和茎组织分析法；⑥ 大豆组织分析法；⑦ 黄瓜种子子叶分析法等。早在 1940 年，科学家就使用燕麦胚芽鞘弯曲法检测了几种褐藻中吲哚乙酸的活性。2017—2023 年中国海藻肥行业发展研究分析与发展预测报告中总结了多种植物激素的检测方法，其中海藻提取物产品 Maxicrop 中细胞激动素的活性是 25～200mg/L，Algifert 产品中是 10～500mg/L，SM3 产品中是 15～150mg/L。

赤霉素是一种重要的植物激素，早在 20 世纪 60 年代，科学家就已经发现海藻中含有赤霉素类似物，并且用不同的生物法测定了不同海藻中的赤霉素类活性物质。生物检测发现昆布属和浒苔属的海藻均有赤霉素活性。Maxicrop、Algifert 等新鲜制备的商业海藻提取物产品中有赤霉素的活性，使用莴苣下胚轴生长分析法测定海藻提取物中的赤霉素活性是 0.03～18.4mg/L。

通过生物检测法可以判断特定的海藻或海藻提取物中是否有特定的植物激素，并利用该激素的已知活性进行定性检测，获得有效数据。该方法的优点是通过测试明确了海藻提取物对高等植物的生物效应，但是这种方法也存在很大的局限性。例如，海藻提取物中含有大量活性物质，这些活性物质之间存在协同作用或拮抗作用，使用不同的生物检测法对海藻的赤霉素类物质进行时，如果受到非特异性干扰而导致生长抑制现象，就不能单纯判定赤霉素发挥了作用。检测时需要在前处理过程中尽可能纯化所测定的组分，过程复杂、工作量大。生物检测法一般用于海藻粗提液的生物活性检测，无法对海藻提取物含有的活性物质的量进行精确测试。生物检测法的检测结果是寻找藻类中激素的第一步，经测试确定生物活性的存在后，有必要做进一步纯化鉴定。

（2）气相色谱（GC）检测法

气相色谱法具有灵敏度高、测试范围广的特点，可用于海藻提取物中所有内源活性物质的检测，通过与标准样品的共色层分离来鉴定待测样品中的激素及其含量。

在操作过程中，气相色谱检测需要将海藻提取物提前处理成易挥发的物质，例如通过甲基化和三甲基硅烷化等处理后得到挥发性衍生物。不同的植物激素需要采用不同的衍生化方法，因此难以同时测定多个植物激素。因为无法排除杂质和污染物与标准品的共色层分离，测试结果有一定的局限性，特异的预纯化步骤可以保证测定结果的准确性。

（3）气-质联用（GC-MS）检测法

气-质联用技术是目前最常用的激素检测方法，它可以鉴定未知物质的准确化学结构，从而确认激素的性质，并对其精确定量，因此气-质联用法在对藻类中植物激素的研究方面得到的结果往往是结论性的。高效液相色谱法（HPLC）已经在除乙烯外的 4 大类植物激素和生长调节剂的研究领域中不断发展应用，HPLC 配合紫外检测器已经成为内源植物激素分析的有效手段，可以同时测定海藻提取物中的多种内源激素，而且反相 HPLC 以极性极强的水溶液作为流动相更利于激素的分离和测定。实际操作中，同时测定多种海藻提取物激素时经常出现多种内源激素分离差、峰形不良、严重拖尾等现象，因此必须选择合适的内源激素提取方法和色谱条件。与 GC 相比，HPLC 的检测器是薄弱环节，因为洗脱液与样品中的许多物质的物理性质相近，很难找到既通用又灵敏度很高的检测器。

（4）酶联免疫吸附法（ELISA）

近年来，免疫学技术应用于植物激素的测定有力地促进了激素定量研究的发展，其基本原理是利用抗原和抗体的特异性竞争结合。目前最常用的技术是酶联免疫吸附法（ELISA），该方法最大的优点在于特异性强、灵敏度高。科研人员采用酶联免疫法分析了 64 种海藻，在所有被检测的海藻中都发现了脱落酸的活性，显示该方法的高灵敏性和应用潜力。实际应用中，抗体的制备较为复杂，最大的弱点是无法排除交叉反应引起的误差，高度的结合特异性不能保证检测准确，高浓度的与抗体有弱亲和力的物质也会干扰抗原结合，此外还需要了解一种植物激素的多种构型对不同抗体是否有不同的交叉反应。

（5）其他方法

除了上述几种分析测试方法，电化学分析法、生物传感器方法等也在植物激素的检测中得到应用。通过激动素对固定纳米管电极上物质的光信号增强作用，可以建立电化学发光的检测技术。通过在绿豆芽叶片上研制 IAA 生物传感器，也可成功检测植物激素。

经过几代科学工作者的共同努力，海藻中植物激素的检测方法已经初步形成了一个体系，对各种植物源激素可以进行有效的定性和定量分析检测。研究者利用液-液萃取及高效液相色谱在石莼中同时检测到脱落酸、赤霉素、细胞激动素、吲哚乙酸等多种植物激素。科学家运用高效液相色谱-三重四级杆质谱联用分析系统（HPLC-QQQ-MS），建立了大型海藻内植物激素的分离检测方法，并运用该方法对我国浙江沿海 13 种代表性大型海藻所含植物激素的种类和含量进行了定性和定量分析（见表1-5）。

整体来说，红藻中植物激素的含量较高，尤其以舌状蜈蚣藻中植物激素的含量最高，其苯乙酸（PAA）和水杨酸（SA）的含量分别达到 1 588.7ng/g 和 250.0ng/g，是各海藻中植物激素含量最高的；褐藻中植物激素含量较低，有 4 种植物激素都检测不到：异戊烯腺苷（IPA）、反式玉米素核苷（TZR）、脱落酸（ABA）和赤霉素（GA3），并且就检测到的植物激素来说含量也仅有 0.5~6.2ng/g。在植物激素的性质方面来说，中性植物激素的含量较低，尤其是细胞分裂素中的异戊烯腺嘌呤（IP）含量普遍很低；酸性植物激素的含量较高，尤其以植物生长素中的 PAA 含量最高。在不同的大型海藻中，各种植物激素的含量变化差异很大，正如表 1-5 所显示：吲哚乙酸（IAA）和苯乙酸（PAA）这些在高等植物中含量较高的植物激素，在大型海藻中含量也比较高；茉莉酸（JA）和水杨酸（SA）都是在特定环境刺激下诱导的植物激素，在极少量情况下发挥重要的影响，这两种激素虽然在几种藻类中都普遍存在，但含量较低；反式玉米素核苷（TZR）、异戊烯腺苷（IPA）和异戊烯腺嘌呤（IP）都是细胞分裂素（CTK）中的主要种类，因此选择这几种植物激素进行分析，IPA 的含量普遍高于 IP，主要因为在植物中，前者是游离态，后者是结合态，而在植物中，结合态 CTK 占主导地位。

表1-5 13种藻样中各种植物激素的含量

单位：ng/g

海藻种类	吲哚乙酸	异戊烯腺苷	异戊烯嘌呤	反式玉米素核	脱落酸	苯乙酸	水杨酸	赤霉素	茉莉酸
角叉菜	55.3±4.60	11.6±0.44	5.3±0.54	7.5±0.59	11.4±0.59	4442±10.88	21.0±0.83	ND	ND
小杉藻	ND	1.1±0.66	ND	ND	ND	381.8±9.0	13.7±0.84	ND	5.9±0.76
舌状蜈蚣藻	19.7±1.41	10.4±0.29	8.7±0.48	6.6±0.59	13.2±0.06	1588.7±12.65	250.2±2.49	ND	ND
厚网藻	70.9±0.37	7.7±1.05	46±1.31	10.0±3.43	22.1±0.45	260.9±4.04	19.8±3.02	ND	ND
龙须藻	10.5±0.64	2.4±0.04	1.8±0.09	5.4±0.06	ND	15.3±0.6	10.4±0.15	ND	33.2±1.91
脆江蓠	ND	0.4±0.02	ND	ND	ND	555±0.21	10.3±0.02	ND	52.7±0.74
石莼	ND	0.6±0.34	ND	53.2±5.90	10.4±0.50	529.9±9.65	15.1±0.70	ND	13.9±5.14
羽藻	11.8±0.4	57.1±0.44	43.9±0.38	ND	ND	1235.2±15.3	1011.3±11.0	ND	ND
孔石莼	9.1±0.06	ND	ND	68.3±0.82	ND	335.8±26.61	38.2±0.54	ND	24.8±0.4
浒苔	ND	0.1±0	0.1±0.01	0.1±0.01	ND	61.8±0.99	20.1±2.19	5.1±1.02	ND
羊栖菜	19.2±0.97	1.2±0.07	20±0.02	ND	6.1±0.45	209.1±1.71	18.9±1.40	ND	5.2±0.58
铜藻	8.7±0.1	0.5±0.01	ND	ND	ND	160.5±2.54	11.5±0.35	ND	3.2±0.09
鼠尾藻	7.1±0.71	1.4±0.5	1.4±0.01	ND	6.2±0.38	167.8±9.39	22.4±1.36	ND	ND

注：ND（notdetected）指未检测出。

海藻中含有多种植物激素，对海藻植物在生长发育等方面有着重要影响。近年来，藻类植物激素作为海藻肥的主要成分在促进植物的生长、发育和繁殖等方面的研究越来越多，海藻肥已经成为促进植物生长的主流产品。海藻肥是一种由大型海藻生产加工而成的一种肥料，内含促进植物生长发育的激素物质，由于其浓缩性和高效性而越来越广泛地应用于园林植物和粮食蔬菜等。目前，海藻肥中含有的植物激素主要包括生长素、细胞分裂素、赤霉素和脱落酸，相比之下，有关海藻肥中的茉莉酸和水杨酸的研究较少。在不同的大型海藻中，各种植物激素的含量变化差异很大。吲哚乙酸、脱落酸和苯乙酸这些在高等植物中含量较高的植物激素，在大型海藻中含量也比较高；茉莉酸和水杨酸都是特定环境刺激下诱导的植物激素，在某些情况下会发挥重要的影响，这 2 个激素虽然在几种藻类中都普遍存在，但含量较低。

由表 1-5 中可以发现，红藻中的植物激素的种类普遍较多，绿藻中植物激素的种类普遍较少。

第三节　海藻肥和海藻生物刺激素

一、我国海藻肥及生物刺激素产业的发展

海藻肥是一种天然有机肥，含有植物生长所需的、丰富的营养物质。用于制备肥料的海藻一般是大型经济藻类，如泡叶藻（*Ascophyllum*）、海囊藻（*Nereocystis*）、昆布（*Ecklonia*）、巨藻（*Macrocystis*）等。历史上，海藻在农业生产中的应用经历了 3 个阶段，即腐烂海藻→海藻灰（粉）→海藻提取液。海藻肥中的生物活性物质是从天然海藻中提取的，含有陆生植物无法比拟的 K、Ca、Mg、Fe、Zn、I 等 40 余种矿物质元素和丰富的维生素、海藻多糖、高度不饱和脂肪酸以及多种天然植物生长调节剂，具有很高的生物活性，可刺激植物体内非特异性活性因子的产生，调节内源激素的平衡，对农作物具有极强的促生长作用，是一种新型多功能肥料。海藻肥中的有效成分经过特殊处理后，极易被植物吸收，施用后 2~3h 即进入植物体内，呈现出很快的传导和吸收速度，不仅能加强作物光合作用，还能提高肥料利用率、增加作物产量、提高产品的品质、增强作物抗寒、抗旱等抗逆性、抗病害能力，促进作物早熟、增加作物坐花坐果率，且其生产成本较低、溶解性好、使用安全，对人畜和自然环境友好、无伤害，是适应现代农业发展的新型绿色环保肥料。

海藻是沿海地区广泛存在的一种生物质资源，自古以来就被人类用于食品、药品等领域。古罗马时代海藻已经被人们应用于农业生产中了，被直接加入土壤，或者作为改良土壤的堆肥。对海藻肥料最早的记载是公元 1 世纪后期的一位罗马人，他建议

甘蓝应该在生出第六片叶子的时候移植，其根用海藻覆盖施肥。有人在 4 世纪时便建议把 3 月的海藻应用在石榴和香橼树的根上。古代英国人也把海藻加入土壤作为肥料，在不同的地区有的直接把海藻与土壤混合，有的把海藻与稻草、泥炭或其他有机物混合后做肥料，其中一个常用的做法是把海藻堆积在农田里，使其风化后降低其中有毒的硫氢基化合物含量。

（一）海藻利用的起源及发展历史

到公元 12 世纪中叶，在欧洲的一些沿海国家和地区，特别是法国、英格兰、苏格兰和挪威等国，开始广泛使用海藻肥料。16 世纪的法国、加拿大、日本等国有采集海藻制作堆肥的习惯，大不列颠岛的南威尔士和德国一些地区则用岸边腐烂的海藻或海藻灰种植各种农作物，效果颇佳，产品供不应求。进入 17 世纪，法国政府在沿海地区大力推广使用海藻作为土壤肥料，并明文规定海藻的采集条件、收割时间以及收割海域等，当时法国 Britany（布列塔尼）和 Normandy（诺曼底）沿海几百英里（1 英里 ≈ 1 609m）的区域，由于施用了海藻提取物作为肥料，其农作物和蔬菜品质优异，远近闻名，享有"金海岸"的美称，至今仍在流传。

在海藻资源非常丰富的爱尔兰，农业生产中曾普遍用海藻作为肥料，在马铃薯播种时将其混合在土壤中。随着海藻的腐烂，其释放出的活性成分持续给马铃薯生长提供营养成分，既提高了马铃薯的产量，也改善了马铃薯的品质。

以海藻生物质为原料，通过化学、物理、生物等技术加工后制备的现代海藻肥诞生于英国。1949 年，海藻液体肥作为海藻类肥料的新产品在大不列颠岛问世，开启了海藻肥的新篇章。到 20 世纪 80—90 年代，海藻肥作为一种天然肥料在欧美发达国家中得到前所未有的重视和发展。在英国、法国、美国、加拿大、澳大利亚、南非、中国等世界各国，海藻肥在农业生产中的应用取得了显著的经济效益、生态效益和社会效益，受到越来越多农户的喜爱。

在实际应用中，未经处理的海藻相对于动物粪肥来说，具氮和磷的含量较低，钾、盐分和微量元素的浓度要高一些。褐藻中的海藻酸约占其碳水化合物含量的1/3，是海藻肥料中主要的土壤调节剂。然而，简单使用海藻堆肥会带一些问题，比如堆肥的高盐度和过高的沙子含量。在一个海藻堆肥试验中，人们发现这些堆肥需要10 个月以后才能使用，并且需要定期添加水，以降低盐度，这个过程降低了有益营养素的浓度。尽管如此，当海藻堆肥添加到土壤中后，碳和氮含量以及水的承载能力显著增加，有效提高了作物对水胁迫的抵抗能力。

20 世纪 60 年代以来，许多海藻类肥料新产品被开发出来，其中包括"海藻浓缩物"（SWCs）粉末和液体提取物。这些产品中的活性成分可直接用于作物，并能被作物快速吸收，而海藻堆肥在活性成分释放之前，需要先在土壤中进行分解。海藻浓缩物还克服了高盐分和含沙量的问题，其在农业和园艺作物上的应用是现代农业的一个很好的实践案例。根据植物种类，海藻浓缩物的体积可被稀释 20~500 倍，应用于土壤施肥、叶面喷施或两者的结合。

海藻肥优良的使用功效在世界各地的农业生产实践中都得到证实。科学家们对海藻提取物在水果、蔬菜上的使用效果进行深入研究后发现，施用海藻提取物对大多数蔬菜都能发挥效用，其中黄瓜经撒施海藻提取物后，不但产量增加，而且黄瓜的贮存期从 14d 延长至 21d 以上。挪威农业科技人员连续 3 年在萝卜地中进行试验，在沙质土质中每公顷施放 125~250kg 海藻提取物，结果萝卜产量增加，特别是前两年增产相当明显。在布鲁塞尔，将 Maxicrop 海藻精施于马铃薯、胡萝卜和甜菜等作物上，效果非常理想，尤其是在海藻精中混入螯合铁后，产量提高 18.9% 以上。用海藻提取物的稀溶液喷洒果树后，水果的产量增加非常明显，其中草莓可增产 19%~133%。用 1/400 浓度的海藻精喷洒桃树和黑葡萄，每隔 14d 喷洒一次，使用 3 次后，作物产量分别提高 12% 和 27%。

液体化的海藻肥对植物增长有直接的影响。液体化的海藻肥料中含有部分水解的岩藻多糖，通过其结构中的硫酸酯使 Cu、Co、Mn 和 Fe 维持在水溶状态，N 有所下降，部分 P 被 Mg 沉淀，这种类似腐黑物的液体稀释约 500 倍后应用于农作物，能产生显著的肥效。目前，海藻提取液主要以泡叶藻、海带、极大昆布、马尾藻、海洋巨藻等褐藻为原料加工制备。

从工艺的角度看，海藻生物质可以在碱性或酸性条件下水解，或者通过高压或发酵后使海藻细胞壁破裂释放出活性物质，这样得到的海藻提取物含有各种类型的分子和化合物，其本质是不均匀的。总的来说，除了加工过程中加入的工艺添加剂，初级提取物是由海藻植物的各种复杂组分组成的。这种提取物一开始被看成是促进植物生长的药物，但随着对其作用机理的深入理解，人们了解到海藻代谢产物对植物的新陈代谢既有直接作用，也可以间接地通过影响土壤微生物或与病原体的相互作用影响植物生长，是一种高效的生物刺激素。

从外观上看，目前市场上的海藻液体肥包含了从白色到黑色的各种颜色，其气味、黏度、固含量、颗粒物等指标也各不相同。海藻肥料的制备工艺因为是技术机密很少有报道，总的来说，是用水、碱、酸提取，或者用物理机械方法在低温下磨细后制备的海藻微粒化悬浮体，其中微粒化海藻悬浮物是一种绿色到绿褐色的弱酸性溶液。此外，海藻也可以在高压容器中处理后使细胞壁破裂后释放出可溶性细胞质成分，经过滤后得到液体肥。物理破壁技术避免了有机溶剂、酸、碱等的应用，其提取物的性能与碱性提取物有区别。目前广泛使用的一种技术是高温下用钠和钾的碱性溶液处理海藻，就如最早的 Maxicrop 工艺，反应温度可以通过使用压力容器进一步提高。与其他产品有所不同，加拿大 Acadian Seaplants 公司的提取物是在常温下加工得到的。

所有的海藻提取液因为有腐殖质类的多酚存在而有深色的颜色，最终的产品可以在干燥状态或以 pH 值 7.0~10.0 的液态使用。根据使用情况，人们在海藻肥料中经常加入一些普通的植物肥料或微量营养素，因为海藻活性物质对金属离子的螯合作用可以使各种金属离子稳定在肥料中。这些强化的海藻提取物一般是根据作物的特殊需求制备的。

通过先进加工技术的应用，现代海藻肥充分利用了海藻生物质中的各种有机和无机化合物。例如在褐藻的细胞壁中，海藻酸以海藻酸钙、镁、钾等形式存在，在藻体表层主要以钙盐形式存在，而在藻体内部肉质部分主要以钾盐、钠盐、镁盐等形式存在。海藻酸在褐藻植物中的含量很高，在一些海藻中海藻酸占干重的比例可以达到40%。海带中的海藻酸含量在褐藻中是比较高的，可达25%以上。应该指出的是，海带中的海藻酸含量呈季节性变化，一年中 4 月海藻酸的含量最高，且在不同海域的海带中海藻酸含量的差别很大。我国以青岛和大连产的海带中海藻酸含量为最高。

除了海带，巨藻是商业化生产海藻酸的主要原料之一。巨藻生长在比较平静的海水里，是一种多年生植物。它的生长速度快，可被连续不断地收割，每年可以收割4 次。

（二）海藻活性物质在农业中的普及

海藻在农业生产中长期被用作为肥料和土壤调节剂。传统的观点是海藻通过其提供的营养物以及改善土质和持水性而促进作物的增长、提高产量。在这个方面，海藻液体肥含有溶解状态的 Cu、Co、Zn、Mn、Fe、Ni、Mo、B 等元素，应用于土壤和叶面上后产生的功效被广为接受。随着海藻肥的推广普及，特别是低应用量的海藻肥（<15L/hm²）所产生的效果使人们联想到海藻提取物中一些促进植物增长的成分。

目前人们对海藻肥料所积累的知识可分为 3 个阶段。第一阶段：20 世纪 50—70年代早期。第二阶段：20 世纪 70—90 年代。第三阶段：20 世纪 90 年代至今。第一个阶段积累的早期知识主要是实际试验和生物测定中获取的经验性结果，对海藻肥化学成分的分析受仪器水平的影响。在第二个阶段的发展过程中，气相色谱（GC）和高效液相色谱（HPLC）技术的完善使科研人员可以对海藻提取物中的各种组分进行精确测定。核磁共振（NMR）技术也广泛应用于海藻活性物质的分析测试中，使海藻肥的结构组成及其使用功效的构效关系更加科学合理。20 世纪 90 年代以后的第三个阶段中，仪器分析变得更加先进，在对海藻活性物质进行精确表征的基础上，主要成分分析和代谢组学方面的应用使科研人员可以更好地建立活性成分与应用功效之间的关联性。

目前，全球每年用于生产海藻肥的海藻约为 550 000t。经过半个多世纪的创新发展，海藻肥产品的品种不断增多、质量日益改善，在农业生产中受到人们的重视和青睐，有关海藻肥的生产及研究也逐渐成为热点。目前，海藻及其提取物在种植业和养殖业中的应用已得到多个国际组织和政府的认可，欧盟 IMO（生态市场研究所）认证、北美 OMIR（有机材料研究所）认证和中国有机食品技术规范等资料中明确指出，允许海藻制品作为土壤培肥和改良物质，允许将其使用于作物病虫害防治中，允许其作为畜禽饲料添加剂使用。随着海藻及其提取物在农业上的应用研究越来越受到人们的重视，近年来其加工技术和应用水平也得到持续快速提高。

众所周知，海洋是地球上生物的原始孕育者，而海藻则是海洋有机物的原始生产者，具有极大地吸附海洋生物活性物质的能力。通过合成代谢和分解代谢，海藻在其生物体内汇集了 Ca、Fe、Mn、Zn 等矿质营养元素，海藻酸、卡拉胶、琼胶、褐藻淀粉、岩藻多糖、木聚糖、葡聚糖等海藻多糖，糖醇、氨基酸、维生素、细胞色素、甜菜碱、酚类等各种化合物，以及生长素、细胞分裂素、赤霉素、脱落酸等天然激素类物质，这些物质以一种天然的状态、均衡的比例存在。此外，海藻中还含有大量陆地生物所缺乏的生物活性物质、营养物质及功能成分，使其成为制备肥料的最好原料。

至今，海藻提取物应用于农业生产的功效已经被广泛认可，是一种公认的植物生长生物刺激素。根据国际农业行业权威杂志 *New Ag International* 对以海藻为主原料的海藻肥市场的统计。2012 年欧洲市场上海藻肥的经济价值为 20 亿~40 亿欧元，全球预计最低为 80 亿欧元，占整个农资市场（含化肥、杀虫杀菌市场）总额的 2%，海藻肥在农业生产中有巨大的发展空间。

我国是世界上拥有海藻资源最丰富的国家之一。自古以来，我国人民就采捞和利用礁膜、浒苔、石莼、紫菜、小石花菜、江蓠、鹿角海萝、裙带菜、昆布、马尾藻等各种海藻用于农业生产。到明清两代，我国肥料种类变得多样化，至少有上百种。这时已经有较多地区施用骨粉和骨灰，施用的饼肥也扩大到了菜籽饼、乌柏饼和棉籽饼，豆渣、糖渣和酒糟之类也被用作了肥料。绿肥种类更加广泛，有大麦、蚕豆、绿豆、大豆、胡麻、油菜苗等十多种。作为无机肥料使用的有砒霜、黑矾、硫黄、盐卤水等。杂肥种类比宋元时期增加了 3 倍多，包括家禽、家畜、草木落叶、动物杂碎及各种脏水。在我国肥料产业的发展过程中，20 世纪 60—70 年代出现了农用氨水，其氨浓度一般控制在含氮量 15%~18% 范围内。氨水的施肥简便，方法也较多，如沟施、面施、随着灌溉水施或喷洒施用，其施用原则是"一不离土，二不离水"，不离土就是要深施覆土，不离水就是加水稀释以降低浓度、减少挥发，或结合灌溉施用。

20 世纪 80—90 年代，肥料的使用全面进入了以尿素、二铵、复合肥为代表的化学元素肥料时期，期间化肥的施用促进了农业生产迅速发展，开创了农业历史新纪元。农产品产量大幅度提升，在人类历史上第一次满足了人们对粮食的需求。然而，过量施用化学肥料对生态环境造成了巨大的污染，破坏了土壤的结构，造成了一系列严重的问题。"既要金山银山，也要绿水青山"的理念以及国家"两减一增"目标的提出，都宣告了大量使用化学肥料时代的终结。

进入 21 世纪，随着绿色有机农业的兴起以及人们对农产品安全的重视。肥料的发展已经进入了新型特种肥料时代。以海藻酸肥、腐植酸肥、生物菌肥、水溶肥、土壤调理剂、硅肥、功能性复合肥等为代表的一大批具有特定功能的新型特种肥料，因可满足不同作物在不同生长时期的养分需求，且兼具省工高效、节能环保、提高农作物抗逆和产品品质等诸多优点，日益受到市场的青睐。

我国现代海藻肥的研制起始于 20 世纪 90 年代后期，起步相对较晚。1995 年，"九五"科技攻关项目"海藻抗逆植物生长剂"由中国科学院海洋研究所承担，1998—2002 年分别在山东、黑龙江、甘肃、河北等省进行了 15.9 万余亩（10.6hm²）的农田应用试验，作物品种涉及蔬菜、大田作物、水果等，试验结果表明该成果具有明显的促生长效果，增产幅度达 7.1%~26%，该成果在《中国农业科技》《土壤肥料》《化工管理》《农业信息与科技》等刊物上均有报道。1999 年 7 月，研发团队提交发明专利申请，2002 年 8 月研究成果获得国家发明专利，该技术显示出明显的抗病、抗旱等抗逆效果。在随后的研究开发过程中，中国科学院海洋研究所、中国海洋大学、北京雷力集团、青岛明月海藻集团等一大批科研院所、高校和企业在海藻肥加工、海藻肥应用效果及其作用机理、海藻肥推广使用等方面做了大量的探索开拓。2000 年，农业部肥料登记管理部门正式设立了"含海藻酸可溶性肥料"这一新型肥料类别，使其有了市场准入的身份。截至 2012 年，在农业部获准登记的国内海藻肥生产企业有青岛明月海藻集团和中国海洋大学生物工程开发有限公司等40 家。

目前，中国海藻肥市场正处于快速发展期，前景广阔。尽管如此，由于海藻肥的原料成本、生产成本相对较高，而国内的经销商及消费者对海藻肥的功效、使用等方面的知识不足，加上海藻肥的生产加工工艺复杂，目前不少企业还不具备生产和推广海藻肥方面的可持续增长能力，海藻肥在国内肥料市场上的占有率还相对较低。

传统化肥易破坏土壤中的养分含量，当前世界肥料的发展方向是有机、生物、无机相结合。目前，美国等西方国家有机肥料用量已占总量的 60%，而国内有机肥的使用量仅占化肥使用量的 10%，还有很大的发展空间。据统计，2015 年全球海藻产量已经达到 3 000 万 t，为海藻类肥料的进一步发展提供了原料保障。

随着社会的快速发展，人们生活水平的不断提高，人们对优质农产品、无公害绿色农产品的需求愈加强烈，科学施肥成为实现需求最有效的技术之一。然而，在现有种植模式中，长期大量施用化肥，导致农田的生态环境和土壤理化性状等都受到了不同程度的破坏。为促进农业的可持续发展，2016年农业部启动实施《到2020年化肥使用量零增长行动方案》《到2020年农药使用量零增长行动方案》，明确提出"推进新肥料、新技术应用"的方案。由此可见，利用和开发新型绿色环保高效肥料契合国家政策，符合社会发展及百姓的需求。

当前海藻泛滥成灾，存在治理难、费用高等问题，而海藻的资源化应用成为消除海藻污染的主要途径。研究发现，海藻中富含多种内源植物激素和植物生长调节因子，以大型海藻为原材料生产海藻肥质优价廉，对植物生长作用明显。且海藻肥不会导致重金属、抗生素等有害物质残留，能有效避免土壤中有机质含量不断减少等一系列的恶性循环。

海藻作为肥料利用在公元4世纪就有记载，目前，批量生产液态海藻肥的国家主要有英国、法国、南非等。经特殊生物技术处理，提取海藻原料中精华物质生产出的海藻肥，富含海藻酸、岩藻多糖、内源植物激素等多种生物活性物质，是生产无公害、绿色食品的理想肥料，被认为是第四代更新换代的肥料。

人类利用海藻作为肥料的历史已经有几千年，直到1993年，美国的一种经过提炼加工的海藻肥才被美国农业部正式确定为美国本土农业专用肥。从这一点上看，海藻肥还是一个非常新兴的产业，具有广阔的发展前景。

当前，我国土壤酸化、板结、重金属超标等问题突出，农产品品质有待提高。随着社会进步和科学技术的发展，人们对农产品的质量安全、环境保护和农业的可持续发展越来越重视。海藻肥是一种科技含量高、天然、有机、无毒、高效的新型肥料，其系列产品十分适合我国绿色食品和有机食品的生产，所具有的功效弥补了传统有机肥施用量大、肥效慢的不足。面向未来，海藻肥的大规模产业化生产和广泛应用将有助于深度开发和充分利用我国丰富的海藻资源，促进我国绿色、有机食品的生产，提高农产品的质量安全，推动种植业的健康发展和无公害食品行动计划的实施，使农业增效、农民增收、生态环境得到保护和改善、国民健康得到增强。

目前市面上海藻肥主要包括以下几个主要的使用方式：① 海藻有机肥；② 海藻有机-无机复混肥；③ 海藻精；④ 海藻生根剂；⑤ 海藻叶面肥；⑥ 海藻冲施肥；⑦ 海藻微生物肥料。

1. 海藻有机肥

有机肥料标准 NY 525—2012 规定：有机质的质量分数（以烘干基计）/（%）≥45，总养分（$N+P_2O_5+K_2O$）的质量分数（以烘干基计）/（%）≥5.0，水分（鲜样）的质量分数/（%）≤30，酸碱度（pH值）5.5~8.5。

国内外已经进行的大量田间试验结果表明各种有机肥有增产效果，但是不少短期的田间试验结果表明，有机肥料的当季增产效果远不及等量养分含量的化学肥料增产效果明显。从长期田间试验效果来看，化学肥料的增产效果逊于有机肥料。有机肥料对作物的增产作用主要在于对作物所需养分的持续供给，在改善土壤氮元素供应方面与化肥有较大的区别。化肥可以迅速提高土壤碱解氮含量，并且在一定水平上使之保持相对稳定，而有机肥对于土壤碱解氮的增长贡献相对缓慢，但是会逐年增长。有机肥处理土壤5年后，土壤碱解氮含量超过化肥处理的。

海藻有机肥是以天然海藻为原料开发的一种新型肥料，在作物上表现出独特的功效，成为绿色、无公害、有机农产品的首选肥料，具有巨大的应用、推广以及发展空间。海藻有机肥能帮助植物建立健壮强大的根系，促进植物对土壤养分与水分的吸收利用，可以增大植物茎秆的维管束细胞，加速水、养分与光合产物的运输，促进植物细胞分裂，延迟植物细胞衰老，增加植物叶绿素含量，有效提高光合效率，增加产量，提升品质，增强作物抗旱、抗寒等多种抗逆功能，还能增加土壤孔隙度，提高土壤保水保肥能力。

在土壤中，海藻肥中的海藻酸与金属离子结合后形成一种分子量倍增的交联高分子盐，这种高分子盐与水分子结合后能牢牢保持住水分。海藻肥含有的酶类可促进土壤中有效微生物的繁殖，对改良土壤结构、增加土壤肥力、减轻农药和化肥对土壤的污染都是十分有利的。

在海藻加工过程中，提取出海藻酸后残留的海藻渣含有丰富的有机质及大量的微量元素，是制备优质海藻有机肥的原料。消化后的海藻渣和鼓泡漂浮分离后的细渣中不但粗纤维含量高，其粗蛋白含量高达20%。进一步分析显示，海藻渣中生物必需的微量元素分别达到：Cu 3.21mg/kg、Zn 10.43mg/kg、Mn 17.10mg/kg、Fe 140.90mg/kg、Ca 0.43%、Mg 0.24%、K 0.055%、P 0.030%。这些海藻渣添加一定辅料后通过发酵腐熟后制得海藻有机肥，施入土壤后能明显改善土壤理化性状，增强土壤的保水、保肥、供肥性能，提高作物抗逆能力。海藻有机肥富含植物生长所需的N、P、K等大量元素以及多种中微量元素，能迅速提升作物品质。与此同时，海藻有机肥的原料稳定、天然、绿色、无残留，是生产有机绿色食品的首选肥料。

目前市场上常见的海藻有机肥剂型包括颗粒、粉剂、液体。在施用海藻有机肥时，农业生产上常见的方法包括沟施、穴施、撒施等，液体有机肥的施用包括冲施、喷施等方法。

2. 海藻有机-无机复混肥

目前有机-无机复混肥料的新标准 GB 18877—2009 替代了之前的 GB 18877—2002。与旧标准相比，新标准在养分、水分含量以及肥料颗粒方面均有不同的规定。新标准将有机-无机复混肥料产品分为 I 型和 II 型。I 型总养分（$N+P_2O_5+K_2O$）的质量分数≥15%，有机质的质量分数≥20%；Ⅱ型总养分（N+P$_2$O$_5$+K$_2$O）的质量分数≥25%，有机质的质量分数≥15%。

海藻有机-无机复混肥是以海藻渣为主要原料，通过微生物发酵进行无害化和有效化处理，并添加适量腐植酸，氨基酸或有益微生物菌，通过造粒或直接掺混而制得的商品肥料，既有无机化肥肥效快的长处，又具备有机肥料改良土壤、肥效长的特点，其中无机肥料的速效养分在有机肥的调控下，对植物供给养分呈现出快而不猛的特点。有机-无机复混肥具有养分供应平衡、肥料利用率高、改善土壤环境，活化土壤养分等特性，对农作物产生生理调节作用，速效高效、提高作物产量、促茎粗壮，控制徒长、抗倒伏。与此同时，有机肥的缓效性养分能保证对植物养分的持久供给，实现缓急相济、均衡稳定的肥效，可提高肥料利用率30%~50%。

海藻有机-无机复混肥一般作为基肥施用，也可作为追肥、穴肥、沟肥施用，同时适合蔬菜、果树等经济作物追肥施用。

3. 海藻精

在海藻类肥料领域，广谱叶面肥、液体冲施肥，海藻精（又称海藻提取物、海藻原粉、海藻素、海藻精华素等）属于有机水溶肥。

海藻精是以海藻为原料，通过物理、化学、生物等方法提取出海藻生物体中的海藻酸、大中微量元素（N、P、K、Ca、Mg、S、Fe、Mn、Cu、Zn等）、蛋白质、氨基酸以及对植物生理过程有显著影响的生长素、细胞分裂素、赤霉素、甜菜碱等植物生长调节物质，集植物营养物质、生物活性物质、植物抗逆因子于一体，是一种全功能海藻肥，可促进植物均衡生长，应用于种子处理至收获的多个时期，有效提高作物产量、改善农产品品质。

海藻精常见的剂型有片状、粉状、微颗粒、液体等。

海藻精含有海藻生物体中的精华，在改善作物抗逆性能、提高产量、改善品质等方面均有较好的效果，其功能特点包括以下几点：① 促进种子萌发、提高发芽率，有利于育全苗、育壮苗；② 促进植物根系发育，有利于植物吸收水分、养分；③ 活化微量元素，对抗土壤中磷酸盐对多数微量元素的拮抗作用，有利于植物对微量元素的吸收；④ 提高植物体内多种酶的活性，增强植物代谢活动，有利于植物生长发育及均衡生长；⑤ 促进花芽分化，提高坐果率，促进果实膨大并着色鲜艳，提早成熟；⑥ 增强植物抗逆性能，提高植物对干旱、寒冷、病虫害等的抵抗能力；⑦ 提高作物产量，改善农产品品质。

早期的海藻精在叶面喷施中起到非常好的效果，如叶面喷施泡叶藻提取液降低了辣椒被疫霉菌感染的概率；叶面喷施海藻肥减少了苹果树红蜘蛛数量。试验证明，喷施海藻肥能促进番茄植株生长、增强根系活力、提高番茄的抗逆性。通过叶面喷施海藻肥显著增加了菠菜和不结球白菜的产量，提高了品质。

由于肥效显著，海藻精后来发展成了一种冲施肥，与叶面施用一样起到非常理想的效果，除增产外，对土壤中的线虫有防治作用，用海藻精处理后的作物线虫感染率明显下降。海藻精也被作为激发子，用于激发作物自身抗病菌的侵染系统，如在被终极腐霉菌侵染的甘蓝上使用海藻精抑制了病菌的生长。

4. 海藻生根剂

根系是作物的营养器官，其从土壤吸收的水分和养分通过根的维管组织输送到植物组织的地上部分，在作物生长发育和产量形成过程中起到非常重要的作用。正因为根系是作物生长的基础和关键所在，养根、护根变得十分重要。生根类产品在新型肥料领域也运用得越来越广泛。然而，生根剂类品种繁多、良莠不齐，特别是一些以植物生长调节剂为主要成分的产品，使用不当会引起作物"只长根，不长果"，严重时出现早衰现象。

海藻生根剂是以泡叶藻等海藻为原料制备的海藻原液，富含丰富的海洋活性物质，是一种集生根、养根、护根、壮根、壮苗于一体的作物生长调节产品。农业生产上常规用法是加水稀释后用来冲施、蘸根、浸苗、灌根等。

作为海藻类肥料的一个主要品种，海藻生根剂富含海藻中特有的海洋活性成分和多种天然植物生长调节物质及微量元素，具有促进根系生长、增强植株抗逆能力、提高产量和品质等功效。此外，产品还复配部分中微量元素，以及甲壳素、海藻酸、氨基酸、腐植酸等有机养分或各种复合微生物，使用过程中既起到促进根系生长、增强根系吸收能力、调控植株长势的作用，又可补充土壤养分、调理土壤。

海藻生根剂对种子萌发、植株生长有显著促进作用。有试验证明，选择合理的浓度、合适的方式灌根，施用海藻生根剂对黄瓜幼苗形态及根系生长均具有促进功效。

5. 海藻叶面肥

通常情况下植物主要通过根系吸收土壤或营养液中的营养，供给自身生长发育。除了根系，植物的茎和叶，尤其是叶片也可以吸收各种养分，且吸收效果比根系更好。以作物叶面吸收为途径，将植物需要的肥料或营养成分按比例制成一定浓度的营养液，用于叶面施肥的肥料称为叶面肥。叶面肥属于根外肥。

叶面肥相对传统的土壤施肥是一种灵活、便捷的施肥方式，是构筑现代农业立体施肥模式的重要元素。高产、优质、低成本是现代农业的主要目标，要求包括施肥在内的一切技术操作经济易行。顺应这个时代潮流，叶面施肥逐渐成为农业生产中一项重要的施肥技术。

含海藻酸可溶性叶面肥是以海藻为主要原料加工制成的一种黑褐色无臭新型液体肥料，其主要成分是海藻酸等海藻活性物质，以及植物必需的大中微量元素、营养物质和活性成分。新型海藻叶面肥喷施于作物后表现出很好的肥效，对农作物提早成熟、提高产量、改善品质等均有明显作用，可使作物增产10%~30%。作物大部分生育期都可进行叶面施肥，尤其是植株长大封垄后不便于根部施肥，而叶面施肥基本不受植株高度、密度的影响。叶面施肥不仅养分利用率高、用肥量少，还可与农药、植物生长调节剂及其他活性物质混合使用，既可提高养分吸收效果、增强作物抗逆性，又能防治病虫害，从而降低用工成本、节约农业生产投资。

海藻叶面肥根据其使用功效和主要成分，可分为六大类。

（1）营养型

此类叶面肥包含植物生长发育所需的各种营养元素，如N、P、K等大量元素及各种中微量元素，为植物生长提供各种营养，能有效、快速地补充植物的营养，改良植物的缺素症。

（2）调节型

此类叶面肥有促进植物生长发育的功效，除营养成分和海藻活性物质外，还添加吲哚乙酸、赤霉素、萘乙酸等植物生长调节剂，在植物苗期到开花期的应用效果显著。

（3）生物型

此类叶面肥中含有微生物，如与作物共生或者互生的有益菌群，或包含其代谢产物，如氨基酸、维生素、核苷酸、核酸类物质。这类叶面肥的主要功能有刺激作物生长、促进作物代谢、减轻和预防病虫害的发生。

（4）复合型

此类叶面肥的种类繁多、复合混合形式多样，凡是植物生长发育所需的营养元素均可加入。根据添加的成分，其功能有很多种，既可提供营养，又可刺激生长调节发育。

（5）肥药型

此类叶面肥除加入营养成分外，还添加一定成分的杀菌剂、杀虫剂或植物抗病物质，在提供营养的同时提高植物的抗病能力。这类叶面肥不仅能促进作物的生长发育，还能控制、减少病虫害的发生。

（6）其他类型

如天然汁液型叶面肥、稀土型叶面肥等。

海藻叶面肥具有显著的功能特点，包括以下几点。

第一，养分吸收快，肥效好。土壤施肥后，各种营养元素首先被土壤吸附，有的肥料还必须在土壤中经过一个转化过程后通过离子交换或扩散作用被作物根系吸收，通过根、茎的维管束到达叶片，其中的养分输送距离远、速度慢。叶面施肥过程中各种养分很快被作物叶片吸收，直接从叶片进入植物体后参与作物的新陈代谢，其吸收速度和肥效都比土壤施肥快，比根部吸肥的速度快1倍左右。与普通肥料相比，海藻叶面肥中的海藻酸盐可以降低水的表面张力，在植物叶子表面形成一层薄膜，有效增大接触面积，便于水或水溶性物质透过叶子表面阻隔结构进入细胞内部，使植物充分有效吸收养分。

第二，针对性强，可解决农业生产中的一些特殊问题。叶面施肥可及时补充苗期和生长后期由于根部不发达或根系功能衰退而导致的养分吸收不足，起到壮苗、增产的作用。黄瓜喷施含海藻酸可溶性叶面肥后，可促进生长发育、延迟采收末期，每亩平均产量比对照提高15%。在盐碱、干旱等环境下，根部养分吸收受到抑制，叶面喷施肥料展示出良好的效果。在植物生长过程中，喷施生长所缺乏的营养元素可及时矫正或改善作物缺素症，如果采用根部施肥提供 B、Mn、Mo、Fe 等微量元素肥料，通常需要较大的用量才能满足作物的需要，而叶面施肥集中喷施在作物叶片上，通常只需用土壤施肥的几分之一或十几分之一就可以达到满意的效果。

第三，养分利用率高，肥料用量少，环境污染风险小。土壤施肥中养分的利用受土壤温度、湿度、盐碱、微生物等多种因素影响，而叶面施肥过程中养分不经过土壤作用，避免了土壤固定和淋溶等损失，提高了养分利用率，一般土壤施肥当季氮利用率只有25%~35%，而叶面施肥在24 h内即可吸收70%以上，肥料用量仅为土壤施肥的1/10~1/5，使用得当可减少25%左右的土壤施肥量，一定程度上降低了由于大量施肥导致的土壤和水源污染。

第四，使用方法简便、经济叶面肥的施用不受作物生育期影响，操作简单，可节约劳动力和农业生产投资，降低农产品生产成本。

6. 海藻冲施肥

冲施肥是随水浇灌的肥料，与叶面肥类似，属于追施肥的一种。从肥料使用的角度来看，作物吸收养分主要依靠根系，距根尖1cm左右的根毛区是吸收养分最活跃的区域。根系吸收养分主要通过截获、质流和扩散的方式，其中质流是通过作物的水分蒸腾作用，使土壤中的水大量流向作物的根系，形成的质流使土壤溶液中的养分随着水分的迁移流到根的表面后被根吸收。扩散是作物根系不断吸收土壤中非流动性的养分，使根际附近的养分浓度相对低于土体其他部分，导致土体内的养分浓度与根表面土壤之间产生养分浓度差，养分由高浓度向低浓度根表面迁移后被根吸收。

海藻冲施肥符合科学施肥原理，既把肥料溶解在水中，能够通过截获、质流和扩散方式被作物吸收，又可防止干撒肥料造成的烧苗等副作用。实际应用中，冲施肥既给作物施了肥，又浇了水，是一种水肥一体化技术的运用。

海藻冲施肥按照使用方式分为以下类型。① 冲施肥原粉：冲施肥原粉是各种营养成分，如 N、P、K 等中微量元素、海藻活性物质的高倍浓缩物，500g 原粉可以直接兑水制成 20kg 的冲施肥，避免了水剂液态肥料养分的流失与分解，有效降低了包装成本、运输费用和生产费用，提高了可操作性、实际效果和经济效益，更有利于农业增产和农民增收。② 冲施肥成品：用原粉和肥料添加剂生产的成品，市面上大部分普通冲施肥均在此列。

海藻冲施肥按照成分分为以下类型。① 大量元素类：包括 N、P、K 这三种营养元素中的一种或多种，均可溶于水。一般 667m² 施用量为几千克到十几千克。这类冲施肥是最主要的冲施肥，生产量最大、使用量最多，可与多种其他类型的冲施肥混合使用。② 大量元素加中微量元素类：在大量元素型冲施肥的基础上添加 Ca、Mg、S、Zn、B、Fe、Mn、Cu、Mo、Cl 等元素，也可以是几种的复合，均溶于水，且不可起反应，不能产生沉淀，667m² 施用量为几千克到几十千克。这类冲施肥补充了微量元素，比单独大量元素肥料效果好，对于增产和改善品质效果好。但此类冲施肥在复配时具有一定的技术要求，要采用配合技术和螯合技术，避免沉淀问题和肥料的拮抗问题。③ 微量元素类：以 Zn、B、Fe、Mn、Cu、Mo、Cl 等营养元素为主的微量元素冲施肥，一般为几种混合复配，其添加一定的螯合剂，以便植物的吸收利用，减少被土壤吸附和固定，一般 667m² 施用量在几百克到几千克。这类肥料在植物出现缺素症状时施用效果较好。④ 氨基酸类：以多种氨基酸为主要原料，一般是工业副产物氨基酸，或由毛发、废皮革水解制成的氨基酸，为提高效果，一般加入多种微量元素。由于其酸性较强，因此，适用于弱碱性或者中性的土壤，667m² 施用量为十几千克到几十千克，施用于植物营养最大效率期效果最好。⑤ 腐植酸类：是以风化煤为主要原料经酸化、碱化提取制成的一种肥料。为增强效率，一般添加大量元素，由于其为碱性，可施用于偏酸性土壤。667m² 施用量为几千克到几十千克。此类肥料对于改良土壤、增加植物抗旱性效果较好。⑥ 其他类：包括甲壳素类、其他有机质类、工业发酵肥类、菌肥类、黄腐酸肥料等，它们均有增产效果，可作为冲施肥。这类肥料一般作为特殊需要的冲施肥，如改善作物品质，增强作物对不良环境的抗性等。

海藻冲施肥是以海藻为主要原料加工制成的生物肥料，不仅含有有机质、大量元素、植物生长所必需的氨基酸和植物生长调节物质等活性成分，还含有从海藻中提取的有利于植物生长发育的多种天然活性物质和海藻从海水中吸收并富集的矿物质营养元素以及植物生长所必需的 Ca、Mg、Cu、Fe、Zn、B、Mo 等中微量元素，其主要功能体现在以下几个方面。① 激活细胞繁殖再生能力、活化生理机能、增强光合作用、促进植株健壮、促进根系发达、提高坐花坐果率、减少畸形果的出现、促进果实膨大和果实大小均匀，使果实提早上市、延长采摘收获期。江海等研究发现，利用海藻冲施肥冲施番茄可以明显促进番茄生长，单株结果数增加 2 个，单果重提高 3.4~4.7g，田间大区对比试验结果表明，黄瓜在当地习惯施肥基础上施用海藻酸可溶性肥料，平均单瓜鲜重、瓜长和瓜粗分别提高9.2%、6.1%和4.0%，增产5.2%；②有机质含量丰富，活化土壤，培肥地力，抗盐碱，增强作物抗寒、抗热、抗旱、抗涝、抗病、抗冻能力；③增加植物所需要的营养、提高肥料利用率、肥效持久、促进根部吸收土壤中的水分及养分，增产效果显著并能改善产品品质。科学家研究发现，施用海藻冲施肥对西瓜的产量和品质有较大影响，一般可增产10%左右，并提高西瓜的含糖量和维生素C含量，减少西瓜瓤中心糖和边缘糖的递减梯度，研究人员研究发现，海藻冲施肥能促进韭菜的植株营养体生长发育，叶绿素、可溶性糖类等品质指标的含量有所提高，产量和品质显著提升；④内含丰富的海藻活性物质，可激活土壤有益菌群、提高肥料利用率、打破土壤板结、促进根系生长，并能降低有毒物质残留；⑤养分全面、溶解快、不留杂质、见效快，效果明显。

7. 海藻微生物肥料

微生物肥料是以微生物的生命活动导致作物得到特定肥效的一种生物制品，是农业生产中一种常用的肥料，在我国已有近50年的应用历史。从根瘤菌剂、细菌肥料到微生物肥料，这类肥料在名称上的演变从一定程度上体现了我国生物肥料逐步发展的历程。海藻微生物肥料以海洋中的海藻为培养基，实现了海洋生物与现代农业的黄金组合，为我国农业生产的发展提供了双核双动力。

海藻微生物肥料中微生物的常见种类包括：①枯草芽孢杆菌对致病菌或内源性感染的条件致病菌有明显的抑制作用；②巨大芽孢杆菌解磷（磷细菌），具有很好的降解土壤中有机磷的功效；③胶冻样芽孢杆菌解磷，释放出可溶P、K元素及Ca、S、Mg、Fe、Zn、Mo、Mn等中微量元素；④地衣芽孢杆菌抗病、杀灭有害菌；⑤苏云金芽孢杆菌杀虫（包括根结线虫），对鳞翅目等节肢动物有特异性的毒杀活性；⑥侧孢芽孢杆菌促进植物根系生长、抑菌及降解重金属；⑦胶质芽孢杆菌有溶磷、释钾和固氮功能，分泌多种酶，增强作物对一些病害的抵抗力；⑧泾阳链霉菌具有增强土壤肥力、刺激作物生长的能力；⑨菌根真菌扩大根系吸收面，增加对原根毛吸收范围外的元素（特别是磷）的吸收能力；⑩棕色固氮菌固定空气中的游离氮，增产；⑪光合菌群是肥沃土壤和促进动植物生长的主力部队；⑫凝结芽孢杆菌可降低环境中的氨气、硫化氢等有害气体，提高果实中氨基酸含量；⑬米曲霉使秸秆中的有机质成为植物生长所需的营养，提高土壤有机质、改善土壤结构；⑭淡紫拟青霉对多种线虫都有防治效能，是目前防治根结线虫最有前途的生防微生物。

海藻微生物肥料中的多种有益菌群协同作用，可使作物达到高产丰产的效果，有以下的功能特性：①促进作物快速生长。菌群中的巨大芽孢杆菌、胶冻样芽孢杆菌等有益微生物在代谢过程中产生大量的植物内源酶，可明显提高作物对N、P、K等营养元素的吸收率。② 调节生命活动，增产增收菌群中的胶冻样芽孢杆菌、侧孢芽孢杆菌、地衣芽孢杆菌等有益菌可促进作物根系生长、须根增多。有益微生物菌群代谢产生的植物内源酶和植物生长调节剂经由根系进入植物体内，促进叶片光合作用，调节营养元素向果实流动，膨果增产效果明显。与施用化肥相比，在等价投入的情况下可增产 15% ~ 30%。③ 果实品质明显提高。菌群中的侧孢芽孢杆菌、枯草芽孢杆菌、凝结芽孢杆菌等可降低植物体内硝酸盐含量 20% 以上，能降低重金属含量，使果实中维生素 C 含量提高 30% 以上，可溶性糖提高 2 ~ 4 度。乳酸菌、嗜酸乳杆菌、凝结芽孢杆菌、枯草芽孢杆菌等可提高果实中必需氨基酸（赖氨酸和蛋氨酸）、维生素 B 族和不饱和脂肪酸等的含量，果实口感好、耐贮藏、售价高。④ 分解有机物质和毒素，防止重茬。菌群中的米曲菌、地衣芽孢杆菌、枯草芽孢杆菌等有益微生物能加速有机物质的分解，为作物制造速效养分、提供动力，能分解有毒有害物质，防止重茬。⑤ 增强抗逆性。菌群中的地衣芽孢杆菌、巨大芽孢杆菌、侧孢芽孢杆菌等有益微生物可增强土壤缓冲能力，保水保湿，增强作物抗旱、抗寒、抗涝能力，同时侧孢芽孢杆菌还可强化叶片保护膜，抵抗病原菌侵染，抗病、抗虫。

基于以上功能菌的特点，海藻微生物肥料有以下的功能：① 提高化肥利用率。随着化肥的大量使用，其利用率不断降低已是众所周知的事实，现代农业生产已经不能仅靠大量增施化肥来提高作物产量。化肥的应用还存在污染环境等一系列问题，因此世界各地都在努力探索提高化肥利用率，寻找平衡施肥、合理施肥以克服其弊端的途径。海藻微生物肥料在解决这个问题上有独特的作用，采用微生物肥料与化肥配合施用，既能保证增产，又减少了化肥使用量、降低成本，同时还能改善土壤及作物品质，减少污染。② 生产绿色、安全、高品质的农产品。人民生活水平的不断提高提升了人们对生活质量的要求，对绿色农业及安全、无公害的绿色食品形成巨大的市场需求。生产绿色食品要求不用或尽量少用化学肥料、化学农药和其他化学物质，要求肥料必须首先保护和促进施用对象生长和品质提升，同时不造成施用对象产生和积累有害物质，对生态环境无不良影响。海藻微生物肥料符合了以上几个绿色生态原则，不但缓和或减少农产品污染，还能改善农产品品质。③ 改良土壤。海藻微生物肥料中的有益微生物能改善糖类物质，与植物黏液、矿物胚体和有机胶体结合在一起，可改善土壤团粒结构、增强土壤的物理性能、减少土壤颗粒的损失，还能参与腐殖质形成，有利于提高土壤肥力。

（三）海藻类生物刺激素的出现及发展

化学农药与肥料的出现促进了现代农业的发展，然而农药与肥料的过度使用与滥用不仅导致土壤养分比例失调、作物低产、品质差劣和抗逆性降低，而且引起环境污染和食品安全等一系列问题。因此，寻找经济高效、环境相容性好的植物保护新方法、新技术、新产品是保障农业生产，解决当前环境污染和食品安全危机的迫切需求。近几年，在植保新产品探索的过程中，生物刺激素以其独特的作用机理成为农资行业的下一片沃土。

"植物生物刺激素"一词，最初由西班牙格莱西姆矿业公司于1976年提出，但当时并未对生物刺激素进行明确定义，更多的是一种商业概念。直到2007年，有科学家将生物刺激素科学定义为：一种不同于其他肥料的物质，低浓度应用可以促进植物的生长。此后，生物刺激素的研究发展更为迅猛，2011年，欧洲14家公司成立了欧洲生物刺激素产业联盟（EBIC），2018年该联盟的成员单位已达到54家。2012年7月，EBIC重新将植物生物刺激素定义为：一种包含某些成分和（或）微生物的物质，这些成分和（或）微生物施用于植物叶片或根际时，能调节植物体内的生理过程。如有益于吸收营养、抵抗非生物胁迫及提高作物品质等，而与营养成分无关（EBIC，2012）。此后，"生物刺激素"这一名词逐渐由商业用语向科学用语转变，在越来越多的科学文献中被引用，对其功能与作用机制的研究也在不断地深入。

欧洲生物刺激素产业联盟（EBIC）、北美生物刺激素联盟（Biostimulant Coalition）、全国肥料和土壤调理剂标准化技术委员会（SAC/TC105）给出的生物刺激素定义不尽相同，其被冠以不同的名称，如生物促进剂、代谢增强剂、植物强壮剂、正向植物生长调节剂、诱导因子、化感制剂、植物调理剂等。广义来说，生物刺激素是指具有促进植物生长和提高应激响应的物质，包括腐植酸类物质、复合有机物质、有益化学元素、非有机矿物（包括亚磷酸）、海藻类、甲壳素/壳聚糖、抗蒸腾剂、游离氨基酸、微生物。各类生物刺激素无须严格区分，并非相互独立。

1. 腐植酸类物质

腐植酸类物质是天然土壤有机质，源于死亡细胞基质的分解，在土壤微生物的代谢下生成腐殖质、腐植酸和富里酸，可由土壤（泥炭土、火山土）、废弃物（污水淤泥）中的腐殖质有机物提取得到。腐植酸作为营养剂作用于土壤和植物，可提高土壤的物化特性和生物活性。腐植酸通过吸附多价态阳离子，提高土壤的通气性和水合作用，提高养分的吸收和利用率，提高土壤的钙离子交换能力、固碳作用和促进细菌呼吸，从而提高酶的活性，促进植物的应激响应能力。

2. 非有机矿物

非有机矿物的来源为化学合成及矿物提取物，包括亚磷酸盐、磷酸盐、碳酸氢盐、硫酸盐、硝酸盐，都能通过刺激植物自身防御机制来达到杀菌的效果，从而提高植物的产量。如亚磷酸盐在氧化成磷酸盐的过程中能将有效磷传递给植物，促进植物细胞生长。同时，生物刺激素可调控生物大分子的活性，参与多重酶促反应和机体新陈代谢，调控细胞的分化和增殖，提高植物抗病能力。

3. 海藻类

在传统农业中，有机物来源的海藻提取物一直被当作有机肥料使用，而海藻提取物具有生物刺激素的功效是近年来才被报道的。目前商业中使用的海藻提取物，主要包括多糖类物质如海带多糖、卡拉胶和海藻酸盐，以及它们的分解产物；海藻提取物中的其他成分，如微量元素和大量元素、甾醇类、含氮化合物（甜菜碱、激素等），也具有促进植物生长的功效。海藻来源广、种类多，包括褐微藻类、红微藻类和绿微藻类。海藻及其提取物，可作为生物肥料、土壤调节剂和生物刺激素作用于土壤和植物。作用于土壤时，多糖物质利于凝胶的形成，维持土壤的保水性和透气性。海藻提取物富含的聚阴离子化合物利于阳离子的固定和交换、重金属的固定、土壤修复，并通过抑制细菌和病菌来促进植物生长。作用于植物时，海藻提取物通过调节农作物的新陈代谢和生理功能，促进作物根系生长，增加生物量进而提高农作物的产量，能缓解病虫害，预防冻害和干旱等非生物逆境，对农作物品质也有一定的改善作用。

4. 甲壳素/壳聚糖

甲壳素是昆虫和甲壳类动物外骨骼、真菌类细胞壁的组成物质，甲壳类和真菌类是工业壳聚糖提取物的主要来源。甲壳素和壳聚糖具有生物活性，常被作为植物保护剂、抗蒸腾剂、生长刺激素。壳聚糖衍生物作为聚阳离子和脂质结合分子作用于细胞外，在植物叶面上形成壳聚糖保护膜，使植物免受病原体侵害，并通过诱导植物的自身防御来预防细菌、病菌和昆虫的侵害，其诱导的植物防御响应包括木质化作用、蛋白酶抑制剂合成、细胞壁水解、细胞液酸化、蛋白质磷酸化等。

5. 抗蒸腾剂

成膜性抗蒸腾剂包括合成化合物（薄荷油、松脂二烯、萘、聚丙烯酰胺等）、无机化合物（高岭土、硅酸盐等）、天然生物聚合物（壳聚糖），可在植物表面和器官内产生物理作用。从表面上看，乳液状抗蒸腾剂喷洒在叶面上并形成薄膜后，可阻碍气孔向空气中扩散水蒸气，减少叶面反射和水分蒸发，降低热能吸收和叶子温度。从内部看，抗蒸腾剂可调控叶面上气孔的打开和水蒸气的扩散，作用于控制细胞防御的荷尔蒙物质，激发叶子蒸腾信号，提高作物保水率和抗旱性。

6. 游离氨基酸

有机含氮化合物包括游离氨基酸、多肽、聚胺类、甜菜碱等，可以施于叶面、土壤和种子，是动物、植物和微生物的工业水解副产物。除了 20 种作为蛋白质合成前驱体的氨基酸，研究者还在植物中发现了 250 种非蛋白质氨基酸，它们与多重细胞和生理过程息息相关，参与木质素合成、种子发芽、细胞组织分化、信号转导、蛋白质降解、刺激应激响应等。氨基酸通过与土壤中的养分形成螯合物来促进吸收，同时作用于植物的新陈代谢，促进光合作用和二氧化碳渗透，提高酶活及作物品质。

二、海藻源生物刺激素的功效及应用

(一)海藻活性物质的制备技术

经过半个多世纪的发展，海藻加工行业发展出了很多种从海藻中提取、分离活性成分的工艺技术。目前已经成功应用于海藻肥生产的技术包括：① 水提取；② 甲酸、乙酸、硫酸等酸提取，或 NaOH、KOH、$CaCO_3$、Na_2CO_3、K_2CO_3 等碱提取；③ 低温加工；④ 高压下的细胞破壁；⑤ 酶解。

1. 水提取

在用水提取海藻中的水溶性成分之前，首先用淡水去除原料海藻上的沙子、石头和其他杂质，然后切块后用烘箱烘干，干燥温度应该低于80℃可以避免活性成分的分解。制备农用生物刺激素时用的海藻颗粒比较粗，粒径在 1~4mm，而用于制备饲料配方的海藻比较细。水提取过程在常压、没有酸碱的条件下把海藻中的水溶性成分提取出来，其固含量通过蒸发提高到需要的 15%~20%。采用乙酸、碳酸钠等食品级防腐剂可保持产品的稳定性。

2. 酸和碱提取

用硫酸在 40~50℃下处理30min 可以去除海藻中的酚类化合物，同时使高分子物质得到更好的降解，这个前处理可以加强碱提取工艺的效率，获得更好的产品质量。用 H^+ 浓度为 0.1~0.2mol/L 的 H_2SO_4 或 HCl 处理后的海藻在滚筒筛滤器上分类后比未处理的海藻更容易流动，其色泽呈绿色。在预处理过程中，海藻酸钙转化成了海藻酸，可以更容易用 KOH 提取，碱提取后用 H_3PO_4 或 $C_6H_8O_7$ 中和。最常用的工艺是把磨碎的海藻悬浮物在水中加热，加入 K_2CO_3 在压力反应容器中使多糖分子链段断裂成低分子质量物质，反应条件为：压力 275~827kPa，温度<100℃。生产中应该采取措施避免水溶性成分、寡糖以及重要的生物刺激素的流失。

把海藻用碱处理后会通过降解、重组、凝聚、碱催化反应等途径产生海藻生物体中本身没有的新化合物。褐藻中的主要聚合物是海藻酸盐、各种岩藻聚糖、褐藻淀粉等，它们在碱催化下通过降解反应得到低分子量寡糖，并进一步降解后得到各自的单糖。在一项对海藻酸盐进行水解的研究中，用 0.1~0.5mol/L 的 NaOH 溶液在 95~135℃对海藻酸进行反应后，在反应产物中检测出占起始海藻酸质量 9.8%~14.2%的一元羧酸，如乳酸、甲酸、醋酸等。起始海藻酸质量的 17.3%~42.2%被转化成糖精酸、五羧酸、四羧酸、苹果酸、琥珀酸、草酸等二羧酸。在这个反应过程中，海藻酸的 27%~56%被转化成各种羧酸类产品，其中一些具有促进植物生长的作用。表1-6所示为海藻酸在碱降解过程中产生的一元羧酸和二羧酸含量。

表1-6 海藻酸在碱降解过程中产生的一元羧酸和二羧酸含量

NaOH 浓度/ （mol/L）	反应温度/（℃）	二羧酸含量/ %（质量分数）	一元羧酸含量/ %（质量分数）	总羧酸含量/ %（质量分数）
0.1	95	17.3	9.8	27.1
0.1	135	22.0	14.2	36.2
0.5	95	38.7	11.2	49.9
0.5	135	42.2	14.2	56.4

3. 低温加工

在低温加工过程中，沿海收集的野生海藻首先被转移到冷藏室迅速冰冻，然后在液氮作用下粉碎成颗粒直径 10μm 的悬浮物。微粒化的海藻悬浮物是一种绿褐色的物质，对其进行酸化处理可以保存其生物活性，产品的最终 pH 值低于 5.0。这种提取物很黏稠，常温下贮存很稳定，使用时可以将其稀释到合适的浓度。这样制备的海藻肥料中含有叶绿素、海藻酸盐、褐藻淀粉、甘露醇、岩藻多糖等活性物质，其总固含量在 15%~20%。同时，这种产品还含有生长素、细胞分裂素、赤霉素、甜菜碱、氨基酸，以及 S、Mg、B、Ca、Co、Fe、P、Mo、K、Cu、Se、Zn 等元素，还有抗氧化物、维生素等各种成分。对冷冻海藻进行机械加工得到的海藻肥料避免了有机溶剂、酸、碱等化学试剂对海藻活性物质的破坏，其性能与化学法加工制备的海藻肥料不同。

4. 高压细胞破壁

高压细胞破壁技术不涉及热和化学品。海藻生物质用淡水清洗后在-25℃下冷冻后粉碎成很细的颗粒状，均质后得到颗粒直径为 6~10μm 的乳化状态产品。此后这些颗粒物在高压状态下注入一个低压室，随着压力的下降，细胞内能量的释放使得细胞壁膨胀后破裂，导致细胞质成分的释放，过滤后从滤液中回收得到的水溶性成分含有海藻生物体中的各种活性成分随后可以加入添加剂进一步改善配方以适合各种特殊的应用需要。南非 Kelnak 公司 1983 年上市的海藻肥就是以这种冷冻细胞仿生技术从当地的极大昆布中生产的。

有研究者总结了海藻肥生产中的各种工艺，包括先进的加压溶剂萃取、亚临界和超临界提取、微波和超声波辅助提取等技术。加压细胞破裂的方法可以通过采用针对特定农用生物刺激素的溶剂加以改善，提取过程的温度为 100℃，压力约 10.3MPa 以维持溶剂在液体状态，采用己烷、乙醇和水可以提取出不同组成的海藻肥。

5. 酶解

生物酶解工艺是在特定生物酶参与下的生物降解过程，可以更多地保留海藻中的活性成分，使海藻肥的效果更加显著。近年来，海藻肥的制备工艺逐渐从传统的化学、物理提取方式转向酶解提取。海藻酶解技术的关键在于酶的选用，需要建立基因筛选系统寻找合适的酶，通过蛋白质表达系统技术创造蛋白质表达的最优条件后再通过蛋白质工程技术对酶进行优化，使其更适用于实际生产。

生产过程中海藻首先被运送至车间破碎成颗粒，加入特选生物酶发酵降解后得到海藻肥。应用酶解技术制备的海藻肥的生物活性高、生态环保、优质高效，克服了化学提取时的强碱、高温环境以及物理提取方式中活性物质依旧是大分子形式、不利于作物高效利用的缺点。

另外，在海藻肥的加工过程中，海藻首先在低于80℃的温度下干燥到水分低于10%，以减少海藻的运输成本、改善工艺控制，然后把海藻粉碎成直径为 $1\sim10\mathrm{mm}^2$ 的颗粒。加工过程的难点在于对产物的分离，例如把固体物质与黏稠的液体分离，或者去除凝胶状的沉淀物。通过对提取物酸化或者加入抗菌剂可以控制海藻提取物中的微生物。产品中的颗粒物大小以及产品的贮藏稳定性也是重要的质量指标。

综合比较消解海藻的几种方法，最好的方法是采用酶水解或物理消解，这两种方法能最大程度保留海藻中天然物质的活性，但技术难度高、对设备要求高，目前掌握这类技术的国内企业较少。其次是采用微生物将海藻酵解，工艺条件较温和，可以较大程度地保留海藻活性成分，且在保留海藻活性成分的同时，将其大分子转化为能被作物直接吸收的小分子，还能代谢产生海藻原料中不含有的、对作物有益的其他活性成分。微生物降解法的技术要求高，产品稳定性较难控制，需要优化操作和控制工艺过程。

目前国内很多生产企业采用化学提取法，使用酸碱和氧化剂消解海藻，易于批量化、工业化处理，能提高藻体加工提取的效率，但同时也对海藻活性物质造成一定程度的破坏。在生产实践中，通过系统工程学设计可将多种破壁提取方法进行有机组合，充分发挥各种方法的优势，弥补其缺点。

从海藻肥更加绿色、天然、高效的发展趋势来看，微生物降解法、酶解法和物理法是加工制造工艺的重要突破方向，可通过各种先进科技、工艺和设备的集成，生产出高品质海藻肥。以冷的或冰冻的海藻加工出的海藻肥可以保留海藻中的植物生长激素、抗氧化物等生物活性成分；生物法保留了藻体内的生物活性物质，分离获得的浓缩液可作为叶面肥、冲施肥、海藻微生物菌剂等水溶性肥料的原料。

海藻肥的应用功效与其含有的各种活性成分的含量密切相关。由于海藻原料的品种、采集海藻原料的时间、加工方法等方面存在不同，海藻肥中的天然植物生长调节物质、抗逆物质、有机活性成分的含量在不同的产品中有较大的变化，产品的肥效也有较大差异。从工艺控制和产品质量保证的角度，有必要对海藻肥中的活性成分进行准确的分析测定，并建立严格的分析检测标准和产品质量标准。

国家工信部在 2016 年 10 月 22 日正式发布《海藻酸类肥料》化工行业标准，于 2017 年 4 月 1 日起正式实施。《海藻酸类肥料》化工行业标准由上海化工研究院、中国农业科学院农业资源与农业区划研究所等多家单位起草。该行业标准正式规定了海藻酸类肥的术语和定义、产品类型和要求等，明确规定了海藻酸增效剂、海藻粉、海藻液、海藻酸类肥料、海藻酸包膜尿素、海藻酸复合肥料、含海藻酸水溶肥料等肥料类型的定义，以及这些肥料产品的主要技术指标。此项标准的正式发布和实施，对于规范海藻酸类肥料市场、引领肥料产业升级、推进化肥使用量零增长等具有重要意义，标志着我国海藻肥产业进入规范发展的新阶段。

海藻类肥料涉及的产品种类多、活性成分丰富、应用功效复杂，在其活性成分分析及产品质量控制方面还存在诸多挑战。例如，海藻肥中的海藻酸含量，目前不同企业和研究机构各自的检测方法不尽相同，没有统一的国家标准和行业标准，造成海藻肥中海藻酸含量的标识混乱。

在国家环保政策要求日益严格、农资市场大肥料行业行情下滑的背景下，国内众多知名的复合肥企业都在寻求产品开发的突破口。海藻提取精制后添加到各种肥料中可有效进行肥料增效，这种增值肥料产品改变了过去单纯依靠调控肥料营养功能改善肥效的技术策略，通过生物活性增效载体与肥料相结合，实现"肥料-作物-土壤"综合调控，可以大幅度提高肥料利用率，使其成为新型肥料的一个重要发展方向，同时也为海藻活性成分的分析检测提出了更加多样化的检测要求。

经过很多年的创新发展，我国海藻类肥料行业在新产品、新技术的开发和应用方面取得了很大的进步，缩小了与世界先进水平的距离，在海藻肥中主要活性成分的检测方面也建立了一系列的技术手段、检测方法和标准。表 1-7 总结了海藻肥中主要活性成分的检测方法和测定原理。

目前行业内使用最多的海藻酸含量检测方法有咔唑-紫外分光光度法、间羟联苯法、高效液相法、重量法、滴定法等，其中最常用的是咔唑-紫外分光光度法和间羟联苯法。咔唑-紫外分光光度法的原理是海藻酸经水解后生成 D-甘露糖醛酸（+）和 L-古洛糖醛酸（-），在强酸中与咔唑发生缩合反应成为紫红色化合物，此化合物在波长 350nm 处有特征吸收峰，可以用分光光度法定量测定。该方法的优点是步骤简单易于操作，测试时间短。但在实际检测工作中发现，咔唑比色法存在比较严重的干扰问题，比色反应应为红色，如果出现蓝色或者绿色，可能是出现了某些污染物。肥料样品中的磷酸根离子、硝酸根离子会使反应液呈现绿色造成干扰，并且多数离子存在干扰，其干扰程度为：Mn、As≥Cu、B≥Fe、Mg≥Ca、Zn、K，只有 Ca、Zn、K 等离子不会产生干扰，其余离子都会出现不同程度的绿色。该方法对中性糖也有一定程度的显色，同时测定的数值也有一定的波动性。

海洋活性物质农业应用

表1-7　海藻肥中主要活性成分的检测方法和测定原理

成　分	检测方法	测定原理
海藻多糖	苯酚硫酸法	海藻多糖经水解生成葡萄糖，与苯酚反应生成橙色化合物，在490nm波长处用分光光度计测定
海藻酸	咔唑法	海藻酸经水解生成糖醛酸，糖醛酸与咔唑反应生成紫红色化合物，在530nm波长处用分光光度计测定
	间羟联苯法	多聚己糖醛基经与硫酸作用后可进一步与间羟基联苯反应形成紫红色化合物，在520nm处有最大吸收
海藻蛋白	氨基酸分析仪、凯氏定氮法	蛋白质经水解生成氨基酸，经氨基酸分析仪可测定其含量
微量元素	原子分光光度计	不同元素的原子可以吸收特定波长的光，根据吸收度的大小计算该元素的含量
植物生长调节物质	液相色谱法	分别测定不同种类的生长素的含量后加和

　　间羟联苯法检测海藻酸含量近年来得到国内科研院所和生产企业的认可，其工作原理是糖醛酸与四硼酸钠作用后与间羟基联苯形成紫红色的化合物，在520nm处有最大吸收峰。间羟联苯对葡萄糖、蔗糖、糖蜜等中性糖稳定，几乎不显色，而对海藻酸类糖醛酸可以特异显色。该方法基本不受大、中、微量元素的影响，对大多数盐离子稳定不显色，操作简单，稳定性和重复性都比咔唑-紫外分光光度法好。不足之处是间羟联苯法会受到硝酸根离子和腐植酸盐的影响，在有硝酸根和腐植酸盐加入的情况下，海藻酸的检测结果有所下降。

　　咔唑-紫外分光光度法和间羟联苯法都是比色法，实践检验中证明间羟联苯法更适用于海藻类肥料中海藻酸含量的测定。在中国农业科学院农业资源与农业区划研究所等单位前期研究的基础上，农业农村部在2018年6月1日颁布NY/T 3174—2017《水溶肥料　海藻酸含量的测定》，该标准规定了水溶肥料中海藻酸含量测定的间羟联苯分光光度法试验方法，适用于以泡叶藻、马尾藻、海带等褐藻为原料，经过生物、化学、物理等方法提取加工制成的液体或固体水溶肥料，能准确检测出海藻肥中的有效海藻酸含量。

　　海藻酸含量也可以通过高效液相法检测，该方法对不同单糖组成单元的辨识度高、准确性好，适合定性分析。高效液相法的缺点是需要购买液相仪器和相关的分析液相柱，价格昂贵、投资大。另外，肥料配料中有腐植酸盐等深色物料，会对液相柱有较大的损伤，使检测成本提高。

　　针对海藻酸的第三类测试方法是重量法。海藻酸性质相对稳定，不溶于水和乙醇，可以利用此性质对其检测。测试时将肥料中的海藻酸盐溶解于水中，与酸反应后形成海藻酸沉淀，再用乙醇脱水烘干后测定海藻酸的重量。该方法的优点是简单易行，但是干扰因素较多，若体系中含有其他与酸反应形成沉淀的组分时，会对反应造成较大误差。因此该法只适用于杂质含量少的海藻肥中海藻酸的测定。

第四类测定海藻酸含量的方法是容量法，包括两种方法：第一种是用盐酸和乙醇处理样品，经烘干处理得到海藻酸粗品，再将海藻酸粗品与醋酸钙反应，经氢氧化钠溶液滴定，根据氢氧化钠的消耗量得到海藻酸的酸度值，然后依据海藻酸酸度值与海藻酸含量成正比的原理，计算出海藻酸的含量；第二种是海藻肥中的海藻酸盐与醋酸钙溶液反应生成不溶性的海藻酸钙后，海藻酸钙再与盐酸反应生成氯化钙和不溶性的海藻酸，利用 EDTA 标准溶液滴定反应生成的钙离子，可计算出海藻酸含量。这两种方法的原理简单但实验操作过程复杂、试验时间长、影响因素多。

目前各海藻肥生产企业的生产工艺不同、原材料差异大，选择的测试方法也有差异。据调查，目前企业标准中使用咔唑-紫外分光光度法较多，检测数据比重量法、容量法更可靠。高效液相法由于仪器价格高，其应用受到一定的限制。咔唑-紫外分光光度法存在检测数值不稳定、易受外源添加干扰的缺点。间羟联苯法是目前最适用于海藻酸含量检测的方法。

海藻酸是褐藻提取物中的主要有机活性成分，是一种由单糖醛酸线性聚合成的多糖，特异存在于褐藻细胞壁和细胞间质中，起到强化细胞壁的作用。海藻酸的分子式为 $(C_6H_8O_6)_n$，相对分子质量范围从 1 万到 60 万不等。由于品种、产地和气候环境的不同，不同种类的褐藻有其独特的结构和生物特性，从不同的褐藻中提取出的海藻酸也有不同的化学结构和理化性能应用在农业生产中，海藻酸的凝胶特性、螯合特性和亲水特性有重要的应用价值，是海藻类肥料的一个主要活性成分。目前，海藻肥中海藻酸含量的检测尚无国家标准或行业标准，生产企业使用的是各自的企业标准。

农业部在 2000 年正式设立了"含海藻酸水溶性肥料"这一新型肥料类别，使海藻酸肥料有了市场准入的身份。2012 年，农业部基于国内海藻肥市场混乱检测标准不规范等原因，取消了"含海藻酸水溶性肥料"的分类，归入有机水溶肥料类。

由于应用功效显著，目前国内外海藻酸类肥料进入了高速发展时期，在增产、抗寒、抗旱、抗病等方面有显著的效果，但是由于缺乏科学的检测标准，市场上的海藻肥产品质量参差不齐。建立科学的检测标准、规范我国海藻类肥料市场进一步让海藻肥有合法的市场准入，是当前海藻肥行业发展面临的一个十分紧迫的问题。

（二）海藻肥及海藻生物刺激素的应用功效与应用

在农业生产中，海藻活性物质通过改善土壤、促进植物生长、防治病虫害等作用起到提高产量、改善品质等功效。

1. 海藻活性物质对土壤的影响

土壤是人类生存的基本资源，是所有农业生态系统的基底或基础，也是人类生活的承载空间。万物土中生，食以土为本。近年来，不合理的施肥导致化肥与农药大量在土壤和水体中残留，尤其是人们有意无意地向土壤加入不利于作物健康生长的各种有害元素，直接导致土壤污染，不但通过土壤间接污染水体，还通过发出的气体破坏大气层组织，对与人们生活息息相关的农产品也造成污染，形成人体健康的一大危害源。

海藻活性物质是天然的土壤调节剂，施用海藻活性物质不但能螯合土壤中的重金属离子、减轻污染，还能促进土壤团粒结构的形成、直接或间接增加土壤有机质。海藻活性物质中富含的维生素等有机物质和多种微量元素能激活土壤中多种微生物、增加土壤生物活动量，从而加速养分释放，使土壤养分有效化。

（1）海藻活性物质对土壤结构及水分保持的影响

土壤恶化的一个共同特点是团粒结构的不断减少。团粒结构是全球公认的最佳土壤结构，是由若干土壤单粒黏结在一起形成团聚体的一种土壤结构，其中单粒间形成小孔隙、团聚体间形成大孔隙，因此既能保持水分，又能保持通气，既是土壤的小水库，也是土壤小肥料库，能保证植物根的良好生长。海藻酸盐具有凝胶特性，促进土壤团粒结构形成、稳定土壤胶体特征，优化土壤水、肥、热体系，提高土壤物理肥力。

通过改善土壤的持水性、促进土壤中有益微生物的生长等作用机理，海藻活性物质可以改善土壤健康、改善植物的根际土壤环境，其所含的海藻酸盐、岩藻多糖等海藻多糖的亲水、凝胶、重金属离子等特性在改善土壤性能中有重要价值。海藻酸盐在与土壤中的金属离子结合后形成的高分子量凝胶复合物可以吸收水分、膨化、保持土壤水分、改善团粒结构，由此得到更好的土壤通气以及土壤微孔的毛细管效应，增强土壤团聚体稳定性和土壤透气性，从而刺激植物根系生长、促进作物对营养物质的吸收、提高土壤微生物活性。海藻及单细胞藻类的阴离子性质对受重金属离子污染的土壤的修复有重要应用价值。

（2）海藻活性物质对根际微生物的影响

海藻对土壤的改良效果非同凡响，具有土壤空调的作用。在土壤中，海藻酸与金属元素结合，形成一种分子量倍增的交联高分子，这种高分子盐一旦与水分子结合，便能牢牢地把持住水分子。

土壤团粒形成的生物学机制与真菌的活动密切相关。在土壤真菌活力很差的地块上，其土壤团粒结构也不好，而土壤真菌比其他土壤微生物对农作物生长更加敏感，海藻活性物质所富含的长链糖类物质恰好是土壤真菌特别嗜好的食料。土壤真菌的聚集是土壤团粒形成的根本因素，此外，海藻活性物质内含有的酶类可促进土壤中有效微生物的繁殖。这些对于改良土壤结构、增加土壤肥力，减轻农药、化肥对土壤的污染都是十分有利的。

根际微生物（rhizosphere microbe）是在植物根系直接影响的土壤范围内生长繁殖的微生物，包括细菌、放线菌、真菌、藻类和原生动物等，可以在植物-土壤-微生物的代谢物循环中起催化剂作用。研究表明，海藻及其提取物可促进土壤有益微生物生长、刺激其分泌土壤改良剂、改善根际环境，从而促进作物生长。海藻多糖还能够影响植物根际微生物区系的分布，刺激土壤中有益菌更好地作用于植物体，抑制病原微生物的增殖。

丛枝菌根真菌（arbuscular mycorrhizal fungi，简称 AMF）是一类广泛分布于林地土壤中的真菌类群，能与 80% 以上的陆地植物形成丛枝菌根（arbuscular mycorrhizal，简称 AM）。AM 可以改善宿主植物对磷、锌、钙等多种矿质元素和水分的吸收利用，提高植物激素的产生，促进宿主植物的生长。

多种海藻提取物是丛枝根菌真菌的生长调节剂，应用于土壤可引发土壤中有益微生物的生长，通过它们分泌出土壤调节物质，改善土壤性质，并进一步促进有益真菌的生长。褐藻中提取的海藻酸在酶解后得到的寡糖可以明显刺激菌根及菌丝生长和延长，引发它们对三叶橙苗的传染性，促进真菌生长。科学家的研究结果显示褐藻的甲醇提取物对菌丝生长和根系生长有促进作用。褐藻的乙醇提取物在活体试验中可促进丛枝根菌真菌菌丝生长，诱导 AM 对柑橘的侵染。在柑橘园中喷施含有海藻提取物的液体肥料，丛枝根菌真菌孢子量比对照增加 21%，其侵染率提高 27%。也有研究表明，根施红藻和绿藻的甲醇提取物可显著促进番木瓜和西番莲果根际菌的生长与发育，与褐藻相似，红藻和绿藻中都含有丛枝根菌生长调节剂，在高等植物根际菌发育中起重要作用。

2. 海藻活性物质对重金属的吸附作用

近年来，土壤的重金属污染成为一个日益严重的环保问题，其中污染土壤的重金属主要有汞（Hg）、镉（Cd）、铅（Pb）、铬（Cr）和类金属砷（As）等生物毒性显著的元素，以及有一定毒性的锌（Zn）、铜（Cu）、镍（Ni）等元素土壤中的重金属主要来源于农药、废水、污泥、大气沉降等，如汞主要来自含汞废水，砷来自农业生产中的杀虫剂、杀菌剂、杀鼠剂、除草剂等。重金属污染可引起植物生理功能紊乱、营养失调，汞、砷能减弱和抑制土壤中硝化、氨化细菌活动，影响氮素供应。重金属污染物在土壤中的移动性很小，不易随水淋滤、不被微生物降解，通过食物链进入人体后的潜在危害极大，因此防治土壤的重金属污染势在必行。

海藻酸是一种高分子羧酸，海藻酸提取物中含有大量的聚阴离子化合物，能够螯合土壤中的重金属阳离子形成海藻酸盐。海藻酸的主要吸附点是分子链外侧的羧基基团，其对重金属离子的吸附顺序为：$Pb^{2+} > Cu^{2+} > Cd^{2+} > Ba^{2+} > Sr^{2+} > Ca^{2+} > Co^{2+} > Ni^{2+} >$

$Mn^{2+} > Mg^{2+}$。

土壤中的 Hg、Cd、Pb、Cr、Zn、Cu、Ni 等二价或多价金属离子与海藻酸结合后形成的海藻酸盐不溶于水，是一种有很强亲水性的高分子复合物，一方面使重金属离子失去活性，另一方面该复合物可吸收水分、膨胀，以保持土壤水分并改善土壤块状结构，有利于土壤气孔换气和毛细管活性，反过来刺激植株根系的生长和发育及增强土壤微生物的活性。除了海藻酸，海藻及单细胞藻类的聚阴离子特性对土壤的修复尤其是对重金属污染的土壤的修复具有重要价值。

3. 海藻活性物质对病虫害的防治

植食性螨类主要有叶螨（俗称红蜘蛛）、瘿螨、粉螨、跗线螨、蒲螨、矮蒲螨、叶爪螨、薄口螨、根螨及甲螨等螨类，刺吸或咀嚼为害，绝大多数是人类生产的破坏者。叶螨是 5 大世界性害虫（实蝇、桃蚜、二化螟、盾蚧、叶螨）之一，它们吸食植物叶绿素，造成退绿斑点，引起叶片黄化、脱落。植食性螨类具有个体小、繁殖快、发育历期短、行动范围小、适应性强、突变率高和易发生抗药性等特点，是公认的最难防治的有害生物群落。近 40 多年来，由于人类在害虫防治措施上一度采用单一的化学药剂防治，使得叶螨由次要害虫上升为主要害虫，目前叶螨问题已成为农林生产的突出问题。非专一性杀螨剂的频繁使用，加重了螨类对作物造成的损失，在杀螨的同时也消灭了螨类天敌，许多次要害虫的数量有所上升，也造成了环境污染，对人类的生存环境提出了挑战。

海藻提取物中的海藻酸钠水溶液具有一定的黏结性和成膜性，干燥失水后能形成一种柔软、坚韧不透气的薄膜，能窒息螨类，抑制螨类与外界的能量交换，达到杀螨的目的，已有研究证明海藻提取物中含有的金属螯合物可以减少红螨的数量。据报道，海藻提取物应用到草莓上可以显著降低二斑叶螨的数量。将海藻提取物喷施于苹果树上可减少红蜘蛛的数量，作为杀螨剂控制害螨。有研究表明，海藻酸钠是理想的茶树杀螨剂。

除了植食性螨类，刺吸式害虫是农作物害虫中另一个较大的类群。它们种类多，具有体形小、繁殖快、后代数量大、世代历期短等特点，发生初期往往受害状不明显，易被人们忽视，常群居于嫩枝、叶、芽、花蕾、果实上，吸取植物汁液，掠夺其营养，造成枝叶及花卷曲，甚至整株枯萎或死亡。同时诱发煤污病，有时害虫本身是病毒病的传播媒介，给农产品的品质和产量带来巨大的不利影响。当前大部分农户主要采用化学农药进行防治，不仅导致农产品残留污染严重，还造成农业生态环境日趋恶化等诸多负面影响。

研究发现，海藻中的一些化合物对刺吸式害虫有明显的抑制作用。提取物中含多卤化单萜类化合物，这类化合物可作用于刺吸式害虫的神经。因此用海藻提取物处理过的植株可以避免蚜虫和其他刺吸式害虫的为害，赵鲁等（2008）的研究表明，在桃园喷洒海藻提取物后对红壁虱幼虫数量进行调查，对照区内时有出现，试验区则未出现，将海藻提取物叶面喷洒或施用到土壤上均发现有驱除蚜虫等害虫的效果。红藻海头红提取物对烟草夜蛾和蚊子幼虫均有很强的抑杀作用，且其杀虫效果超过沙蚕毒类的巴丹。研究者的研究表明海藻提取物对温室栽培的黄瓜、甘蔗、香蕉、大头菜、草莓、烟草、韭菜等作物有防虫效果。

根结线虫是分布最广、为害最重的植物寄生线虫，已引起世界各国的关注，也是当前我国最重要的农作物病原线虫之一，已报道的有 80 多种，其中最常见的有南方根结线虫、花生根结线虫、爪哇根结线虫及北方根结线虫。根结线虫可使蔬菜、花生、大豆、烟草、甘蔗、柑橘、甘薯、小麦等作物受到不同程度的为害，给农业生产造成的损失很大，如花生根结线虫一般使花生减产 30%~40%，重则减产 70%~80%；烟草根结线虫一般使烟草减产 30%~40%，重则减产 60%~80%；大豆孢囊线虫严重的地方能使大豆减产 70%~80%。尽管目前化学农药可以有效控制线虫的为害，随着环保理念的进步，必将减少化学农药的使用，对根结线虫病进行系统的研究势在必行。

科研人员的研究表明，海藻提取物通过改变植株内源生长素与细胞分裂素比例，起到防线虫作用。又有科学家的研究表明，用海藻提取物处理玉米根，可使线虫繁殖率降低 47%~63%。海藻提取物可以强化植物对病虫害的防御功能。除了影响植物的生理和代谢，海藻活性物质也可以通过影响根际微生物群落促进植物健康，用海藻活性物质处理植物造成线虫感染下降。研究人员的研究结果显示，海藻提取物可诱导植株增强抵抗病虫为害的能力，还可影响植株土壤微生物生长环境，改变植株生理生化指标及细胞新陈代谢，促进植株健壮生长。

海藻活性物质能激发作物自身的抗细菌、真菌和病毒的能力，减少农药的使用量。研究表明，海藻提取物在病原菌防治方面具有重要作用。植株可通过分子信号激发子的诱导产生系统获得抗性（SAR），抵抗病原菌的侵染为害，其中诱导剂包括多糖、寡糖、多肽、蛋白质、脂类物质等一系列物质，这些物质均可在侵染病菌细胞壁中发现。许多海藻类多糖具有激发子的特性，如从褐藻中提取分离后得到的一些硫酸酯多糖，可诱导苜蓿和烟草多重防御反应的产生，叶面喷施墨角藻提取物可显著减少由辣椒疫霉病菌引起的辣椒疫霉病及葡萄霜霉病菌引起的葡萄霜霉病的发生。

近年来，随着气候、种植结构的变化，农作物细菌性病害的发生及其造成的损失逐年加重，在一些地区成为严重影响农业生产的主要病害。细菌性病害引起农作物腐烂、萎蔫、褪色、斑点等症状，严重影响产量和品质，给农户造成重大经济损失。

海藻活性物质在防治农作物细菌性病害方面有其独特的性能。科学家的研究表明，海藻乙醇提取物对于引发甘薯细菌性枯萎病（薯瘟病）的青枯假单胞杆菌有较强的抗菌活性。海藻提取物喷洒棉花幼苗后，表现出了较强的抗细菌侵袭能力，种子萌发前用马尾藻提取物的水性制剂按 1：500 溶液浸泡 12h，受野油菜黄单胞菌侵染的棉花幼苗会对细菌病原体产生非常大的抗性。在植物传染的病害中，真菌性病害的种类最多，占全部植物病害的 70%~80% 及以上。植物的真菌性病害在我国属广泛分布病害，不仅在田间产生为害，还由于其潜伏侵染特性，为害果实，可使产量降低、果实失去商品价值。常见的真菌病害有腐烂病、炭疽病、轮纹病、白粉病、黑点病、干腐病等。学者的研究表明海藻中的活性物质可以有效降低豇豆锈病、白粉病的发生，对于大白菜黑斑病、马铃薯晚疫病、芒果炭疽病等都有一定的抑制作用。科学家的研究也表明海藻酸对苹果腐烂病离体枝条的保护作用具有较好的效果。

除了细菌、真菌，植物病毒对寄主植物的为害素有"植物癌"之称，病毒在侵染寄主后不仅与寄主争夺植物生长所必需的营养成分，还破坏植物的养分输导，改变寄主植物的代谢平衡和酶的活性，如多酚氧化酶和过氧化物同工酶的活性在病毒侵染后，植物的光合作用受到抑制，使植物生长困难，产生畸形、黄化等症状，严重时造成寄主植物死亡。

近年来的研究发现，海藻提取物在预防和抵抗作物病毒性病害方面有明显效果。例如，海藻酸能通过提高烟叶中的 POD（过氧化物酶）、SOD（超氧化物歧化酶）活性，降低超氧阴离子含量，提高烟叶的抗氧化能力，并通过促出烟叶中 $PR-1a$ 基因和 N 基因的表达，提高烟叶的抗病能力。有存在的研究成果表明海藻酸能有效钝化烟草花叶病毒（TMV）并抑制其复制增殖，钝化率可达到 66.67%，复制增殖的抑制率可达 34.67%。科研人员的研究表明海藻提取物对番茄黄瓜花叶病毒（CMV）具有较好的体外钝化效果，可明显降低感病番茄植株的病毒含量，降低病毒对叶绿体的伤害。

植物在防御病原体入侵的过程中涉及信号分子的感知，如寡糖、肽、蛋白质、脂质等病原体细胞壁中的很多成分。海藻提取物中的多种多糖成分是植物防御疾病过程中的有效诱导因子。研究显示，在甘蓝上使用海藻提取物可以刺激对真菌病原体有对抗性的微生物的生长和活性。此外，海藻富含具有抗菌作用的多酚。泡叶藻提取物与腐植酸一起应用在本特草上可以增加超氧化物歧化酶的活性，明显减少叶斑病。研究显示，石莼提取物可诱导 $PR-10$ 基因的表达，该基因属于对病毒攻击有抵抗作用的病程相关基因。用海藻提取物处理紫花苜蓿后，增加了其对炭疽菌属的抵抗性，进一步研究显示海藻提取物引起 152 种基因的上调，其中主要涉及植物防御基因，如与植物抗毒素、致病相关蛋白、细胞壁蛋白质、氧脂素途径相关的基因。

4. 海藻活性物质对作物生长发育的影响

(1) 促进根系发育及矿物质吸收

海藻活性物质可以促进植物根系增长和发展，其对根系增长的刺激作用在植物生长的早期尤为明显。在用海藻活性物质处理麦子后发现，根与芽的干重质量比有所上升，显示海藻活性物质中的活性成分对根系发育有重要影响，而灰化后的海藻活性物质失去了其对根系生长的刺激作用，说明其活性成分是有机物。海藻活性物质对根生长的促进作用在基肥和叶面施肥中都可以观察到。实际应用中，海藻提取物的浓度是一个关键因素，Finnie 和 van Staden（2010）的研究结果显示，按照海藻提取物：水 = 1 : 100 的高浓度处理番茄植物时，肥料对根系生长有抑制作用，浓度降低到 1 : 600 时产生刺激作用。

一般来说，生物刺激剂可以通过改善侧根生成而改善根系发展，其中主要的活性成分是海藻提取物中的内源生长素。海藻活性物质可以改善根系的营养吸收，使根系有更好的水分和营养吸收效率，从而强化植物的增长和活力。研究表明，海藻提取物在玉米、甘蓝、番茄、万寿菊等作物上均表现出良好的促根系生长、增加幼苗根系数量、增强根系活力、减少机械损伤等效果。经海藻提取物处理后，小麦的根茎干重比有所提高，这说明海藻中含有对小麦根系发育有促进作用的物质。

海藻活性物质在促进种子萌发方面也具有非常显著的效果。有科学家将番茄种子经液体海藻活性物质（稀释 500 倍）浸种 12h 后，发芽比对照加快 2~3d，并且发芽率高，出芽整齐。

(2) 增强光合作用，促进作物生长

海藻提取物可以强化植物中叶绿素的含量。用低浓度的泡叶藻提取物在番茄土壤或在植株叶面施肥即可提高叶子中叶绿素的含量，这是由于在甜菜碱的作用下降低了叶绿素的降解。尽管海藻活性物质中含有不同的矿物质成分，但它不能提供植物生长需要的所有营养成分，因此其主要功效在于改善植物根系及叶子吸收营养成分的能力。海藻提取物还能够通过增强植物根部硝酸还原酶和磷酸酶的积累，增强植物对矿物营养成分的吸收能力，提高了叶绿素含量，增强了光合作用效率，增加了作物产量。研究表明，泡叶藻提取（ANE）在极低浓度（0.1g/L）下，能够促进拟南芥的根系生长，反而在 1g/L 的浓度处理下，植物的高度和叶片数量会受到影响。说明用提取物处理的植物显示出比对照植物更强的生长效果，并且这种效果具有浓度依赖性。

海藻酸钠寡糖是海藻酸钠在裂解酶作用下降解生成的一种低分子质量寡糖，具有调控植物生长、发育、繁殖和激活植物防御反应等功能。研究表明，叶面喷施 0.5mg/g 海藻酸钠寡糖可显著促进烟草幼苗株生长高度、增加叶面积，还能增加叶片叶绿素的含量。海藻酸钠寡糖通过调节烟草叶片的气孔导度，影响胞间 CO_2 浓度。进而促进光合速率的提高、促进植株生长。

海藻提取物中的甘氨酸-甜菜碱可延长离体条件下叶绿体光合作用活性，通过抑制叶绿素降解，增强光合作用。Blunden 等报道泡叶藻提取物进行土壤浇灌后，矮秆法国豆、大麦、玉米和小麦的叶绿素含量均有增加。王强等发现苗期及花前期同时喷施液体海藻活性物质可明显提高番茄中叶绿素含量，施用时以稀释 300 倍效果为最佳。在澳大利亚的一项研究中，以海洋巨藻为原料制备海藻活性物质的施用显著增加了西兰花幼苗的叶数、茎直径和叶面积，与对照组相比分别增加了 6%、10% 和 9%，在澳大利亚的农场环境中提高了西兰花的生长。

（3）促进种子萌发

经海藻提取物处理的种子，呼吸速率加快、发芽率明显提高；用海藻活性物质浸泡大白菜种子后萌芽率提高 31%；用海藻活性物质浸种的小麦长势整齐，发芽率最高。很多研究已证实在此过程中起主要作用的是海藻提取物中的天然植物生长调节剂、海藻多糖等活性成分。

（4）提高坐果率

海藻提取物能刺激作物提前开花、提高植株坐果率。例如，番茄幼苗经海藻提取物处理后较对照花期提前，且该种反应被认为是非应激反应。许多作物的产量与成熟期的花数量有关。花期的开始与发展，以及形成花的数量与作物发育阶段有关。海藻提取物可通过启动健康植株的生长，刺激花开。喷施过海藻提取物的作物产量增加，被认为与提取物中的细胞分裂素等植物生长调节剂有关。植物营养器官中的细胞分裂素与营养成分有关，而生殖器官中的细胞分裂素与营养物质的运输有关。在细胞分裂素的刺激下，果实可增加发育植株中营养物质的转移，将其储存起来，光合产物可从根、枝干、幼叶等营养部分向发育果实移动，用于果实的生长。

大棚试验结果表明，番茄花期喷施海藻提取物可使果实鲜重提高 30%，坐果率增加 50%，并改善果实品质。施用海藻精的番茄比对照株的株高、径粗、平均坐果率和产量均显著增加。

（5）提高作物的抗逆性

干旱、低温等非生物逆境会影响作物正常生长，降低其产量。大部分非生物逆境都是通过改变作物细胞的渗透压引起的，如氧化胁迫导致活性氧（超氧化物阴离子、过氧化氢等）的积累，这些物质破坏 DNA、脂类、蛋白质等物质，从而引起异常细胞信号。研究发现，在茄子、油菜、黄瓜、甘蓝、青菜、西芹、胡萝卜、番茄、白菜、辣椒等蔬菜上施用海藻活性物质，对提高其抗逆性有积极作用。田间试验证明，海藻提取液能提高作物的抗寒、抗干旱等非生物逆境能力，海藻活性物质叶面喷施到葡萄植株上，9d后处理组叶片平均渗透势为-1.57MPa，而对照组为-1.51MPa，由此推测海藻提取液可通过降低作物叶片中的渗透压增强葡萄植株的抗冻能力。

有报告推测，海藻活性物质提高作物抗逆力可能与细胞分裂素有关。细胞分裂素可通过直接清除、阻止活性氧的形成以及抑制黄嘌呤氧化等方式抵抗逆境。活性氧含量是许多非生物逆境（如盐害、紫外线、极限温度等）对作物影响的指标之一，使用海藻提取液后，作物体内超氧化歧化酶、谷胱甘肽还原酶和抗坏血酸过氧化物酶的活性增加，提高了作物的抗逆能力。泡叶藻提取物含有甜菜碱及其各种衍生物。为了验证植物中叶绿素含量的增加与施用甜菜碱相关，有研究用已知的甜菜碱混合物作物，结果显示用海藻活性物质处理及用甜菜碱处理的农作物中叶绿素含量相似，63d和69d后，用海藻活性物质的植物中叶绿素含量分别为27.70SPAD和26.48SPAD（soil-plant analysis development），而用甜菜碱的分别为27.30SPAD和23.60SPAD，两组与对照组相比均有较大的提升。结果说明使用海藻活性物质可以增加叶绿素含量的原因可能是其中的甜菜碱活性成分。最近研究发现，海藻提取物中富含多种植物激素（细胞分裂素、生长素、脱落酸、赤霉素等），共同作用来促进植物生长和提高植物的抗逆性，用海藻提取物处理的植物也显示出耐盐和耐寒的特性。

尽管目前有很多试验数据显示海藻提取物产生抗逆性，具体作用机理尚未充分理解。有报道显示这种抗逆性与海藻提取物中的细胞分裂素的活性相关，例如有科研人员开展实验以证实泡叶藻提取物对匍匐剪股颖（Creeping bentgrass）的耐旱性。在受干旱的植物上用腐植酸和海藻提取物的混合物处理后，其根的重量增加了21%~68%、叶片生育酚增加110%、内源性玉米素核苷增加38%。对泡叶藻中的内源性玉米素核苷和异戊烯基腺苷等细胞分裂素的系统分析显示，海藻提取物中大量的细胞分裂素，而灰化后的海藻提取物失去了促进植物的功效，说明其活性物质主要是有机成分。

细胞分裂素通过直接清除自由基或避免活性氧类生成而减轻压力诱导产生的自由基。海藻提取物对本特草的耐热性主要归功于其含有的细胞分裂素。活性氧类是盐度、臭氧暴露、紫外线照射、低温、高温、干旱等非生物逆境下的主要因素。在草坪上使用泡叶藻提取物增加了可以清除超氧化物的抗氧化剂酶—超氧化物歧化酶的活性；高羊茅在用泡叶藻提取物处理后的3年内超氧化物歧化酶活性平均提高30%。

孙锦等（2006）通过研究番茄幼株干重/鲜重比、离体叶片脱水速率以及叶片总叶绿素和脯氨酸的含量，证实海藻活性物质可增强番茄的抗旱能力，且脯氨酸含量越高，抗旱能力越强。同时，海藻提取物中的可溶性糖（主要为海藻多糖）可增大细胞质的黏度、提高其弹性，使细胞液浓度增大、水分的吸收能量和保水能力提高，并保持水解酶、蛋白酶和酯酶的稳定性，从而使质膜结构免受破坏，进而提高植株的抗旱性。

研究发现，季铵分子（例如甜菜碱和脯氨酸）作为主要的渗透调节剂在植物中起着重要作用，游离脯氨酸在细胞内的积累对于降低细胞内溶质的渗透压、均衡原生质体内外的渗透强度、维持细胞内酶的结构和构象、减少细胞内可溶性蛋白质的沉淀起到重要作用。海藻活性物质中甜菜碱的存在可以诱导脯氨酸含量的提高，从而提高作物的抗逆性。

（6）促进作物早熟

孙锦等（2006）的研究表明，施用海藻提取物可使蔬菜采收期提早 6~14d，提高幅度因作物而异，其中对西芹采收期提早幅度最大，为 14d，其次为黄瓜、胡萝卜、甘蓝、番茄和茄子，对辣椒提前幅度最小，为 6d。

5. 海藻活性物质对农作物产量和品质的影响

（1）增加产量

施用海藻提取物能使多种作物增产。通过在油麦菜、辣椒、甘薯、黄瓜、马铃薯、苹果、柑橘、鸭梨、葡萄、桃、玉米、小麦、水稻、大豆、棉花、茶叶、烟草等蔬菜、瓜果及粮油作物上的实验结果表明，海藻活性物质均能使作物产量显著增加，增产幅度在 10%~30%。经海藻提取物处理的豆类植物，产量显著增加，平均增加量为 24%。喷施海藻叶面肥显著提高了大蒜的产量，使其较对照组增产 20%，大蒜蒜头横径和单头蒜重也明显增加。

海藻提取物对很多种农作物有促进早开花和结果的功效。例如，番茄苗在用海藻活性物质处理后，开花早于对照组。在很多作物中，产量与成熟的花的数量相关，作物成长期是开花的重要时期，海藻活性物质促进植物生根增长与其促进开花的功效密切相关。

研究显示，农作物产量的增加与海藻活性物质中的细胞分裂素等激素类物质相关。细胞分裂素在植物营养器官中与营养分配相关，而在生殖器官中，高浓度的细胞分裂素与营养元素活化相关，水果的成熟一般会加快营养成分在植物中的运输，营养成分会在水果中积累。

光合产物的分布从根、茎、叶等营养器官转移到发育中的果实中。以番茄为例，用海藻活性物质处理的水果中的细胞分裂素含量高于未处理的对照组。细胞分裂素在植物营养器官及生殖器官的养分元素转移中起作用，海藻提取物加强了细胞分裂素从根系到发育中的果实的转移，同时改善了水果内源细胞分裂素的合成。海藻提取物处理过的植物根系的细胞分系含量较高，使根系可以给成熟中的果实提供更多的细胞分裂素。有研究显示，发育中的果实和种子中显示出比较高的内源细胞分裂素含量，细胞分裂素含量的升高是其从根系向植物其他部位转移的结果。

海藻提取物喷施在番茄植株可以使其产量比对照组提高30%，并且番茄的个体大、口感好。万寿菊种苗在用海藻活性物质处理后，其开花数量及每朵花产生的种子数比对照组提高了50%。在生菜、花菜、青椒、大麦等农作物上使用海藻活性物质均使产量提高、个体增大。在叶面上施用海藻提取物可以使大豆产量提高24%，在葡萄上应用海藻活性物质可以使葡萄个体尺寸增加13%、重量增加39%、产量增加60.4%。

（2）提升品质

海藻活性物质含有陆地植物生长所必需的I、K、Na、Ca、Mg、Sr等矿物质，还有Mn、Mo、Zn、Fe、B、Cu等微量元素，以及植物生长素、细胞分裂素、赤霉素、脱落酸、甜菜碱等多种天然植物生长调节剂。这些生理活性物质可参与植物体内有机物和无机物的运输、促进植物对营养物质的吸收，同时刺激植物产生非特异的活性因子、调节内源激素平衡，对植物生长发育具有重要的调节作用。且对果蔬外形、色泽、风味物质的形成具有重要作用，能显著提高作物产量，改善果蔬品质。

在黄瓜上施用海藻活性物质使优质黄瓜比空白对照增加22.7%、劣质黄瓜减少20.4%，并且口味优良。在桃子、鸭梨上施用海藻提取物能提高单果重和果实硬度，增加果实的可溶性固形物含量。荷兰彩椒上施用海藻活性物质后，果形方正、畸形果少，果蔬保存时间明显延长。

相关研究数据表明，海藻提取物可使辣椒干物质含量增加13.8%，可溶性糖含量增加4.1%，维生素C含量增加23.3%；可使胡萝卜中胡萝卜素含量提高45.0%，类胡萝卜素含量提高29.2%，而胡萝卜素和类胡萝卜素主要影响肉质根的色泽。海藻提取物可使西芹粗纤维含量降低6.6%，维生素C含量增加10.4%；番茄有机酸含量增加11.3%，可溶性固形物增加26.7%，维生素C含量增加12.2%。

6. 海藻活性物质应用技术

海藻活性物质是一种植物生长调节剂，产品包括很多种类。例如，青岛明月蓝海生物科技有限公司有海藻有机肥、海藻有机-无机复混肥、海藻精、海藻生根剂、海藻叶面肥、海藻冲施肥、海藻微生物肥料等7大系列100多个品种。使用过程中应该根据每个作物上不同的使用目的，明确使用的浓度、时间段、采用何种处理方法，根据具体情况确定用量、用法、浓度等指标。

（1）叶面肥

在叶面肥的应用中，首先应该根据作物的生长发育及营养状况选择适宜种类的叶面肥。在西瓜、草莓、苹果、番茄、菠菜、秋葵、洋葱、辣椒、胡萝卜、土豆、小麦、玉米、大麦、水稻等众多的作物上施用海藻活性物质均有良好的效果。例如在作物生长初期，为促进其生长发育应选择调节型叶面肥；若作物营养缺乏或在生长后期根系吸收能力衰退，应选择营养型叶面肥。含有生长调节剂的叶面肥，更应严格按浓度要求进行喷施，以防调控不当造成危害，影响产量。此外，不同作物对不同肥料具有不同的浓度要求，实际应用中需要结合作物及其不同生长阶段的情况进行具体分析后选择适宜的喷施浓度。叶面施肥时叶片吸收养分的数量与溶液湿润叶片的时间长短有关。湿润时间越长，叶片吸收养分越多，效果越好。一般情况下，保持叶片湿润时间在 30~60min 为宜，因此叶面施肥最好在傍晚无风的天气条件下进行。在有露水的早晨喷施叶面肥，会降低溶液的浓度，影响施肥效果。雨天或雨前不能进行叶面施肥，因为养分易被雨水淋失，起不到应有的作用，若喷后 3h 遇雨，待天晴时需要补喷一次，但浓度要适当降低。喷施次数不应过少且应有间隔，作物叶面施肥的浓度一般都较低，每次的吸收量也很少，与作物的需求量相比要低得多。因此，叶面施肥的次数一般不应少于两次。对于在作物体内移动性小或不移动的养分（Fe、B、Ca、Zn 等），更应注意适当增加喷施次数。在喷施含植物生长调节剂的叶面肥时，要有间隔，间隔期至少 7d，但喷施次数不宜过多，防止因调控不当造成危害，影响产量。混用要得当，叶面施肥时将 2 种或 2 种以上的叶面肥混合或将叶面肥与杀虫、杀菌剂混合喷施，可节省喷施时间和用工成本，其增产和抗病效果也会更加显著。但叶面肥混合后必须无不良反应或不降低肥效，否则达不到混用目的。另外，海藻叶面肥混用时要注意溶液的浓度和酸碱度，一般情况下溶液 pH 值在 7.0 左右有利于叶片吸收。

海藻活性物质的施用方法有多种，均可发挥有效的促生抗逆的效果。育苗时，可采用盘式或床式育秧，将海藻微生物肥料拌入育秧土中堆置 3d，再装入育苗盘。营养钵育苗时，先将海藻微生物肥料均匀拌入育苗土中，再装入营养钵育苗。因育苗多在温室或塑料棚中进行，温湿度条件比较好，微生物繁殖生长较易，肥料用量可比田间基肥小一些。

（2）底肥

作为底肥时，海藻微生物肥料用量少，单施不易施匀，覆土之前易受阳光照射影响效果，有风天又会出现被风吹跑的问题。因此，作为基肥时，在施用有机肥条件下，应将海藻微生物肥料与有机肥按（1~1.5）：500 的比例混匀，用水喷湿后遮盖，堆腐 3~5d，中间翻堆一次后施用。施用时要均匀施于垄沟内，然后起垄；如不施用有机肥，以 1kg 海藻微生物肥料拌 30~50kg 稍湿润的细土，再均匀施于垄沟内，然后即起垄覆土。在水田或旱田中也可均匀撒施于地表，然后立即耙入土中，不能长时间在阳光下暴晒。

在施用有机肥或化肥做基肥的基础上，用海藻微生物肥料做种肥，或埯播作物做种肥使用，将拌有细土的海藻微生物肥料施于埯中，再点种；机播时可将拌有细土或有机肥的海藻微生物肥料放入施肥箱中，使开沟、施肥、播种、覆土、镇压等作业一次性完成。施用海藻微生物肥料做种肥,要注意与化肥分开用。

海藻活性物质也可用于拌种,操作简单易行,先将种子表面用水喷湿,然后将种子放入海藻微生物肥料中搅拌,使种子于表面均匀蘸满肥料后,在阴凉通风处稍阴干即可播种。拌种后不要将种子放置在阳光下暴晒,也不要放置时间过长。拌种用肥量与种子大小有关,烟草等小粒种子,每千克种子用肥 50 ~ 100g 即可,大粒种子用量要多一些。拌有海藻微生物肥料的种子播种后要立即覆土,防止紫外线杀伤肥料中的微生物。

对于液体海藻微生物肥料,用水将其稀释到合适浓度,然后将幼苗根系在肥料中蘸一蘸即可进行栽植。对于固体海藻微生物肥料,先将生物菌肥加一些细土,再加适量水搅拌成糊状泥浆。移栽时,将作物苗木的根部在泥浆中蘸一蘸,根部粘满海藻微生物肥料泥浆后,再移栽。移栽完之后,将剩余泥浆加水稀释后浇灌在根部,相当于移栽后的浇水。水渗下后再覆土。

(3)植物生物刺激素

植物生物刺激素产品的研发主要受生物资源和技术方法的影响。首先,生物质资源的选择作为植物生物刺激素产品研发的第一步显得至关重要。目前,工业生产产生的废物和副产物是高活性生物刺激素的主要来源。在评估原料是否适合开发生物刺激素时,必须考虑以下因素:① 收集容易和成本低;② 可用性高;③ 对环境友好和经济适用。另外,先进的研究技术方法也是加快植物生物刺激素产品研发的关键因素。近年来,随着科学家对植物生物学理论的不断深入和技术研究的不断突破,如多性状高通量筛选(MTHTS)技术,提高了生物刺激素的研发效率。此高通量植物表型平台已经被开发利用于表征功能基因组学研究,该平台也可以用于研究生物刺激素在环境胁迫下与植物间的互相作用模式。在未来,我们可以综合应用这些技术来高通量表征生物刺激素并研究其对植物的影响。

在我国,生物刺激素也广泛应用于粮食作物(小麦、玉米、马铃薯等)、蔬菜(黄瓜、番茄、草莓等)、果树(柑橘、葡萄、苹果、梨等)及花卉、苗圃等,达到了增产增收的效果。目前,生物刺激素已在超过 600 种作物上应用,可使作物产量提高 5% ~ 10%,使肥料增效 5% ~ 15%,使农药用量减少 10% ~ 15%。生物刺激素因其来源广泛、功能多样,故其得到了广泛的应用。在植物生长发育的各个阶段,生物刺激素的使用对农作物的产量和质量都有显著的影响。大量研究显示,在作物上喷施海藻提取的植物生长刺激素可以增加叶片中叶绿素含量、提高产量、改善水果品质或促进块茎的萌生。例如,海藻提取物和壳寡糖施用于农作物提高了叶绿素含量,增强了光合作用效率,从而达到农作物增产的功效。此外,生物刺激素作用于植物可以提前预防各种胁迫环境带来的危害(如霜冻、干旱,以及具有除草剂或杀虫剂的化学污染条件等），它们可以使植物在应激后进行更好的恢复。生物刺激素除了能够作用于植物本身外，还能够作用于土壤及土壤微生物，通过调节植物根际微生物的分布进而影响植物的生长。

目前，生物刺激素类产品在欧洲各国的名称有所不同，且受到严格的法律管制，并且这些产品在各国的监管程序相差很大，其销售量也有所不同，例如在市场监管方面，英国可以直接且免费上市，而丹麦、西班牙和荷兰必须向主管当局提供简单的上市前通知；此外，法国、匈牙利和捷克则必须经过严格的授权程序后才能进入市场营销。由于以上管制差异的存在，导致市场监管混乱，从而对有机农业的推广产生了很大的负面影响，并威胁到了欧洲单一市场公平竞争的原则；同时也给运营商、认证和控制有机农产品生产的机构带来了不便，极大地限制了生物刺激素的生产和应用。欧洲生物刺激素产业联盟（EBIC）的成立旨在协调目前市场上的混乱局面，从而促进生物刺激素在欧洲各国间的流通和市场的公平竞争。首先，EBIC制定了植物生物刺激素的市场监管法规条例和使用指导方针，指出市场上的此类产品必需标注并符合以下信息：① 产品的成分、性质和来源；② 生产过程的描述；③ 产品的功效；④ 由认证实验室发布的分析报告并附有相关参数；⑤ 使用领域、剂量和使用方式；⑥ 型号标签。其次，监管部门还需要开发一套高效的生物刺激素功效监测工具，以便精确分析其可能带来的不良影响。

虽然生物刺激素的功效已得到广泛认同，前景发展可期，但是作为一种新兴事物，植物生物刺激素发展目前仍有很多问题需要解决，主要包括：① 产品规范性与标准化，植物生物刺激素品种繁多，市场产品鱼龙混杂、参差不齐，针对这种与传统化学农药肥料不同的新事物，亟须国家相关部门与行业制定相关法律法规、政策、规范条例与技术标准等来加以约束；② 高效生产技术缺乏，虽然目前腐植酸、蛋白水解物与氨基酸、海藻提取物、几丁质与甲壳素及其衍生物、微生物菌剂这5类产品在国内均有生产销售，但以初级产品居多，高端产品市场为国外所垄断，主要原因是高品质产品（如高纯度、高活性）制备技术欠缺或未能实现产业应用，国内优势科研单位与企业应加快在此领域的技术创新，深入产学研合作，解决高效生产技术问题；③ 作用机制仍不明确，由于植物生物刺激素的成分相对复杂，这一特点决定了其作用机制靶标性并不十分明确，导致其作用机制研究仍然是漫长复杂的过程，通过从特定的植物生物刺激素中选活性功能强、结构明确的单一化合物进行作用机制研究是深入此方面研究的较好模式；④ 应用技术仍不明确，植物生物刺激素概念来源于实际应用，但具体应用技术也存在问题。通过田间试验及推广应用，明确针对不同地区、不同作物、不同条件下的各类植物生物刺激素使用技术是其产业应用的重要保障。这需要科研工作者及相关从业人员规范性的试验及规律性的总结。

随着我国经济的高速发展、人民生活水平的不断提高，食品质量与食品安全逐渐成为人们关注的焦点。海藻活性物质具有绿色、高效、安全、环保等特点，符合国际有机食品的要求，使用海藻活性物质对提升我国农产品的国际竞争力具有重要意义。海藻活性物质具有"多种功效合一"的特点，增肥效果显著。作为一种天然生物制剂，海藻活性物质可与"植物-土壤"生态系统和谐作用，还原土壤的最佳状态，促进植物自然、健康生长。当前海藻活性物质的快速发展推动了我国肥料产业的又一次新技术革命，将打造成为农业经济中一个新的增长点。

参考文献

白玉，杜甫佑，刘虎威，2010. 植物激素检测技术研究进展 [J]. 生命科学，1（22）：36-44.

蔡彬新，周逢芳，姚玲灵，2012. 海带多糖的提取工艺 [J]. 食品研究与开发，33（9）：80-82.

程正涛，丁庆波，张昊，等，2010. 海红果多酚提取工艺优化 [J]. 食品科学，31（24）：172-176.

初丽君，熊柳，孙庆杰，2011. 低取代度乙酰化绿豆淀粉的性质 [J]. 食品科学，32（15）：130-134.

戴艳，2013. 骏枣多糖的提取纯化、结构分析及抗氧化活性研究 [D]. 武汉：华中农业大学.

党法斌，王伟，陈赓超，等，2012. 几种海藻多酚对鱼类致病菌的抑菌性研究 [J]. 水产科学，31（8）：499-501.

丁兰平，黄冰心，谢艳齐，2011. 中国大型海藻的研究现状及其存在的问题 [J]. 生物多样性，19（6）：798-804.

甘育鸿，张子敬，吕应年，等，2016. 海发菜中总多酚提取工艺及抗氧化活性研究 [J]. 广东医学院学报，34（2）：113-116，120.

高振华，杜兆强，田骅飞，等，2012. 海藻纤维应用研究进展 [J]. 广东化工，39（11）：93-94.

郭卫华，赵小明，杜昱光，2008. 海藻酸钠寡糖对烟草幼苗生长及光合特性的影响 [J]. 沈阳农业大学学报，39（6）：648-651.

韩斌，2013. 我国盐碱地改良技术发展研究概况 [J]. 吉林农业（7）：9.

韩秋影，尹相博，刘东艳，2014. 烟台养马岛潮间带大型海藻分布特征及环境影响因素 [J]. 应用生态学报，25（12）：3655-3663.

洪泽淳，方晓弟，赵文红，等，2012. 海藻多糖的研究进展 [J]. 农产品加工学刊（8）：93-97.

胡涛，张鸽香，郑福超，等，2018. 植物盐胁迫响应的研究进展 [J]. 分子植物育种，16（9）：264-273.

黄华华，2012. 海藻提取功能配料在现代食品工业中的应用前景展望 [J]. 生物技术世界（3）：40-41.

黄艳贞，栾军波，2014. 植物萜类化合物提取与检测方法研究进展 [J]. 上海农业学报，30（3）：135-141.

劳敏军，王阳光，2010. 海带多酚提取工艺研究 [J]. 食品研究与开发，31（9）：93-96.

李冰心，李颖畅，励建荣，2012. 海藻多酚的提取及其生物活性研究进展 [J]. 食品与发酵科技，48（5）：12-15.

李会丽，黄文芊，刘尊英，2012. 海藻多酚处理对采后草莓腐烂与贮藏品质的影响 [J]. 农产品加工学刊（11）：61-64.

李倩，蒲彪，2011. 超临界流体萃取技术在天然产物活性成分提取中的应用 [J]. 食品与发酵科技，47（3）：11-14.

李倩，杨瑞，孙辉，2018. 大型海藻功能物质在农业生产中的应用 [J]. 生物学杂志，35（5）：99-103.

李艳，徐继林，郑立洋，等，2014. 高效液相色谱-三重四级杆质谱法同时测定羊栖菜5个部位中10种植物激素含量 [J]. 色谱，32（8）：861-866.

李智卫，2010. 海藻对不同促生菌生长的影响及应用 [D]. 泰安：山东农业大学.

刘阿娟，张静，张化朋，等，2014. 虎奶菇菌核多糖的化学修饰及活性研究 [J]. 陕西师范大学学报（自然科学版），42（1）：105-108.

刘欢，陈胜军，杨贤庆，2018. 海藻多糖的提取、分离纯化与应用研究进展 [J]. 食品工业科技，39（12）：341-346.

刘培京，2012. 新型海藻生物有机液肥研制与肥效研究 [D]. 北京：中国农业科学院.

刘秋凤，吴成业，苏永昌，2013. 龙须菜中硫琼脂的体外抗氧化评价及降血糖、降血脂活性的动物实验 [J]. 南方水产科学，9（3）：57-66.

刘瑞志，2009. 褐藻寡糖促进植物生长与抗逆效应机理研究 [D]. 青岛：中国海洋大学.

刘晓丽，吴克刚，柴向华，等，2010. 大孔树脂对海带多酚的吸附研究 [J]. 食品研究与开发，31（4）：1-5.

刘莹，赵杰，许琳，2014. 乙酰化修饰金针菇多糖衍生物的抗氧化性研究 [J]. 食品与发酵工业，40 (7)：88-91.

刘尊英，毕爱强，王晓梅，等，2007. 鼠尾藻多酚提取纯化及其抗果蔬病原菌活性研究 [J]. 食品科技，32 (10)：103-105.

路海霞，吴靖娜，刘智禹，等，2017. 大型海藻多糖的制备及应用研究 [J]. 渔业研究，39 (1)：79-84.

吕成林，汪秋宽，宋悦凡，等，2014. 羊栖菜多酚的提取及纯化工艺研究 [J]. 食品工业科技，35 (22)：231-235，240.

马纯艳，卜宁，马连菊，2010. 褐藻胶寡糖对高粱种子萌发及幼苗生理特性的影响 [J]. 沈阳师范大学学报（自然科学版），28 (1)：79-82.

毛立新，刘诚，杨小兰，2007. 高速逆流色谱在保健食品功能成分纯化中的应用 [J]. 食品科学，28 (2)：372-374.

孟宾，2010. 我国科学家研制成功海藻纤维 [J]. 精细与专用化学品，18 (8)：28.

孟砚岷，钟培源，2014. "盐碱地" 上的新希望：宁夏银北百万亩盐碱地综合治理纪实 [J]. 宁夏画报（生活版）(3)：40-41.

南征，2014. 杏鲍菇多糖的化学修饰及体外生物活性研究 [D]. 西安：陕西师范大学.

宁亚净，2014. 羊栖菜褐藻糖胶的结构分析 [D]. 长春：东北师范大学.

欧阳小琨，郭红烨，杨立业，等，2010. 微波辅助提取鼠尾藻多酚及抗氧化活性研究 [J]. 中国民族民间医药，19 (15)：19-21.

欧阳玉祝，李雪峰，姚懿桓，2014. 离子沉淀法分离八月瓜果皮中的总多酚 [J]. 食品科学，35 (16)：76-79.

彭天元，刘家水，颜红专，2015. 乙酰化修饰枸杞多糖及其抗氧化、抗肿瘤活性研究 [J]. 安徽中医药大学学报，34 (6)：61-66.

秦洪花，房学祥，赵霞，等，2018. 海藻纤维新技术进展与青岛海藻纤维产业发展现状及对策 [J]. 产业用纺织品，36 (4)：1-34.

秦益民，2008. 海藻酸 [M]. 北京：中国轻工业出版社.

曲词，2016. 海黍子多酚的提取分离及其生物活性研究 [D]. 大连：大连海洋大学.

曲瑾郁，任大明，2011. 蛹虫草多糖的化学修饰及体外抗氧化能力 [J]. 食品科学，32 (15)：58-61.

时春娟，2007. 单糖的乙酰化研究及甲鱼血糖蛋白的生化研究 [D]. 上海：华东师范大学.

孙达峰, 朱昌玲, 张卫明, 等, 2010. N-乙酰化反应制备水溶性壳聚糖研究 [J]. 中国野生植物资源, 29 (6): 48-50.

孙惠洁, 2008. 红毛藻多糖的提取纯化及其性质的研究 [D]. 厦门: 集美大学.

孙惠敏, 石荣媛, 2003. 海状元818海藻肥在棉花上的施用效果 [J]. 石河子科技 (3): 19.

孙锦, 韩丽君, 于庆文, 等, 2006. 海藻提取物防治番茄CMV病毒效果及其机理研究 [J]. 沈阳农业大学学报, 37 (3): 4.

孙鹏, 2011. 极大螺旋藻多糖提取方法研究 [J]. 科技情报开发与经济, 21 (11): 184-186.

唐凤翔, 陈方, 李峰, 等, 2006. 小分子量海藻硫酸多糖κ-卡拉胶的乙酰化 [J]. 福州大学学报 (自然科学版), 34 (5): 755-759.

田华, 2014. 南海绳江蓠及石莼多糖的提取、结构与活性研究 [D]. 海口: 海南大学.

田鑫, 李秀霞, 吴科阳, 等, 2015. 海藻多糖提取纯化及生物活性的研究进展 [J]. 食品与发酵科技, 51 (6): 81-85.

王亮, 曾名湧, 董士远, 等, 2009. 海带多酚制备及其对南美白对虾保鲜效果的研究 [J]. 食品工业科技, 30 (10): 187-191.

王明鹏, 陈蕾, 刘正一, 等, 2015. 海藻生物肥研究进展与展望 [J]. 生物技术进展, 5 (3): 158-163.

王薇, 2012. 三种蜈蚣藻多糖的提取分离及结构研究 [D]. 青岛: 中国海洋大学.

王莹, 赵志浩, 高蒙初, 等, 2013. 岩藻聚糖硫酸酯及其酶解产物对D-半乳糖氧化损伤小鼠的抗氧化作用 [J]. 现代食品科技, 29 (10): 2378-2382.

杨春瑜, 杨春莉, 刘海玲, 等, 2015. 乙酰化黑木耳多糖的制备及其抗氧化活性研究 [J]. 食品工业科技, 36 (23): 105-110.

杨会成, 董士远, 刘尊英, 等, 2007. 海藻中多酚类化学成分及其生物活性研究进展 [J]. 中国海洋药物, 26 (5): 53-59.

杨会成, 曾名勇, 刘尊英, 等, 2007. 超声波、微波复合提取海带多酚的工艺研究 [J]. 食品与发酵工业, 33 (11): 132-135.

杨会成, 郑斌, 郝云彬, 等, 2014. 具有抑菌活性的海藻多酚联合提取工艺优化研究 [J]. 浙江海洋学院学报 (自然科学版), 33 (2): 147-153.

杨立群, 2008. 海带中总色素和褐藻黄素的提取分离及其生物活性研究 [D]. 济南：山东师范大学.

佚名，2017. 把海藻纤维"穿"在身上！青岛大学这一技术厉害了！[EB/OL]. htp://qd. sina. com. cn/news/sdyw/2017-05-23/detail-ifyfkqiv6677630. shtml. 2017-05-23.

易灵红，2013. 离子沉淀法提取绿茶中的茶多酚 [J]. 化工技术与开发，42 (3)：18-20.

印小燕，王峰，崔正刚，等，2011. 水溶性藻多糖的提取分离 [J]. 应用化工，40 (3)：387-494.

余劲聪，2011. 海藻寡糖在农业领域的应用研究进展 [J]. 南方农业学报，47 (6)：921-927.

袁松，李八方，王景峰，等，2013. 相对低分子量海带岩藻聚糖硫酸酯对乙酸慢性胃溃疡的辅助治疗作用 [J]. 中国海洋药物，32 (4)：63-68.

曾惠，2012. 海藻多酚 QSI 对大菱鲆腐败变质调控的初步研究 [D]. 青岛：中国海洋大学.

曾洋洋，韩章润，杨玫婷，等，2013. 海洋糖类药物研究进展 [J]. 中国海洋药物，32 (2)：67-75.

张东，2010. 褐藻胶植物肠溶空心硬胶囊制备技术 [D]. 青岛：中国海洋大学.

张慧玲，2007. 海带多糖的分离纯化及化学结构的初步研究 [D]. 哈尔滨：哈尔滨工业大学.

张佳兰，张水鸥，2008. 微波辅助浸提黄氏多糖的工艺研究 [J]. 陕西农业科学 (4)：39-42.

张佳艳，熊建文，2013. 多糖抗氧化能力体外测定方法研究进展 [J]. 粮食科技与经济，38 (6)：26-29.

张婕妤，胡雪峰，李高参，等，2019. 海洋源壳聚糖与海藻酸盐在生物医药领域的应用 [J]. 生物医学工程学杂志，36 (1)：164-171.

张兰婷，韩立民，2017. 我国海藻产业发展面临的问题及政策建议 [J]. 中国渔业经济，35 (6)：89-95.

张磊，熊柳，孙庆杰，2011. 乙酰化对红薯淀粉性质的影响 [J]. 中国食品学报，11 (8)：53-58.

张平，俞智熙，2008. 乙酰化莼菜多糖中单糖组分的 GC-MS 分析 [J]. 武汉工程大学学报，30 (4)：36-38.

张守栋，张同作，韩小弟，等，2015. 褐藻胶寡糖对毒死蜱胁迫下小麦幼苗生理生化指标的影响 [J]. 生态学杂志，34 (5)：1277-1281.

张晓燕，云雪艳，梁敏，等，2015. 含有海藻糖的生物可降解薄膜对冷鲜肉的保鲜与保护作用 [J]. 食品工业科技（8）：298-304.

张颖，黄日明，洪爱华，等，2006. 南澳海域七种海藻的多糖组成分析 [J]. 暨南大学学报（自然科学与医学版），27（3）.

张运红，2011. 高活性寡糖筛选及其促进植物生长的生理机制研究 [D]. 武汉：华中农业大学.

张运红，孙克刚，和爱玲，等，2016. 喷施海藻酸钠寡糖对小麦幼苗生长发育和抗旱性的影响 [J]. 河南农业科学，45（2）：56-61.

张运红，赵小明，尹恒，等，2014. 寡糖浸种对小麦种子萌发及幼苗生长的影响 [J]. 河南农业科学，43（6）：16-21.

钟明杰，王阳光，2010. 微波辅助提取紫菜多酚及抗氧化活性研究 [J]. 食品科技，35（10）：204-207.

周林，郭祀远，郑必胜，等，2006. 裂褶多糖的乙酰化及光谱分析 [J]. 华南理工大学学报（自然科学版），34（12）：88-91.

周佩佩，2016. 海藻中脂肪酸的提取和分析方法研究 [D]. 温州：温州大学.

周研，曾媛媛，王锡昌，等，2016. 2 种复合涂膜对哈密瓜的采后保鲜效果 [J]. 西北农林科技大学学报（自然科学版），44（1）：133-138.

周裔彬，汪东风，杜先锋，等，2006. 酸化法提取海带多糖及其纯化的研究 [J]. 南京农业大学报，29（3）：103-107.

ABOURAïCHA E, ALAOUI-TALIBI Z, BOUTACHFAITI R, et al., 2015. Induction of natural defense and protection against *Penicillium expansum* and *Botrytis cinerea* in apple fruit in response to bioelicitors isolated fromgreen algae [J]. Scientia Horticulturae, 181：121-128. .

AIZPURUA-OLAIZOLA O, ORMAZABAL M, VALLEJO A, et al., 2015. Optimization of supercritical fluid consecutive extractions of fatty acids and polyphenols from *Vitis vinifera* Grape wastes [J]. Journal of Food Science, 80（1）：E 101-E 107.

AJISAKA K, YOKOYAMA T, MATSUO K., 2016. Structural characteristics and antioxidant activities of fucoidans from five brown seaweeds [J]. J Appl Glycosci, 63（24）：31-37.

ANASTYUK S D, SHEVCHENKO N M, USOLTSEVA R V, et al., 2017. Structural features and anticancer activity in vitro of fucoidan derivatives from brown alga *Saccharina cichorioides* [J]. Carbohydrate Polymers, 157：1503-1510.

ANISIMOV M M, CHAIKINA E L, KLYKOV A G, et al., 2013. Effect of seaweeds extracts on thegrowth of seedling roots of buckwheat (*Fagopyrum esculentum* Moench) is depended on the season of algae collection [J]. Agric Sci Develop, 2 (8): 67 -75.

ANNA V. SKRIPTSOVA, NATALIYA M. SHEVCHENKO, DARIA V. TARBEEVA, et al., 2012. Comparative study of polysaccharides from reproductive and sterile tissues of five brown seaweeds [J]. MarBiotechnol, 14: 304-31.

ANOOP SINGGH, POONAM SINGH NAGAM, JERRY D, et al., 2011. Mechanism and challenges in algae biofuels [J]. Bioresource Technology, 102 (1): 26-34.

BIAN Y Y, GUO J, ZHU K X, et al., 2015. Macroporous adsorbent resinbased wheat bran polyphenol extracts inhibition effects on H_2O_2-induced oxidative damage in HEK 293 cells [J]. RSC Advances, 5 (27): 20931-20938.

BILAN M I, GRACHEV A A, SHASHKOV A S, et al., 2002. Structure of a fucoidan from the brown seaweed *Fucus serratus* L. [J]. Carbohydr Res, 337 (8): 719-730.

BOUSSETTA N, VOROBIEV E, LE L H, et al., 2012. Application of electrical treatments in alcoholic solvent for polyphenols extraction fromgrape seeds [J]. LWT-Food Science and Technology, 46 (1): 127-134.

CALVO P, NELSON L, KLOEPPER J W, et al., 2014. Agricultural uses of plant biostimulants [J]. Plant and Soil, 383 (1-2): 3-41.

CHEN G C, QIAN W, LI J, et al., 2015. Exopolysaccharide of Antarctic bacterium *Pseudoaltermonas* sp. S -5 induces apoptosis in K562 cells [J]. Carbohydrate Polymers, 121: 107-114.

CHEN X F, HUANG X Y, WANG G H, et al., 2014. Effect of ionic liquid on separation and purification of tea polyphenols using counter current chromatography [J]. Asian Journal of Chemistry, 26 (8): 2271-2276.

CHEN Y, ZHANG H, WANG Y X, et al., 2014. Acetylation and carboxymethylation of the polysaccharide from *Ganoderma atrum* and their antioxidant and immunomodulating activities [J]. Food Chem, 156: 279-288.

COLLA G, NARDI S, CARDARELLI M, et al., 2015. Protein hydrolysates as biostimulants in horticulture [J]. Scientia Horticulturae, 196: 28-38.

COLLA G, ROUPHAEL Y, CANAGUIER R, et al., 2014. Biostimulant action of a plant - derived protein hydrolysate produced through enzymatic hydrolysis [J]. Frontiers in Plant Science, 5: 448.

COLLéN P N, SASSI J F, ROGNIAUX H, et al., 2011. Ulvan lyases isolated from the Flavobacteria *Persicivirga ulvanivorans* are the first members of a new polysaccharide lyase family [J]. Journal of Biological Chemistry, 286: 42063 – 42071.

CONIDI C, RODRIGUEZ – LOPEZ A D, GARCIA – CASTEUO E M, et al., 2015. Purification of artichoke polyphenols by using membrane filtration and polymeric resins [J]. Separation and Purification Technology, 144: 153-161.

CUI H Y, JIA X Y, ZHANG X, et al., 2011. Optimization of high–speed counter – current chromatography for separation of polyphenols from the extract of hawthorn (*Crataegus laevigata*) with response surface methodology [J]. Separation and Purification Technology, 77 (2): 269-274.

DO Q D, ANGKAWIJAYA A E, TRAN–NGUYEN P L, et al., 2014. Effect of extraction solvent on total phenol content, total flavonoid content, and antioxidant activity of *Limnophila aromatica* [J]. Journal of Food and Drug Analysis, 22 (3): 296-302.

DORE C M, MG D C F A, WILL L S, et al., 2013. A sulfated polysaccharide, fucans, isolated from brown algae *Sargassum vulgare* with anticoagulant, antithrombotic, antioxidant and anti – inflammatory effects [J]. Carbohydrate Polymers, 91 (1): 467.

DU JARDIN P, 2015. Plant biostimulants: Definition, concept, main categories and regulation [J]. Scientia Horticulturae, 196: 3-14.

ERTANI A, PIZZEGHELLO D, 2016. Biological activity of vegetal extracts containing phenols on plant metabolism [J]. Molecules, 21 (2): 14.

ERTANI A, PIZZEGHELLO D, FRANCIOSO O, et al., 2013. Alfalfa plant–derived biostimulant stimulate short–termgrowth of salt stressed *Zea mays* L. plants [J]. Plant and Soil, 364 (1-2): 145-158.

FANG J H, 2014. Research progress in chemical modification methods of polysaccharid [J]. China Pharm, 23 (19): 4-8.

FORAN E, BURAVENKOV V, KOPEL M, et al., 2017. Functional characterization of a novel "ulvan utilization loci" found in *Alteromonas* sp. LOR genome [J]. Algal Research, 25: 39-46.

GIACOBBO A, PRADO J M D, MENEGUZZI A, et al., 2015. Microfiltration for the recovery of polyphenols from winery effluents [J]. Separation and Purification Technology, 143: 12-18.

GRIEFFITHS C A, SAGAR R, GENG Y, et al., 2016. Chemical intervention in plant sugar signaling increase yield and resilience [J]. Nature (5): 1-5.

HE C, MURAMATSU H, KATO S I, 2017. Characterization of an *Alteromonas* long-type ulvan lyase involved in the degradation of ulvan extracted from *Ulva ohnoi* [J]. Bioscience Biotechnology Biochemistry, 81 (11): 1-7.

IBRAHIM W M, ALI R M, HEMIDA K A, et al., 2014. Role of ulva lactuca extract in alleviation of salinity stress on wheat seedlings [J]. Scientific World Journal, 2014: 847290.

JAYARAMAN J, NORRIE J, PUNJA Z K, 2011. Commercial extract from the brown seaweed *Ascophyllum nodosum* reduces fungal diseases ingreenhouse cucumber [J]. Journal of Applied Phycol, 23 (3): 353 -361.

KADAM S L, TIWARI B K, SMYTH T J, et al., 2015. Optimization of ultrasound assisted extraction of bioactive components from brown seaweed *Ascophyllum nodosum* using response surface methodology [J]. Lltrasonics Sonochemistry, 23: 308-316.

KANG O L, GHANI M, HASAN O, RAHMATI S, RAMLI N, 2014. Novel agaro-oligosaccharide production through enzymatic hydrolysis: physicochemical properties and antioxidant activities [J]. Food Hydrocoloids, 42 (2): 304-308.

KAZLOWSKI B, CHONRG L P, YUAN T K, 2015. Monitoring and preparation of neoagaro- and agaro-oligosaccharide products by high perfomrance anion exchange chromatography systems [J]. Carbohydrate Polymers, 122: 351-358.

KIM J, YOON M, YANG H, et al., 2014. Enrichment and purification of marine polyphenol phlorotannins using macroporous adsorption resins [J]. Food Chemishy, 162: 135-142.

KIM W J, JI W C, JANG W J, et al., 2017. Low-molecular weight mannogalactofucans prevent herpes simplex virus type 1 infection via activation of Toll-like receptor 2 [J]. International Journal of Biological Macromolecules, 103: 286-293.

KONASANI V R, JIN C, KARLSSON N G, et al., 2018. A novel ulvan lyase family with broad-spectrum activity from the ulvan utilisation loci of *Formosa agariphila* KMM 3901 [J]. Scientific Reports, 8 (1): 14713-14723.

KUMARI R, KAUR I, BHATNAGAR A K, 2011. Effect of aqueous extract of *Sargassum johnstonii*, Setchell & Gardner ongrowth, yield and quality of *Lycopersicon esculentum*, Mill. [J]. Journal of Applied Phycology, 23 (3): 623-633.

LIM S, CHOI J I, PARK H, 2015. Antioxidant activities of fucoidan degraded bygamma irradiation and acidic hydrolysis [J]. Radiat Phys Chem, 109 (12): 23-26.

LIU H, ZHANG Y H, YIN H, et al., 2013. Alginate oligosaccharides enhanced *Triticum aestivum* L. tolerance to drought stress [J]. Plant Physiology and Biochemistry, 62: 33-40.

LIU Y T, YOU Y X, LI Y W, et al., 2017. Characterization of carboxymethylated polysaccharides from *Catathela smaventricosum* and their antioxidant and antibacterial activities [J]. J Functional Foods, 38PA: 355-362.

LOPEZ A, RICO M, RIVERO A, et al., 2011. The effects of solvents on the phenolic contents and antioxidant activity of *Stypocaulon scoparium* algae extracts [J]. Food Chemistiy, 125 (3): 1104-1109.

MEN' SHOVA R V, ERMAKOVA S P, UM B H, et al., 2013. The composition and structural characteristics of polysaccharides of the brown alga *Eisenia bicyclis* [J]. Russ J Ma Biol, 39 (3): 208-213.

MICHALAK I, GORKA B, WIECZOREK P P, et al., 2016. Supercritical fluid extraction of algae enhances levels of biologically active compounds promoting plant-growth [J]. European Journal of Phycology, 51 (3): 1-10.

OLIVEIRA C, FERREIRA A S, NOVOA-CARBALLAL R, et al., 2016. The key role of sulfation and branching on fucoidan antitumor activity [J]. Macromol Biosci, 17 (5): 1600340.

PHILIPPOT L, RAAIJMAKERS JM, LEMANCEAU P, et al., 2013. Going back to the roots: the microbial ecology of the rhizosphere [J]. Nature Reviews Microbiology, 11 (11): 789-799.

POSMYK M M, SZAFRANSKA K, 2016. Biostimulators, a new trend towards solving an old problem [J]. Frontiers in Plant Science, 7: 748.

POVERO G, MEJIA J F, DI TOMMASO D, et al., 2016. A systematic approach to discover and characterize natural plant biostimulants [J]. Frontiers in Plant Science, 7: 435.

QIN H M, XU P P, GUO Q Q, et al., 2018. Biochemical characterization of a novel ulvan lyase from *Pseudoalteromonas* sp. strain PLSV [J]. RSC Advances, 8 (5): 2610-2615.

RAN J J, FAN M T, LI Y H, et al., 2013. Optimisation of ultrasonic-assisted extraction of polyphenols from apple peel employing cellulase enzymolysis [J]. International Journal of Food Science & Technology, 48 (5): 910-917.

REISKY L, STANETTY C, MIHOVILOVIC M D, et al., 2018. Biochemical characterization of an ulvan lyase from the marine flavobacterium *Formosa agariphila* KMM 3901T [J]. Applied Microbiology & Biotechnology, 102 (16): 6987-6996.

RODRIGUEZ-JASSO R M, MUSSATTO S L, PASTRANA L, et al., 2011. Microwaveassisted extraction of sulfated polysaccharides (fucoidan) from brown seaweed [J]. Carbohydrate Polymers, 86 (3): 1137-1144.

SAHA S, NAVID M H, BANDYOPADHYAY S S, et al., 2012. Sulfated polysaccharides from *Laminaria angustata*: structural features and in vitro, antiviral activities [J]. Carbohydr Poly, 87 (1): 123-130.

SARFARAZ A, NAEEM M, NASIR S, 2011. An evaluation of the effects of irradiated sodium alaginate on thegrowth, physiological activities and esentialoil production of fennel (*Foeniculum vulgare* Mill.) [J]. Journal of Medicinal Plants Research, 5 (1): 15-21.

SHEN L H, LIU L X, CHEN G, et al., 2013. Research progress in structural modification of polysaccharide [J]. Drug Eval Res, 36: 465-468.

SHI M J, WEI X, XU J, et al., 2017. Carboxymethylated degraded polysaccharides from enteromorpha prolifera: preparation and in vitro antioxidant activity [J]. Food Chem, 215: 76-83.

SKRIPTSOVA A V, 2015. Fucoidans of brown algae: biosynthesis, localization, and physiological role in thallus [J]. Russ J Mar Biol, 41 (3): 145-156.

SOMASUNDARAM S N, SHANMUGAM S, SUBRAMANIAN B, et al., 2016. Cytotoxic effect of fucoidan extracted from *Sargassum cinereum*, on colon cancer cell line HCT-15 [J]. Int J Biol Macromol, 91 (7): 1215-1223.

SONG X, XIN Y Z, ZHAO P, et al., 2014. Acetylization derivatives synthesis of polysaccharides from *Lonicera japonica* [J]. Science and Technology of Food Industry, 35 (17): 262-265.

STEEVENSZ A J, MACKINNON S L, HANKINSON R, et al., 2012. Profiling phlorotannins in brown macroalgae by liquid chromatography-high resolution mass spectrometry [J]. Phytochemical Analysis, 23 (5): 547-553.

SULTANA V, BALOCH G N, ARA J, et al., 2011. Seaweeds as an alternative to chemical pesticides for the management of root diseases of sunflower and tomato [J].

Journal of Applied Botany & Food Quality, 84 (2): 162 –168.

SUN Z T, CHEN Z F, HAO H, et al., 2016. Preparation of carboxymethyl astragalus polysaccharide and its moisture retentivity [J]. Nat Prod Res Dev, 28: 1427–1433.

TAKAICHI S, 2013. Carotenoids and anti–oxidation functions [J]. Genes & Genetic Systems, 88 (6): 349.

TAKO M, NAKADA T, HONGOU F, 2014. Chemical characterization of fucoidan from commercially cultured Nemacystus decipiens (Itomozuku) [J]. Bioscience, biotechnology and biochemistry, 63 (10): 1813–1815.

TIAN S Y, HAO C C, SUN R G, et al., 2015. Study on chemical modification and antioxidant activity of angelica sinensis polysaccharide with ultrasonic extraction [J]. J Plant Sci, 33: 545–553.

TIEMEY M S, SOLER–VILA A, RAI D K, et al., 2014. UPLC–MS profiling of low molecular weight phlorotannin polymers in *Ascophyllum nodosum*, *Pelvetia canaliculata* and *Fucus spiralis* [J]. Metabolomics, doi: 10. 1007/s 11306–013–0584–z.

UGENA L, HYLOVA A, PODLESAKOVA K, et al., 2018. Characterization of biostimulant mode of action using novel multi–trait high–throughput screening of arabidopsisgermination and rosettegrowth [J]. Frontiers in Plant Science, 9: 13–27.

ULAGANATHAN T, BONIECKI M T, FORAN E, et al., 2017. New ulvandegrading polysaccharide lyase family: structure and catalytic mechanism suggests convergent evolution of active site architecture [J]. ACS Chemical Biology, 12 (5): 1269–1280.

ULAGANATHAN T S, HELBERT W, KOPEL M, et al., 2018. Structure–function analyses of a PL24 family ulvan lyase reveal key features and suggest its catalytic mechanism [J]. Journal of Biological Chemistry, 293: jbc. RA117. 001642.

WALLY O S D, CRITCHLEY A T, HILTZ D, et al., 2013. Regulation of phytohormone biosynthesis and accumulation in arabidopsis following treatment with commercial extract from the marine macroalga ascophyllum nodosum [J]. Journal of Plant Growth Regulation, 32 (2): 324–339.

WANG X M, ZHANG Z, ZHAO M, et al., 2015. Carboxymethylation of polysaccharides from *Tremella fuciformis* for antioxidantand moisture–preserving activities [J]. Int J Biol Macromol, 72: 526–530.

WANG Z, BI Y G, CHEN X W, et al., 2015. Extraction of total polyphenols kelp optimization test ［J］. Advances in Engineering Research, 33: 125-128.

XIE J H, 2014. Modification of polysaccharides from cyclocarya paliurus and their biological activies ［D］. Nanchang: Nanchang University.

YANG L, ZHAO T, WEI H, et al., 2011. Carboxymethylation of polysaccharides from *Auricularia auricula* and *their antioxidant* activities in vitro ［J］. Int J Biol Macromol, 49: 1124-1130.

ZHANG L N, ZHANG J, SUN R G, et al., 2014. Study on antioxidant activity and spatial structure of ophiopogon japonicus polysaccharide with modified ［J］. J Food Sci Biotechnol, 33 (1): 27-33.

ZHANG S D, ZHANG T Z, HAN X D, et al., 2015. Alleviation effects of spraying alginate-derived oligosaccharide on physiological indexes of wheat seedlings under chloryrifosstress ［J］. Chinese Journal of Ecology, 34 (5): 1277 -1281.

ZHANG Y H, ZHANG G, LIU L Y, 2011. The role of calcium in regulating alginate derived oligosaccharides in nitrogen metbaolism of *Brasicac ampcstris* L. vra. Utilis Tsen et Lee ［J］. Plant Growth Regulation, 64 (2): 193-202.

ZHANG Z X, XU J C, SHENG T, 2013. Effects of alginate-derived oligosaecharides synergistic fertilizer (NPK) on thegrowth of corn ［J］. Academic Periodical of Farm Products Procesing (11): 63-66.

ZHAO P, 2014. Study on carboxymethylation of polysaccharide from *Limonium bicolor* ［J］. J Chin Med Mater, 37: 1474-1478.

ZLOTEK L, MIKULSKA S, NAGAJEK M, et al., 2016. The effect of different solvents and number of extraction steps on the polyphenol content and antioxidant capacity of basil leaves (*Ocimum basilicum* L.) extracts ［J］. Saudi Journal of Biological Sciences, 23 (5): 628-633.

ZIOSI V, ZANDOLI R, DI NARDO A, et al., 2013. Biological activity of different botanical extracts as evaluated by means of an array of in vitro and in vivo bioassays ［M］ //SILVA S S, BROWN P, PONCHET M. I World Congress on the Use of Biostimulants in Agriculture: 61-66.

第二章 滩涂植物活性物质农业应用

第一节 滩涂植物资源概述

一、滩涂植物资源概况

（一）我国滩涂资源基本情况

海洋行政主管部门将滩涂界定为平均高潮线以下低潮线以上的海域，国土资源管理部门将沿海滩涂界定为沿海大潮高潮位与低潮位之间的潮浸地带。滩涂既属于土地，又是海域的组成部分。现在滩涂一般多指沿海滩涂。中国的滩涂主要分布在北起辽宁、南至广东、广西和海南的海滨地带，是海岸带的一个重要组成部分。我国海洋滩涂总面积约 217.04 万 hm^2。

（二）我国滩涂植物资源分布概况

江苏省沿海滩涂湿地面积约占全国沿海滩涂湿地总面积的 1/4，仅海滩面积就达 55 万 hm^2，是我国重要的沿海滩涂湿地，在全球生态系统占有重要地位。经调查，江苏沿海滩涂共有盐生植物 32 科、86 属、139 种；以禾本科（Gramineae）、藜科（Chenopodiaceae）、豆科（Leguminosae）、菊科（Compositae）为优势科；以碱茅属（*Puccinellia*）、蒿属（*Artemisia*）等为优势属，属的组成相对分散，寡种属和单种属占总属数的 97.67%；从分布区类型看，世界分布科占绝大多数（62.5%）；属的分布区类型主体由世界分布（25.58%）、泛热带分布（18.6%）和北温带分布（18.6%）3 大类型构成，其中热带性质分布属占非世界分布总属数的 81.82%，分布区类型主要以热带和亚热带性质为主。互花米草（*Spartina alterniflora*）、白茅（*Imperata cylindrica*）、碱蓬（*Suaeda salsa*）、芦苇（*Phragmites australis*）等为滩涂湿地的主要优势种或建群种。江苏沿海滩涂湿地盐生植物约占全国盐生植物种数的 33%，数量较多，分布型多样，开发利用价值巨大。

黄河三角洲位于山东省东北部，东营市的黄河入海口，总面积约 $1.53×10^5 hm^2$。黄河三角洲自然保护区内自然分布的高等植物 43 科 115 属 171 种，以被子植物为主。黄河三角洲滨海地区植物的分布具有区域化的特点。在近海滩地，土壤湿度大，含盐量高（1.0%～3.0%），主要是翅碱蓬草甸，翅碱蓬为建群种，是海边生长的先锋植物群落，成片分布，含盐量 1.5% 以上的区域，颜色为紫红色，植株矮小，高 20cm左右，叶片肥厚棒状，肉质多，群落总盖度为 45%。在海拔 1.9～2.1m 的滨海低平地，含盐量 1.5% 左右，群落中獐茅长势强壮，高达 23cm，直立丛生，本地段翅碱蓬生长旺盛，叶片为绿色，伴有少量白茅、二色补血草、猪毛蒿等，群落总盖度为80%。当土壤含盐量下降到 1.0% 以下时，伴生植物出现芦苇，在水分多的地方，有芦苇沼泽，伴生植物有柽柳、碱蓬、獐茅等。在水边或潮湿的地方还有罗布麻草甸，伴生植物有二色补血草、白茅、芦苇、茵陈蒿等。土壤含盐量在 0.5% 以下时，以茵陈蒿为建群种，常伴有艾蒿、白茅、狗尾草、芦苇等，在河滩和低湿地，以拂子茅为建群种，和芦苇、荻、碱茅、看麦娘等组成群落。土壤含盐量 0.3% 以下时，由于土壤有机质的增加，出现白茅为优势种的草甸，并混有狗尾草、野大豆等 20 余种杂草迅速生长。

上海滩涂植物群落总面积为 21 302.1hm²，主要植被组成为芦苇、海三棱草及互花米草，滩涂植物群落具有明显的高程梯度分布规律。其中芦苇群落面积为11 015.82hm²，占滩涂植被总面积的 51.7%；海三棱草群落面积为 5 703.03hm²，占滩涂植被总面积的 26.8%；互花米草群落面积为 4 553.37hm²，占滩涂植被总面积的21.4%；其他植物群落面积为 29.88hm²。

二、滩涂植物资源种类

根据不同的经济用途，本小节将沿海滩涂湿地植物资源分为食用植物、药用植物、能源植物、观赏植物以及环境保护植物进行介绍。

（一）食用植物资源

食用资源主要分为野果植物、野菜植物。我国滩涂食用植物资源非常丰富，亟须大家更深入地开发利用。

野菜是指野外自然生长，没有经过人工栽培的植物，主要以其根、茎、叶、花或果等器官作为蔬菜食用。它以天然无公害、营养价值高、口味独特、种类、吃法多、药食同源等为特色。比如海蓬子、盐地碱蓬、马兰、蒲公英、鼠鞠草、刺儿菜、车前草、泥胡菜、苦荬菜、马齿苋、藜、灰绿藜、野大豆、南苜蓿、地肤、黄花菜、反枝苋、枸杞、水芹、小根蒜、野菱等。

野果植物资源是指一些供给人类食用的新鲜的、干果品、作为饮料、各种食品加工原料的野生果树植物。常见的有苘麻、龙葵、酸枣、银杏、桑、覆盆子等。其中很有潜力的是酸枣，大多零星生长在荒地、路旁等环境中，是重要的蜜源植物，果实可直接食用、酸枣汁可以做饮料、种子可以炸油，酸枣仁可以入药，有宁心、安神、养肝等功能。患有神经衰弱的人可以用酸杏仁加白糖冲服，有明显的效果。桑，落叶乔木，分布广泛，多生长在林下，路旁、房前屋后等，野生、栽培的都有，桑葚可供食用、酿酒，叶、果和根皮可入药。

近年来，通过对盐生植物进行筛选、驯化，通过基因工程和细胞工程提高普通农作物耐盐性，选育出了一批有经济价值的耐盐品种，其中有一些可以实现海水浇灌。

1. 海蓬子

海蓬子，别名盐角草、抽筋菜、盐葫芦、胖蒿子草、蜡烛蒿子、海胖子、海甲菜等，属藜科（Chenopodiaceae）盐角草属（Salicornia）。其自然产地主要包括欧洲海蓬子（Salicornia europaea）和北美海蓬子（Salicornia bigelovii Torr），目前驯化栽培的主要是北美海蓬子。世界范围内，北美海蓬子分布在北纬16°~32°的热带、亚热带地区的滨海及内陆盐沼中，在我国辽宁、河北、山西、陕西、宁夏、甘肃、山东、江苏、海南等省（区）均有广泛的分布。作蔬菜用的海蓬子（在我国的商品名为"西洋海笋"），一般在其营养生长期（5—7月）采收幼嫩茎叶和未成熟籽荚，鲜食或制作腌菜。

海蓬子生物体化学元素组分丰富，可溶性盐分含量高达37%左右，为典型盐生植物。经权威机构检测，海蓬子干燥植株含纤维素5%~20%，蛋白质9.0%，其中包括8种人体不能自然合成的必需氨基酸（见表2-1），以及其他微量元素、维生素。有研究发现，西洋海笋嫩尖（以每100g鲜重计，下同）含有近90%的水分、1.4g蛋白质、0~0.5g脂肪、5.8g碳水化合物、2.0g纤维、2.6g灰分，总能量105~160J。西洋海笋富含β-胡萝卜素（维生素A，2 400IU）、维生素C（10.7mg），维生素B_1、核黄素、烟酸的含量分别是0.27mg、0.04mg、1.5mg，其矿质元素Na、K、Mg、Ca、N、S和P的含量分别是1 660mg、217mg、131mg、59mg、406mg、54mg和26mg，人体必需的微量元素Fe、Al、Mn、I、B和Cu的含量分别为710mg、730mg、650mg、500mg、250mg和130mg，对人体健康有害的重金属As、Pb的含量分别小于0.2mg、0.3mg。因此，西洋海笋是很好的矿物质、蛋白质、β-胡萝卜素和维生素C来源。海蓬子还含有天然的植物保健盐和天然的植物碱（微角皂苷），食用后与人体血液中的脂肪酸中和，产生盐和水自然代谢，因此，食用海蓬子具有帮助清除血管壁上胆固醇、降压、降脂、减肥、促进体内的酸碱平衡等功效。

北美海蓬子经过长期的进化及适应过程，已成为一种喜盐植物，其嫩茎中的可溶性盐分含量高达37%（干质量百分比），具有很高的渗透压。据研究，在无盐或低于

50 000mg/kg 的钠盐营养液中，其植株营养体的正常生长反而受到抑制。而海水的盐度水平一般在 32 000~35 000mg/kg，海蓬子抗盐能力超过海水盐度的 20%~40%。海蓬子可用海水直接灌溉，也可混灌淡水并施以尿素、硫铵、硝铵等氮肥。海蓬子耐盐度高，可用海水直接灌溉，且不容易患病生虫，基本上无须喷洒农药，种植管理简便，是一种具有很好市场前景的海水蔬菜。我国江苏省盐城、连云港市等从 2001 年起开始在滩涂沿海引种北美海蓬子，成功掌握了北美海蓬子的生理习性和栽培技术，产量不断提高，露地栽培每亩产量可达 1 000~1 500kg，纯收入 3 000~4 000 元，比常规绿叶蔬菜增收 1 倍左右，比茄果类蔬菜增收 30%~40%。设施栽培条件下，每亩产量 1 500~2 000 kg，纯收入 4 000~5 000 元。

表 2-1　海蓬子所含氨基酸种类及含量与鸡蛋比较结果

氨基酸种类	含量（%）	
	海蓬子种子	鸡蛋
异亮氨酸	0.97	0.629
天冬氨酸	2.05	1.151
苏氨酸	0.93	0.577
丝氨酸	1.18	0.867
谷氨酸	5.59	1.565
甘氨酸	1.43	0.390
丙氨酸	0.85	0.649
胱氨酸	0.25	0.245
缬氨酸	1.08	0.699
蛋氨酸	0.77	0.363
脯氨酸	0.68	0.436
酪氨酸	0.73	0.492
苯丙氨酸	1.06	0.622
赖氨酸	1.10	0.850
色氨酸	0.23	0.222
组氨酸	0.51	0.270
精氨酸	2.07	0.736
亮氨酸	1.16	1.016
总计	22.64	11.779

2. 碱蓬

碱蓬属藜科，一年生草本，一般生于海滨、湖边、荒漠等处的盐碱荒地上，在含盐量高达 3% 的潮间带也能稀疏丛生，是一种典型的盐碱指示植物，也是由陆地向海岸方向发展的先锋植物。碱蓬主要分布于欧洲及亚洲，在我国产自东北、内蒙古、河北、山西、陕西北部、宁夏、甘肃北部、青海、新疆、浙江、江苏、山东的沿海地区。我国共有碱蓬属植物 20 种及 1 变种，常见种为灰绿碱蓬（*Suaeda glanca* Bunge）和盐地碱蓬 [*S. salsa*（L.）Pall.]。碱蓬嫩茎叶可鲜食，味道鲜美，营养价值很高，是一种很好的蔬菜，可用于凉拌或炒食，又可制干，便于运输和储藏。由于其生长在荒野滩涂，远离污染，生长环境没有使用化肥和农药，是典型的绿色蔬菜。

碱蓬茎叶和种子营养丰富，其种子脂肪含量占干物质的 36.5%，高于大豆，不饱和脂肪酸占 90%，亚油酸占 70%，亚麻酸占 6.08%。鲜嫩茎叶的蛋白质含量占干物质的 40%，并含有丰富的维生素和微量元素，例如，100g 碱蓬鲜梢部分含胡萝卜素 1.75mg、维生素 B_2 20.10mg、维生素 C 78mg，还含有其他微量元素，如 Ca、P、Fe、Zn、Se 等，其中许多指标都高于螺旋藻。碱蓬中 Ca、P、Fe 含量高于菠菜、番茄和胡萝卜等蔬菜；维生素 C 含量高于或相当于一般蔬菜；维生素 B_2 含量为一般蔬菜的 5~8 倍；含 Se 量较一般食物高 10 倍左右。碱蓬种子和茎叶的蛋白质中人体必需氨基酸含量高，而且结构比目前已知的优良天然食物都更为均衡，其蛋白质中人体必需氨基酸含量与世界卫生组织给出的完全蛋白质指标相当接近，优于螺旋藻、大豆、鸡蛋中必需氨基酸的组成（见表2-2）。据《本草纲目拾遗》介绍，碱蓬性咸凉、无毒、清热、消积。现代医学研究发现，碱蓬属植物具有降糖、降压、扩张血管、防治心脏病和增强人体免疫力等作用，适用于预防心血管系统疾病，对老年人、高血压病人具有保健作用。

表 2-2　盐地碱蓬茎叶和种子中氨基酸的含量

氨基酸种类	含量（%）	
	盐地碱蓬茎叶	盐地碱蓬种子
天门氨酸	3.63	1.72
异亮氨酸	2.08	0.79
苯丙氨酸	3.47	0.94
甘氨酸	2.16	1.13
苏氨酸	1.92	0.74
丝氨酸	1.72	1.16
酪氨酸	2.55	0.87
脯氨酸	2.11	0.78
精氨酸	2.91	2.25
谷氨酸	5.56	3.28
丙氨酸	2.41	0.78
胱氨酸	0.42	0.21
缬氨酸	2.53	0.98
蛋氨酸	0.79	0.45

氨基酸种类	含　量（%）	
	盐地碱蓬茎叶	盐地碱蓬种子
亮氨酸	3.61	1.26
组氨酸	0.95	0.57
赖氨酸	2.31	1.13
总计	41.13	19.04

碱蓬对土壤含盐量适应范围很宽，可在 NaCl 含量 0.031%~4.356%的土壤上正常开花结实。盐水浸泡试验发现，碱蓬种子可在 NaCl 浓度小于 20.0g/kg 的溶液中正常发芽，其发芽率、发芽势和胚根生长量均无明显降低。于德华等（2009）采用盐水胁迫发芽、盐水浇灌盆栽和田间耐盐实验，研究植物的耐盐能力，结果表明，盐地碱蓬能在盐质量分数为 20g/kg 以上的重盐土上生长。中国科学院海洋研究所选育出的中科碱蓬蔬菜 1 号品系，在盐度 2%的盐碱地，亩产鲜菜达到 2 500kg，经济效益非常显著。王凯等（2009）研究了碱蓬在江苏沿海地区的栽培技术，结果表明，4 月中旬是适宜的大田播种时期；它的鲜茎叶最高产量时的播种量和施氮量分别是 9.105kg/hm² 和 198.69kg/hm²，籽粒最高产量时的播种量和施氮量分别是 2.850kg/hm² 和 165.40kg/hm²；碱蓬在江苏沿海滩涂有很好的适应性，通过设施栽培，基本没有病虫害，可以实现全年上市，是绿色安全的耐盐蔬菜，可作为沿海滩涂特色海水蔬菜进行产业化开发。江苏省农业科学院从野生碱蓬（*Suaeda glauca*）中以系谱选择法选育的绿海碱蓬 1 号，出芽率可达 95%，主要营养成分与北美海篷子相比，没有明显变化，且全生育期基本无病虫害，适宜江苏、山东、浙江及同纬度沿海地区露地及保护地栽培，并已取得环境保护部的 OFDC 有机认证。

3. 蒲公英

蒲公英（*Taraxacum mongolicum* Hand.-Mazz），别名蒲公草、黄花地丁、黄花三七、婆婆丁等，为菊科多年生草本植物。全球约有 2 000 多种蒲公英，我国初步整理有 75 种，在我国除华南外，全国各地都有，其独特的种子构造使它能到处传播。蒲公英味道鲜美，风味独特，营养丰富，无污染，食用部分如幼苗，可生食、凉拌、炒食及掺在其他食物中共食，其花序也可炒食或做汤。还可做成软制罐头，可延长保质期，促进外销。

蒲公英的营养成分极其丰富。其叶的可食部分达 84%，其中含碳水化合物 5g/100g，蛋白质 4.8g，脂肪 1.1g，粗纤维 2.1g，灰分 3.1g，胡萝卜素 7.35mg，维生素 C 47mg，尼克酸 1.9mg，硫胺素 0.03mg，核黄素 0.39mg，钙 216mg，磷 115mg，铁 10.2mg，其中维生素 C 的含量比番茄高 50%，蛋白质含量是茄子的 2 倍。还含有丙氨酸、半胱氨酸、赖氨酸、苏氨酸、缬氨酸等17种氨基酸。蒲公英根含蒲公英甾醇、蒲公英赛醇、蒲公英苦素及咖啡酸，全草含肌醇、天冬酰胺、苦味质、皂甙、树脂、菊糖、果胶、胆碱等，尤其果胶的含量在蔬菜中是少见的，可以满足人体对可溶性膳食纤维素的需求。蒲公英中还含有多种矿物质元素，如 Na、Fe、K、Ca、Cu、Zn、Co、P、Mn 和 Se 等，其中 K 的含量最高，是 Na 含量的8倍，因此蒲公英是难得的高钾低钠盐食品。其钙的含量为番石榴的22倍、刺梨的3.2倍，铁的含量为刺梨的4倍、山楂的3.5倍，硒含量达到14.7mg/100g，是自然界罕见的富硒植物。维生素类和微量元素的这些物质对维持人体正常的新陈代谢和生化反应具重要作用。现代营养医学表明，蒲公英具有广谱抑菌和明显的杀菌效果，可清热解毒，利胆保肝，提高免疫力，预防癌症、心脑血管疾病。蒲公英是中药界清热解毒、抗感染作用草药的"八大金刚"之一，被誉为"天然抗生素"，常食蒲公英具有食疗保健作用。

蒲公英适应性很强，多生长于草地、路旁、河岸沙地以及田野间。它耐寒性强，早春地温1~2℃时能破土出芽，其根在露地越冬，可耐-40℃的低温，最适生长温度为10~22℃。蒲公英耐涝、抗旱、耐病虫害，还不受农药化肥、城市污水、工业废水的污染。在人工栽培条件下也不使用农药，是生产绿色食品的理想种类。随着蒲公英开发利用价值的深入研究，人工栽培蒲公英正悄然兴起，法国、日本及我国均有人工栽培的蒲公英。近来，蒲公英作为一种耐海水蔬菜的优质种质资源，得到了一定的开发研究。陈华等（2005）指出可以利用生物技术来培育抗盐、耐海水蒲公英，主要包括利用组织和细胞培养筛选耐盐性较高的蒲公英，以及利用基因工程转化生物量较大的药用蒲公英。通过细胞工程技术，已经成功培育出耐1/3海水的蒲公英，从而为耐海水蔬菜家族增添了一个新的成员。随着世界范围内"崇尚自然，反璞归真"保健时尚的兴起，国内外市场对天然保健品的需求日益增加，绿色食品备受青睐，而耐海水的蒲公英，集食用和药用于一身，必将成为蔬菜市场的新宠，给人们带来健康的同时，也会创造出十分可观的经济效益。

4. 藜麦

藜麦（*Chenopodium quinoa* Willd）是藜科（Chenopodiaceae）藜属（*Chenopodium*）一年生植物。藜麦原产于南美洲安第斯山脉海拔2 800~4 500m的一种一年生草本的谷物，有长达7 000多年的栽培历史。藜麦名字里虽然有个"麦"，但它在植物分类学中与小麦、大麦、燕麦等禾本科植物并不是同一类，也不属于谷类作物，而是与菠菜、甜菜等同属藜科植物，有人称其为"假谷物"（pseudocereal）。藜麦，主要食用种子，种子形状呈药片状，扁圆形，大小与小米一样，颜色有乳白色、乳黄色、紫色等多种颜色，其营养价值极高。

藜麦是一种高度耐盐的盐生植物，Gomez-Pando 等（2010）评价了182份藜麦资源的芽期耐盐性，发现其中 15 份资源在 25dS/m 的盐溶液中发芽率能达到 60%。秘鲁藜麦品种 Kancolla 在 57dS/m 的盐溶液中发芽率高达 75%。在苗期，150mmol/L NaCl 溶液对不同品种的藜麦幼苗的生长没有显著影响，但 300mmol/L NaCl 溶液处理幼苗，不同品种表现出不同耐受性。

藜麦中含有大量的优质蛋白，平均含量达到 12%~23%，与肉类及奶粉相当。与其他谷物相比，藜麦的蛋白质含量高于大麦（11%）、水稻（7.5%）和玉米（13.4%），与小麦（15.4%）蛋白质含量相当。蛋白质的营养品质由必需氨基酸的比例决定，藜麦中含有人体必需的 9 种氨基酸，比例适当且易于吸收，尤其富含其他植物中缺乏的赖氨酸，赖氨酸对促进免疫反应中抗体的形成、调节脂肪酸代谢、促进钙的吸收和转运，以及在参与细胞损伤修复和癌症预防等方面有重要作用。单从氨基酸角度考量，藜麦的健康价值超过多数"全谷物"，这也是藜麦被认作是"健康食品"的最主要原因。

种子含油量为 6.58%~7.17%，其中不饱和脂肪酸高达 89.42%，另外还富含类黄酮、B 族维生素和维生素 E 等多种有益化合物。藜麦中富含的类黄酮和植物甾醇类物质，具有很强的抗氧化能力，能够防止皮肤老化。藜麦膳食纤维的持水性强，在增强饱腹感方面的作用明显，适合减肥人群食用，是目前国际市场上流行的减肥食品之一。基于藜麦的高蛋白质水平，独特的氨基酸模式，各种维生素、矿物质和生物活性物质，它将作为一种新型的全营养食品具有广阔的应用前景。

5. 海水稻

海水稻为一年生禾本科稻属植物，介于野生稻和栽培稻之间，由海边滩涂的野生水稻繁育、海水灌溉生长结穗的水稻品种。稻苗生长长势快，再生能力强，高度可达 1.8~2.3m 以上，而普通水稻高度仅为 1.2~1.3m。海水稻根系深，根深可达 30~40cm，具有抗倒伏特点。灌浆期的海水稻，稻穗青白色，如芦苇荡。稻谷具芒刺，稻米呈红色。

2014 年 4 月，陈日胜和农业推广研究员段洪波作为共同申请人，以"海稻 86"为品种名，向农业部申请品种权。2014 年 9 月 1 日"海稻 86"通过农业部植物新品种保护办公室颁布的农业植物新品种保护公报。2014 年 10 月 18 日，专家组对海水稻进行了现场考察，一致认为："鉴于海水稻耐盐、耐淹能力强，专家组一致认为是一种特异的水稻种质资源，具有很高的科学和研究价值，建议国家加强对海水稻资源的全面保护，并大力支持开展系统研究"。

海水稻的稻米也称海红米，米身呈赤红色，含有天然红色素，营养丰富。经过检测，海水稻稻米与普通精白米相比，氨基酸含量高 4.71 倍，硒含量高 7.2 倍。硒是人体必需的微量元素之一，如果人体缺硒，容易患大骨节病、克山病、胃癌肝癌等。

从这些成分考虑，海水稻的营养价值高于白稻。

据统计，我国盐碱地面积达15亿亩左右，如果在盐碱地上种植海水稻，按照目前亩产约150kg计算，年产量可达2 000多亿kg。据估算，全世界有143亿亩盐碱地，如种上海水稻，可多产21 450亿kg粮食，大大缓解世界的粮食危机。通过改良海水稻的品种，提高海水稻的产量和口感问题，海水稻将会为破解人类粮食紧缺问题做出应有的贡献。

6. 野大豆

野大豆（*Glycine soja* Sieb. EtZucc），又名马料豆、乌豆、鹿藿、饿马黄等，是豆科蝶形花亚科菜豆族大豆属的一年生缠绕草本，被认为是栽培大豆的近缘野生种，是我国的国家二级保护植物，在我国黄河三角洲地区生长面积较大，具有抗旱、耐旱、耐盐碱及抗寒性特性，广泛分布于我国滩涂地区。

野大豆营养丰富，具有较高的食用和药用价值。周三等（2008）研究表明野大豆中蛋白质含量为42.71%±3.67%，脂肪含量为8.92%±1.74%，总异黄酮含量（5 660±973.87）μg/g。大豆异黄酮是一类重要的植物雌激素，在自然界中资源十分有限，仅存在于豆科蝶形花亚科的少数植物中。大豆异黄酮是大豆中一类多酚化合物的总称，是一类具有广泛营养学价值和健康保护作用的非固醇类物质，主要包括染料木黄酮（geni stein）、黄豆苷元（daidzein）和黄豆黄素（glycitein）。大豆异黄酮对于防止骨质疏松、预防心血管疾病、缓解更年期综合征、抗氧化衰老等都起到一定的作用。野大豆籽粒中含有人体必需的不饱和脂肪酸，如亚油酸、油酸、亚麻酸等。郑琳（2012）从野生大豆中共检出12种脂肪酸，其中不饱和脂肪酸含量为78.81%，以亚油酸、油酸、亚麻酸为主，其含量分别为47.33%、15.66%、15.40%，该油脂中还含有其他植物中很少见的脂肪酸十七烷酸，该油脂具有抗癌功能。不饱和脂肪酸对于合成磷脂、形成细胞结构、维持一切组织的正常功能、合成前列腺素都是必需的。同时，它们能够使胆固醇脂化，从而降低体内血清和肝脏的胆固醇水平。野大豆的种子呈黑色，是因为它的种皮色素中含有极其丰富的花色苷类物质。研究表明，野生大豆黑色种皮色素提取物的DPPH自由基清除能力和总抗氧化能力均优于栽培黑大豆，是一种天然抗氧化剂，具有很高保健价值。

野大豆作为一种营养价值很高的药食兼用型食品，发展前景广阔。而且野大豆具有较强的抗逆性和繁殖能力，便于发展人工栽培和深加工，综合利用野大豆资源。在开发利用野大豆的同时，应加强对其优良种质资源的保护和杂交选育，确保将这一野生资源优势持续、有效地利用。

7. 番杏

番杏〔*Tetragonia tetragonoides*（Pall.）Kuntze〕，别称澳洲菠菜、新西兰菠菜、夏

菠菜、法国菠菜、洋菠菜等，为一年生半蔓性草本植物，属番杏科番杏属，原产新西兰、澳大利亚、东南亚和智利、欧美等地，在中国浙江、福建、海南、广西、广东、台湾均有天然分布。番杏主要食用鲜嫩茎叶，可以凉拌、清炒、做汤，亦可作火锅配菜。

番杏营养价值极高，富含大量氨基酸、无机盐、类胡萝卜素、还原糖等物质，每100g可食部分含水分94g、蛋白质1.5g（高于瓜果类蔬菜）、脂肪0.2g、碳水化合物0.6g、钙58mg、磷28mg、铁0.8mg、胡萝卜素4 400国际单位、硫胺素0.04mg、核黄素0.13mg、抗坏血酸30mg和尼克酸0.5mg，还含有锌、硒等多种微量元素。另外，番杏中含有一种具有苦涩味的单宁物质，因此，烹调前应先用开水煮透。番杏食用性多样，有清热解毒、祛风消肿、凉血利尿等医疗保健功效，具有较高的经济价值，是一种新型绿色蔬菜。

番杏广泛生长于海岸沙地、鱼塘堤岸、红树林林缘及基岩海岸高潮线附近，具有速生、根系发达、不择土壤、耐高温/低温、抗干旱、病虫害少等特征。近来，有研究表明，番杏对盐胁迫具有较强的适应性和耐受性。有研究表明：番杏能在0%～70%海水胁迫下完成生活史，且10%～40%海水浓度胁迫促进了植物生物量增加；高于60%海水浓度处理，番杏株高、鲜质量均较少，生长受到抑制；番杏在低于50%海水浓度处理中，可溶性糖含量、脯氨酸含量、MDA含量均低于对照，表现出极强的盐适应性。贺林等（2012）的研究表明：番杏生长的适宜盐度范围为0～400mmol/L，受抑制盐度为600mmol/L，说明番杏是一种耐盐性较高的盐生植物。赖兴凯等（2016）在泉州湾对番杏进行了栽培实验，研究结果表明：在海边未受海水淹没的盐碱地栽培番杏100%存活，生长状况良好，可完成整个生活史过程，相对生长率达到1 965.28%；经常受到海水周期性淹没的地带则不适宜种植番杏。由此可见，番杏对海水胁迫具有较强的适应性和耐受性，可以进一步挖掘其在滨海滩涂地、盐荒地、海水倒灌农田中的利用价值。

8. 三角叶滨藜

三角叶滨藜（*Atriplex patens*）为藜科滨藜属一年生多叶草本植物，是从美国东北部沿海沼泽边缘筛选出来的优良耐盐特色蔬菜。三角叶滨藜主要食用鲜嫩茎叶，外形和营养成分都与菠菜相似。三角叶滨藜主要营养物中含水量90.53%、粗蛋白2.62%、粗脂肪0.31%、粗纤维1.38%、灰分1.52%、总糖4.61%；含18种氨基酸，氨基酸总量为191.19mg/g，鲜味氨基酸含量为48.72mg/g，必需氨基酸模式与FAO/WHO接近；抗坏血酸含量较高，达45.23mg/100g；铁、锰的含量丰富，铜、锌、镉、铬、铅的含量未超国家限量标准，食用安全。

三角叶滨藜经南京大学生物技术研究所引种，已成功种植在我国江苏盐城沿海滩涂。三角叶滨藜不仅营养丰富，而且具有极强的耐盐性和对沿海滩涂很好的适应性。研究表明，沿海滩涂大面积人工栽培三角叶滨藜，在注重磷肥、有机肥施用的同时，要依据生产目的，调节栽培密度，控制氮肥的投入。生产蔬菜时，鲜叶最高产量的播种量和施氮量分别是 0.607kg/亩和 13.246kg/亩；繁种时，籽粒最高产量的播种量和施氮量分别是 0.190kg/亩和 11.027kg/亩。与此同时，种植三角叶滨藜的滨海盐土含盐量有所下降，各种养分含量有明显提高。关于三角叶滨藜耐盐机制的研究表明，盐胁迫条件下，三角叶滨藜根系对离子吸收有较强的调节能力；而根系反射系数的减小有利于根系用较小的负压力吸收水分，减小木质部空化的危险，说明三角叶滨藜具有较高的抗盐能力。因此，三角叶滨藜可作为沿海滩涂特色耐盐蔬菜进行产业化开发，具有较好的经济效益和生态效益。

9. 其他野菜植物资源

驯化野生盐生植物是现阶段培育海水农业作物的主要途径，海水蔬菜的首选植物海蓬子就是由野生盐生植物驯化而来。我国沿海地区的盐碱地分布有大量盐生野菜品种（见表2-3），其中许多是"药食同源"的珍贵野菜，含有丰富的氨基酸、维生素、纤维素、盐元素等，具有抗病保健功能。这些分布在盐渍地区的盐生野菜为开发海水蔬菜新品种、促进海水蔬菜业发展提供了种质资源基础。

表 2-3　我国盐生野菜资源

门类	盐生野菜品种	可耐受盐度	作蔬菜食用部分
菊科	蒲公英 *Taraxacum mongolicum* Hand. Mazz.	0.7%	幼嫩苗
	苦菜 *Ixeris chinensis*（Thunb.）Nakai	0.6%	嫩茎叶
	苣荬菜 *Sonchus brachyotus* DC.	0.5%~0.7%	嫩苗
	蒙古鸦葱 *Scorzonera mongolica* Maxim.	1.5%	嫩茎叶
	茵陈蒿 *Artemisia capillaris* Thunb.	0.5%	嫩苗
藜科	盐地碱蓬 *Suaeda salsa*（L.）Pall	2.5%~3%	幼苗
	猪毛菜 *Salsola collina* Pall.	1%	幼苗
	盐角草 *Salicornia europea* L.	3.7%	嫩苗
	地肤 *Kochia scoparia*（L.）Schard	1.5%~2%	嫩茎叶、幼苗
	灰绿藜 *Salsola collina* Pall.	0.8%	嫩芽
蓼科	扁蓄 *Polygonum avculare* L.	1.0%	茎叶
	酸模 *Rumex acetosa* L.	0.5%	嫩茎叶
蔷薇科	朝天委陵菜 *Potentilla supine* L.	0.5%	嫩叶、块根
	鲁梅克斯 K-1 杂交酸模 *Rumex patientiax* × *R. tianschanicus* cv. Rumex K-1	0.5%~3%	枝叶

除了驯化野生盐生植物以外，植物生理学家近年来也开展了以现有的耐盐农作物

种质资源为材料，筛选可利用的耐海水种质资源的相关工作。中国科学院植物研究所对芹菜、白菜、叶用甜菜、甘蓝、西洋菜、番茄、菠菜等18种蔬菜的300个材料进行了大规模的种质资源筛选，从芹菜、叶用甜菜等植物中筛选出20多个能耐1% NaCl或1/3海水盐度的蔬菜品系，产量为淡水水培的80%~90%，其中芹菜的1个品系可在1/2海水中正常生长。Atzori等（2016）利用含有5%~15%海水的水溶液栽培生菜（lettuce）、玉兰菜（chicory）以及甜菜（chard），结果表明10%~15%海水浓度对于生菜生长有不利影响，而玉兰菜和甜菜在所研究的海水浓度范围内（5%~15%）长势良好，没有观察到负面影响。王贝贝等（2015）以普通白菜品种改良京春绿、七宝青、上海抗热605及羽衣甘蓝品种东方绿嫩为试材，研究不同浓度海水（0%~100%）对种子萌发、植株生长及其品质的影响。结果表明，供试的4种蔬菜中，改良京春绿耐盐能力最强，当相对海水浓度为40%~60%时，种子萌发率最高（100%），当相对海水浓度为80%时，种子萌发率仍达40%；当相对海水浓度为40%时，改良京春绿、七宝青、上海抗热605及东方绿嫩的可溶性蛋白质、维生素C、叶绿素（除上海抗热605外）和β-胡萝卜素含量均显著高于对照，表明一定浓度的海水可提高水培蔬菜的营养品质。

在耐盐海水蔬菜品种资源筛选的基础上，进一步研究耐海水植物的分子生物学和分子遗传学有可能查明植物耐海水的分子基础，再通过细胞工程和基因工程，培育出高度耐盐、耐海水的农作物新品种。朱志清等（2001）对盐敏感蔬菜——豆瓣菜进行了生物技术改造。一方面利用豆瓣菜的体细胞愈伤组织筛选耐盐细胞系，然后从它们再生出耐盐的再生植株，获得了9个耐1/3海水的豆瓣菜变异体。这些变异体可以通过无性繁殖扩大群体，并保持耐盐和耐海水特性。另一方面通过将盐生植物山菠菜（*Atriplex hortensis*）的耐盐相关基因——甜菜碱醛脱氢酶（BADH）基因转入豆瓣菜，使该基因在豆瓣菜中过量表达和积累甜菜碱，提高了豆瓣菜的渗透调节能力，从而提高了它的耐盐性。

（二）药用植物资源

沿海滩涂药用植物资源较为丰富，其抗逆性较强，功能活性成分独特，开发潜力很大。目前，关于沿海滩涂药用植物多样性的研究以江苏省居多，依据地理位置及药用植物种类和引种驯化情况可分三区。

沿海滩涂野生、家种药材区位于江苏省沿海地区的中部，以属盐城市行政区划的沿海市县为主及连云港市南部。本区海域广阔，滩涂资源十分丰富，是海产药材和耐盐性药用植物的主要分布区。耐盐性野生药用植物有罗布麻、益母草、蒲公英、茵陈蒿、獐毛菜、滨蒿、苍耳、车前、半夏、紫花地丁、枸杞、柽柳、北沙参、中华补血草、二色补血草、条叶龙胆、芦苇、白茅、盐角草、地锦、香附、列当等230多种。

本区也是药用植物引种栽培的最好的地区，现家种药材面积约占全省家种药材总面积的70%以上。如1997年被中国自然资源学会天然药物资源专业委员会授予"中国药材之乡"称号的射阳县洋马乡仅菊花一品种常年生产面积就达2万亩左右，业已成为我国最大的菊花生产基地之一。其他主要家种品种有何首乌、罗勒、白术、丹参、杭白芷、薏苡、北沙参、银杏、杜仲、黄柏等。

云台山野生药材保护区位于江苏省沿海地区的北部，以属连云港市行政区划的沿海市县为主。本区地貌复杂多变，药用动植物种类繁多，南北方药材皆有，如南方的红楠、无患子、白花前胡、紫金牛等，北方的铃兰、北柴胡、东北延胡索、紫草等，是药材引种驯化的良好场所。本区主要药材有北沙参、蔓荆子、紫草、黄芩、灵芝等20多种，引种药材有天麻、黄连、山茱萸、杜仲、黄柏、杭菊花等50多种，但产量不高。

通海家种药材分布区位于江苏省沿海地区的南部，以属南通市行政区划的沿海市县为主。本区20世纪70—80年代曾是药用植物引种栽培的主要地区，主产有延胡索、浙贝母、薄荷、白术、玉竹、麦冬、川芎等20多个品种。其中薄荷油产量占全省的48%；重点药材浙贝母、延胡索产量分别占全省的98.4%和50.2%，为我国第二大生产基地。但自20世纪80年代末至今，无论是栽培品种还是生产量均有较大幅度的减少。

1. 罗布麻

罗布麻（*Apocynum venetum*）又称茶棵子和茶叶花等，隶属于夹竹桃科茶叶花属，是一种半灌木状多年生草本宿根植物，通过种子和根蘖繁殖。

罗布麻的根、茎和叶提取物中的主要活性成分为总黄酮类化合物，包括槲皮素、芸香苷类物质、黄酮苷类物质和强心苷类物质等，具有降血压、抗氧化、抗抑郁、抗焦虑等多种药理活性。此外，还有丰富的有机酸类化合物、氨基酸，以及K、Ca、Fe等微量元素，具有极大的药用价值。陈妙华等（1991）从罗布麻叶镇静有效粗体物中分离出三十烷醇、槲皮素、金丝桃苷、异秦皮定等8个化合物，并证实异秦皮定和金丝桃苷是发挥镇静作用的有效成分。Li等（2012）通过GC-MS的方式从罗布麻纤维中鉴定出44种化学成分，主要包括脂肪酸、酯类、酮类、醛类、烷类、酚类和其他物质，其中的挥发油成分具有明显的抑菌性能，这也解释了罗布麻纤维能够抑菌的现象。张语迟等（2009）利用高效液相色谱-电喷雾质谱联用的分析方法对罗布红麻和罗布白麻叶中的16种化学成分进行了分析，结果表明罗布红麻和白麻叶的主要成分在种类和含量上存在较大差别，其中二者共有的成分一共有12种，包括槲皮素-3-O-葡萄糖醛酸、金丝桃苷、槲皮素-3-O-呋喃型阿拉伯糖苷、乙酰化金丝桃苷、乙酰化异槲皮素、紫云英苷、山奈酚-3-O-半乳糖苷、槲皮素、山奈酚和贯叶金丝桃素等，但含量在二者之中差别较大。刘斌等对新疆库尔勒和阿勒泰地区的野生及栽培罗布麻的叶总黄酮含量进行分析发现，6—7月罗布麻叶总黄酮含量在5.36～12.19mg/g，不同地区、时间的罗布麻种质总黄酮含量变化差异大。李慕春等（2018）对来自新疆、吉林和广东等地的不同月份的33份罗布红麻和白麻样品利用超高效液相色谱对绿原酸、金丝桃苷、槲皮素等共有化学成分的分析表明这些成分含量在罗布红麻和白麻叶中存在一定差异，也证实罗布麻化学成分种类和含量受生长环境和采收季节等因素影响。针对特定环境下药效化学成分含量高的罗布麻种质鉴定筛选和人工驯化育种是增加药效成分产率、降低生产成本、提高罗布麻推广应用的有效手段。

目前一般认为罗布麻提取物具有抗氧化、降血压、抗脂质过氧化、抗抑郁、抗焦虑、抗高血脂、镇静、利尿和预防动脉硬化等作用。有研究证实金丝桃苷具有多种生物活性，例如消炎、抗氧化等，并且金丝桃苷能够防止人静脉内皮细胞由于过氧化作用引起的细胞凋亡，在防治心血管疾病方面具有显著的疗效。Kim等（2020）的研究结果表明，罗布麻叶水提物能够有效降低大鼠的自发性高血压、肾性高血压和NaCl引起的高血压。但只有在肾切除大鼠的尿液中Na^+、K^+和蛋白含量较对照明显升高，猜测罗布麻降血压的功效可能和改善肾功能有关。Lau等（2012）也证实$10\mu g/mL$的罗布麻叶提取物能够有效的缓解由Ang II诱导产生的大鼠主动脉血管收缩形成的高血压。虽然罗布麻叶粗提物降血压的机制以及何种化学物质发挥主要作用并不完全清楚，但其治疗效果非常显著，国内医药市场已广泛应用罗布麻浸膏、复方罗布麻片等中成药治疗高血压。还有研究表明服食罗布麻叶提取物还有益于人的睡眠，能够促进人体进入深睡眠状态。有研究者将罗布麻叶的醇提物在小鼠上进行抗焦虑实验，与阳性抗焦虑药安定和丁螺旋酮相比，摄食罗布麻叶提取物能够明显缩短EPM处理小鼠的四肢由紧缩变成舒张的时间和小鼠数量。罗布麻的这种抗焦虑的功效能够被安定的拮抗剂氟马西尼和部分被丁螺旋酮的拮抗剂WAY-100635相拮抗，这表明罗布麻叶提取物抗焦虑功能主要受氨基丁酸系统调控。另外，Lv等（2016）用罗布麻叶提取物喂养有明显动脉粥样硬化症状的大鼠后，大鼠血浆中总胆固醇和甘油三酸酯的含量都明显减少，主动脉中胶原和羟脯氨酸的含量都显著减少，Western blot实验表明患病大鼠服食罗布麻叶提取物后p-AMPK蛋白的含量明显增加而mTOR蛋白则显著减少，二者基因水平的表达量也是这个趋势，因此罗布麻提取物能够有效减少血脂含量，通过抑制过量的胶原合成延缓动脉粥样硬化的进程，很有可能是通过AMPK/mTOR信号途径完成。罗布麻粗提物成分复杂，虽然大量动物实验表明粗提取对多种疾病具有很好的治疗作用，但是由于不能确切知道何种单体化学物质在各种疾病的治疗中发挥作用，不同生长环境、采收时间、种质之间的差别会造成其化学成分种类和

113

含量的差异，会对其治疗效果产生潜在的威胁。因此加强罗布麻叶提取物单体化学成分的分离和药效研究是合理科学利用罗布麻的必要途径。

2. 半夏

半夏（*Pinellia ternata*），又名地文、守田等，隶属于天南星目天南星科半夏属植物。在半夏中发现的化学成分有生物碱、半夏淀粉、甾醇类、氨基酸、挥发油、芳香族成分、有机酸类、黄酮类、半夏蛋白、鞣质以及多种微量元素等。现代临床研究表明半夏有止咳平喘、抗炎、抗衰老、镇静、抗肿瘤、止呕等作用。

半夏总生物碱的主要成分有麻黄碱、鸟苷、葫芦巴碱、腺苷、胆碱、胸苷、次黄嘌呤核苷等。依据生物碱含量水平多少依次为生半夏、法半夏、姜半夏、清半夏。半夏生品中鸟苷和腺苷含量均高于各炮制品。有学者采取氯仿提取法，测定不同采收期中半夏的生物碱含量，发现在417nm波长的前提下，在8月下旬采集的半夏内生物碱含量最高。半夏主要含有75%左右的淀粉。王晖等（2017）通过测量生半夏与法半夏淀粉的溶解度、润胀度、水结合能力、晶体结构、微观形态发现，法半夏和半夏中的淀粉在微观形态上无明显差异，但法半夏淀粉的溶解度、润胀度、水结合能力与半夏淀粉相比显著降低，分别从30.80%、17.22%和10.56%，降低至13.93%、10.13%和7.82%，而结晶度明显提高，半夏淀粉的结晶度31.77%，法半夏淀粉的结晶度55.11%。半夏内含有17种氨基酸，其中7种为人体必需氨基酸，2种为半必需氨基酸。莫炫永（2010）对半夏主产地四川、湖北、河南、贵州的栽培品种进行测定。发现不同产地半夏均含有17种氨基酸，不同产地的半夏氨基酸总含量以湖北最高达19.18%。张浩波等（2016）通过实验发现半夏经硫磺熏制和焦亚硫酸钠拌制会导致其内氨基酸含量大幅减少，推测会一定程度影响半夏药效；半夏经硫磺熏制后氨基酸含量随储存时间变化不明显。半夏的炮制方法影响着半夏蛋白质含量，半夏中蛋白质含量生半夏>法半夏>清半夏>姜半夏。产于不同地方的半夏中各自总蛋白的含量有比较明显的差异。彭煜策等（2018）通过测定南充产半夏中蛋白质的类型和分子量，首次发现了暂未被相应数据库收录的南充产半夏特有的两种约22kDa和15kDa的含量较高的蛋白质组分。半夏中含有丰富的无机元素，包括K、Ca、Na、Mg、Al、Ba、Cd、Co、Cu、Fe、Mn、Ni、Zn、As、Hg、Cr和Pb。还含有主要化学成分为脂肪烃类和脂肪酸类的挥发油成分及葡萄糖苷、皂苷、胆碱、半夏胰蛋白酶抑制物等。

半夏的药用历史悠久，近年来，半夏中更多的化学成分被发现，许多药理作用得到进一步的阐述。半夏与其他中药材相比，仍有很大的研究空间。半夏许多有效成分还有待进一步研究，目前对半夏化学成分的含量测定报道较少，其研究也基本上是半夏生物碱、半夏蛋白和氨基酸的研究，还需要进一步对半夏的其他化学成分如挥发油、芳香族等进行研究。不仅仅是确定半夏有某些药理作用，还要明确其药理作用的作用机制。近年来人们越来越关注对肿瘤及抗肿瘤的研究，虽然现已有报道表明半夏有良好的抗肿瘤作用，但基本上还处于细胞水平的实验报道。这些问题还有待今后的进一步研究。

3. 益母草

益母草（*Leonurus artemisia*）是一年生或二年生草本。益母草中主要化学成分为生物碱类、黄酮类、二萜类、苯丙醇苷类、脂肪酸类、挥发油类、环型多肽等，并含有锌、铜、锰、铁、硒等多种微量元素。益母草能够改善血流动力学和血液流变学，对血小板凝集、血栓形成以及红细胞聚集均有抑制作用。益母草总生物碱具有明显的抗炎镇痛作用。有研究者采用放射免疫法及化学分析法研究其抗炎作用机理，分别检测大鼠口服后血液雌、孕激素及子宫平滑肌 PGE2 含量的变化，结果发现，益母草可通过抑制痉挛子宫的活动抗炎、降低子宫平滑肌上 PGE2 含量及升高体内孕激素水平等多种途径缓解痛经症状。益母草的抗炎作用可能与其改善局部血液循环，减少渗出，加速吸收有关；益母草的镇痛作用可能与其抑制末梢神经对疼痛刺激的敏感性及抗炎作用有关。益母草中的水苏碱能显著增加大鼠尿量，其作用均在 2h 内达到高峰。分析尿液中的离子表明，2 种生物碱成分均能增加 Na^+ 的排出量，减少 K^+ 的排出量，Cl^- 排出量也有所增加，可以看出，益母草可作为一种作用缓和的保 K^+ 利尿药使用。益母草能改善心肌缺血，增加冠状动脉血流，提高心功能，其机制主要是在氧化应激状态下通过清除氧自由基、抑制活性氧簇生成发挥抗氧化作用。益母草心脏保护作用的另一机制是促进血管发生。益母草在美容方面的功效也早有运用和记载。现代医学美容研究表明，益母草所含的铜、锰、硒等多种微量元素，在抗衰防癌、养颜美容、延年益寿上具有显著的功效。益母草所含的益母草碱、水苏碱、月桂酸及油酸等物质，能促进皮肤新陈代谢，使皮肤得到充分营养，变得洁白润泽，从而对皮肤起到良好的营养保健作用。最近的研究发现，益母草鲜汁能增加衰老皮肤中羟脯氨酸和成纤维细胞的含量，还可以抑制酪氨酸酶活性和 B-16 黑素瘤细胞的增殖，从而起到消除面黑、面斑和养颜美容的作用。

然而，益母草能影响肾功能，造成肾组织损伤，严重者甚至可致人中毒死亡，从而限制了其临床广泛应用。罗毅等（2009）用益母草提取物连续灌胃大鼠 15d，结果表明，益母草大剂量应用不仅对大鼠肾脏有毒性，而且对大鼠肝脏也表现出较明显的毒性作用，且其毒性影响短期内并非完全可逆，所以临床应用益母草要严格控制其剂量。若为增强疗效而加大使用剂量则必须慎重，应定期检查患者肝肾功能等生化指标，密切观察患者的反应。

总之，益母草的生物活性日益受到重视，在医药及美容保健领域有着较大的潜在的应用价值。适于工业化生产的提取、纯化方法是保证益母草药用价值开发的重要条件，但是其大多数药理作用及应用机制尚不清晰，有待于进一步研究。

4. 柽柳

柽柳（*Tamarix* L.）是典型的温带分布植物，隶属于柽柳科，落叶灌木或小乔木。柽柳是黄河三角洲滨海湿地潮间带至高潮带优势耐盐植物之一，耐盐抗性突出，耐海水浸泡，素有"北方红树林"之称。

近年来，随着对柽柳成分的深入研究，发现柽柳具有发表透疹、祛风除湿等多种药用功能，现已被《中国药典·一部》收录。柽柳中含有 27 种矿质元素，元素含量的高低顺序为 K、Na、Ca、Mg、P、Ce、Fe、Al、La、B、Zn、Ni、Cu、Cr、Ga、Mn、V、Se、Ba、Pb、Sr、Mo、As、Th、Co、Cd、Hg。微量元素中，Se 不仅具有很好的抗癌效果，而且具有保肝、护肝功能；Fe 除了有防治缺铁性贫血的功效外，还有助于预防食管癌和胃癌的发生；Cu 对于治疗风湿性和半风湿性关节炎具有一定的作用。此外，含有的微量元素具有解酒、保肝护肝、抗炎杀菌、镇痛、治疗类风湿性关节炎等作用。柽柳含有脂肪酸及酯类、萜类和菲类等化合物为主的挥发油成分对缓解发散解表、祛风除湿、活血化瘀等具有一定作用。柽柳氨基酸含量较高，而且种类齐全，具有较高的药用价值和保健作用。

5. 月见草

月见草（*Oenothera biennis* L.）俗称山芝麻、夜来香，隶属于柳叶菜科月见草属，一二年或多年生草本植物。原产于墨西哥和中美洲，后被作为花卉及药用植物引入我国，多野生。月见草在我国分布广且变异大，主要分布在吉林、黑龙江和辽宁省，河北、山东、江苏等地也有少量栽培，作观赏用。野生月见草多生长于向阳山坡、荒地、河岸沙砾地等处，适应性强，耐旱涝，抗风寒。对土壤要求不严，在一般中性微酸或微碱性土壤均能生长。

月见草油富含多种不饱和脂肪酸，亚油酸含量为 73%~76%，γ-亚麻酸含量为 9%~12%。作为人体必需脂肪酸之一，γ-亚麻酸及其系列代谢物对人体免疫、循环、生殖、内分泌等都有重要而广泛的生理作用。研究证实，γ-亚麻酸具有调节血脂的功能，对血小板在动脉内皮细胞促使脂质沉积有明显抑制作用，可抑制血栓形成，防止动脉粥样硬化。γ-亚麻酸对类风湿性关节炎、肠炎、肾炎等多种炎症有疗效或改善作用。另外，月见草是防治妇女更年期综合征（PMS）天然药用植物之一。临床研究证实，月见草油对更年期综合征显示了高度疗效。γ-亚麻酸有助于前列腺素的合成。前列腺素可改善血压和消化液分泌，促进类固醇产生，维持体内激素的平衡等，从而缓解更年期综合征。另外，月见草富含钙、镁等人体不可缺少的矿质元素。实验测定，月见草中 8 种元素的含量较大，除了钾、钠、钙、镁等大量生命元素以外，微量元素中铁、锌和硒元素的含量较高。

由于月见草中含有的多种生化活性物质，及其在免疫、遗传、优生优育、延缓衰老及防治疾病等方面发挥的作用，使月见草成为一种具有防治心血管疾病、美容、减肥、抗癌和延缓衰老等功效的保健油料作物。

（三）能源植物资源

能源植物（energy plant）是指一年生和多年生植物，其栽培目的是生产固体、液体、气体或其他形式的能源。Lemus 和 Lai（2005）定义生物能源作物（bioenergy crop）为专门生产生物能源的任何植物材料，在此基础上，强调生物质高产能力、高能含量和适应于边际土地（marginal soil）等特征。能源植物和能源作物的区别在于后者是经一定人工驯化而广泛应用于农业生产，前者则包括还没有应用于栽培生产的能源植物种类。谢光辉（2011）定义将专门用于加工形成食品和饲料以外以能源为主的生物基产品的植物叫作"能源植物"，其中规模化人工栽培生产的植物称作"能源作物"。因此，尽管传统农作物生产形成的有机残余物（agricultural waste）也有很大的生产能源的潜力，如小麦收获籽粒或棉花收获纤维后的秸秆，但这些作物不属于能源植物的范畴。

能源植物的转化利用与其化学成分组成是密切相关的，其某一组分将是转化利用的主要原料成分，或者说其主要组分体现着该植物主要特征，依此将能源植物分为糖料植物（sugar plant）、淀粉植物（starch plant）、油料植物（oil plant）、木质纤维素植物（lignocellulosic plant）和含油微藻（oil microalgae）5 类。糖料植物富含可溶性糖，用于生产燃料乙醇，主要作物有甘蔗、甜高粱和甜菜等。巴西主要利用甘蔗生产燃料乙醇，是世界上最大的乙醇产量和消费量国家之一。淀粉植物富含淀粉，也主要用于生产燃料乙醇，主要包括小麦、大麦、玉米、籽粒高粱等禾谷类作物和甘薯、木薯、马铃薯等薯类作物。油料植物富含油脂，提取油脂后通过脂化过程形成脂肪酸甲酯类物质，即生物柴油。油菜、向日葵、蓖麻和大豆是最主要的产油作物，已经在商业化生产水平上实现了以生产生物柴油为目的的大田种植。目前美国主要以大豆为原料，欧洲主要以油菜籽为原料，巴西主要以蓖麻籽和油棕榈为原料生产生物柴油。木质纤维素植物富含纤维素、半纤维素和木质素，这类作物多数属多年生，主要包括短期轮伐木本作物（short-rotation woody crops），例如杨树（*Populus* spp.）、柳树（*Salix* spp.）、桉树（*Eucalyptus* spp.）、银槭（*Acer saccharinum*）、枫树（*Liquidambar styraciflua*）、悬铃木（*Platanus occidentalis*）和刺槐（*Robinia pseudoacacia*）等；以及生物量较高的草本植物，例如柳枝稷（*Panicum virgatum*）、象草（*Pennisetum purpureum*）、绊根草（*Cynodon dactylon*）、百喜草（*Paspalum notatum*）等。

我国发展生物质能源产业的前提是不能与粮争地，不能与人争油，这就需要利用非耕地资源发展能源植物，而我国现有 $200 \times 10^4 hm^2$ 沿海滩涂非耕地资源，每年还以

$1.33×10^4 \sim 2.00×10^4 hm^2$ 的速度在递增，仅黄河三角洲、苏北沿海两地就有数百万亩的海涂盐渍土资源可用于发展能源植物。近年来，我国科学工作者在东部沿海滩涂进行了大量耐盐耐海水能源植物的引种、筛选与栽培研究，主要包括甜高粱、菊芋、油葵等。

1. 甜高粱

甜高粱（*Sorghum bicolor* L. Moench）也叫芦粟、甜秫秸、甜秆和糖高粱，隶属于禾本科高粱族高粱属甜高粱种下的一个亚种。甜高粱除具有普通高粱的一般特征外，其植株高大，茎秆中含有大量的汁液，含糖量为 11%~21%，是粒用高粱的 2~5 倍。甜高粱是目前世界上生物量最高的作物之一，其生物产量比青饲玉米高 0.5~1 倍，可产鲜茎叶 90t/hm²、高粱籽粒 6t/hm²。而且由于甜高粱具有很强的再生力，茎秆收获后可从基部发出新芽长出新的茎秆，因此在适宜地区 1 年只种 1 次，但可收割 2~3 次，其单位面积产量更高。甜高粱（*Sorghum dochna*）起源于非洲，是粒用高粱的一个变种，20 世纪 70 年代引入我国。由于 CO_2 光补偿点很低，饱和点很高，甜高粱的光合效率很高，为大豆、甜菜、小麦的 2~3 倍，其茎秆含糖量高，甘甜可口，可与南方甘蔗媲美。甜高粱具有非常高的生物学产量，每亩地可生产 150~500kg 粮食，还可生产 4 000~5 000kg 富含糖分的茎秆。因甜高粱单位面积酒精产量远高于玉米、甜菜和甘蔗，被誉为"生物能源系统中的最有力竞争者"。表 2-4 为我国现阶段甜高粱乙醇产量。

表 2-4　中国甜高粱乙醇产量

项目	茎秆单产（t/hm²）	茎汁锤度（%）	籽粒单产（t/hm²）	无水乙醇需甜高粱茎秆（t）	无水乙醇单产（t/hm²）
一般范围	40~120	5~22	2.25~7.5	13~20	2~9.23
平均值	60	18	4	16	3.75

经过长期的自然选择和人工选择，甜高粱具有抗旱、耐涝、耐盐碱、耐瘠薄、耐高温和耐干热风等特点。甜高粱在 33℃ 高温干旱条件下，柱头和花粉生活力可维持 2h，在相同条件下玉米的花丝和花粉寿命只有十几分钟。甜高粱可耐受的盐浓度为 0.5%~0.9%，高于玉米等作物。甜高粱适应性广，在 pH 值 5.0~8.5 的各种类型土壤中均可栽培。张彩霞等（2010）研究了甜高粱在我国的空间适宜分布，结果表明，我国大部分省份或多或少均可种植甜高粱，总面积达 38 134.3×10⁴hm²，东南沿海地区省份几乎都适宜种植甜高粱。综合土壤坡度、土壤综合肥力和年日均温大于 10℃ 期间的降水量 3 个条件，东部沿海的辽宁、天津、河北东部、山东、江苏等省最适宜开发种植甜高粱，种植甜高粱的能耗较低，可能引起的土壤侵蚀也较小；浙江、

福建、海南等地区为较适宜区，需要保证排水条件良好及培肥地力。因此，利用沿海滩涂开发甜高粱有很大的潜力。

关于盐碱胁迫对甜高粱种子及幼苗的影响，科学家们做了大量的工作，以期为甜高粱在沿海滩涂的引种及育种工作提供参考。邱晓等（2012）以六环美迪、醇甜1号、辽甜1号3个甜高粱品种的种子为材料，以0.43g/kg、2.88g/kg、4.06g/kg、6.10g/kg 4个含盐量不同的田间自然土，进行了甜高粱耐盐试验。结果表明：甜高粱种子萌发阶段耐盐范围为土壤含盐量0~2.88g/kg，土壤含盐量达到4.06g/kg以上，甜高粱种子萌发受到盐胁迫抑制作用。3个甜高粱品种耐盐强弱顺序为：六环美迪、醇甜1号、辽甜1号。Zhao等（2014）的研究也有类似的结果。因此，在这3个甜高粱品种育种时，其种子萌发的土壤含盐量应不高于2.88g/kg。贝盏临等以甜高粱M-81E为材料，对其种子进行单盐（0.3%~2.4% NaCl）、单碱（pH值7.0~9.6 NaOH）及盐碱混合（0.3%~0.9% NaCl和pH值7.0~9.6 NaOH）的胁迫处理试验，通过测定种子发芽率、存活率、相对生长率及相对含水量等指标表明，单盐胁迫显著抑制了种子的萌发，而单碱胁迫对种子的萌发没有显著影响。M-81E甜高粱苗期耐盐碱能力很强，在盐质量分数0.9%、pH值9.0胁迫下苗期存活率高达94.44%。研究还发现盐胁迫碱胁迫之间对甜高粱种子有很强的协同效应。Chai等（2010）的研究结果表明甜高粱幼苗的抗性酶活性及植株根系中可溶性蛋白含量随着NaCl浓度的增加而升高，其叶片中的脯氨酸含量也大幅度增加，改变了植物体内的渗透压，有利于植物抵抗外界盐胁迫。

此外，在沿海滩涂开发甜高粱作为能源植物还有很多产业化技术难题亟待突破。

（1）缺乏适宜耐盐品种

我国拥有大量的滨海盐碱地等闲置边际土地资源，这些地区是我国甜高粱生产的潜在优势地区，但目前甜高粱品种选育滞后，适宜各类生产需要的专用甜高粱品种缺乏，因此加强滨海盐碱地种植的优良耐盐甜高粱新品种选育是利用滨海盐碱地发展甜高粱产业的保障性内容。施庆华等（2011）对11个甜高粱品种的出苗率、茎粗、株高、含糖量、茎秆鲜重产量、籽粒产量进行比较试验，研究结果表明SN010F1、通选超甜高粱、SN006F1、SN008F1、SN009F1、盐甜1号茎秆鲜重和含糖量都很高，可作为盐碱地种植以收获茎秆为主要生产目标的甜高粱品种。LT3F0、通选超甜高粱、盐城普选甜高粱和YT3F1籽粒产量较高，可作为盐碱地种植以收获籽粒为主要生产目标的甜高粱品种。

（2）研究甜高粱耐盐高效种植技术

王海洋等（2014）从2009年起在江苏省盐城沿海进行了多年引种与栽培试验，总结出一套盐碱地甜高粱高产栽培技术规程，为甜高粱在江苏省沿海滩涂大面积推广种植提供了技术参考。吴承东等（2013）也从品种选择、播种、栽植密度、施肥、收割头季甜高粱、再生甜高粱管理、病虫害防治等方面总结了甜高粱在江苏沿海地区的高产栽培技术，以此为甜高粱栽培提供科学指导。王永慧等（2013）以甜高粱ST008为实验材料，研究了不同密度和不同施肥水平下滨海滩涂盐碱地甜高粱生长特性、干物质积累特征，结果表明，盐碱地甜高粱在密度 120 000 株/hm²、施氮量 300kg/hm² 水平下生物产量最高。拔节至抽穗阶段甜高粱植株的光合生产是提高甜高粱产量、含糖量的关键。

（3）需要引进和改造全程配套机械

甜高粱生育期短，成熟期集中，管理简单，适宜机械化操作，高起点、全程化的甜高粱生产机械研制是促进甜高粱产业发展的一项关键内容。要针对盐碱地甜高粱种植技术的需要，并根据甜高粱生产的农艺要求，改善相关机械。通过配套机械的引进研制和改进完善，实现甜高粱种植的全程机械化。

2. 菊芋

菊芋（*Helianthus tuberosus* L.）是菊科向日葵属一年生草本植物，起源于美国俄亥俄州和密西西比河及其支流的山谷地带，随后被引入欧洲，现已遍布于世界各个国家，包括中国、韩国、埃及、澳大利亚、新西兰等。茎秆以纤维素成分为主，同时茎叶中富含粗蛋白、碳水化合物、矿质元素等营养物质。地下部分包括根系和块茎，根系发达，长达 0.5~2.0m，块茎约含 80% 的水分，干物质中菊糖含量达 70%~90%。菊芋适应能力极强，表现为抗旱、抗寒、耐盐碱和耐贫瘠，在年降水量大于 150mm、最低温度大于 -40℃ 和土壤 NaCl 浓度小于 150mmol/L 的条件下都能够生长良好，且管理粗放、投入少，可广泛种植于中国北方和西部大面积的荒地、坡地、盐碱地等边际土地。

在生产实践中，菊芋最大的优势是生物量高，块茎产量可达 50t/hm² 以上，是制作生物乙醇的上乘原料，块茎可以转化成 4 500L/hm² 乙醇和碳氢燃料，在我国沿海滩涂大面积种植菊芋，符合国家提出的生物质能源作物要做到不与人争粮、不与粮争地的指导方针。在滩涂地、沿海岸被海水浸渍的盐碱地、荒漠沙地上种植菊芋，可为人类提供更多的生物质资源，创造更多的就业机会，同时可节约成本，减少滩涂水土流失，加速滩涂土壤的熟化过程，可以充分利用海涂非耕地资源、非灌溉水——海水资源，从而获得经济、生态和社会三重效益。

为了实现菊芋在我国沿海滩涂的推广种植，众多学者针对菊芋的引种鉴定、耐盐机制、栽培技术及海涂利用评价等方面做了大量研究。1998 年以来，南京农业大学课题组分别在山东莱州、江苏大丰海涂进行耐盐耐海水菊芋的引种与筛选研究，从全国各地数十个菊芋品种中筛选、培育了高耐海水、生物产量高、能量密度大、综合利用前景广阔的南芋1号、南芋2号菊芋品系，并在山东莱州、江苏大丰滨海盐土进行种植试验。表2-5为2000—2004年山东大田不同比例海淡水灌溉下菊芋块茎产量，结果表明，用25%～50%的海水灌溉，菊芋块茎产量在67 235.0～89 776.7kg/hm²，折算糖产量为16 160～12 102kg/hm²，比耕地种植木薯产糖量高出1倍。同时在菊芋整个生长期间，除进行一次中耕覆垄外，基本没有进行其他的田间管理投入，因此，南芋1号、南芋2号菊芋是适合海涂种植的为数不多的首选能源植物。谢逸萍等（2010）对从全国各地引进的菊芋品种进行了海涂利用评价，结果表明：大兴1号的产量表现较好，鲜产、干产和糖产量分别达到77 413.8kg/hm²、17 505.9kg/hm²、12 381.9kg/hm²；徐州2号次之，其鲜产、干产和糖产量分别达到71 918.1kg/hm²、16 090.5kg/hm²、10 349.4 kg/hm²。杨君等（2009）研究了海水灌溉条件下不同的种植密度对菊芋植物学性状及产量的影响，结果表明，随着种植密度的增加，菊芋单株产量呈现先增加后减少的趋势；株行距50cm×70cm时产量最高，菊芋的除盐能力随着种植密度增加而增强。关于菊芋的耐盐机制，研究表明，其幼苗根部可维持较高的K^+含量，维持一定的Na^+与K^+比值，以保证根部Na^+的高浓度，这是菊芋耐盐特性的重要基础。菊芋幼苗品种间耐碱性差异与其不同器官生物量和可溶性渗透物质的分配积累有关，耐碱菊芋品种在较高碱胁迫时，叶片和根系保持了较高的可溶性糖含量，根系保持了较高的K^+含量和较低Na^+含量，即耐碱品种幼苗保持了较低的Na^+/K^+，这可能是其耐碱性较强的重要原因之一。

表2-5 大田海淡水灌溉菊芋块茎鲜重产量

处理	2000年	2002年	2003年	2004年
淡水（kg/hm²）	87 033.0[a]	73 315.0[a]	63 000.0[a]	79 200.0[a]
10% 海水（kg/hm²）	91 455.0[a]	74 943.5[a]	—	72 100.0[a]
15% 海水（kg/hm²）	87 766.7[a]	—	—	—
25% 海水（kg/hm²）	89 776.7[a]	—	67 500.0[a]	70 600.0[a]
30% 海水（kg/hm²）	—	75 626.5[a]	—	—
50% 海水（kg/hm²）	—	67 235.0[b]	62 500.0[a]	62 500.0[a]
75% 海水（kg/hm²）	—	45 175.0[c]	48 000.0[c]	54 200.0[b]
100%海水（kg/hm²）	—	11 758.0[d]	—	—
雨养种植（kg/hm²）	35 370.0[b]	46 810.0[c]	—	47 700.0[b]
降雨（mm）	233.8	315.4	490.3	487.7

注：a、b、c表示同一年份各处理间的差异性。

我国现有约200万hm²尚未得到开发利用的近海滩涂地，陆地海岸线长约1 800km，按照我国目前闲置而无法以其他方式开发利用的近海滩涂200×10⁴hm²的50%种植菊芋计算，可以获得1 500×10⁴t干基生物质，生产500×10⁴t燃料乙醇。在近海岸滩涂海水灌溉条件下种植菊芋的关键在于菊芋的耐盐程度、产量水平、抗病抗倒伏能力以及质量情况，因此迫切需要对国内菊芋种质资源进行筛选，获得高耐海水品系，对其耐盐机理即盐胁迫下生理代谢特征、调控机制及其相关的特异蛋白进行深入的探索，为选育高产优质高效的菊芋品系提供理论基础。同时利用目前闲置的海涂种植高密度能源植物，急需海涂高产栽培调控技术，迫切需要深入研究。对于菊芋转化生物质能源的研究，今后的工作应在先前工作的基础上，优化菊粉的产生过程，对菊粉酶产生菌进行诱变，同时对突变菌株的发酵培养基组成中的主要因子进行优化，另外需研究原始菌株和突变菌株的酶学性质，从分子生物学方面进行深入研究，为工厂化生产提供技术支撑。

3. 油葵

油葵（*Helianthus annuus*），即油用向日葵，属菊科向日葵属。原产北美，1716 年后欧洲栽培作油料作物。我国栽培向日葵已有近 400 年的历史。油葵有很强的适应能力，对土壤条件要求不严格，是一种耐盐碱、耐瘠、耐旱、适应性广的新型油料作物，适于在沿海滩涂地区种植。油葵籽粒产量高，种子中含有丰富的营养成分，具有较高的营养价值，可作为优质保健品、化妆品、饲料及生物质燃油的原料。油葵的含油率一般为 30%~70%，主要为甘油三酸酯，高温醇解后可得到脂肪酸甲酯和甘油，脂肪酸甲酯可以用作燃料即生物柴油。油葵作为优质的生物柴油原料植物，其转化为生物柴油的技术已经成熟，而且其转化的生物柴油的质量热值在 37~40MJ/kg，与矿物柴油差别不大；其黏度较大，几乎比矿物柴油的黏度高一个数量级，黏-温特征曲线远远高于矿物柴油的黏-温曲线，对发动机的磨损较轻；闪点、燃点和着火点高，利于安全储存与运输；其含氧量高，燃烧时有自供氧效应，燃烧速度比矿物柴油快，燃烧比较完全，可有效减少尾气的污染物含量。因此油葵是极有前景的海涂生物柴油的原料植物。

20 世纪 90 年代前后，我国从美国先后引进 G101、S31 等优质杂交油葵品种，大面积试种，连年单产超过大豆、油菜等油料作物。目前，主要通过以下途径培育挑选耐盐的油葵新品种：①将野生耐盐植物驯化成作物；②建立在形态、生理、分子标记等选择基础之上的传统育种；③利用组织培养和诱变突变表型的生物技术进行培育；④基因工程培育等。刘兆普等从 1998 年起，开始在海涂引种油葵的研究，在江苏大丰海涂不同强度的盐渍化土上种植从美国迪卡布公司引进的 G101B、DK3792、DK1 油葵新品种，G101B、DK1 两个品种表现了很强的耐盐能力，在含盐量 0.28%~0.35%的中度盐渍化土上，单季产量达 2 331.5~3 035.0kg/hm^2，在含盐量 0.62% ~0.77%的强度盐渍化土上，单季产量亦达到 1 285.2~2 364.5kg/hm^2，而油菜在强度盐渍化土上却不能生长。为充分利用海水资源，从 2002 年起，在山东莱州海涂进行大田海水灌溉油葵 G101B 的试验，20%海水灌溉下取得一年两季单产 6 163kg/hm²，按含油率50%计，折植物油 3 082kg/hm²，40%海水灌溉下两季产量也达到 5 868kg/hm²，折植物油 2 934kg/hm²（见表2-6）。

表 2-6 山东莱州 863 基地海水灌溉下油葵（G101B）葵籽产量

海水灌溉浓度	夏播平均产量 (kg/hm²)	春播平均产量 (kg/hm²)	年产量 (kg/hm²)	年折合油量 (kg/hm²)
0%	2 942^a	3 327^a	6 269	3 135
20%	2 922^a	3 241^a	6 163	3 082
40%	2 676^{ab}	3 192^a	5 868	2 934
60%	2 027^c	2 743^b	4 770	2 385
80%	1 423^d	2 333^b	3 756	1 878
不灌溉	2 362^{bc}	2 760^b	5 122	2 561

注：a、b、c表示处理间的差异显著性。

目前国内多个研究机构针对向日葵耐盐性进行了品种鉴定和选育，且工作已取得一定进展。秦爱红等（2010）在宁夏回族自治区宁南山区清水河流域的油葵适应性试验中表明，M314、新葵杂 7 号和 665 综合性状表现较好，其中 M314 折合产量最高；也有学者在山西运城盐碱地开展了不同向日葵品种营养品质比较试验中，油用向日葵中矮大头 567DW 和食用向日葵中精选美葵品质较优；张艳等（2021）在内蒙古自治区巴彦淖尔市临河区试验种植的油葵品种中，S65、NPO 3.0 两个品种田间表现较好，群体整齐、个体健壮、花盘较大，但土地和水肥反应敏感。2018 年，甘肃省民勤县选育的 DL36363 在当地连续 4 年的试种植表现出高产、稳产、适应性好等特点，已扩大种植面积到 133.33hm² 以上；包头市在 2011 年以自选不育系材料 SF018A×SF018B 为母本，与自选恢复系 SF1266 为父本测配出的油用杂交向日葵新品种 ND90，在 2012 年、2013 年品种比较试验中表现突出，生长势强，适宜内蒙古自治区包头市、巴彦淖尔市、呼和浩特市、鄂尔多斯市春播区域春季种植。

除选用和培育合适的品种外，栽培技术也是科学家们的研究内容。已有研究表明，盐胁迫影响的养分吸收、株高、生物量和产量等问题可以通过叶片追肥达到缓解，并能起到显著提高株高、鲜生物重、干生物量、种子数和粒重的作用。科学家在向日葵相关的发芽试验中发现，使用 KNO₃ 溶液（-1.0MPa）在30℃引发24h的向日葵种子（Armawireski、Airfloure、Alestar、Ismailli）与不引发的向日葵种子相比，提高了在 5dS/m、10dS/m、15dS/m、20dS/m 和 25dS/m 浓度的 NaCl 溶液灌溉下的发芽率，增加了根长、苗高、干重和叶片数。种子中 K 元素高于未用 KNO₃ 引发的种子，而 Na 元素低于后者。研究人员提出了一种适用于盐碱地的花生与向日葵间作方法，包括淡化土壤并整地、施肥、间作播种、田间管理、追肥、收获等步骤，将盐碱地进行淡化后以合理的间作比例种植向日葵与花生，两者形成共生系统优势互补，促进两者共同增产，同时有效缓解盐碱地养分匮乏的弊病，可减轻盐害。有学者提出一种在滨海重盐碱地种植油葵的方法，通过土地整理、冬季咸水结冰灌溉、春季咸水冰融冲淋、地膜覆盖抑盐保墒等一系列措施，可降低油葵根层土壤的含盐量，保证油葵的正常生长。

4. 海滨锦葵

海滨锦葵（*Kosteletzkya virginica*）为锦葵科锦葵属多年生宿根植物，天然分布于美国东部沿海从特拉华州至得克萨斯州的盐沼海岸带。海滨锦葵植株高 1.5~2m，无限花絮，花形美，花大而多，深粉红色，呈小喇叭状，花期长达 60d 左右，大面积种植可以美化滩涂的自然景观。海滨锦葵在江苏沿海地区的生育期为 150d 左右，7 月中旬现蕾开花，8 月中旬种子逐步成熟，以粗大的肉质根越冬，翌年 4 月中旬由肉质根再萌发出新枝。随着生长年限的延长，肉质根会不断膨大，可增加土壤中的腐殖质，种植 3~5 年后贫瘠盐碱荒地能得到改良。其种子黑色，肾形，含油率在 17% 以上，粗蛋白质含量在 27.4%~29.6%，而去壳种子含 32% 蛋白质和 22% 脂肪。

在天然分布中，海滨锦葵的基质含盐量达 2.5%。经过长期的进化及适应过程，海滨锦葵已成为一种喜盐植物，用 0.5%~1.5% 的盐水浇灌，生长良好；用 2.5% 的盐水灌溉，产量可达 1 500kg/hm^2。海滨锦葵属于储盐植物，它把所吸收的盐分储存在茎秆和根的皮部，这对于减少土壤的含盐量和改良盐土很有意义。目前，阮成江等（2005）采用系统选育的方法，通过单株选择，结合优选单系实生苗的完全随机区组对子代性状的测定，建立初选优良品系的无性系和多元杂交圃，实行开放授粉，通过品系比较试验、区域生产试验在江苏沿海滩涂选育出 6 个海滨锦葵优良品系，该品系滩涂的平均种子产量为 957kg/hm^2，比未经选择的海滨锦葵自由生长群体的产量（平均为 639kg/hm^2）提高了 49.76%；平均种子含油量为 20.64%，比未经选择的滩涂海滨锦葵自然生长群体（17.97%）提高了 14.85%，但与原产地相比（海滨锦葵在美国的种子产量为 800~1 500kg/hm^2、含油量为 22%），仍有很大差距，说明海滨锦葵种子产量的提高和品质的改良仍有很大空间，可进一步进行群体改良，以选育高产优质新品系。

为了探明海滨锦葵的耐盐机理，张艳等（2007）采用沙配法，研究了 NaCl 浓度对海滨锦葵活性氧清除酶系统中超氧化物歧化酶（SOD）、抗坏血酸过氧化物酶（APX）、过氧化氢酶（CAT）等酶活性以及谷胱甘肽（GSH）、抗坏血酸（AsA）等活性氧清除物质含量的影响。结果表明，随 NaCl 浓度的升高，SOD、APX 活性明显升高，AsA、GSH 含量均显著上升，而 CAT 活性略有增强。这表明，较强的活性氧清除能力是盐胁迫下海滨锦葵的一个重要保护机制。王艳红（2016）的研究有类似的结果，海滨锦葵幼苗具有一定的耐盐能力，低于 200mmol/L NaCl 胁迫处理基本不影响其生长，具有良好的渗透调节、离子平衡和区隔化及抗氧化能力。党瑞红等（2007）分别用含有 0mmol/L、100mmol/L、200mmol/L NaCl 和等渗 PEG 的 Hoagland 培养液处理海滨锦葵幼苗，研究水分和盐分胁迫对海滨锦葵生长的效应。结果表明，海滨锦葵对盐胁迫的适应能力较强，而对渗透胁迫的适应能力较差。

为了开发海滨锦葵作为生物柴油的用途，聂小安等（2008）以海滨锦葵油为原料，对海滨锦葵油合成生物柴油工艺进行了研究，探讨了海滨锦葵油合成路线的经济可行性，并对海滨锦葵油生物柴油的燃烧性进行了分析。结果表明，采用生物柴油与化工产品综合生产线，所得生物柴油十六烷值达 56，硫的质量分数为 0.003 8%，主要技术指标达到甚至超过 GB/T 20828—2007 标准要求。由于采用了生物柴油与化工产品综合生产线，大大降低了生物柴油的生产成本，使生物柴油近期产业化成为可能，对缓解我国的矿质能源压力、加快我国生物柴油产业化步伐、减少城市空气污染等具有重要的现实意义。

（四）观赏植物资源

观赏植物资源是指以观赏为目的，主要有野生和栽培为主，包括园林、花卉、绿化植物，以植物的花、叶、果、形为观赏对象。

观花植物是观赏植物的主体，花为主要观赏对象，主要是植物学上的花和花序为观赏对象。主要有砂引草、柽柳、罗布麻、中华补血草、旋复花、千屈菜、田旋花、紫菀、马兰、茵茵蒜、黄香草木樨、圆叶牵牛、风毛菊、打碗花、莲、华东木蓝、商陆、虞美人、水葱、凤眼莲等，一般生长在滩涂盐碱地、荒地等地。中华补血草的花冠脱落后，干膜质的花萼不凋落，可以插入瓶中供观赏，故称为不凋花和干枝花，是盐土指示植物，广泛分布于盐碱地。打碗花、牵牛花在野外普遍生长，喇叭状的花色彩多样，成片生长景观很漂亮。砂引草、柽柳、罗布麻、中华补血草滩涂湿地的盐碱地上开花，观赏价值很高。

观果植物以果实为观赏对象。观叶植物以叶或叶状茎为主要观赏对象。常见的观果植物有杜仲、苘麻、构树、蛇莓、龙葵、枸杞、朴树、美洲商陆、臭椿等；常见的观叶植物有常春藤、银杏、中日金星蕨、合欢、梧桐、石蒜、鸢尾、菖蒲、江苏天南星等。

（五）环境保护植物资源

植物与环境保护息息相关，具有保土、防沙、护堤、绿化和作为指示植物的作用。其中用于保土、防沙、护堤代表植物有獐毛、北京隐子草、求米草、佛子茅、芦苇、狼尾草、砂引草、大米草、狗牙根、柽柳等。比如大米草在滩涂湿地大面积栽培，它有很强的耐盐、耐淹特性、密集成草丛，可抵挡较大风浪，具有促淤造陆、固土绿化等作用。在滩涂堤岸斜坡上栽植狗牙根，匍匐茎发达、蔓延力很强，是保土、护堤、绿化的良好植物。

指示植物指在一定地区范围内能够指示其生长环境或某些特殊环境条件比如土壤的沙化、盐渍化，或矿区、工厂附近的污染情况的植物种、属或群落。例如，碱蓬、盐地碱蓬、盐角草、中华补血草、柽柳、罗布麻、田菁、碱茅、大米草、肾叶天剑、砂引草等都是盐土指示植物，有它们生长的地方则说明土壤的含盐量非常高。白茅是在盐碱地可开垦的指示植物，如有大面积的白茅群落生长，则表示此区域的土壤可以进行开垦种植。

三、滩涂植物资源开发现状与保护

(一) 滩涂资源开发现状及存在的问题

沿海滩涂是我国最重要的自然资源之一，也是海岸湿地的重要组成部分。滩涂围垦一直是我国实现耕地总量动态平衡的主要途径。但随着社会经济的快速发展和土地需求量的激增，滩涂围垦的强度有逐渐增大的趋势。由此，引发了一系列的管理问题、生态问题等。浙江省沿海、沿江自新中国成立以来截至 2004 年底共围垦滩涂面积 188 000hm² （年均围垦 3 333.33hm² 左右）。杭州湾南、北两岸 2005—2020 年规划滩涂围垦面积总计 38 633.33hm² （年均围垦为 2 600hm²）。如何有效地利用沿海滩涂，妥善处理好滩涂开发利用与防洪、供水、航运、生态环境保护的关系，使其发挥最大的经济效益，这是人们越来越关注的问题。具体地，我国滩涂资源开发主要存在以下一些问题。

1. 开发单一粗放，经济效益低

我国的沿海滩涂目前以农业开发为主。进行种植业和养殖业，绝大部分产品还处于初级产品阶段，已围地的利用并不充分。经营也比较粗放，存在着一窝蜂搞养殖、建鱼塘虾池。忽视林业、牧业、旅游、滩涂产品加工等部门的发展，导致滩涂资源不能综合利用，环境污染严重。

2. 滩涂围垦开发和管理缺乏统一规划

当前沿海经济发展迅速，对土地的需求迫切，而滩涂开发缺乏统一规划，不少部门为了各自的利益，争相围垦，无序开发，滩涂资源未能得到合理开发利用；个别滩涂圈围片面追求土地效益，对河势稳定产生了不利影响，未能统筹协调河口防洪排涝、灌溉供水等水资源综合利用与开发保护的关系。

3. 缺乏统一的管理机构和有效的监管措施

滩涂圈围牵涉到水利、交通、海洋、渔业、环保及土地管理等多家部门，各部门之间各自为政，呈多头管理状况。有关部门仅从各自部门的行业要求和利益出发，对滩涂开发利用的管理政策和措施存在较大差距，对滩涂圈围带来的相关影响缺乏统筹考虑。因此，需要加强滩涂圈围的统一管理，综合协调各部门的要求，采取有效的监管措施，以保证滩涂开发利用的科学、有效进行。如江苏省的滩涂资源储量很大，约占全国的1/3。目前江苏有两个执法主体：江苏省农业资源开发局和江苏省海洋与渔业局。上海市临海北线属长江河口，南线属杭州湾。由上海市水务局（上海市海洋局）负责管理工作。浙江省由浙江省水利厅设浙江省围垦局，负责全省滩涂资源的开发和管理工作，沿海、江各市（县、区）水行政主管部门负责本行政区内的滩涂围垦工作。广东省主要河口滩涂由省水行政主管部门管理，其他河口滩涂按分级管理原则，由市、县水行政主管部门管理。天津市水务局下设海堤处，主要负责海堤建设及防洪安全，滩涂围垦开发主要由海洋局负责。

4. 沿海生态环境保护有待加强

对围垦造成的生态环境影响重视不够，保护措施不力，近海生态环境问题日益突出，对滩涂资源的可持续利用和滩涂经济的持续发展带来直接影响。随着经济的发展，对土地的需求将越来越迫切。解决土地需求的途径是利用现有耕地及圈围滩涂造地。由于保障粮食安全为我国的基本国策之一，国家对占用耕地有严格的控制，新的土地法规定必须占一补一。因此，土地的动态平衡最终还是通过滩涂圈围这一途径来解决，而过度的滩涂圈围又会对河口湿地、生态环境带来一定程度的负面影响，可能破坏水生生物的栖息地，影响水生生物的繁衍。因此，制定科学的圈围规划，在满足经济建设需求的同时，顺应河势自然演变规律，保障河口地区湿地、生态的动态平衡是非常必要的。

5. 缺少科研投入

从业人员素质不高，科技含量低。在利用方式上多停留在"人放天养""望天收"。往往投资巨大，但收益不高、产量低、生产不稳定、产品档次低、质量差、加工水平落后、竞争力不强，抑制了滩涂经济向纵深发展，未能实现规范化、集约化的经营生产。目前国内沿海滩涂研究主要集中在沿海滩涂的土地管理、资源规划、宏观经济管理等方面。关于植物资源的收集整理，新品种选育与产业化等基础性、推广性的研究不足。

6. 滩涂围垦开发利用机制有待完善

滩涂开发缺乏总体规划引领，滩涂权属及界限模糊不清、规划多重、政府调控力度不够，管理不规范、法规交叉、政出多门，有效的投融资机制尚未建立。

7. 需要与供给之间的矛盾日益突出

快速发展的国民经济对土地的需求与河口自然造陆速率之间的矛盾日益突出，随着上游水土保持工程和大中型水利工程的建设以及大气环境的影响，上游来水来沙呈不断减少趋势。因此，滩涂圈围需求与滩涂自然淤涨之间的矛盾将日益突出。

(二) 滩涂植物资源开发现状与保护

滩涂植物资源的开发利用主要包括滩涂植物种质资源收集、筛选和引种栽培等。目前研究较多的有：食用植物，如海滨甜菜、盐角草、滨藜等；药用植物，如枸杞、薏仁、知母等；生物质能源植物，如碱蓬、菊芋等；芳香植物，如薄荷、茵陈蒿等；纤维植物，如罗布麻和牧草、经济海藻、海水蔬菜等多种类型。同时通过人工杂交、国内外引种等方式，丰富沿海滩涂的植物资源类型，增加了开发利用的材料。例如作为饲料植物的杂交狼尾草；从国外引种，筛选出三角叶滨藜、海滨锦葵、北美海蓬子、黄秋葵、耐盐大麦等。

随着耐盐植物研究的深入，相关深加工利用研究也相应展开。这些研究提高了耐盐植物的经济价值，对耐盐植物的推广和综合利用具有积极的作用。如能源植物北美海蓬子的种子可作为提取生物质能源的优良材料，同时地上部分已被成功开发成为风味海水蔬菜。达到了一物多用，提高了资源的经济价值。耐盐植物菊芋地下块茎可作为腌菜食用。可提炼生物质油料，其油粕是高级饲料，同时可制作淀粉，发酵提取乙醇、低聚果糖，地上茎也可加工做饲料。

目前，沿海滩涂地区盐生植物资源的开发主要处于原始材料的简单粗放挖掘开发阶段，开发的技术含量很低，对一些重要的植物资源缺乏人工栽培。产品的深加工和综合利用不够，主要是出售原始材料，或进行产品的粗加工，资源浪费大，没有做到高效利用和综合利用。由于对资源的掠夺式开发，加上滩涂的大规模开发利用，使得生态环境遭受巨大破坏，盐生植物资源数量急剧减少。因此，滩涂植物资源的开发利用必须保证种质资源的合理保护，否则会成为无源之水、无本之木。保护的方法包括就地保护和迁地保护。目前，江苏省已建立各种类型的自然保护区 40 个，总面积851 465hm^2，约占全省面积的 8.3%，其中自然生态系统类保护区 27 个。这些保护区的建立将对就地保护沿海滩涂植物的生物多样性起到十分重要的意义。

(三) 滩涂资源开发利用对策及建议

滩涂开发要以科学发展观为指导，遵循河口自然演变规律，坚持"利用中保护、保护中利用"的原则，加快促淤、适时圈围、科学保护、合理利用，在利用和保护中实现滩涂资源的动态平衡，促进地方经济可持续发展。洪建等（2011）提出了我国滩涂开发利用的基本原则及建议，具体如下。

1. 滩涂开发利用的基本原则

（1）滩涂圈围总体上必须符合河道演变的自然规律，不能对河口地区生态环境、河势稳定、防洪安全以及水利交通设施等运行产生明显不利影响，在河口治导线控制范围内进行。

（2）坚持开发与保护并重的原则，多促淤少圈围，先促淤后圈围，尽量减少圈围对生态环境的不利影响，使圈围区域生态环境的改变有一个缓冲的过程。

（3）坚持适度开发的原则，统筹考虑圈围的社会效益、经济效益和生态效益，实现动态平衡，满足经济社会可持续发展。

（4）协调好与其他规划的关系。滩涂围垦涉及河口开发整治规划、湿地及生态环境保护规划、水资源规划、海洋区划、土地利用规划、港口建设规划、航道整治规划、岸线利用规划等相关规划，要统筹协调好这些规划。

2. 滩涂开发利用对策及建议

（1）加强全国河口海岸开发利用与管理规划的编制工作，指导地方经济发展。目前，部分地区已编制过各省、市的滩涂资源开发利用规划，迫切需要从国家层面对滩涂开发利用的现状进行调研，编制全国范围内的滩涂开发利用与保护规划，统筹协调地方经济发展和河口防洪、水资源利用、环境保护、港口码头建设、岸线利用等的关系。对地方开发利用形成指导性意见，避免不注重保护和无序开发、乱围乱占的现象，制定必要的政策措施，规范管理工作，引导滩涂开发的科学、高效和可持续发展。

（2）规划要立足于水利，协调好与各部门之间的关系。滩涂开发涉及部门多，牵涉利益复杂，各省、市水行政主管部门在滩涂开发的作用差异很大，要合理界定规划范围。规划应从水利行业的职责出发，结合河口综合治理规划、岸线利用规划、治导线规划、水资源利用规划等，强化水行政主管部门的职能。同时做好其他部门的调研工作，注意与海洋、国土、农业、渔业、交通、环保等多个部门有关规划的衔接。

（3）抓紧开展河海界线划分，理顺管理体制。滩涂开发涉及多个部门，专业性强且相互交叉，互相影响或制约，迫切需要研究河海界线划分、滩涂资源综合开发利用和管理模式，完善滩涂围垦项目管理审批制度。实行滩涂围垦许可和滩涂围垦权登记制度。

（4）加强投融资体制和机制的研究。滩涂围垦及开发利用资金需求量较大、开发周期较长。建立以政府资金为引导、社会资金为主体的投融资平台，资金筹措要更多利用市场力量。加强与省内主要金融机构的合作，扩大银行贷款授信。积极申请发行企业债券，扩大企业债券发行规模。鼓励国内外企业参与滩涂围垦开发，拓展资金渠道，在符合滩涂规划总体要求和规划布局方案的前提下，实行"谁开发、谁收益"。收取滩涂资源费，实行有偿使用。

（5）开展试点，不断总结经验。沿海滩涂大规模围垦开发是一项复杂而艰巨的任务，必须加强探索和研究，先期开展滩涂综合开发试验试点。实施滩涂开发利用综合评估，加强对已开发利用滩涂的效果进行监测，并对结果进行动态分析，及时发现问题，采取有效措施，探索滩涂围垦开发新机制，为后期大规模开发积累经验。使滩涂开发利用计划建立在科学的基础上，保障河口健康协调发展。

第二节　滩涂植物资源活性物质

一、多糖

（一）多糖概述

多糖是由 10 个以上单糖组成的聚合物，单糖分子间通过糖苷键连接，是维持生命正常运转的必需物质之一，广泛存在于植物、微生物（细菌和真菌）和海藻中。从 20 世纪 40 年代，科学家就已开始对多糖进行研究。我国植物资源丰富，多糖种类多。目前已有 300 种多糖类化合物从天然产物中被分离提取出来，其中从植物中，尤其是从中药中提取的水溶性多糖最为重要。植物多糖因其种类多，提取纯化方便，生物活性高仍被广泛的研究，并且取得了极大的突破。研究发现很多植物多糖都表现出明显的免疫调节、抗肿瘤、防动脉粥样硬化、抗病毒等生物活性，且对细胞毒性小，因此对植物多糖药用价值的研究成为热门研究领域。

（二）提取方法

1. 水提取法

水提取法包括热水煮提法、冷水浸提法、热压水提法等。用沸水煮提人参根 3 次，醇沉后获得人参多糖，得率为 12.1%。利用沸水煮提的方法可得水溶性多糖，且条件较温和，不会破坏多糖结构。利用冷水浸提方法提取山药多糖，得率为 2.9%，与传统热水提相比，提取率稍低，但避免了由于热水提取时温度高而引起的多糖的降解。用热压水提法在 110~180℃范围内设置系列温度梯度提取大豆豆荚多糖，产率为 35.6%~46.9%，且研究表明纤维素和半纤维素在提取过程中发生了降解。

2. 溶液提取法

溶液提取法包括酸溶液提取法和碱溶液提取法等。酸溶液提取法常用的溶剂为 1%醋酸或苯酚。酸溶液提取法在工业中广泛应用，常用的试剂有稀硫酸、盐酸、磷酸等，此方法可提取不溶于水或微溶于水的原果胶。碱提取法常用的溶剂为 0.1~1mol/L NaOH 或 KOH。丁九斤（2008）用浓度为 20%的醋酸提取蓝莓花色苷，提取率达到 92.8%。周金辉等（2020）分别用 0.05~0.1mol/L HCl，H_2O 以及 0.5~

1.0mol/L NaOH 提取罗布麻叶中的多糖，发现碱提法较其他方法产率较高，达20%左右，但是纯度相对较低。窦佩娟（2012）分别制备了水提和碱提茶树多糖，发现两种提取方式制备的多糖在结构、生物活性和溶液行为上均存在差异。焦中高等（2015）从红枣残渣中制备的碱提多糖，经检验其自由基清除能力和 α-葡萄糖苷酶抑制能力均高于水提红枣多糖。有研究人员用碱液提取水提后的南瓜不溶性残渣得到酸性多糖，纯度较高。

3. 酶解法

酶解法的基本原理是利用酶破坏细胞壁，使细胞质溶出，分解蛋白质、淀粉和果胶等杂质，提高目标成分的提取率。酶解法包括单酶和复合酶法。常用的酶有用于水解多糖大分子的果胶酶、纤维素酶和淀粉酶，还有蛋白酶和脂肪酶等。相对于水提取法和溶液提取法，酶解法作用条件温和，操作相对简单且能保证较高的提取率。张艳（2012）用纤维素酶提取了玉米须多糖，经条件优化，纤维素酶用量210U 时达最大提取率12.8%。

4. 超临界萃取法

超临界萃取法是一种较新颖的提取多糖的方法，指物质处于临界温度和临界压力的状态时，流体黏度小，密度大，溶解度大，溶解度伴随压力升高而升高。萃取剂多采用二氧化碳、氨、水等。超临界萃取技术虽然具有提取率高的特点，但不适用于强极性物质的提取，而且对提取设备要求高。有研究表明使用 CO_2 超临界萃取的方法提取了艾蒿种子多糖，条件为45℃，2h，得率为18.6%。

5. 微波辅助法

微波辅助提取法是另一种较新颖的提取方法，原理是通过植物细胞极性水分子吸收微波的能量形成蒸汽，产生压力，破坏细胞壁和细胞膜，从而释放多糖。微波是一种非电离的电磁辐射，被辐射物质的极性分子在微波电磁场中快速转向及定向排列，从而产生撕裂和相互摩擦引起发热，同时可以保证能量的快速传递和充分利用。微波提取技术的研究表明，微波技术应用与天然产物的提取具有选择性高、操作时间短、溶剂耗量少、有效成分得率高的特点。浸出过程中材料细粉不凝聚、不糊化，克服了热水提取法易凝聚、易糊化的缺点。一般选取微波频率为（0.2~30）×10^4MHz，功率为200~1 000W。通过微波辅助提取法提取橘皮果胶，并对提取条件进行优化，在 pH 值 1.5，功率为 700W 条件下，经 3min 提取后，得率为 29.1%。Chen 等（1997）使用微波辅助提取法，提取柚子皮油脂后，提取柚子皮果胶，在 pH 值1.5，功率为 520 W 条件下，经 5.6min 提取后，柚子皮果胶提取率为 3.1%。

6. 超声辅助法

超声辅助提取法主要是利用超声波的破壁能力，其原理是利用超声波破坏植物细胞壁和细胞膜等结构,使细胞内物质溶出,通过震动加快溶质扩散,使有效成分快速溶解。超声辅助提取法优点为提取率高,提取所需时间短、温度低。Wang 等(2016)比较了超声辅助提取和传统热水煮提葡萄皮果胶,研究表明超声辅助提取的葡萄皮多糖分子量更小,提取率更高,热稳定性更高,黏度更低,且抗氧化活性更高。

(三)分离纯化

多糖纯化是将分离得到的混合多糖进行纯化,得到各种均一的多糖。从本质上讲,分离纯化是很难区分的,有时分离已经包含了纯化,例如多糖的提取,先用水提取,再用碱性溶液提取。因此,根据水溶性多糖和碱溶性多糖在水/碱中的溶解度来分离水溶性多糖和碱溶性多糖。另外,有时净化也包含分离。例如,在柱层析纯化中进一步分离杂质。植物多糖分离纯化常用的方法有:分级沉淀法、盐析法、金属配位法、季铵盐沉淀法、柱色谱法等。

1. 分级沉淀法

这种方法的原理是不同的多糖组分在较低的醇或酮(通常是乙醇或丙酮)中具有不同的溶解度。较大分子量的多糖在乙醇或丙酮中的溶解度小于较小分子量的多糖,因此逐渐增加乙醇或丙酮的浓度可以分别沉淀不同分子量的多糖。通常的做法是:在搅拌时将高度或无水乙醇缓慢加入多糖混合物的溶液中,使乙醇的最终浓度达到25%(体积比)。加入乙醇后,将溶液放置2h,然后离心得到上清液并沉淀(可称为"第一沉淀")。沉淀物为高分子量多糖组分。搅拌时继续缓慢向上清液中加入乙醇,使乙醇最终浓度达到35%(体积比)。将溶液放置2h,然后离心获得上清液和沉淀(可指定为"第二沉淀")。第二沉淀也是多糖组分,但其分子量低于第一沉淀。分级降水过程可以进一步进行,这取决于实际情况。分级降水的关键是尽量避免共降水的发生。在实际应用中,多糖混合物的浓度不能太高,乙醇的加入速度不能太快,溶液的 pH 值应在中性附近。多糖溶液浓度越小,共沉淀效果越弱,净化效果越好。但如果多糖浓度太低,多糖的回收率就会降低,乙醇的消耗量也会大大增加。一般来说,在使用该方法之前,混合物中多糖的浓度调整为 0.25%(w/v)~3%(w/v),分级沉淀法通常首先用于多糖保健品的研发,因为它比柱层析法容易得多。

2. 盐析法

该方法的原理是不同的 MW 多糖组分在一定浓度的盐溶液中具有不同的溶解度。当中性盐 [如 NaCl、KCl、$(NH_4)_2SO_4$ 等] 加入多糖溶液中达到一定浓度时,多糖组分以沉淀形式析出。因此,通过离心可分别得到该多糖组分和上清液。继续将此盐添加到所获得的上清液中,这样会沉淀出另一个多糖组分。盐析法在蛋白质纯化中应用广泛。盐析法成本低、效率低、易形成共沉淀。影响盐析法效率的关键因素是多糖的浓度。多糖溶液浓度越小，净化效果越好。其次是溶液 pH 值和盐析温度。为了获得满意的实验重复性，应严格控制溶液的浓度、pH 值和温度。有很多盐析剂可以在实践中使用。中性无机盐虽然都用作盐析剂，但（NH₄）₂SO₄ 在多糖纯化中应用最为广泛。盐析法得到的多糖沉淀中含有多种盐类，这些盐类可以通过透析除去。

3. 金属配位法

不同的多糖能形成协调体的沉淀物分别含有各种金属离子（铜、钡、钙、铅等）的离子化合物。该性质也可用于多糖的分离纯化。常见的配位试剂有 $CuCl_2$、$Ba(OH)_2$、$Pb(CH_3COO)_2$ 等。所得配位化合物沉淀先用水充分洗涤，再用酸分解得到游离多糖，在多糖纯化中，最常用的是铜盐配位法和 $Ba(OH)_2$ 配位法。铜盐配位法中，常用的多糖沉淀剂有 $CuCl_2$ 溶液、$CuSO_4$ 溶液、$Cu(CH_3COO)_2$ 溶液和 Fehling 溶液。其中 $CuCl_2$ 溶液、$CuSO_4$ 溶液、$Cu(CH_3COO)_2$ 溶液需要过量使用，Fehling 溶液不能过量使用，否则产生的沉淀物将被重新溶解。所得多糖配位化合物沉淀先用水洗涤，再用 5% $HCl(v/v)$ 乙醇溶液分解。过量的铜盐用乙醇清洗和去除。采用 $Ba(OH)_2$ 配位法时，多糖溶液中常加入饱和 $Ba(OH)_2$ 溶液。结果表明，当 $Ba(OH)_2$ 浓度小于 $0.03mol/L$ 时，甘露聚糖和半乳甘露聚糖可以完全沉淀，而阿拉伯和半乳聚糖不沉淀。因此，我们可以利用这种性质分离多糖，然后用乙酸（2mol/L）分解沉淀。将所得上清液加入乙醇中沉淀，得到游离多糖。

4. 季铵盐沉淀法

长链季铵盐可与酸性多糖或长链高分子量多糖形成配位化合物。配合物在低离子强度的水溶液中不溶解。根据这一性质，季铵盐多糖的配位化合物可以以沉淀的形式生成，然后配位化合物沉淀可以通过缓慢增加溶液的离子强度而逐渐解离并最终溶解。该方法常用于酸性多糖和中性高分子量多糖的分离。常用的季铵盐有 CTAB（十六烷基三甲基溴化铵）和 CPC（十六烷基氯化吡啶）。在实验操作中，除了控制溶液的离子强度外，还必须控制溶液的 pH 值。溶液的 pH 值应小于9.0，溶液中不含四硼酸钠，否则中性多糖也会沉淀。季铵盐沉淀法具有很好的效果。它可以通过选择性沉淀从非常稀的溶液（如 0.01% 浓度）中沉淀酸性多糖或长链大多糖。形成的配位化合物在不同离子强度的盐溶液、酸溶液和有机溶剂中具有不同的溶解度，通过这些溶解度可以释放结合的多糖。形成的配合物常溶于 $3\sim4mol/L$ 的 NaCl 溶液中，再加入 $3\sim5$ 倍乙醇沉淀多糖，季铵盐仍留在溶液中；或溶于 $3\sim4mol/L$ 的 NaCl 溶液中，然后加入碘化物或硫氰酸盐沉淀季铵盐，多糖仍留在溶液中。正丁醇、正戊醇或氯仿等有机溶剂也可用于萃取季铵盐配位化合物溶液。最后，通过透析除去盐，并将溶液冷冻干燥以获得纯多糖。季铵盐沉淀法是一种经典的多糖纯化方法，至今仍被用于多糖的纯化，如日本曾用此方法纯化香菇多糖。

5. 柱色谱法

柱层析法具有纯化效果好、操作简便等优点，是目前应用最广泛的多糖纯化方法。柱层析的几种方法分别描述如下。

（1）纤维素柱层析

纤维素是柱中常见的填充材料。首先用乙醇溶液平衡柱中的纤维素，然后将多糖负载到纤维素柱上进行纯化。然后分别用洗脱液对纤维素柱进行洗脱，使不同多糖组分依次洗脱，低分子量多糖先洗脱，高分子量多糖再洗脱。最后洗脱的是分子量最高的多糖组分。在洗脱过程中，不同的多糖组分在纤维素柱中经过多次溶解沉淀过程，最终被分离出来。这种方法可以称为"分级溶解法"，实质上与分级沉淀法相反。由于纤维素柱层析法的理论板数很高，洗脱液的纯度很高。但这种方法的缺点是流速低、耗时长。特别是对于高黏度的酸性多糖，流速似乎太低。

（2）阴离子交换柱色谱法

这是目前多糖纯化和柱层析中最常用的方法。特别是对于体积较大的多糖溶液，通常首先采用阴离子交换柱色谱法。利用该方法可以对多糖溶液进行浓缩和初步纯化，甚至可以对部分多糖进行均相纯化。目前广泛使用的阴离子交换剂有 DEAE 纤维素、DEAE Sephadex 和 DEAE Sepharose，其中 DEAE 纤维素通常是首选。DEAE 纤维素具有开放的结构，多糖分子可以自由进入载体并迅速扩散。DEAE 纤维素的表面积很大。尽管其离子交换容量仅为 $0.70 \sim 0.75 \mathrm{mmol/g}$，但 DEAE 纤维素对多糖的吸附量远大于离子交换树脂。此外，由于纤维素上的离子交换基较少，排列松散，呈碱性，DEAE 纤维素对多糖的吸附较弱，可以用一定离子浓度的盐溶液洗脱多糖。阴离子交换柱色谱适合于分离各种酸性多糖、中性多糖和黏多糖，其分离机理不仅是离子交换，而且是吸附-解吸。因此，阴离子交换柱层析可用于中性多糖和酸性多糖的分离，也可用于不同中性多糖的分离。一般来说，当 pH 值为 6.0 时，酸性多糖可以吸附到交换器上，而中性多糖则不能吸附。用相同 pH 值和不同离子强度的缓冲液分别洗脱酸性多糖。多糖对交换剂的吸附能力与多糖结构有关。多糖分子中酸性基团的增加通常使吸附能力增强。对于线性分子，分子量较大的中性多糖比分子量较小的中性多糖更容易被吸附。直链多糖的吸附能力大于支链多糖。在大多数情况下，100g DEAE 纤维素可装载 $0.5 \sim 1.5 \mathrm{g}$ 干多糖样品。洗脱方式通常采用不同离子强度的缓冲液进行梯度洗脱或分步洗脱。此外，中性多糖还可以与硼砂（四硼酸钠）形成配位化合物。基于此，DEAE 纤维素有时被加工成硼砂型 DEAE 纤维素。当多糖溶液流经硼砂型 DEAE 纤维素柱时，多糖与硼砂发生配位吸附。然后用不同浓度的硼酸盐溶液洗脱，首先流出的洗脱液是与硼砂不协调的多糖组分，最后流出的洗脱液是与硼砂最协调的多糖组分，除 DEAE 纤维素外，还有两种阴离子交换剂，如 DEAE-Sephadex

和 DEAE-Sepharose 也被广泛应用。除氧 Sephadex 系列产品有 DEAE-Sephadex A25（常用于 MW<30 000 的多糖纯化）和 DEAE-Sephadex A50。DEAE-Sepharose 系列也有多种产品，如 DEAE-Sepharose CL-6B（常用于 MW>100 000）。除 DEAE 纤维素外，DEAE-Sephadex 和 DEAE-Sepharose 两种阴离子交换剂也得到了广泛的应用。DEAE Sephadex 系列产品有 DEAE Sephadex A25（常用于 MW<30 000 的多糖纯化）和 DEAE Sephadex A50。DEAE-Sepharose 系列也有多种产品，如 DEAE-Sepharose CL-6B（常用于 MW>100 000 多糖）。由于它们具有三维网络结构，不仅具有离子交换功能，而且具有分子筛效应。与纤维素相比，它们具有更高的电荷密度，因而具有更大的交换容量和更好的分离效果。但是，当洗脱液的 pH 值或离子强度发生变化时，DEAE-Sephadex 和 DEAE-Sepharose 两种交换剂的体积变化较大，从而影响流速。DEAE-Sephadex 和 DEAE-Sepharose 的再生方法与 DEAE-cellubers 相同，以上三种阴离子交换剂（DEAE-cellubers、DEAE-Sephadex 和 DEAE-Sepharose）广泛应用于多糖的纯化。同时也存在一些缺点，特别是用于黏多糖的纯化。如流速低，床层高度随缓冲液浓度和 pH 值的变化而变化，不稳定，换热器使用寿命短，20 世纪 90 年代以后，以 Sepharose-FF 为主链、化学稳定性好、流速快的阴离子交换剂逐渐取代了这三种阴离子交换剂，其典型产品为 DEAE-Sepharose-FF。DEAE-Sepharose-FF 的使用方法类似于 DEAE 纤维素。DEAE-Sepharose-FF 不能以干粉形式贮存，必须悬浮于水中保存。

（3）凝胶柱色谱法

凝胶柱层析法是根据多糖分子的大小和形状，即分子筛的原理来分离多糖的方法，广泛应用于多糖的分离纯化。一般情况下，先用阴离子交换柱层析法对粗多糖进行初步纯化，再用凝胶柱层析法进行进一步纯化，常用的凝胶有各种类型的葡聚糖凝胶、生物凝胶，后来又有超葡聚糖凝胶，洗脱液是各种浓度的盐溶液和缓冲液。洗脱液的离子强度不应小于 0.2mol/L，否则会出现严重的尾迹峰。

（4）亲和层析

一些特定的多糖可以可逆地与特定的分子结合。例如，一种凝集素（刀豆蛋白）可以与一些分枝多糖特异结合。这种特殊分子之间的结合能力可以称为亲和性。这两种特殊的分子结合后也能解离。利用这种性质，多糖可以通过结合-解离过程得到纯化。该过程简单描述如下：应事先准备好亲和柱。以多糖溶液为流动相洗脱亲和柱。多糖溶液是多糖组分的混合物。在洗脱过程中，只有能与配体结合的多糖组分才会被结合吸附到柱上，其他不能与配体结合的多糖组分则会流出柱。然后适当改变流动相的离子强度和 pH 值，使多糖组分与配体结合分离，最终得到纯化的多糖组分。亲和层析的优点是效率高，操作简便。然而，缺点是很难为一个多糖分子找到合适的配体。因此，亲和层析在多糖纯化中应用较少。

6. 多糖纯化的其他方法

（1）超速离心法

不同分子量的多糖在强离心力场中具有不同的沉降速度。基于此性质，可以分离纯化多种多糖。超速离心法有两种：一种是差速离心法，另一种是密度梯度分区离心法。差速离心法是通过逐步增加离心速度，分批分离不同分子量的多糖。高分子量多糖可以低速分离，低分子量多糖可以高速分离。这种方法很少用于多糖的分离。密度梯度区带离心法是多糖研究中常用的方法，特别是用于多糖均匀性的测定。该方法的基本原理是在惰性梯度介质中离心多糖达到平衡后，不同分子量的多糖可以在梯度内聚集并分布到特定的位置，形成不同的区域，然后将这些区域分离，以便获得不同的多糖组分。常用的惰性介质有水、NaCl 溶液、CsCl 溶液等，离心速度一般设置在 60 000r/min 左右。多糖密度梯度区带离心法是 20 世纪 80 年代以前常用的一种半微量多糖制备方法。

（2）超滤法

根据多糖分子在溶液中的大小和形状，这些多糖分子在压力下通过超滤膜时可以被分离，因为超滤膜只允许一定 MW 范围的多糖通过。这种方法叫作超滤法。实际上，超滤法的原理也是分子筛。理论上，利用该方法分离纯化多糖是可行的。但在实际操作中，还存在一些问题。大多数超滤膜都能吸附多糖，导致多糖得率大幅度下降。例如，中空纤维超滤膜对多糖有很强的吸附作用。另外，由于多糖溶液黏度大，超滤速度慢，时间长，甚至在超滤过程中多糖也会变质。而且，大多数多糖分子的形状不是球形的。如果多糖的形状呈线性，当其分子量超过膜的截止值时，多糖也可以通过膜。

（3）制备区带电泳法

不同的多糖在根据它们的分子量、形状和电荷来确定电场。载体通常是玻璃粉。操作通常是这样的：用水稀释玻璃粉，装柱，用电泳缓冲液（如 0.05mol/L 硼砂溶液，pH 值 9.3）使柱平衡 3d。然后将多糖样品装入柱的上端，通电。上端是正极。由于电渗透作用，多糖分子在电泳过程中通常会向负极移动。电泳过程中产生大量的热量，必须对该类色谱柱进行夹套冷却。常用的电压为 1.2~2.0V/cm，电流为 30~35mA，电泳时间为 5~12h，电泳结束后，将玻璃粉载体从柱中取出，进行分段。分段的部分可分别用水或稀碱溶液洗脱。该方法分离效果好，但耗时长，每次净化能力小。

（四）生物学活性

植物源的多糖类化合物由于它们的独特功能和低毒性的特点在肿瘤的治疗和预防

上优于其他化合物，因此多糖作为药品或保健食品的应用有广阔的前景。研究植物多糖的生物活性我们发现，植物多糖具有抗肿瘤、抗病毒、抗辐射、抗衰老、抗突变、抗遗传损伤、抗凝血、抗血栓等药物活性。

1. 抗肿瘤

植物多糖因与中医中药关系密切，近年来在我国得到了广泛的研究。通过对中药枸杞多糖、地黄多糖、牛膝多糖、红景天多糖、绞股蓝多糖、红毛五加多糖、半枝莲多糖等高等植物多糖的抗肿瘤作用进行研究发现，以上各种多糖均具有抗肿瘤作用，抑瘤率或生命延长率在39%~55%。多糖的抗肿瘤作用效果具有以下特点：① 多糖的抑瘤机理是通过提高机体的免疫力实现的，实验表明多糖对移植性肿瘤抑制作用较强；对去胸腺小鼠的移植肿瘤无抑制作用；② 多糖可以调节免疫系统的稳定性，实验证明当对巨噬细胞激活时，淋巴细胞的活性就相对减弱，反之亦然，体液免疫反应增强时，细胞免疫反应减弱，反之亦然；③ 有较好的抑制放、化疗副作用的功能，能增强放、化疗的效果；④ 无毒副作用，使用安全；⑤ 改善癌症患者的临床症状，提高生存质量，延长生存期。研究证明，二色补血草含有的多糖类物质具有抗氧化性和抑制肿瘤细胞生长的作用。蒋艳等（2011）连续10d给荷瘤小鼠腹腔注射枸杞多糖，结果显示，枸杞多糖对荷瘤小鼠肿瘤具有一定的抑制作用，枸杞多糖中剂量组（40mg/kg）、高剂量组（80mg/kg）的小鼠脾指数和胸腺指数均极显著高于正常组和对照组，且中、高剂量组能够明显促进IL-2的产生，降低VEGF蛋白的表达。有研究人员观察了半夏多糖对希罗达干预下小鼠结肠腺癌的生长状况，应用流式细胞术分析瘤细胞表面MHC-Ⅱ的表达，研究结果表明半夏多糖可提高希罗达的抑瘤作用，其机理可能与半夏多糖能够提高小鼠结肠腺癌细胞表面MHC-Ⅱ的表达，同时增强荷瘤小鼠细胞免疫的作用有关。有研究人员采用核染色（Hoechst染色）、MTT法、细胞计数法、DNA琼脂糖凝胶电泳图谱观察半夏多糖对人神经母瘤细胞（SH-SY5Y）、鼠肾上腺嗜铬细胞（PCl2）细胞凋亡及增殖的影响。研究显示半夏多糖对S180、H22、EAC有抑制作用；半夏多糖可以诱导SH-SY5Y、PC12细胞的凋亡，对PC12有抑制生长及增殖的作用。Chen等（2016）研究了人参中HG果胶，使用结肠癌HT-29细胞建立模型，发现该果胶具有调节细胞周期，阻止细胞复制增殖的作用，人参HG可以使细胞周期停滞于G2/M期，无法进入核裂期。

2. 降血糖

许多研究表明植物多糖能够促进胰岛素分泌，影响控制糖代谢相关酶的活性，也能够抑制糖异生的作用。百合多糖具有降低肾上腺皮质激素分泌，促进肝糖原产生的作用，同时也具有修复胰岛细胞、促进胰岛素分泌的作用，能够降低血糖。大量的研究表明，枸杞多糖具有较好的降血糖作用。李朝晖等（2012）研究发现，枸杞多糖能够保护链脲佐菌素损伤的 NIT-L1 胰岛 β 细胞，降低小肠刷状缘对葡萄糖的吸收，抑制消化道内 α-葡萄糖苷酶活性和肝糖产生，增强 3T3-L1 脂肪细胞对葡萄糖的摄取。李长江等（2014）发现枸杞多糖在短期内可降低糖尿病小鼠餐后血糖水平，提高其糖耐量，但不能使其糖耐量正常化；长期服用枸杞多糖，可降低糖尿病小鼠的血糖水平。菊芋多糖可减轻 II 型糖尿病大鼠胰岛素抵抗，减轻胰岛 β 细胞损伤，增加胰岛素表达，从而发挥降血糖作用。周金辉等（2020）研究了罗布麻叶多糖对 II 型糖尿病小鼠模型的降血糖和降血脂作用。采用高脂饮食和注射链脲佐菌素（STZ）联合诱导 II 型糖尿病模型，通过灌胃小鼠罗布麻叶多糖 4 周后，分析不同组小鼠的生化指标和肠道菌群的不同，结果显示灌胃碱提罗布麻叶多糖的小鼠，相比于糖尿病组小鼠，它的空腹血糖、血清胰岛素、糖化血清蛋白水平，以及包括总胆固醇、甘油三酯、低密度脂蛋白、胆固醇和游离脂肪酸在内的血脂谱都有了明显的改善。此外，罗布麻叶多糖还可以改善糖尿病小鼠的抗氧化能力和肝糖原合成，逆转 II 型糖尿病引起的肠道微生物群失调。

3. 抗衰老

衰老的发生机制说法不一。在科学界，公认的抗衰老机制有两种，即免疫学说和清除自由基学说。Walford 教授于 20 世纪 60 年代提出了衰老的免疫学说，认为免疫系统能从根本上参与正常脊椎动物的老化，是老化过程中的调节装置。而美国学者 Harman 于 1956 年提出的自由基学说则认为，当机体衰老时，自由基的产生增多，清除自由基的物质减少，清除能力减弱。当自由基对机体的损伤程度超过机体修复补偿能力时，组织器官的机能就会逐步发生紊乱，导致衰老。活性多糖主要通过以上 2 种机制发挥作用，通过提高机体免疫力、清除自由基来达到延缓衰老和防治老年病的目的。赵鹏等（2014）在补血草多糖分离纯化的研究基础上，运用响应面法对二色补血草多糖进行羧甲基化修饰并对其抗氧化性进行研究，证明了羧化后和乙酰化后的多糖抗氧化性进一步增强。有学者对枸杞子多糖的研究表明，它具有明显的抗衰老作用，在低剂量（5~10μg/mL）时可促进小鼠脾细胞的转化，在 4μg/mL ConA 的协同刺激下，10μg/mL 的多糖可显著增加 IL-2 的分泌，使老龄小鼠 IL-2 活性大大提高，达到成年小鼠水平。李凌春（2008）发现长期口服枸杞多糖口含片，老年组和亚健康组的超氧化物歧化酶活性、IL-2 的含量均显著提高，丙二醛含量显著降低，表明枸杞多糖复合物具有一定抗衰老和防御亚健康的作用。对南沙参多糖的研究也发现，其可降低老龄小鼠肝和脑脂褐素含量，显著抑制老龄小鼠血清中 MDA 的生成，提高老龄小鼠红细胞中 SOD 及全血中 GSH2Px 的活性，同时可使老龄小鼠血清中睾酮的含量提高，并可延长果蝇的最高寿命和平均寿命，提高性活动能力，增加交配频率。

4. 免疫调节

植物多糖对机体的天然免疫和获得性免疫不仅有促进作用，也有抑制作用，能够双向调节。它不仅能激活 T、B 淋巴细胞，细胞毒性 T 细胞，自然杀伤细胞和激活巨噬细胞等免疫细胞，还能促进细胞因子生成，活化补体，从而在抗肿瘤、抗病毒以及抗衰老等的防治上具有独特的功效。研究表明，枸杞多糖可以通过激活巨噬细胞、树突状细胞、T 细胞，从而引起细胞免疫和体液免疫应答。张小锐（2011）研究发现，枸杞多糖 LBPF4-OL 在小鼠体内免疫系统中主要作用于巨噬细胞和 B 淋巴细胞。在 LBPF4-OL 对巨噬细胞调节作用机制研究中发现 LBPF4-OL 对 CD86、MHC-Ⅱ、IFN-α、IFN-βmRNA 的表达量，以及细胞培养上清液中 TNF-α 和 IL-1β 的含量有明显调节作用，其在巨噬细胞上的作用位点可能是 TLR4 和 TLR2，且与 TLR4 具有一定的亲和力，能够直接结合；LBPF4-OL 在 B 淋巴细胞上的作用位点可能是 CD19 和 TLR4。许金霞（2007）研究发现枸杞多糖可诱导 *iNOS* 基因的表达，使 NO 生成增加，且对巨噬细胞的活化作用与 TLR4 有关。此外，枸杞多糖可作为化疗药物的有效辅助药剂，其与氟尿嘧啶联合应用可降低氟尿嘧啶导致的免疫系统损伤。张晓静等（2012）的一项研究发现，半夏多糖能够抑制 DNCB 诱发的迟发性变态反应，高剂量时能够促进体内单核巨噬细胞的吞噬功能，说明半夏多糖具有增强小鼠免疫功能的作用。刘咏梅等（2005）建立阴虚小鼠模型，研究北沙参粗多糖（GLP）的滋阴和免疫调节作用，结果表明，GLP 可使阴虚小鼠体重明显增加；亦能显著增加阴虚小鼠脾脏 AFC 的数量，增强 DTH 反应，而对腹腔巨噬细胞的吞噬百分率和吞噬指数无明显影响。有研究在大鼠基础饲料中加入不同浓度的白术多糖，研究白术及其多糖对大鼠免疫功能的影响。结果表明，一定剂量的白术及其多糖能增加大鼠外周血白细胞的含量、阳性率和血清溶菌酶的含量，从而提高血清免疫球蛋白和补体水平，促进外周血、脾脏和淋巴细胞转化率，增强机体的免疫功能。还有研究以利用无菌培养获得的甘草根为原材料，提取出甘草多糖并进行了活性研究，研究表明甘草多糖可以诱导小鼠腹腔巨噬细胞产生 NO，同时避免了脂多糖的干扰，从而发挥其免疫调节作用。

5. 其他活性

除上述功能外，植物多糖还具有抗突变、抗慢性肝炎、抗菌、抗辐射、抗凝血、降血压及止喘等活性。此外，玉米芯多糖、猴头菇多糖、毛木耳多糖、麻黄果多糖等也都具有抗凝血活性，但作用机制尚未可知。

二、黄酮

（一）黄酮概述

黄酮类化合物（flavonoid）是一类具有 2-苯基色原酮（2-phenyl-chromones）结构的植物次级代谢产物，在植物界广泛存在。其在植物体内通常与糖类结合形成配基形式的苷类，少部分以游离态的苷元形式存在。该类化合物以 C6-C3-C6 结构为基础，根据三碳键（C3）的氧化程度和构象的差别分为以下几类：黄酮、黄酮醇、黄烷酮（二氢黄酮）、黄烷酮醇（二氢黄酮醇）、异黄酮、异黄烷酮（二氢异黄酮）、查耳酮、二氢查耳酮、黄烷、黄烷醇及其他黄酮类等。室温下，黄酮类化合物多为固体结晶，少部分为粉末状固体。部分含有手性碳结构的化合物具有旋光性，如黄烷酮、黄烷酮醇、黄烷和黄烷醇等。多数黄酮类化合物因其内部构象存在交叉共轭体系，因而在自然光下具有颜色，如黄酮、黄酮醇及其苷类多为淡黄色或黄色，异黄酮为淡黄色，查耳酮为黄色或橙黄色等。

黄酮苷元一般与水的亲和性较差，易溶于甲醇、乙醇、乙醚和乙酸乙酯等有机溶剂或稀碱液。而黄酮苷一般与水、甲醇、乙醇和乙酸乙酯等溶剂的亲和性较好，在乙醚、三氯甲烷、苯等有机溶剂中较难溶解。因化合物分子中存在弱酸性的酚羟基，故可溶于稀碱液中。分子结构中含有 3-羟基、5-羟基或邻二羟基的黄酮类化合物可与乙酸镁、乙酸铅、二氯氧化锆或三氯化铝等试剂发生络合反应。

（二）提取方法

黄酮类化合物种类多，性质差异较大，在植物体内因存在部位不同，结合的状态也不同，在花、果、叶等组织中一般以苷的形式存在；而在木部坚硬组织中则以游离状态存在；在皮、根茎、根等部位也曾发现有苷的结合形式，所以要根据其存在部位、结合形式等来选择适合的提取方法。

1. 溶剂提取法

溶剂提取法是黄酮类化合物的常用提取方法，包括水提取法、有机溶剂提取法和碱溶酸沉法等。水提法热水仅限于提取苷类，例如自槐花米中提取芦丁。但该方法提取效率低，提取液中杂质较多，分离提纯较为困难，故不常用。

有机溶剂提取法黄酮类化合物的提取，主要是根据被提取物的性质及伴随的杂质来选择适合的提取溶剂，苷类和极性较大的糖苷配基，一般可用乙酸乙酯、丙酮、乙醇、甲醇、水或某些极性较大的混合溶剂进行提取。大多的糖苷配基宜用极性较小的溶剂，如乙醚、氯仿、乙酸乙酯等来提取，多甲氧基黄酮类糖苷配基，甚至可用苯来提取。乙醇和甲醇是最常用的黄酮类化合物提取溶剂，高浓度的醇（如 90%~95%）宜于提取糖苷配基，60%左右浓度的乙醇或甲醇水溶液适宜于提取苷类物质。提取过程中常用冷浸法或回流法，提取次数一般为 2~4 次。两种方法各有优缺点。前者无需加热，有利于保持提取物的成分，但提取时间长，效率低；后者效率高，但需加热，因此成分不稳定的原料（如一些中药药材）不宜用此法。一般来说，醇提法对总黄酮的提取效果要好于水提法。如在金银花叶中提取发现，采用 12 倍量 60%乙醇回流提取 2 次，每次 1.5h，所得总黄酮的含量高于水提法 10% 以上。

由于黄酮类成分大多具有酚羟基，具有易溶于碱性水而难溶于酸性水的性质，可用碱性水（如碳酸钠、氢氧化钠、氢氧化钙水溶液）或碱性烯醇（如50%乙醇）浸出，在提取液中，加酸酸化后黄酮类化合物即可沉淀析出。用碱性溶剂提取时，所用的碱浓度不宜过高，以免在强碱下加热时破坏黄酮类化合物母核，当有邻二酚羟基时，应加硼酸保护。常用饱和石灰水溶液、稀氢氧化钠溶液或5%碳酸钠水溶液提取。氢氧化钠水溶液的浸出能力高，但杂质较多不利于纯化；石灰水可以使一些鞣质或水溶性杂质沉淀生成钙盐沉淀，有利于浸液纯化，但是浸出效果不如氢氧化钠水溶液效果好，同时有些黄酮类化合物能与钙结合成不溶性物质，不被溶出。例如从菊花中提取黄酮类物质时，用pH值=10.0的氢氧化钠溶液浸出效果较好；从槐米中提取芦丁，则应用碱性较强的饱和石灰水作溶剂，这样则有利于芦丁成盐溶解；选用硼砂缓冲饱和石灰水的碱性可保护芦丁的黄酮母核不受破坏，用亚硫酸氢钠为抗氧剂可保护芦丁的邻二酚羟基。碱溶酸沉法在实际生产中应用广泛，具有经济、安全、方便等优点。

2. 微波提取法

微波辅助技术因具有速度快、效率高、易操作的优点，被广泛应用于黄酮的提取。如对银杏叶中黄酮类物质进行提取，用175W微波强度处理5min后，以体积分数80%的乙醇，在70℃提取1h，提取率比未经微波处理的高出18.8%；对沙棘叶中黄酮类物质进行提取，微波功率为400W，乙醇体积分数为75%，提取时间为10min，提取率比未经微波处理的高出20%。

3. 超声波提取法

超声波的热效应使水温基本在57℃，对原料有水浴作用，缩短了提取时间，提高了有效成分的提出率和原料的利用率。该方法具有能耗低、效率高和不破坏黄酮类化合物分子结构等优点，作为一种常用的辅助手段，被广泛应用于黄酮的提取。如对紫草叶中黄酮类物质进行提取，采用80%乙醇作为溶剂，料液比为1∶30，在超声波功率为400W的条件下超声提取15min，黄酮含量为5.58%；对芝麻叶中黄酮类物质进行提取，采用56%乙醇作为溶剂，料液比25∶1，在超声波功率为330W的条件下超声提取36min，黄酮含量为3.46%。

4. 酶解法

对于一些黄酮类化合物被细胞壁包围不易提取的原料，传统的热水、碱、有机溶剂提取法，受细胞壁主要成分纤维素的阻碍，往往提取效率较低。恰当地利用酶处理这些植物材料，可改变细胞壁的通透性，提高有效成分的提取率。酶解法也称为酶辅助法，常与溶剂提取法联用。此方法具有提取率高、目的性强、操作简便等优点，在黄酮类化合物的提取中被广泛应用。如对苦荞茎叶中黄酮类物质进行提取，采用酶解法，加酶量3.01μL，在相同温度、pH值和处理时间下，总黄酮得率为未酶解样品的3.08倍；对银杏中黄酮类物质进行提取，在酶浓度0.40mg/mL，时间120min，酶解温度 50℃，乙醇浓度 70% 条件下，与传统的乙醇提取工艺相比，总黄酮得率提高了 18.92%；利用酶解法提取杏仁种皮中的黄酮类化合物，在料液比为 1：40 的条件下，用浓度为 0.6% 的果胶酶对底物酶解 90min，再用浓度为 80% 的乙醇在 50℃ 下提取 30min，黄酮类化合物提取率达到 24.5mg/g。

5. 超临界流体萃取法

超临界流体萃取法是利用超临界流体的密度与其溶剂化能力的关系进行的，该方法的基本原理是通过改变温度和压力，影响超临界流体对黄酮类化合物的溶解度，实现萃取能力。在超临界状态下，通过降温、增压，使物料中黄酮类化合物溶于超临界流体，分离后，通过升温降压的方式改变超临界流体的密度，使有效成分析出，若有效成分不止一种，还可采用逐级升温降压的方式，使有效成分分步析出。此方法具有安全、高效、无污染等优点。一般多采用 CO_2 为超临界溶剂，CO_2 具有性质稳定、无毒、不燃不爆、临界压力不高、操作温度低、价廉易得等特点。超临界 CO_2 是非极性溶剂，对非极性和分子量很低的极性物质表现出很好的溶解性，但对极性较强的物质溶解能力不足，虽然增大密度能使其溶解能力提高，但增大密度需提高萃取压力，这将使萃取设备的费用显著增加，不适于大规模生产。因此在实际操作中，常常在超临界 CO_2 中加入另一种物质以改变其极性。如对沙棘果渣中黄酮类物质进行超临界萃取，采用 75% 乙醇为夹带剂，萃取压力 8MPa，萃取温度 40℃，萃取用 CO_2 流量 $0.4m^3/h$，此条件下 CO_2-SFE 的提取率为传统溶剂法提取率的 1.245 倍；对银杏叶中黄酮类物质进行超临界萃取，萃取压力 30MPa，萃取温度 35℃、CO_2 流量 18L/min，此条件下黄酮类化合物的提取率达到 2.61%，纯度达到 27.7%，其纯度是直接用乙醇提取的 2.43 倍。

6. 其他方法

除上述方法外，植物黄酮类化合物的提取方法还包括半仿生法、双水相萃取法等。

半仿生提取法（SBE）是近几年提出的新方法。它是从生物药剂学的角度，将整体药物研究法与分子药物研究法相结合，模拟口服药物经胃肠道转运吸收的环境，采用活性指导下的导向分离方法，具有有效成分损失少、成本低、生产周期短的特点。在操作中，根据仿生学原理，人体胃、小肠、大肠的体液酸度最佳 pH 值分别为 2.0、7.5、8.3，先将原料用一定 pH 值的酸水提取，继以一定 pH 值的碱水提取，提取液分别过滤、浓缩。如对杜仲叶中黄酮类物质进行提取，采用半仿生提取法，以磷酸氢二钠-柠檬酸的缓冲溶液作为提取液，pH 值 2.0，pH 值 7.5，pH 值 8.3，在 70℃ 每次提取 1h，提取 3 次，黄酮得率达 0.044%，高于酶解法。

双水相体系是由两种水溶性高分子化合物或一种高分子化合物与一种盐类在水中

所形成的互不相溶的两相体系,由于被分离物在两相中分配不同,便可实现分离。与传统的油—水溶剂萃取体系相比,排除了使用有毒、易燃的有机溶剂,能够提供温和的水环境,避免了被萃成分的脱水变性,目前一般用于生物物质如蛋白质类的分离研究,在植物黄酮提取方面的研究还比较少。如采用双水相萃取法对银杏叶浸出液中黄酮类化合物进行萃取,具有萃取温度低、时间短、分相速度快等特点,萃取效率可达98.2%,高于溶剂萃取的萃取率。估计在未来,双水相萃取分离法将为黄酮类化合物的提取分离提供一种新型有效方法。

在研究过程中,要根据植物中黄酮类化合物的种类及其在植株体内的结合方式,选择适当的提取方法,以达到最佳提取效果。此外,适当的方法配合使用,可改善植物中黄酮类化合物的提取率,如超声-酶法、微波-水浴法、双水相-超声耦合等。

(三) 分离纯化

1. 传统柱层析法

柱层析法具有分离效果好、操作简单等优点,是一种传统的分离方法。余丹妮等(2007)为建立益母草总黄酮含量测定方法,在运用聚酰胺柱分离纯化样品后,以三氯化铝试剂为显色剂,芦丁为对照品,采用紫外分光光度法测定芦丁在412nm波长处的吸光度,并绘制出标准曲线,发现芦丁在4.8~29.0μg/mL范围内与吸光度有良好线性关系,r=0.9996,回收实验中,平均回收率为102%,RSD=3%。由此得出结论:柱层析-分光光度法操作简单,准确可靠,可作为益母草药材的含量测定方法。现今较少使用此类方法进行黄酮的纯化,而多见于其优化工艺。李欣欣等(2014)通过使用戊二醛交联胶原纤维吸附剂(CFA),对两种结构相近的单糖基黄酮苷类化合物(染料木苷和黄芪苷)进行柱层析,并测定此种吸附剂的分离性能,发现改变乙醇水溶液的溶度可调节CFA对染料木苷和黄芪苷的吸附选择性:CFA的用量为6g,层析柱的径比为10:1时,100%、90%和70%乙醇水溶液进行分步洗脱,两者可分离,纯度分别为98%、97%。此方法操作简单,但洗脱过程烦琐耗时,尤其是使用硅胶层析柱时要避免金属离子干扰。

2. 高速逆流色谱法

高速逆流色谱(HSCCC)是一种无须载体或固体支撑物,利用待分离物分配系数差异的液-液分配色谱分离方法,常用于天然药物的分离纯化。尹鹭等(2013)应用高效逆流色谱法分离纯化了化橘红中2种黄酮类化合物:运用高效逆流色谱分析柱分离纯化,发现以乙酸乙酯-正丁醇-水(体积比为1:4:5)为两相溶剂系统,可从1g粗提物中1次分离得到纯度大于98%的柚皮苷单体83.3mg。以二氯甲烷-甲醇-水(体积比为10:7:4)和正己烷-乙酸乙酯-甲醇-水(体积比为1:1:1:1)为溶剂系统,可从1g粗提物的酸解物中经2次分离得到纯度大于98%的柚皮素单体

27.5mg，且两种物质分离时间均在60min内，从而得出结论。该法简便、快速、制备量大，可用于化橘红中黄酮类化合物的快速分离制备。此类方法因未使用固体载体，避免了色谱中的不可逆吸附，可较好分离出天然药物中的单体，并达到较高纯度，所以对仪器要求高。

3. 膜分离法

膜分离技术是一种利用待分离物中各物质分子量的大小不同，膜的选择渗透性作用，在压力差推动下分离纯化的方法。它是一种工艺简单，纯化效率较高的方法，主要用于分子大小差别较大黄酮类物质的纯化。易克传等（2012）运用此法以菊花总黄酮纯度和操作过程稳定性为评价指标研究纯化菊花总黄酮工艺，采用膜分离技术对菊花提取液进行处理，对膜的规格、溶液温度、操作压力和操作时间进行了优选，得最佳工艺参数下：陶瓷膜，孔径0.5μm，溶液温度50℃、操作压力0.25MPa；超滤膜，截留分子量为$8×10^3$，溶液温度40℃、操作压力1.60MPa，总黄酮纯度达19.8%。同时采用陶瓷膜进行微滤预处理，去除了大量大分子物质，减轻了浓差极化和凝胶层阻隔作用，超滤过程较为稳定。由这两项得出结论：采用膜技术纯化菊花总黄酮工艺操作简单，纯化效果好。此类方法特别适用于热敏性化合物，具有节能等特点，但对于分子量相差不大、结构相似的黄酮类化合物不适用。

4. 高效毛细管电泳

高效毛细管电泳法是一种在电场驱动下，以毛细管为分离通道，按待分离物分配系数的不同而进行液相分离的技术。其在分析、分离等方面的应用相比其他色谱方法更有优势，如高灵敏度、高速、样品耗用量少、重现性好、自动化等，这对长期生长于强辐射、日照时间长的环境下，具有有效成分含量高、生物活性强等优势的我国特有的高原植物西北中藏药中黄酮类化合物的分析研究具有重要意义。此类方法分离效能高，分离速度快，但对仪器要求高，不适用于大规模生产的黄酮类化合物的分离纯化。周一鸣等（2010）为建立一种高效毛细管电泳（HPCE）法测定黄酮类化合物含量的方法，以荞麦芽粉为原料，通过预试验，确定在20mmol/L硼砂-硼酸溶液（pH值8.4）电泳缓冲液中，25℃、20kV压力条件下进行电泳，在245nm波长处同时检测分离的槲皮素和芦丁方法，发现所测结果与被测物质质量浓度呈良好线性关系，在10min内黄酮类化合物完全分离，符合定性研究和定量测定的要求，由此建立测定荞麦芽粉中芦丁、槲皮素黄酮类化合物含量的高效毛细管电泳法，为实现快速、准确测定植物样品中黄酮类化合物含量提供了一种新方法。

5. 金属离子络合纯化法

此方法利用黄酮类化合物具有超离域度的特点，即黄酮类化合物的母核是由3个环组成，2个苯环，1个吡喃环，大多数含有羟基或羰基，此结构具有超离域度，整

个分子为一个大 π 键共轭体系，氧原子具强配位能力，与金属离子及稀土元素形成配合物后，再由解络合剂达到纯化目的。随着对它研究的深入，发现此类方法用于黄酮的纯化简便且有效。董艳辉（2015）研究了金属络合法纯化火炭母黄酮的工艺，通过单因素实验对 4 种不同金属盐与火炭母黄酮的络合效果进行了比较，筛选出最佳络合金属盐为氯化钙，同时在反应液的 pH 值为 8.0、氯化钙溶液浓度为 6.0mmol/L、黄酮浓度为 0.2mg/mL、解络剂 EDTA 与络合剂 $CaCl_2$ 的摩尔比为 1.5：1 的纯化条件下，黄酮含量由粗提物的 20.5% 提高到 56.5%，提高了 2.8 倍。由此证明此法纯化火炭母黄酮简便有效。此类方法主要适用于含邻二羟基结构的黄酮类化合物的分离纯化，专属性强，但其解络合比较困难。

6. 聚酰胺树脂纯化法

聚酰胺树脂纯化法利用聚酰胺树脂中的酰胺基与黄酮类化合物中的羟基通过氢键结合，由洗脱剂洗脱达到分离纯化的目的。近年来，聚酰胺树脂已广泛应用于中药及其复方有效部位或有效成分的分离纯化，且对黄酮类、酚类、醌类等成分的纯化比其他方法优越，具有可逆、分离效果好等特点。司建志等（2015）在用聚酰胺树脂纯化八角渣黄酮试验中，先通过静态解吸附实验，确定了纯化八角残渣黄酮的聚酰胺树脂目数：30~60 目，然后采用单因素与正交实验优化吸附条件，动态解析实验优化解析条件，最佳工艺：上柱液浓度为 0.05g/mL（生药量），上柱液 pH 值为 5.0，层析柱高度与内径的比值为 12：1，上柱液流速为 1~2BV/h，饱和吸附量为 150.06mg/g。4 BV 体积的 90% 乙醇冲洗树脂柱，解析率为 70.77%，物质中黄酮的纯度达 87.5%。以聚酰胺树脂对八角残渣黄酮的吸附量及解析率为指标证明聚酰胺树脂能有效纯化八角渣黄酮，且最终所得的黄酮纯度高，适于工业化生产。此类方法专属性较强，可与黄酮类化合物形成可逆吸附，但其吸附过程易受溶剂影响。

7. 大孔吸附树脂纯化法

大孔吸附树脂纯化法是利用吸附树脂对物质吸附差异，运用解吸剂进行纯化的方法，也是一种适合大规模生产的方法。最近研究多集中于从多种树脂中选出最适大孔树脂对含黄酮植物进行纯化。莫天录等（2015）通过比较 10 种大孔吸附树脂纯化黄酮粗提取物的吸附及解吸性能，筛选出纯化 XDA-1 树脂并进一步考察了 XDA-1 树脂对黄酮粗提取物的静态、动态吸附与解吸的性能，得到 XDA-1 树脂纯化绿茄叶黄酮粗提取的最佳工艺参数：吸附平衡时间 8h，吸附浓度为 2.00mg/mL，pH 值 3.0，温度 25℃，上样流速 2BV/h；解吸平衡时间 2h，解吸剂乙醇的体积分数为 80%，pH 值 3.0，解吸流速 2BV/h。此条件下的纯化物浸膏中黄酮质量浓度为 5.68mg/L，纯化倍数为 2.37。证实大孔吸附树脂纯化绿茄叶黄酮方法简单可行，为绿茄叶黄酮的分离纯化提供了实验依据。此类方法具有操作简便、理化性质稳定、不溶于酸碱及有机溶剂中、能较好保持化合物原本活性以及对有机物有较好选择性等优点，但在使用时其分离效能受吸附剂性能、洗脱剂种类、温度等的影响。

(四) 生物学活性

1. 抗氧化活性

临床研究发现，许多疾病的产生都与机体内存在大量有害氧化自由基有关。黄酮类化合物作为一种天然的抗氧化剂，近年来被人们广泛研究。其抗氧化自由基的作用机制与酚类物质（BHT 和 BHA 等）相似，都是与自由基结合，起到抗氧化作用。黄酮类化合物可与脂类物质反应，将氢转移给脂类物质自由基后自身形成稳定的酚基自由基，从而抑制氧化反应的继续进行。对二色补血草黄酮类物质的提取和抗氧化研究发现，二色补血草黄酮含量高达 50.97mg/g，对羟自由基 OH· 有明显的清除作用，并可抑制油脂的酸败。Lee 等（2011）以 HT-1080 细胞为研究对象，检测了盐生植物 *Limonium tetragonum* 中 4 种黄酮醇苷类的抗氧化活性，结果显示 4 种化合物都能明显抑制 HT-1080 细胞内活性氧的产生、脂质过氧化和 DNA 的氧化。Smirnova 等（2009）对 10 种中草药总黄酮的体内体外抗氧化活性进行了研究，其中大叶补血草活性最强，能直接抑制活性氧的产生和铁离子的螯合，同时可诱导抗氧化基因 *katG* 的表达。李岩等（2015）研究表明翅碱蓬的总黄酮含量在花期达到最大，为 14.37mg/g，且翅碱蓬黄酮提取液对 DPPH·、OH·、ABTS$^+$· 均表现较强的清除效果，翅碱蓬对 DPPH· 的清除率到达最大为 94.37%，对 OH· 的最大清除率为 84.29%，对 ABTS+· 的最大清除率为 93.30%。蒲公英中抗氧化的活性物质主要是黄酮类成分，蒲公英中的黄酮类成分具有清除自由基和清除活性氧，从而减少其对机体损伤的作用。Popovic 等（2001）利用有机溶剂萃取的方法对蒲公英不同部位进行萃取，并对萃取物抗氧化性进行评价。研究结果表明，蒲公英的茎提取物对环丙沙星抗氧化性最好。

2. 抗肿瘤活性

黄酮类化合物抗癌、抗肿瘤的作用机制是通过激活肿瘤细胞坏死因子，诱导肿瘤细胞凋亡，抑制致癌因子的活性，影响癌细胞中信号传递，干扰癌细胞周期，促进抗癌基因的表达等发挥作用。科学家研究发现，不同浓度的中华补血草黄酮提取液处理体外培养的人白血病 HL-60 细胞 48h 后，细胞的生长增殖受到不同程度的抑制，其 IC_{50} 值为 11.55μg/mL。Kandil 等（2000）从 *Limonium axillare* 中获得了 1 种新的黄酮醇苷：杨梅素-3-O-β-D-山梨糖苷，此化合物对小鼠 Ehrlich 腹水癌细胞具有中等程度的细胞毒性作用。张连茹（2004）从二色补血草中提取的 5,7,4'-三羟基-4-甲基-黄烷在体外对 HeLa 细胞的生长具有较强的抑制作用。

3. 抗菌、抗病毒活性

黄酮类化合物具有广谱的抗菌、抗病毒功效。研究发现，黄酮类化合物对皮肤癣菌、念珠菌、曲霉菌、肝炎病毒、疱疹病毒、HIV、柯萨奇病毒、流感病毒、呼吸道合胞病毒、腺病毒、冠状病毒、登革热病毒和脊髓灰质炎病毒等都有较好的抑制活性。其作用机制主要是通过抑制细菌 DNA 旋转酶，改变细胞质膜的选择透过性，影响细菌代谢，降低病毒聚合酶活性，阻碍病毒核酸转录，抑制病毒衣壳蛋白的结合等发挥抗菌、抗病毒功效。吴梅姐等（2015）通过体外抗菌实验发现，大米草总黄酮对铜绿假单胞菌有良好的抗菌活性。吴冬青等（2005）研究发现金色补血草花色素粗提液对枯草杆菌、大肠杆菌、金黄色葡萄球菌具有显著的抑菌效果，浓度达到 2.0mg/mL 时，其抑菌圈的大小分别为 5.5mm、4.3mm、4.0mm。对 *Limonium avei* 中提取的酚酸和黄酮类物质的抗微生物作用研究发现，二者对革兰氏阳性菌具有显著的抑制作用，最小抑制浓度（MIC）为 7.81~62.5μg/mL，最小杀菌浓度（MBC）为 500~2 000μg/mL，而对革兰氏阴性菌的作用效果较小。海蓬子黄酮对大肠杆菌、金黄色葡萄球菌、白假丝酵母具有很强的抑制作用，且经大孔树脂纯化后抑菌作用明显增强。

4. 抗心脑血管疾病活性

黄酮类化合物抗心脑血管疾病的疗效已得到世界公认，其抗病机制主要是通过抑制心脑血管中血小板的聚集、降低血清胆固醇含量、改善心脑血管供血、保护中枢神经系统等作用来实现的。罗布麻叶总黄酮具有显著的抗心肌 I/R 损伤作用，对大鼠动脉粥样硬化具有明显干预作用，其机制可能与提高机体抗氧化、抗炎和抗凋亡作用相关。耿玮峥等（2015）对天山花楸（*Sorbus tianschanica* L.）叶总黄酮的药理实验表明，天山花楸叶总黄酮可明显改善离体心脏心肌缺血症状，对心肌细胞组织有良好的保护作用，可明显降低实验体血清中的 NO 含量。

三、生物碱

（一）生物碱概述

生物碱（alkaloids）的发现始于 19 世纪初，是人们研究得最早而且最多的一类天然有机化合物。生物碱一般指存在于生物体内的碱性含氮化合物，多数具有复杂的含氮杂环，有光学活性和显著的生理效应。按其植物来源可分为茄科生物碱、毛茛科生物碱、百合科生物碱、罂粟科生物碱等；按其生理作用可分为降压生物碱、驱虫生物碱、镇痛生物碱、抗疟生物碱等；按其性质可分为挥发碱、酚性碱、弱碱、强碱、水溶碱、季铵碱等。但是，最常用的分类方法是按其化学结构进行分类。主要有：① 吡啶衍生物类，如烟碱、金雀花碱等；② 吡咯啶衍生物类，如红古豆碱、野百合碱等；③莨菪烷衍生物类，如阿托品、古柯碱等；④异喹啉衍生物类，如小檗碱、罂粟碱、吗啡等；⑤菲啶衍生物类，如白屈菜碱、石蒜碱等；⑥吲哚衍生物类，如长春碱、麦角新碱、利血平等；⑦吡嗪衍生物类，如川芎碱等；⑧喹唑酮衍生物类，如常山碱等；⑨嘌呤衍生物类，如咖啡因等；⑩喹啉衍生物类，如茵芋碱、奎宁、喜树碱等；⑪咪唑衍生物类，如毛果芸香碱等；⑫有机胺类，此类生物碱的化学结构特点是氮原子在环外侧链上，如麻黄碱、秋水仙碱、益母草碱等；⑬甾体生物碱，此类生物碱包括甾类生物碱和异甾类生物碱，氮原子大多数在甾环中，有的以与低聚糖结合的形式存在，如藜芦碱、茄碱、贝母碱等；⑭萜类生物碱，其氮原子在萜的环状结构中或在萜结构的侧链上，如关附甲素、乌头碱等；⑮大环生物碱，大多数具有内酯结构，故亦称为大环内酯类生物碱，如美登木碱等；⑯其他，如哈林通碱等。

（二）提取方法

1. 传统方法

生物碱提取方法的选择对保持其有效成分的活性具有重要意义。目前使用的传统方法按具体操作可分为煎煮法、浸渍法、渗漉法、热回流法和索氏提取法（连续回流法）。

煎煮法：是中药最早、最常用的制剂方法之一，将中药粗粉加水加热煮沸，将中药成分提取出来的方法。此法简便易行，适用于有效成分能溶于水，且对加热不敏感的药材，能够提取出相对较多的有效成分。但含挥发性及有效成分遇热易破坏的中药不宜用此法。

浸渍法：是将处理过的药材用适当的溶剂在常温或温热的情况下浸渍获取有效成分。该法一般是在常温下进行，对热敏性的物质的提取很有利，操作简单，但所需时间长，溶剂用量大，有效成分浸出率低。尤其是水作溶剂时易发霉变质。对于不宜热浸特别是从淀粉较多的物质中提取生物碱，一般采用冷浸取法，如从苦豆子种子中提取生物碱，就是在冷的稀盐酸水中浸出生物碱。

渗漉法：其提取过程类似多次浸取过程，是往药材粗粉中不断添加溶剂使其渗过粗粉，从渗漉筒下端流出浸提液的方法。此方法浸出效果优于浸渍法，浸出液可以达到较高浓度，适用于热敏性、有效成分含量低或贵重药材的提取。此法常温操作无需加热，溶剂用量少，过滤要求较低，使分离操作过程简化，但是费时较长，操作技术要求较高，否则会影响提取效率，当提取物为黏性、不易流动的成分时，不宜使用该法。

热回流法：是以乙醇等易挥发的有机溶剂为溶媒，对浸出液加热蒸馏。该法最大的特点在于通过溶剂的蒸发与回流，使得每次与原料接触的溶剂都是纯溶剂，从而大大提高了萃取动力，达到提高萃取速度和效果的目的。但提取效率不高，受热易破坏的成分不宜使用此方法。

索氏提取法：此法将热回流法中的挥发性溶剂馏出后再次冷凝，重新回到浸出器中继续参与浸取过程，多采用索氏提取器完成。该法利用索氏提取器多次提取生物碱，可以反复利用溶剂，提取效率高，且操作方便。连续提取法提取液受热时间长，因此对受热易分解的成分也不适用。

2. 新技术

随着物理科学的发展，针对传统提取过程中存在的能耗大、有效成分损耗大、杂质较多、效率较低等问题，一些新技术应用于生物碱提取工艺中，在传统方法的基础上利用新技术的强化作用或流体在超临界状态下进行萃取大大提高了提取效率，降低了过程能耗，因其显著优势而成为研究热点。

超声提取法：超声辅助提取的 3 个理论依据是超声波热学机理、超声波机械机制和空化作用。在超声场中，物料吸收声能温度升高，有效成分的溶解加速。超声空化产生的瞬间高压造成生物细胞壁及整个生物体破裂，同时超声波产生的振动作用加强了胞内物质的释放、扩散及溶解。被浸提的物质在被破碎瞬间，生物活性保持不变，同时提高破碎速度和提取率。如以石灰水作溶剂，用超声从黄连中提取 30min 所得提出率比浸泡 24h 高 50%。超声提取技术具有提取时间短、产率高、无需加热、低温提取有利于有效成分的保护等优点。但是超声技术对器壁的薄厚及容器放置位置要求较高，否则影响浸出效果。有关的工艺技术、工艺参数及超声波发生设备还有待于进一步的研究和开发。

微波萃取：相对于传统方法，微波萃取质量稳定、产量大，选择性高、节省时间、溶剂用量少、能耗较低。但微波萃取受萃取溶剂、萃取时间、萃取温度和压力的影响，选择不同的参数条件，往往得到不同的提取效果。

超临界流体萃取：与传统提取方法相比，超临界萃取最大的优点在于可在近常温条件下提取分离不同极性、不同沸点的化合物，几乎保留药材中所有的有效成分，没有有机溶剂残留。因此，其产品纯度高、收率高、操作简单、节约能源。但高压技术和夹带技术还远远不够成熟，尚待进一步研究。

（三）分离纯化

经过溶剂提取后的生物碱溶液除生物碱及盐类之外还存在大量其他脂溶性或水溶性杂质，需要进一步纯化处理，将生物碱成分从中分离出来。通常使用的是有机溶剂萃取、色谱和树脂吸附，随着新技术如分子印迹、膜分离技术的发展和应用，大大简化了过程、提高了纯化效率。

1. 有机溶剂萃取

有机溶剂萃取是利用提取物中各成分在两种互不相溶的溶剂中分配系数不同达到分离的方法，萃取时组分在两相溶剂中的分配系数越大分离效率越高，分离效果越好。对于亲脂性生物碱，利用非极性和低极性有机溶剂如苯、乙醚、氯仿等与水进行液液萃取；对于水溶性生物碱，利用极性较大的有机溶剂如乙酸乙酯、丁醇等与水溶液萃取。有时可用多种溶剂配置成两相互不相溶的溶剂进行萃取。有机溶剂萃取是生物碱纯化的经典技术，应用广泛，具有操作简单、容易放大的优点，但分离效率和纯度较低，使用大量有机溶剂，操作安全性不佳。

2. 色谱法

常用吸附柱色谱纯化生物碱成分，一般使用吸附剂为硅胶和氧化铝。

(1) 硅胶柱色谱

利用 $SiO_2 \cdot xH_2O$ 作为吸附剂，约 90% 以上的分离纯化工作均可使用此法。硅胶是中性无色颗粒，性能稳定，分离效率与其粒度、孔径及表面积等因素有关。硅胶柱色谱使用范围广，可作为极性和非极性生物碱的纯化，成本低、操作方便。张兰兰等（2004）研究了钩吻总生物碱中钩吻素子的提取与分离，经过溶剂回流提取后，用碱性硅胶柱层析分离钩吻素子取得了很好的效果。

(2) 氧化铝柱色谱

以 Al_2O_3 作为吸附剂的层析分离法，根据氧化铝制备和处理方法差异，分为碱性、中性和酸性 3 种，其中碱性和中性的氧化铝适用于分离酸性较大、活化温度较高的生物碱类成分。有文献报道粉防己生物碱经粗提后用 Al_2O_3 层析方法正向分离粉防己碱与粉防己诺林碱有较好的效果。需要注意的是 Al_2O_3 的粒度对分离效率有显著影响，一般粒度范围在 100～160 目，低于 100 目则分离效果差，高于 160 目则溶液流速太慢。

3. 树脂吸附

树脂吸附包括离子交换树脂和大孔树脂。树脂吸附摆脱了传统纯化法得到的制剂大、黑、粗，使用不方便且溶剂用量大的缺点，因其具有的诸多优势而成为应用日益广泛的纯化技术。

(1) 离子交换树脂

离子交换树脂主要通过静电引力和范德华力选择吸附，根据本身特性分为多种类型。针对生物碱的性质选用强酸型阳离子交换树脂，将酸化的生物碱提取液通过树脂，使生物碱盐的阳离子交换到树脂上而与其他成分和杂质分离。经过离子交换后的树脂用氨水碱化得到游离态生物碱，等树脂晾干后根据生物碱的亲脂或亲水性质用相应的溶剂进行提取得到总生物碱。王洪新等（2002）分别用动态法和静态法筛选离子交换树脂用于纯化苦豆子中的生物碱，考察了 pH 值、助溶剂等因素对纯化效果的影响，对苦参生物碱生产具有指导意义。

（2）大孔树脂

大孔树脂是在离子交换树脂基础上，自 20 世纪 60 年代初开发出的一类新型高聚物吸附剂，其纯化机理是利用特殊吸附剂——大孔树脂的吸附性和分子筛结合的原理，选择性吸附中药提取液中有效成分，去除杂质。树脂经过洗脱、浸泡、冲洗等过程处理后再生可重复使用。目前多数生物碱成分的纯化都可采用此技术，相对于盐析、沉淀等传统技术，大孔树脂吸附具有以下 3 个优点：① 溶剂用量少；② 产品质量高，稳定性好；③ 生产周期短、设备简单。这些优良的性能使大孔树脂吸附在近年来受到越来越多的关注。聂其霞等（2002）比较了醇沉、大孔树脂吸附和吸附澄清 3 种方法对黄连解毒汤中小檗碱含量的影响，大孔树脂法为最佳的纯化方法。

4. 分子印迹

分子印迹技术（molecular imprinting technology，MIT）是 20 世纪末出现的一种高选择性分离技术，通过印迹、聚合、去除印迹分子 3 步制备分子印迹聚合物（MIPs），以其特定的分离机理而具有极高的选择性，可以作为高度专一的固相萃取材料。黄晓冬等（2002）制备了辛可宁（cinchonine）分子印迹聚合物手性整体柱，可在 2min 内实现非对映异构体辛可宁和辛可尼丁（cinchonidine）分离。目前 MIT 分离生物碱的技术尚属研究阶段，需要在热力学及动力学性质、MIPs 制备、降低成本等方面展开进一步探索。

5. 膜分离

（1）超滤

超滤（ultra filtration，UF）的孔径范围为 $1\sim100nm$，截留相对分子质量为 $10^3\sim10^6$。一般来说生物碱的相对分子质量多在 1 000 以下，而提取液中的一些蛋白质、多肽、多糖等无效成分相对分子质量大于 10^4，因此超滤技术可以作为纯化生物碱的有效手段。有研究者用中空纤维膜对苦豆子盐酸提取物中的生物碱进行了超滤纯化的研究，结果表明超滤可以有效去除苦豆子盐酸提取物中的蛋白质和其他杂质，透过液中总生物碱回收率达 93.5%。还有学者比较了超滤与醇沉法对黄连解毒汤中有效成分小檗碱的纯化效果，实验结果表明超滤能够更多去除料液中的杂质，生物碱有效回收率为 95%，明显高于醇沉法 73% 的有效回收率。不同的膜会对生物碱提取产生影响，另有人探讨了不同截留相对分子质量的超滤膜对四逆汤中乌头总碱的影响，结果表明乌头总碱的损失与超滤膜截留相对分子质量成反比。

（2）微滤

微滤（micro filtration，MF）的孔径在 $10^2\sim10^4nm$，一般作为纯化的前处理过程，

可以起到很好的过滤杂质的效果，高红宁等（2004）利用无机陶瓷微滤膜对苦参水提取液进行处理，微滤后可以得到澄清透明液体，固形物去除率为39.5%，与醇沉法相当，生物碱保留率在79.72%，结合大孔树脂法精制苦参中氧化苦参碱，保留率为78.88%，高于醇沉法，保留更多有效成分和更彻底去除杂质。

膜分离技术相对其他分离技术具有显著的优势，但也存在一些亟待解决的问题，如膜在使用过程中的抗污染能力不强，通量衰减造成性能下降，使用寿命短等，尚需在膜材料的选择、优化预处理和清洗方法上展开进一步的研究。

（四）生物学活性

1. 抗肿瘤作用

掌叶半夏在民间用于治疗宫颈癌，其中含葫芦巴碱，对动物肿瘤有一定的疗效。陈芳等（2011）进行的一项实验中，采用MTT比色法以及集落形成率来测定半夏生物碱对人肝癌细胞Bel-7402生长抑制作用，结果表明半夏生物碱对人肝癌细胞Bel-7402有明显的抑制作用，其抑制率与对照组比较，差异具有统计学意义，且随着半夏生物碱浓度的不断增加，抑制作用逐渐增强，同时半夏生物碱还可抑制人肝癌Bel-7402集落形成，抑制作用呈剂量-效应关系。此外，从石蒜科几种植物中分离得到20余种生物碱，其中伪石蒜碱具有抗肿瘤活性；从豆科植物苦豆子根茎中获得的槐果碱也有抗癌作用。从喜树中分离出的喜树碱、10-羟基喜树碱、10-甲氧基喜树碱、11-甲氧基喜树碱、脱氧喜树碱和喜树次碱等，对白血病和胃癌具有一定的疗效。

2. 作用于神经系统

从防己科植物中分离出大量的生物碱，尤其是在千金藤属和轮环藤属植物的根部获得了几十种异喹啉生物碱，具有较强的生理活性，多数具有镇静和止痛作用。从山莨菪中分离得到的樟柳碱，虽然其抗胆碱作用比东莨菪碱及阿托品稍弱，但毒性较小，对偏头痛型血管性头痛、视网膜血管痉挛和脑血管意外引起的急性瘫痪都有较好的疗效，同时它还可用作中药复合麻醉剂。从乌头属的16种植物中得到的40多种二萜生物碱具有止痛作用。从蝙蝠葛中提取出的蝙蝠葛苏林碱，其溴甲烷衍生物具有肌肉松弛作用。从瓜叶菊中获得的瓜叶菊碱甲、瓜叶菊碱乙，以及从猪屎豆属植物中获得的猪屎豆碱，均具有阿托品作用。从胡椒中分离的胡椒碱，临床上称为抗痫灵。另外，从八角枫中分离得到了肌肉松弛有效成分八角枫碱；从延胡索中分离得到了10多种止痛生物碱。

3. 作用于心血管系统

益母草生物碱类成分是益母草主要药效物质，质量分数在0.11%~2.09%，为益母草长久以来的质量控制指标性成分。Liu等（2012）在乳鼠原代心肌细胞和大鼠心肌H9c2细胞系模拟缺氧模型上观察益母草碱对心肌细胞损伤的影响，结果显示，与缺氧对照组相比，益母草碱预处理组可明显减轻促凋亡基因 *Bax*、*Fas* mRNA 的表达（$P<0.001$），增加抗凋亡基因 *Bcl-2*、*Bcl-xl* mRNA 的表达（$P<0.05$），相应地，益母草碱预处理组能明显增加 Bcl-2 的蛋白表达水平，降低 *Bax* 的蛋白表达水平。益母草碱有很强的抗氧化作用，可以保护大脑缺血，为探讨其可能的机制，Loh 等（2010）选择大脑中动脉闭塞（MCAO）大鼠作为研究对象，口服给予益母草碱，结果表明，益母草碱显著降低脑组织梗死体积，改善行为学评分，通过提高缺血皮层的线粒体呼吸功能保护局灶脑缺血引起的线粒体免受损伤。此外，莲心中的莲心碱和甲基莲心碱季胺盐有降压作用；马兜铃和广玉兰叶中的广玉兰碱有显著的降压作用；从钩藤中得到的钩藤碱，有降血压、安神和镇静的作用。从小叶黄杨中分离出的环常绿黄杨碱，对典型心绞痛、缺血型 S-T 及 T 段的改善，以及血清中胆固醇的降低及高血压都有较好的疗效。

4. 在植物源农药中的应用

近几年来，国内外许多学者调查和研究了一些植物生物碱的抗菌、杀菌活性。于天丛等（2006）对苦豆子 7 种生物碱的研究表明，苦豆碱对瓜类炭疽病的主要致病菌有很好的生物活性，其对该病菌的抑菌能力与常用广谱性杀菌剂多菌灵处于同一水平；苦豆子总生物碱对 10 余种 206 株试验菌均有抑菌作用，在碱性环境下抑菌作用较强。牛心朴子草提取物中生物碱对危害极大的烟草花叶病毒（TMV）具有很高的抑制性。黄连素和血根碱具有显著的抗病原菌和抗病毒的作用。麻黄碱存在于麻黄科植物中，是有效的药用成分，对植物病菌也有强抑菌性。野生马铃薯中糖苷茄碱是一种在自然条件下能够抗病的有效成分。

富含生物碱的植物种类繁多，资源丰富。《杀虫植物与植物性杀虫剂》统计含生物碱的杀虫植物有 508 种，分属 108 科，并较多的分布于蝶形花科（27 属）、菊科（23 属）、茄科（14 属）、夹竹桃科（11 属）等双子叶植物中。例如，苦参碱是一种高效广谱杀虫剂，在不同地区对蔬菜、果树、茶叶、小麦水稻等作物的害虫均有良好的杀虫效果。卫矛科植物的杀虫有效成分为二氢沉香呋喃类化合物，雷公藤和苦皮藤是该科中重要的杀虫植物。烟碱是烟草中具有杀虫作用的生物碱；黄连素和血根碱具有显著的抗病原菌和抗病毒的作用，这些生物碱也是昆虫的拒食剂。用于商业杀虫剂生产的生物碱制剂已经有硫酸烟碱（中国）和黑叶 40（美国），黑叶 40 是一个水溶性的硫酸烟碱，其中烟碱含量为 4%。藜芦碱在 20 世纪 40 年代早期就被发展成为一个商业杀虫剂，现在主要用于柑橘害虫防治。以里安那碱为主要成分的 Ryanex 或称 Ryanicide，因其单位面积用量少，作用机理独特（对害虫肌肉表现毒性，引起害虫取食停止和松弛麻痹），正越来越显示出广阔的发展潜力，且里安那碱的水解产物 Ryanodol 对哺乳动物毒性低，但对昆虫却是一个强有力的击倒剂。

四、蛋白质

（一）蛋白质概述

目前，关于植物蛋白的提取及应用等研究主要集中在叶蛋白。叶蛋白是植物组织内天然蛋白质的浓缩物，富含氨基酸、蛋白质、生物活性酶、矿物质和胡萝卜素等营养物质，不含胆固醇，部分叶蛋白还具有很高的食用价值和药用价值，是一种新型蛋白资源。叶蛋白对饲料、医疗、美容等产业以及缓解粮食危机具有深远的意义，是一种极具开发价值的新型蛋白质资源，具有广阔的开发前景。

（二）提取方法

1. 直接加热法

直接加热法是利用高温破坏蛋白质的空间结构，使蛋白质变性凝固。由于化学键断裂需要吸收能量，所以，蛋白得率与加热时间和温度具有一定的相关性，加热温度一般为 70~90℃，加热时间一般为 7~15min。影响提取率的因素还有料水比，而料水比和原料有很大关系，不同原料含水量不同，因此，料水比差异亦较大。叶蛋白的提取率一般为 1.5%~3.8%。直接加热法成本较低，操作简单，制备的蛋白质结构紧密，还可灭活酶、防止营养流失；但高温会使蛋白质变性失活，且提取率较低。

2. 酸（碱）加热法

酸（碱）加热法一方面利用酸（碱）调节溶液 pH 值至蛋白质等电点，或利用强酸（碱）使蛋白质变性，另一方面利用高温破坏蛋白质的空间结构，最终使蛋白质凝集沉降。影响叶蛋白提取率的主要因素有 pH 值、加热温度、加热时间和料水比，除 pH 值以外，其他影响因素与直接加热法较为相似。

酸化加热法是提取叶蛋白应用最广泛的方法之一，适用性广，且提取率较高。在提取过程中，pH 值为 1.0~6.0，温度为 70~90℃，加热时间为 3~9min，提取率为 1.36%~65.73%，甚至更高。据报道，南瓜叶叶浆在 0.4% 乙酸提取液中 100℃ 浸提 3min，蛋白得率可达 93.14%。不同方法提取藜、中亚滨藜和紫花苜蓿的叶蛋白时，酸化加热法的效果最好，将植物按 1∶3 的料水比打浆 3min，调节提取液 pH 值至 4.0，加热絮凝，离心分离，提取率分别达到 62.64%，54.78% 和 54.26%。酸化加热法操作简单，成本低廉，提取时叶蛋白凝集快，所得叶蛋白结构紧密，能终止植物内的酶解作用，并具有一定的杀菌作用；但会加大不饱和脂肪酸和胡萝卜素的损失，而且在提取时只能得到等电点偏酸性的一部分蛋白。

碱化加热法也是一种常用方法，可提取多种植物叶蛋白，适用于含有大量等电点偏碱性的植物叶蛋白提取，体系 pH 值为 8.0~10.0，温度为 55~100℃，加热时间为

4~60min，提取率为 4.42%~94.56%。茶渣是一类非常具有利用价值的高蛋白物质，碱化加热法的提取率可达 72.89%。料液比为 1∶4 的桑叶叶浆，以 0.7% NaOH 为浸提液，在 75℃下浸提 20min，提取率为 4.42%。碱化加热法操作简单，不仅可去除多种不利因子，还能提高叶黄素的稳定性，所得叶蛋白的起泡性、持水性和吸油性较好，是饲料或食品的优质蛋白源；但所得叶蛋白结构疏松、品质较差、不易分离，一定程度上加剧了不饱和脂肪酸和胡萝卜素的损失。

3. 盐析法

盐析法利用中性盐中和蛋白质表面的电荷并破坏水化膜，使蛋白凝集沉淀。在叶蛋白提取过程中，高浓度中性盐溶液可加速植物细胞死亡，促进细胞壁裂解；低浓度中性盐可增加水的极性，使更多的蛋白质溶解到提取液中，通常与其他提取方法配合使用来增加提取率。影响盐析法提取率的因素主要是中性盐种类和添加量。常用的中性盐有氯化钠和硫酸钠，提取率为 3.37%~41.41%。盐析法操作简单，生产过程安全，制取的叶蛋白结构完整；但叶蛋白品质较差。由于不同蛋白质在不同的中性盐浓度下，溶解度不同，所以，在生产过程中，盐析法可以更有效提取所需蛋白质，提高分离效果。盐析法提取条件较为温和，提取液中残留了大量的可溶性蛋白质，常与酸化加热法等配合使用。

4. 有机溶剂法

有机溶剂提取蛋白质时，一方面破坏蛋白质表面的水化膜，另一方面降低溶液的介电常数，从而增加蛋白质表面不同电荷的吸引力，使蛋白质分子凝集沉淀。常用的提取溶剂有乙醇、丙酮、乙腈等。有机溶剂不同、浓度不同，提取率 3.37%~51.76%不等。乙醇具有沉淀蛋白的作用，65%的乙醇提取添加 0.3%中性盐，按料水比为 1∶7 打浆的聚合草汁提取率为 3.37%。TCA 和丙酮均能使蛋白质变性沉淀，TCA-丙酮法提取的聚合草叶蛋白，提取率可达 46.45%（干叶）和 51.76%（鲜叶）。另外，30%乙腈配合纤维素酶和酸化加热法对橄榄叶蛋白也具有很好的提取效果。有机溶剂可去除某些多酚类物质和植物色素，在一定程度上去除了植物中的有害物质；但操作较复杂，如果提取活性物质还须在低温下进行，而且残留的有机溶剂需要去除，则增加了生产成本。

5. 酸碱沉淀法

酸碱沉淀法是对酸化加热法和碱化加热法的优化，由于叶蛋白组成比较复杂，所以，酸化或碱化加热法只能提取其中等电点偏酸或者偏碱的蛋白质，势必会损失一些蛋白质。依次利用酸和碱进行提取则扩大了蛋白质的提取范围。酸碱沉淀法主要有溶解工艺和沉淀工艺，溶解工艺可以将大量的蛋白质溶解在溶剂中，沉淀工艺通过调节pH 值，从而使蛋白质析出。酸碱沉淀法可提高提取率，充分沉降植物叶蛋白，由于反应条件温和，所制备的叶蛋白结构疏松；但操作较复杂，大规模制备时，耗酸（碱）量大，而且需要高温或低温辅助沉降，增加了工业制备的成本。

6. 发酵酸法

发酵酸法的原理与酸化加热法基本相似，是酸化加热法的特殊形式，利用酵母菌等菌种在发酵过程中产酸产热，使溶液 pH 值降低至蛋白质的等电点，在酸效应和热效应的共同作用下析出蛋白。发酵酸法分为直接发酵法和间接发酵法，分别利用酵母菌和酸液，发酵一定时间提取叶蛋白。提取率的主要影响因素有发酵菌种、接种量、温度和时间。产酸和耐酸能力强的优良菌种可缩短发酵时间，降低发酵温度。发酵酸法制备苜蓿叶蛋白时，乳酸菌接种量 10^7 个/mL，37℃ 发酵 11h，叶蛋白得率为14.9%，接种相同数量的乳酸菌，34℃ 密闭发酵 8h，提取率为 30.84%。

发酵酸法属生物性提取方法，化学污染少，节约资源，环保，操作简单，成本低廉，提取过程中还会破坏皂角素等有害物质，制得的叶蛋白结构紧密，易分离，而且混有微生物蛋白，如果需要制作叶蛋白食品时还可保留益生菌。但是，该方法发酵耗时较长，而且发酵过程不易控制，对蛋白质有一定程度的降解。

7. 酶法

植物细胞壁和胞间成分主要是纤维素和果胶，添加一定量的纤维素酶和果胶酶能破坏植物组织和细胞壁，使胞内蛋白更多地释放并溶于提取液中，从而提高提取率。有研究在用纤维素酶和淀粉酶辅助提取米糠中的蛋白质时，提取率可达 53.20%。在茶渣中添加 1.5% 的纤维素酶和 2.5% 的果胶酶（以茶渣用量计），50℃ 提取 2h 后，再添加 2.5% 的碱性蛋白酶，茶渣蛋白的提取率为 63.97%。还有科研人员研究比较了 5 种商业酶提取辣木种子蛋白的效果，确定了 Protex 7L 是最适酶种，提取率可达75.4%。酶法反应条件温和，多种酶联合使用能有效提取植物叶蛋白，且在酶解过程中可以产生具有生物活性的多肽，在食品和饲料方面具有很高的价值。但是，其提取成本较高，而且酶易失活。

（三）主要应用

植物叶蛋白的蛋白质营养价值远超普通的叶蛋白，再加上该种叶蛋白的来源比较广泛，也在很大程度上提高了该种叶蛋白的适应性。随着相关行业的不断发展，提取技术和应用手段不断丰富，主要来说有以下几大应用前景。

1. 饲料

饲用也是叶蛋白的一种主要用途，对加工业和畜牧业的发展有着巨大的推动作用，一方面能满足日常的饲养任务，另一方面也能增强动物的体质，木薯叶蛋白的氨基酸能满足牲畜和家禽的日常营养需求，例如水葫芦叶的叶蛋白。这种叶蛋白的价格较低，同时具有比较高的安全性，对于家禽养殖业来说有着至关重要的作用。聚合草也是植物叶蛋白提取工作中发展潜力比较大的一种植物，这种植物的氨基酸种类较为丰富，能够满足牲畜的生长需求，也成为植物叶蛋白提取工作中的关键。

2. 食品

植物叶蛋白的营养价值一般都比较高，同时还具有较高的安全性和适用性，可以通过物理手段直接进行提取食用，对其中的有效成分进行合理利用，能够将其运用在老年保健品中，对延缓老年人衰老，改善老年人体质都有巨大的帮助。半夏内含有17 种氨基酸，其中 7 种为人体必需氨基酸，2 种为半必需氨基酸。野生大豆蛋白具有更好的乳化性能，可以开发高乳化性大豆蛋白产品。而且野大豆中必需氨基酸含量较高，含有人体需要的 8 种必需氨基酸：异亮氨酸（Ile）、亮氨酸（Leu）、苏氨酸（Thr）、缬氨酸（Val）、蛋氨酸（Met）、苯丙氨酸（Phe）、色氨酸（Tyr）和赖氨酸（Lys）。从氨基酸总量来看，野生大豆中氨基酸含量为 33.58%，高于栽培大豆29.37%。补血草体内含有 16 种氨基酸，包含了人体生长发育必需的 8 种氨基酸中的7 种，表明二色补血草具有较高的药用价值和保健作用。

3. 医疗

除了食用和饲用之外，医疗也是植物叶蛋白的一种主要用途，因为很多植物叶蛋白都具有一定的抗菌、防癌功效。半夏蛋白是一种从半夏属块茎中分离纯化出来的植物蛋白，是一种植物凝集素，它能与甘露醇专一性的结合，具有凝血、抗肿瘤、抗生育、杀虫等重要的药理作用。有学者发现掌叶半夏蛋白成分对 S-180 小鼠肉瘤有明显抑制作用。另有学者应用 MTT 法观察并比较半夏蛋白对体外培养人肝癌 Bel-7402细胞生长的抑制作用，研究发现半夏蛋白对 Bel-7402 细胞有一定的抑制作用，与空白对照组相比其差异具有统计学意义（$P<0.05$），经层析之后的半夏蛋白对体外培养肝癌细胞增殖有较好的抑制作用，并呈现显著的量效关系。

4. 农业应用

植物在长期进化过程中为了抵御外源物侵袭而产生了一些具有抗菌活性的蛋白质和肽等。在自然界中植物抗菌蛋白多种多样，多为抗真菌蛋白，依据其结构、作用机制和序列特性，可将其大体分为以下几类：病程相关蛋白、类亲环素蛋白、防御素及类防御素蛋白、凝集素、核糖体失活蛋白、脂转移蛋白、蛋白酶抑制剂和 2S 清蛋白等。随着植物抗真菌蛋白的分离纯化，植物抗病基因工程研究取得重大突破，植物抗真菌蛋白在植物抗病原菌和抗虫保护中展示出广阔的应用前景。

（1）病程相关蛋白

几丁质酶和类几丁质酶：真菌细胞壁的主要成分几丁质，是 N-乙酰葡糖胺的多聚体，几丁质酶有水解几丁质的活性，从而发挥出抗真菌的作用。烟草 I 型几丁质酶在几丁质结合结构域存在的情况下，其抗真菌活性有所提高。从蕨类叶片中纯化得到的一个42kDa的几丁质酶，其两个末端赖氨酸基序结构域是对抗真菌活性起着重要作用的。从药用植物人参（*Panax notoginseng*）中提取出一个15kDa的类几丁质酶蛋白，它具有抑制真菌毛头鬼伞（*Coprinus comatus*）、尖孢镰刀菌（*Fusarium oxysporum*）、褐斑病菌（*Mycosphaerella arachidicola*）的活性。

葡聚糖酶（PR-2蛋白）：葡聚糖是真菌细胞壁的第二个重要成分。葡聚糖酶的抗真菌活性机制包括直接机制和间接机制。直接的抗真菌机制就是通过水解真菌细胞壁中的β-1,3葡聚糖结构，特别是作用于葡聚糖中暴露比较薄弱的菌丝体顶端，从而导致脆弱细胞的裂解和死亡。间接的抗真菌效应就是β-1,3葡聚糖酶在降解病原物细胞壁的同时，其释放出来的寡糖还能作为植物多种抗病反应（如过敏反应）的激发子，诱导植物的全面抗病反应。麻疯树β-1,3葡聚糖酶能不同程度地抑制水稻稻瘟病菌（*Pyricularia oryzae*）、玉米纹枯病菌（*Rhizoctonia solani*）、小麦赤霉病菌（*Gibberelle zeae*）菌丝的生长，并对玉米弯孢杆菌孢子的萌发和水稻稻瘟病菌孢子的形成抑制作用较强。许多植物病原真菌细胞壁的主要成分是几丁质和β-1,3-葡聚糖，几丁质酶和葡聚糖酶可以协同作用，并可直接分解病原真菌菌丝。Leah等（1991）从大麦种子中分离的26kDa几丁质酶，一个30kDa核糖体失活蛋白以及一个32kDa β-1,3-葡聚糖酶能协同增强对真菌生长的抑制。

几丁质结合蛋白（PR-4蛋白）：几丁质结合蛋白对真菌生长的抑制作用归于其结合几丁质的能力。真菌生长的同时常伴随着菌丝细胞壁的组装，其几丁质暴露在外面，容易为几丁质结合蛋白结合。真菌细胞的极性是生长所必需的，抗菌蛋白可以结合到萌发中的孢子表面和生长着的菌丝顶端，这种结合使得菌丝形态发生改变，包括异常分支，菌丝肿胀，并且菌丝变短，从而抑制真菌细胞的生长。从千穗谷种子中分离出一个3 184kDa的抗菌肽，该肽具有耐热性和蛋白酶抑制作用，且有富含半胱氨酸/甘氨酸的几丁质结合结构域，同时能降解几丁质。它较强地抑制了白曲霉（*Aspergillus candidus*）、白色念珠菌（*Candida albicans*）、腐皮镰刀菌（*Fusarium solani*）、念珠地丝菌（*Geotrichum candidum*）及产黄青霉（*Penicillium chrysogenum*）。

（2）亲环素类似蛋白

亲环素，通常也叫免疫亲和素、肽酰辅氨酰顺反异构酶、环孢菌素A-结合蛋白，其序列已经从很多生物中测序得到，包括植物、酵母、果蝇、寄生虫及老鼠。它们表现出序列同源性。亲环素具有肽脯氨酰顺反异构酶的活性，是蛋白质折叠的限速因子，在蛋白质折叠、输送和相互作用、抑制T细胞活化、细胞生长、成熟、细胞凋亡以及信号传导等多种生理活动中发挥关键作用。有学者认为亲环素可能是应激相关蛋白，真菌和病毒的入侵可能形成了一定的刺激。因此，一些亲环素类似蛋白具有抗真菌和抗病毒活性。亲环素类似的抗真菌蛋白已经从豇豆、绿豆及鹰嘴豆中分离出来，它们的分子量是 18kDa。

（3）防御素及防御素类似肽

植物防御素是小的（45~54 个氨基酸）富含半胱氨酸的蛋白，参与宿主对真菌病原体的防御。植物防御素的氨基酸序列高度变化，唯独不变的是 8 个结构稳定的半胱氨酸残基。与人、昆虫的防御素相反，植物防御素在由磷脂组成的人工膜上不能诱导离子通道的形成，也不能改变磷脂双分子层的电荷特性，这些情况说明植物防御素和原生质膜磷脂之间的直接相互作用似乎是不可能的。然而，一些植物防御素能引起 Ca^{2+} 流入，K^+ 流出，因此抑制了真菌的生长。此外，它们作用在初级发育的菌丝上却不阻止分生孢子的发育，表明它们的防御素受体可能只是出现在真菌生长早期。从菠菜中分离得到的防御素在低于 20μmol/L（IC_{50}）的浓度下对马铃薯环腐病菌（*Clavibacter michiganensis*）和青枯病菌（*Pseudomonas solanacearum*）具有抑制作用。从紫豇豆种子中分离出的 5 443kDa 的防御素能够抑制褐斑病菌（*Mycosphaerella arachidicola*）、玉米小斑病菌（*Helminthosporium maydis*）、尖孢镰刀菌（*Fusarium oxysporum*）、茄子黄萎病菌（*Verticillium dahliae*）、玉米纹枯病菌（*Rhizoctonia solani*）、白色念珠菌（*Candida albicans*）和玉米大斑病菌（*Setosphaeria turcica*）菌丝的生长，且其 IC_{50} 分别为 0.8μmol/L、0.9μmol/L、2.3μmol/L、3.2μmol/L、4.3μmol/L、4.8μmol/L 和 9.8μmol/L。它们的抗真菌活性强于植物防御素 coccinin（IC_{50}>50μmol/L）。

（4）凝集素

植物凝集素是一类具有特异糖结合活性的蛋白，具有一个或多个可以与单糖或寡糖特异可逆结合的非催化结构域。植物凝集素的糖结合活性是通过结合外源寡糖，干扰外源生物对植物造成的影响来参与植物的防御反应。有科学家进行的体外研究表明，麦胚凝集素（WGA）抑制绿色木霉（*Trichoderma viride*）的孢子萌发和菌丝生长，狭叶荨麻（*Urtica dioica*）凝集素抑制灰葡萄孢（*Botrytis cinerea*）、钩状木霉（*Trichoderma kamatum*）和布拉克霉（*Pkycomyces blakesleeanus*）的生长。Boleti 等（2007）从桃榄（*Pouteria torta*）种子中纯化到的 14kDa 的凝集素具有抗真菌及杀虫活性，它能抑制尖孢镰刀菌（*Fusarium oxysporum*）和炭疽菌（*Colletotrichum musae*）的生长。

（5）脂转移蛋白

脂转移蛋白是碱性蛋白，分子量为 9~10kDa，关于该蛋白家族的体外功能仍具有争议，但是它们在植物防御中抵抗植物病原体的作用机制普遍令人认可。脂转移蛋白能抑制细菌和真菌，然而对真菌的抑制效果要强一些。有学者从大麦叶片中分离了 4 个 LTP，它们均有抗马铃薯环腐病菌、假单胞菌等细菌及腐皮镰刀霉这种真菌的活性。绿豆 LTP 具有 pH 值、温度及蛋白酶稳定的性质。LTP 具有抗细菌活性，但没有抗增殖和 HIV-1 反转录酶抑制活性。洋葱种子中的 Ace-AMP 是一个 10kDa 蛋白，有抗真菌和抗细菌活性，它的序列与植物脂转移蛋白的序列相似。

（6）蛋白酶抑制剂

已从多种植物中提取出大量蛋白酶抑制剂。大多数天然的蛋白酶抑制剂都来自植物并进行了相关性质的研究。真菌的菌丝可能刺入植物细胞壁通过分泌裂解酶并分叉成网状遍布叶片来吸取养分。蛋白酶抑制剂抑制了真菌蛋白酶并因此增加植物对真菌病原体的抵抗力。蛋白酶抑制剂的抗真菌机制还没有完全阐述。致植物病的真菌分泌蛋白酶。植物致病性似乎与分泌的蛋白酶有关因为蛋白酶缺乏的突变体缺少在植物中诱导病变的能力。3 个库尼兹型的丝氨酸蛋白酶抑制剂（APTIA、APTIB、APTIC）已经从 *Acacia plumosa* 种子中分离得到。它们的分子量是 20kDa，有 pH 值稳定性、热稳定性，以及对黑曲霉、炭疽菌、异根串珠霉的抗真菌活性。

（7）核糖体失活蛋白

核糖体失活蛋白，一类作用于 rRNA 并能够抑制细胞核糖体合成蛋白质，从而导致宿主死亡的毒蛋白，广泛存在于植物、细菌中。其共同特点是具有 N-糖苷酶活性，能水解生物核糖体大亚基 rRNA 颈环结构上特定位点的腺嘌呤，使核糖体失活，从而抑制蛋白质合成。从丝瓜种子中分离出分子量大小为 7.8kDa 的肽，该肽命名为 luffacylin，在核糖体失活蛋白实验中展示了对 N-糖苷酶的积极作用，并对褐斑病菌和尖孢镰刀菌有一定的抑制活性。核糖体失活蛋白（RIP）除了有抗真菌活性还有抗病毒及抗虫活性。田间抗性试验表明，转天花粉蛋白（TCS）基因的番茄对烟草花叶病毒（TMV）和抗巨细胞病毒（CMV）均表现出较强的抗性。有研究在烟草中表达玉米核糖体失活蛋白基因，转基因后代对测试的昆虫表现不同水平的抗性。R2 代对香烟甲虫的抗性明显增强。在 R2 代表现高抗的子代（R3 代）对大多害虫具有广谱抗性，对取食玉米的害虫有明显的抗性。

（8）2S 清蛋白

存在于单子叶及双子叶植物的种子中，富含谷氨酸盐且具有相似物理化学特性的一类低分子量的贮存蛋白。有报道表明，从西番莲（*Passiflora edulis f. flavicarpa*）种子中纯化出的 2 个与 2S 清蛋白同源的蛋白 Pf1 和蛋白 Pf2，由不同的亚基组成，能够抑制病原真菌尖孢镰刀菌（*Fusarium oxysporum*）和腐皮镰刀菌（*Fusarium solani*）的生长。

第三节　滩涂植物资源农业应用

一、饲料

饲料是所有人饲养的动物的食物的总称，比较狭义地一般饲料主要指的是农业或牧业饲养的动物的食物。根据饲料的物理性状、化学组成、消化率和生产价值等条件，主要分为以下几类：青绿、多汁饲料，粗饲料，精饲料等。青绿、多汁饲料，是指在植物生长繁茂季节收割，在新鲜状态下饲喂牲畜。这类饲料一般鲜嫩适口，富含多种维生素和微量元素，是各种畜禽常年不可缺少的辅助饲料。根据不同性质、特点，青绿、多汁饲料又可以分为以下 2 种：① 青割（刈）饲料，根据饲料作物生长势或生育阶段和畜禽饲养的要求，在作物生长季节，按需要量每天进行刈割，切碎、粉碎或打浆饲喂畜禽，如苜蓿、草木樨、小冠花等，这类饲料一般适口性强，营养丰富，是各种畜禽必备的饲料；② 青贮饲料，在饲料作物单位面积营养物质产量最高，适口性最好，饲料质地最佳的鲜嫩状态时，适时收割，调制成青贮饲料，供畜禽在冬春（或全年）缺乏青饲料时饲喂，常见的青贮饲料有玉米、甜高粱、野草和野菜等。

粗饲料是各种家畜不可缺少的饲料，对促进肠胃蠕动和增强消化力有重要作用；它还是草食家畜冬春季节的主要饲料。粗饲料的特点是纤维素含量高（25%~45%），营养成分含量较低，有机物消化率在 70% 以下，质地较粗硬（秸秆饲料）和适口性差（栽培牧草例外）。粗饲料种类很多，其品质和特点差异也很大。主要有以下 3 类：① 野干草，在天然草地上采集并调制成的干草称为野干草。由于草地所处的生态环境、植被类型、牧草种类和收割与调制方法等的不同，干草品质差异很大。野干草是广大牧区牧民们冬春必备的饲草，尤其是在北方地区；② 栽培牧草干草，在我国农区和牧区人工栽培牧草已达 $(4~5) \times 10^6 hm^2$。各地因气候、土壤等自然环境条件不同，主要栽培牧草有近 50 个种或品种。"三北"地区主要是苜蓿、草木樨、沙打旺等，长江流域主要是白三叶、黑麦草等。用这些栽培牧草所调制的干草，质量好，产量高，适口性强，是畜禽常年必需的主要饲料成分；③ 秸秆饲料，农作物的秸秆和颖壳的产量约占其光合作用产物的一半，我国各种秸秆年产量 5 亿~6 亿 t，约有 50% 用作燃料和肥料，另 50% 用作家畜饲料，是家畜粗饲料的主要来源。但秸秆饲料一般质地较差，营养成分含量较低，必须合理加工调制，才能提高其适口性和营养价值。我国秸秆饲料的主要种类有稻草、麦秸、玉米秸等。精饲料又称"精料"或"浓厚饲料"。一般体积小，粗纤维含量低，是消化能、代谢能或净能含量高的饲料。精饲料是各种畜禽生长、繁殖和生产畜产品必不可少的饲料。根据其性能与特点，可分为以下 3 种：① 禾谷类饲料，一般指禾本科作物籽实饲料，如玉米、高粱、小麦等，这类饲料无氮浸出物（主要是淀粉）含量高，一般为 75%～83%，粗蛋白质 8%～10%，矿物质中磷多钙少。是畜禽的热能饲料；② 豆类与饼粕饲料，豆类籽实作为饲料的种类较多，主要有饲用大豆（秣食豆）、豌豆、蚕豆等，饼粕类饲料主要有豆饼、豆粕、棉籽饼、菜籽饼、花生油饼等。这两类饲料的共同特点是粗蛋白质含量较高，占 35%～45%，是畜禽蛋白饲料的主要来源；③ 糠麸类饲料，这类饲料的无氮浸出物（53%～64%）和粗蛋白质（12%左右）含量都很高，其营养价值相当于籽实饲料。

我国滩涂、沼泽面积辽阔，资源丰富，尤其是牧草饲料资源种类繁多。盐生植物是生长在盐碱土壤中的一类天然植物区系，在高盐土壤环境和海水灌溉条件下，许多盐生植物不仅能够存活，而且能产生可观的生物量，不乏大量的优良牧草，如藜科的海蓬子和碱蓬，禾本科的大米草，豆科的苜蓿、草木樨等。它们既可以作为青绿、多汁饲料，又可以加工成粗饲料及精饲料，在滩涂、荒漠地区畜牧业生产中发挥着重要作用，也在生态环境保护中具有重要意义。

1. 海蓬子

在海水灌溉条件下，海蓬子作为饲草作物能产出 18t/hm² 的干生物量，与淡水灌溉的传统饲草作物产量相近。当将海蓬子青枝或秸秆作为青饲料时，其蛋白质含量为 5%～7%，连同种子作为青饲料时，其蛋白质含量为 10%～12%，饲养效果和紫花苜蓿草（*Medicago sativa*）相当。且海蓬子成分中不易消化的纤维素成分（木质素）含量较低，为 5%～6%。对海蓬子进行化学分析发现，其种子榨油后含粗蛋白 340g/kg、粗纤维 36g/kg 以及 19.4MJ/kg 总生物量。籽粒收获后的海蓬子秸秆，与青饲相比，其粗蛋白及脂肪含量大大降低，其中粗蛋白为 5.5%～6.5%，脂肪含量为 1%～2%。但是它的代谢能仍达 1 824kcal/kg，与罗得氏草没有显著差异。在阿联酋进行的山羊饲喂试验显示，只要适量增加饲料中的蛋白源，海蓬子秸秆可以替代 50% 的罗得氏草用量来饲喂家畜，而不降低动物生长率。

海蓬子植株内含有高浓度的无机盐，青饲中灰分含量为其干重的 35%～46%；秸秆中灰分含量在 30%～36%，这将引起饲料适口性的降低，限制动物的进食量。用来饲养家畜的食物量需要非常精心地调节，从而使所有对动物生产率有不良影响的因素降到最小。根据研究表明，将海蓬子青饲料以占总进食量 30%～50% 的比例混合常规饲料喂养山羊、绵羊等，发现动物生长状况与喂食常规饲料相当，而且动物的肉味也不受影响。但是，试验动物的生长率（每喂食 1kg 所生长出的肉）要比传统饲料喂食的动物低 10%。而且动物吃了混合饲料后，需要饮用更多的水来补偿额外的盐分摄入。另外，海蓬子中主要的抗营养因子是皂角苷，这是一种苦味的化学物质，能够影响北美海蓬子的动物适口性。但也有试验发现，在海蓬子中添加1%胆固醇可有效去除皂角苷的抗营养效应。

虽然海蓬子秸秆作为动物饲料有以上两个缺点，但是都可以通过简单处理从而使之适合于动物饲用。据计算，每公顷海蓬子青饲料可喂养大约400只羔羊。这对许多淡水紧缺的国家，特别是中东地区，如科威特、沙特阿拉伯、伊拉克、阿联酋等国家解决饲草生产依赖于淡水灌溉或进口的难题具有积极意义，同时，也为全球淡水紧缺问题减轻压力。亚利桑那大学环研室及国际海蓬子公司对野生北美海蓬子在全海水灌溉的海滨农场中，经过多年的驯化与选育，于1986年筛选出第一个大粒高产品系SOS-7，并在杂交育种的基础上于1989年育成更为优良的品系SOS-10。该品系在生长活力、产量潜势、产品品质上表现最佳，现已经被美国国际海蓬子公司（Seaphire International）将其在大田栽培及多途径产品增值开发利用上逐步商业化及规模化。

2. 碱蓬

碱蓬植株可直接用作饲料，将碱蓬作为牲畜混合饲料的一部分，取代传统的干草饲料，牲畜肉质及增重幅度未受影响。碱蓬的种子和茎叶中营养成分完整而丰富，其种子脂肪含量占干物质的36.5%，高于大豆；不饱和脂肪酸占90%，亚油酸占70%，亚麻酸占6.08%。碱蓬的鲜嫩茎叶的蛋白质含量占干物质的40%，榨油后的籽粕粗蛋白含量为27%左右，且含有丰富的氨基酸，含有丰富的维生素和微量元素，这些都是很好的饲料蛋白源，经微生物发酵后有更高的利用效率。用碱蓬籽油渣作为原料可采用假丝酵母（Candida utilis）E与米曲霉（Aspergillus oryzae）S混合发酵法生产蛋白饲料，蛋白含量可提高到25.38%，可溶性物质含量增加到40.20%，粗蛋白、钙、磷等含量有所增加，氨基酸增加幅度较大，特别是必需氨基酸蛋氨酸和色氨酸分别提高了127.69%和39.01%，具有较高的营养价值。以碱蓬作为饲料已是我国各碱蓬产区的主要用途，不仅能够降低饲养成本，而且可以提高畜产品的绿色化程度。

碱蓬是一种深具应用潜力的饲料资源，但其矿物元素富集的特征增加了家畜采食后的矿物质缺乏和不平衡的风险。孙海霞等（2013）研究了羔羊日粮中添加碱蓬干草饲料后，对羔羊肌肉组织、心、肝、肾中矿物元素含量的影响。试验结果表明，日粮中添加碱蓬对肌肉组织中钙含量有显著的影响，随着碱蓬含量的增加，羊肉中钙含量显著的减少；铁含量随碱蓬增加有提高的趋势，而且接近显著的水平，铜含量表现降低的趋势，但统计差异不显著。肝中铁和铜的含量变化也表现出与肌肉组织相似的趋势。添加碱蓬对心和肾组织中的各种矿物元素无显著的影响。因此，短期饲喂碱蓬干草对羔羊组织中矿物元素无明显的不利影响，但长期饲喂应关注动物发生铁过量和钙、铜缺乏的风险。

3. 大米草

大米草（Spartina anglica Hubb.），别名食人草，属于禾本科大米草属植物，是禾本科米草属几种植物的总称。秆直立，高 10~120cm；分蘖多而密聚成丛；叶片线形，长约 20cm，宽 8~10mm，先端渐尖，基部圆形，叶鞘大多长于节间，基部叶鞘常撕裂成纤维状而宿存，叶舌短小，具长约 1.5mm 的白色纤毛；穗状花序长 7~11cm，颖果圆柱形。花果期 8—10 月。

大米草原产于英国南海岸汉普郡的海滩盐沼地，是英国本地的一种欧洲米草与北美互花米草杂交后产生的多倍体不育米草变异种。我国大米草主要有 4 种，分别为大米草、互花米草、大绳草和菰米草，通常说的大米草也包括互花米草。因其具有显著的生态经济价值而被许多国家广泛引种开发。我国自 1963 年成为亚洲第一个引种成功的国家以来，现北起辽宁盘山，南至广东电白均有分布，目前是世界上大米草种植面积最大的国家。大米草具有很强的耐盐、耐淹特性，能在潮水经常淹到的海滩中的潮带栽植成活，但在海水淹没时间太长、缺少光照的低滩不能生存。大米草密集成草丛、群落生物量大，即可抵挡较大风浪。大米草分蘖率和繁殖力强，在潮间第 1 年可增加几十倍到一百多倍，几年便可连片成草场。

大米草繁殖快、再生力强，种植 2~3 年便可发展成茂密的群落，以供放牧和收割饲料，且耐牧性好、载畜量高。据对大米草的营养成分测定表明，大米草与其他饲料原料一样，营养成分比较齐全：大米草的粗蛋白质含量为 9%~13%，粗脂肪含量为 1.43%~2.16%，粗纤维含量为 23%~27%，粗灰分含量为 7.36%~9.67%，钙含量为 0.23%~1.30%，磷含量为 0.18%~0.19%、盐含量为 1.54%。同时，大米草含有多种氨基酸成分与生物活性物质以及多种微量元素与维生素，其中氨基酸以谷氨酸及亮氨酸含量较高，微量元素以铜、铁、锰、锌含量较高。大米草饲料的加工利用方式是微贮，其经过微贮后的粗蛋白含量与燕麦草接近，相比传统粗饲料成本降低。大米草饲料的营养含量较高，是一种可充分利用的理想饲料。

大米草有助于提高畜禽的生产性能，增加畜禽适口性，促进胃肠蠕动，增强抗病能力。其嫩叶和根状茎有甜味，草粉清香，评价属于良等饲草。1976 年江苏启东建成了我国第一个大米草海滩牧场，用大米草饲养的山羊平均增重量比喂食杂草的高78%；大米草场放牧的绵羊，体质较林带区放牧的好。大米草晒干轧粉，是良好的冬季饲料，用来喂猪，饲料比传统饲料减少 28.75%，而体重却增加 23.14%。大米草可作为精料补充料的原料，配制发酵全混合日粮后对 6 月龄的后备牛进行饲喂，其生产性能提高，超过传统混合日粮，因而大米草是一种优质的奶牛饲料。大米草生长繁殖的特殊环境对寄生虫与病原菌的繁殖产生抑制作用，饲用后不会对畜禽健康造成危害，饲用安全性明显提高。大米草饲料粗纤维与盐含量较高，添加时应适量，其在畜禽混合饲料中的最适添加量应保持在 15%~20% 为最佳，如果大米草饲料的添加量超过20%，饲料中粗纤维与盐含量过量，易致使畜禽采食量与消化能力明显降低，对畜禽生长发育造成影响，但其经过青贮氨化后与传统粗饲料混合饲喂，则畜禽生长发育不会受到影响。

20世纪60年代，为防浪固堤，促淤保滩，我国引进了这一外来物种。然而，大米草在滩涂的迅速繁殖蔓延，大米草疯长，不仅造成滩涂中的蟹类、贝类、藻类等沿海水产资源锐减，而且使进港潮汐流速减缓，滩涂快速淤涨，海床逐步抬高。如果大米草不加治理，任其发展，对于生态环境来说将是毁灭性的灾害。在资源日益紧缺的今天，大米草如果能作为饲料原料加以开发，既可以获得经济效益，又可以通过持续收割，达到抑制其恶性扩张的目的。因此在治理中，除了对生态环境可能带来毁灭性灾害的大米草进行围剿外，对尚可控制的，应尽快采取因地制宜的方法，变害为宝。

4. 苜蓿

苜蓿（*Medicago sativa* Linn）是苜蓿属植物的通称，俗称金花菜，是一种多年生开花植物。其中最著名的是作为牧草的紫花苜蓿（*Medicago sativa*）。一年生或多年生草本，稀灌木，无香草气味。羽状复叶，互生；托叶部分与叶柄合生，全缘或齿裂；总状花序腋生，花小，一般具花梗；苞片小或无；荚果螺旋形转曲、肾形、镰形或近于挺直，比萼长，背缝常具棱或刺；有种子1至多数。种子小，通常平滑，多少呈肾形，无种阜；幼苗出土子叶基部不膨大，也无关节。苜蓿是多年生草本植物，似三叶草，耐干旱，耐冷热，产量高而质优，又能改良土壤，因而为人所知。苜蓿原产伊朗，是当今世界分布最广的栽培牧草，在我国已有2 000多年的栽培历史，主要产区在西北、华北、东北、江淮流域。

苜蓿是世界上最重要、种植面积最广泛的豆科牧草之一，由于其适应性广、产草量高，且富含蛋白质、维生素和矿物质等营养物质，被誉为"牧草之王"。苜蓿是世界上最重要的饲料作物。在美国，苜蓿是仅次于大豆和玉米的第三大植物蛋白来源。在全球范围内，苜蓿种植面积约 $3.22 \times 10^7 hm^2$，苜蓿占全球蛋白质供应量的5%（FAO，2006）。我国苜蓿种植面积约 $3.77 \times 10^6 hm^2$，居各类人工草地之首。据统计，世界上苜蓿单产一般可达 $10.0 \sim 22.2 t/hm^2$、苜蓿是高蛋白含量的优质牧草，在现蕾末期至开花期苜蓿干草蛋白质含量在19%以上，优质苜蓿干草蛋白质含量高达22%以上，蛋白质的消化率达70%以上，是所有牧草中含可消化蛋白质最高的牧草之一。苜蓿中矿物质含量丰富，与添加剂相比，通过饲喂苜蓿获得矿物质和维生素不仅成本低，而且安全可靠。据文献报道，0.453kg苜蓿干草可基本满足45.36kg体重的家畜对钙、钾、镁、硫、铁、铜、钴、锌等矿质元素的日需求。苜蓿中丰富的钙含量，对泌乳奶牛（Bovine）及发育中的小母牛和公牛尤其重要。苜蓿也富含各种维生素、核黄素和叶酸等营养成分，维生素A是家畜日粮中必需的成分，对家畜某些疾病具有治疗作用，还能缓减不良环境条件胁迫所造成的家畜烦躁不安。

苜蓿不仅是食草家畜的主要优质饲草，也是猪、禽、鱼配合饲料中重要的蛋白质、维生素补充饲料，含有动物生长发育必需的营养成分、氨基酸、矿物质、各种维生素以及未知生长因子。研究结果表明，苜蓿初花期蛋白含量一般在 17%~20%，脂肪含量一般 2%~3%，初花期苜蓿干物质中粗纤维含量 30% 左右；微量元素中含有畜禽必需的铁、铜、锰、锌、钴和硒，其中铁、锰含量较多；苜蓿中还含有动物需要的各种必需氨基酸，且含量丰富。苜蓿中粗蛋白质和无氮浸出物消化率较高，一般都在 60% 以上，合适的收获时期可以最大限度保持苜蓿的营养物质和适口性，各种畜禽都喜食，每千克优质苜蓿草粉相当于 0.5kg 精料的营养价值。苜蓿中还含有苜蓿多糖（alfalfa polysaccharides，APS），苜蓿多糖含葡萄糖、甘露糖、鼠李糖等活性成分，通过促进畜禽免疫器官的生长和淋巴细胞的增殖转化来提高畜禽的免疫功能，通过清除自由基起到抗氧化作用。

苜蓿利用方式广泛，既可青刈青饲，又可以制成干草、青贮、草块、草粉和草颗粒等。苜蓿青贮饲料是将含水率为 50%~70% 的苜蓿原料经切碎后，在密闭缺氧条件下，通过厌氧乳酸菌的发酵作用，抑制各种杂菌繁殖，而得到的一种粗饲料。苜蓿青贮的过程是多种微生物发酵的过程，主要是乳酸菌发酵产生乳酸，降低了青贮料的pH 值，乳酸既是营养物质，又具有抑制饲料中其他微生物（如腐败微生物）生长的作用，使饲料能够长期保存下来。沧州同发奶牛场的饲喂实践表明，用 5kg 青贮苜蓿替代 5kg 青贮玉米，奶牛产奶量平均提高 1.6kg/头，增加收入 6.4 元/头；青贮苜蓿成本 750 元/t，玉米青贮成本 360 元/t，奶牛青贮成本提高了 1.95 元/头，但平均日增加纯收益 4.45 元/头。因此，饲喂苜蓿青贮的效果和效益明显。

但是，苜蓿含有较多的皂素和可溶性蛋白质，牛、羊等反刍动物采食大量鲜嫩苜蓿后，可在瘤胃中形成泡沫状物质不能排除，引起膨胀病，造成死亡或生产力下降，因此当牲畜直接食用苜蓿时要注意。

5. 草木樨

草木樨（*Metlilotus suaverolens* L.）为豆科草木樨属一年或两年生草本植物，早在 2 000 多年前地中海地区将其作为绿肥及蜜源植物栽培。在我国多为二年生，主要有白花草木樨和黄花草木樨两种分布广泛。草木樨耐盐，在含盐量 0.3% 的土壤上能正常生长。繁殖能力强、生长速度快，第一年冬前根系生长迅速，贮蓄养分较多，并在根茎处形成越冬芽；第二年丛生的越冬芽萌发抽枝后，植株生长加快，在我国华北地区于 4 月中下旬至 5 月上旬的一段时间内，平均每日株高可伸长 10cm 以上，夏季开花结果，植株木质化。草木樨根系发达，入土深，根幅大，抗旱性强，覆盖度大，防风防土效果极好。

当前草木樨已经成为我国分布最广泛的牧草绿肥植物之一。草木樨鲜草含氮 0.48%~

0.66%，磷酸 0.13%～0.17%，氧化钾 0.44%～0.77%。生长第一年的风干草，粗蛋白17.51%，粗脂肪3.17%，粗纤维30.35%，无氮浸出物34.55%，灰分7.05%，同时还含有大量的胡萝卜素，丰富的钙、磷、钾、钠、锌、铜、钴、锰、铁等矿物质和多种氨基酸，是重要的饲用作物，有"宝贝草"之称。我国种植的草木樨多为二年生品种，在整个生长周期可刈割2～3茬，产量较高，每公顷可产鲜草为 30 000～53 000kg，可为畜牧业提供大量的饲草饲料。草木樨在开花前，茎叶幼嫩柔软，可直接饲喂。草木樨现蕾期的粗蛋白含量较高，同时粗纤维的含量较其他生育期低，因此在现蕾期收割最佳。但是，草木樨含有香豆素，这是一种低毒的物质，因味道苦涩，所以适口性较差，尤其是在开花结实后，所以如果选择青饲，一般在开花前现蕾期刈割，或者将草木樨调制成青干草，制成青贮料，或者制草粉，均可发挥优良的饲喂作用。调制干草时喷洒碳酸钾，可以减少营养物质损失。用间作的玉米秸秆和草木樨饲喂奶牛，产奶量可提高5%～8%，喂猪时添加脱毒后的草木樨粉，日增重可提高23.4%。草木樨籽实中蛋白质的含量更高，可高达50%，所以草木樨不但是一种优良的饲草饲料，还是一种良好的蛋白质饲料。

在饲喂草木樨时要注意单一饲喂时不可饲喂过多，要从少到多逐渐增加饲喂量，也可以与其他饲草饲料混合饲喂，并且要严禁饲喂发生霉变的饲料，否则草木樨含有的香豆素会在家畜体内转变为抗凝血素，引起家畜出血性败血症。直接在草木樨地放牧，牲畜摄食过多易发生膨胀病。

6. 甜高粱

甜高粱的饲用价值很高，甜高粱的营养生长期长，粗蛋白含量可达到12.8%以上，高于抽穗后的青贮玉米；单位面积上的蛋白总产量是青贮玉米的3～4.5倍。澳大利亚是一个畜牧业比较发达的国家，甜高粱已成为其主要的饲料作物，他们用甜高粱做牧草、青饲料、青贮饲料和干草，种植面积已经达到10万 hm²，美国饲料高粱种植面积年均在30多万 hm² 左右。甜高粱的含糖量高，糖度可达14%～22%，青贮品质的好坏与含糖量有直接关系。在同等生长条件下，甜高粱生物产量是青贮玉米的2.5～3倍，干物质收获量比玉米高2～3倍，可消化能高1.8倍以上。甜高粱在快速生长的幼嫩期，粗蛋白含量高达16%左右，多汁爽口，适口性好，牲畜喜食，是营养丰富的优质青饲料。并且，甜高粱在刈割后施肥浇水，生长速度快，可以多次刈割。同时，甜高粱也可以做高品质青贮饲料。甜高粱作为青贮饲料具有转化率高、营养丰富的优势。研究表明甜高粱青贮的干物质产量、蛋白质、有氧稳定性高于玉米青贮，干物质降解率、中性洗涤纤维在反刍动物体内消化率也高于玉米青贮，pH 值、乳酸含量与玉米青贮相近。

经乳酸发酵制备的甜高粱青贮饲料，气味芳香，酸甜可口，耐贮藏，是可供牲畜冬季或常年喂饲的多汁饲料。甜高粱青贮饲喂育肥牛、奶牛、山羊具有良好的生产性能，其中的有机酸能促进家畜消化腺的分泌活动，提高消化率、增强机体的免疫力。有研究者用甜高粱青贮饲料饲喂奶牛，试验组奶牛平均产奶量比饲喂全株玉米青贮高2.72kg，平均日产奶量增加10.19%；还有研究者以甜高粱渣青贮料饲喂育肥牛和奶牛，结果显示饲喂甜高粱渣料较饲喂青贮玉米的肉牛增重提高22.78g/d，青贮干物质采食量提高了0.04kg/（头·d），日粮干物质采食量提高了10g/d，奶牛日平均产奶量增加了4.33%，乳脂含量增加了3.34%，乳蛋白含量增加了6.51%，乳糖的含量增加了2.45%，还提高了奶牛机体的免疫能力。Amer（2012）分别以甜高粱青贮、苜蓿青贮作粗饲料喂饲奶牛，结果发现饲喂甜高粱青贮的奶牛干物质采食量、能量校正乳含量和牛奶转化率与喂饲苜蓿青贮相当。同时，甜高粱青贮还有轻泻作用，可以防止便秘。

二、土壤修复

（一）盐碱土修复

1. 盐碱地现状及危害

世界约有 $9.6 \times 10^8 hm^2$ 盐碱地，有100多个国家存在不同程度的土壤盐渍化问题，而且每年还不断有大量的农田被吞噬。我国盐渍土的面积为5亿多亩，相当于耕地的1/3。广泛分布在我国23个省、市、自治区的平原、盆地和滨海地区。在现有的15亿亩耕地中，由于灌溉不当，又造成了1亿亩的次生盐渍化土地，再考虑潜在盐渍土的存在，我国盐渍土的面积更加扩大。每年由于盐碱造成的直接经济损失达25亿元以上。

盐渍土对农业的直接危害就是盐渍土不能为作物提供正常的水、肥、气、热条件，加上盐碱成分的生物毒害，使得作物不能正常生长，甚至死亡。在植树造林中，出现"一年青、二年黄、三年进灶堂"的现象。因此盐碱土对农业的直接危害表现为限制农业对土地资源的利用。土壤次生盐渍化对农业的另一个直接危害是降低了农业生产力，造成了农业土壤资源萎缩。据估算在黄淮海平原，因土壤盐碱而造成了减产10%~15%，在松嫩平原造成了4%~85%的减产。全球范围内，由自然或人为因素引起的盐渍化土壤每年可达100万~150万 hm^2，造成大量具有生产力的土地从世界农业中消失。

盐渍土及土壤盐渍化是我国土地荒漠化的一个重要原因。据《中国荒漠化报告》报道，我国荒漠化土地面积2 622万 km^2，其中因盐渍土及土地盐渍化引起的就有233万 km^2。土壤盐渍化对生态环境一个最为明显的直接破坏是使森林和草原退化。我国草原的1/3存在严重的退化问题，现在每年退化的草原约130万 hm^2，其中1/3

便是由土壤盐渍化引起的。森林和草原退化进而加剧了温室效应。据研究每公顷树木一年能吸收 7~9t 二氧化碳，全世界由于森林资源的锐减使碳的排放量每年大约增加 16 亿 t。空气二氧化碳浓度急剧增加，加速了地球的暖化过程。绿色植物是整个地球陆地生态系统的能量捕获者，是食物链的开端，土壤盐渍化造成绿色植物的衰减消失必然将引起包括绿色植物在内的生物多样性的锐减。因此土壤盐渍化是破坏地球生物圈的一个非常重要的因素，它不仅对土壤直接产生破坏，而且间接地破坏光合作用和生命元素（C、N、O、H 等）在生态系统中的循环，对整个地球产生破坏作用。

整个世界的可持续发展能否实现首先取决世界农业能否可持续发展，农业的可持续发展取决于农业生产的最基本的生产资料——土地能否实现可持续利用。我国是一个土地资源十分匮乏的国家，截至 2021 年我国 14.12 亿人口，仅有 19.179 亿亩耕地，而且还在以 30 万~40 万 hm² 的速度减少。为了获得足够的粮食，人们不得不开发包括盐渍土在内的荒芜土地，可是盐渍土在未经治理前是不可能交付给农业的，而盐渍土的治理往往需要较高的成本，加上土壤盐渍化本身就会造成土壤生产力下降和土壤资源萎缩，因此土壤盐渍化对可持续发展必然产生严重的负面影响，土壤盐渍化对可持续发展的危害还表现在盐碱土的治理和土壤盐渍化的防治往往需要大量的淡水，目前治理单位面积盐渍土的淡水需求量一般是正常灌溉量的几倍，淡水是农业的命脉，而地球上的水非常有限，淡水只占地球上总水量的 3%，由于大陆冰川和高山冰川的存在，真正可利用的淡水仅占淡水总量的 3%。我国的淡水资源更是匮乏，是盐碱地治理的限制因素，土壤盐渍化对我国可持续发展战略的实现是一个很大的潜在威胁。

新中国成立以后，我国盐碱土治理及土壤盐渍化防治取得了较大的成功，开垦利用了约 200 多万 hm² 盐碱荒地，各灌区的次生盐渍化基本上得到了控制，670 多万 hm² 的盐碱耕地中有 60%~65% 得到基本治理，土壤生产力显著提高。例如黄淮海平原经过治理后，粮食单产增加约 28 倍。但是考虑到我国盐渍土的总量，我国开发利用盐渍土的成绩又是十分微小的，得到治理的盐渍土只占其总量的 17%~18%，如果进一步将潜在盐渍土包括在内，得到治理的盐渍土只占其总量的 6% 左右（世界平均为 1% 左右）。

而以往的改良措施多偏重于工程措施，例如采用淡水压碱、挖沟排碱等。利用工程措施存在一些不可克服的缺点：①工程费用昂贵；②效果不能持久，措施一旦停止，土壤立即返盐恢复；③淡水冲洗时把土壤中的养分随盐分一同排掉；④淡水资源不足，难以满足压盐碱需要。因此生物措施改良盐碱地是今后的主要方向。

2. 盐生植物修复盐碱土

我国对盐生植物的研究始于新中国成立后，由中国科学院植物研究所罗宗洛对盐生植物的抗盐生理的研究为起点。20 世纪 60 年代对在盐碱地上种植绿肥改良盐渍化土壤的研究取得了一定的成果。20 世纪 80 年代，赵可夫等发现碱蓬属的盐地碱蓬具有耐盐能力强、盐分积累量大的特点，开展了在盐渍化土壤上种植盐地碱蓬以降低土壤盐分的研究，结果表明种植盐地碱蓬能够显著降低土壤盐分含量。当前主要研究集中于盐生植物受不同类型盐分的影响，盐生植物根系形态特征，盐生植物生理指标与耐盐机理研究，盐生植物种类与区系划分，盐生植物遗传育种与开发利用等。目前，有关一年生盐生植物的研究报道颇多，孙黎等（2006）研究了新疆荒漠地区 10 种藜科盐生植物的抗盐生理生化特征，发现盐生植物功能叶中平均脯氨酸（Pro）含量、丙二醛（MDA）含量、有机酸含量、超氧化物歧化酶（SOD）及过氧化物酶（POD）活性明显高于非盐生植物，可溶性糖含量和膜透性低于非盐生植物；姚世响等（2010）研究了不同盐胁迫对新疆耐盐植物藜（*Chenopodium album*）叶片钾、钠元素含量及相关基因表达的影响，发现藜在低浓度 NaCl 胁迫时可选择性吸收钾离子，在高浓度 NaCl 胁迫时有较强的富集钠离子能力；梁飞等（2012）研究了施氮和刈割对盐角草生长及盐分累积的影响，结果表明施氮能够增加盐角草生物量，提高钾钠钙镁的累积量，刈割能够提高盐角草体内钾离子浓度及其累积量；赵振勇等（2013）研究了新疆 2 种盐生植物对重盐渍土脱盐效果，发现盐角草和盐地碱蓬对 Na^+、Cl^-、SO_4^{2-} 具有较强的摄取能力，尤其对 Cl^- 表现出更强的选择吸收倾向；张科等（2012）研究了盐土和沙土对新疆常见一年生盐生植物生长和体内矿质组成的影响，发现盐土不仅影响一年生盐生植物的生长，也显著影响这些植物对矿质元素的吸收和累积，但一年生盐生植物能够选择性吸收不同生境中的矿质元素；弋良朋等（2006）研究了盐胁迫对 3 种荒漠盐生植物苗期根系特征及活力的影响，发现一定浓度的盐分可以促进盐生植物生长，但较高浓度的盐抑制其生长，特别是对根系生长的抑制作用更大；赵可夫等（2002）研究了盐浓度对 3 种单子叶盐生植物渗透调节剂及其在渗透调节中贡献的影响，发现星星草（*Puccinellia tenuiflora*）、碱草（*Elymus dahuricus* Turcz）、獐茅（*Angiospermae*）的渗透调节能力随盐浓度的升高而增大。

向日葵对盐碱地具有较好的直接改良效果，研究表明，种植过向日葵的土壤表层含盐量降低，土壤肥力提高。据内蒙古巴彦淖尔盟农业科学研究所测定，每亩向日葵理论上可以从田间吸收盐分 285.8kg，减少了土壤中盐分含量。同时向日葵的叶片繁茂宽大，可减少地面蒸发量，抑制盐分积累。有学者在位于山西省的伍姓湖农场盐碱地种植向日葵，种植前土壤含盐量平均为 1.26%，收获向日葵后降为 0.338%，同时当季可获净利润 43.9 元/亩，一举两得。另外在净向日葵修复后的土地上种植小麦，小麦出苗率可高达 90%。

耐盐植物修复盐碱地的品种选择，以乡土植物为主。目前，已经用于改良盐碱土的耐盐植物有翅碱蓬、千金子、鼠尾栗、狗牙根、波斯车轴草、羊草、紫花苜蓿、大黍、芒稷、木麻黄、无脉相思树，以及盐角草、碱蓬、星星草等。

耐盐植物对盐碱土改良应用技术基础分为以下三方面：一是耐盐生物在生命周期内带走土壤中的盐分，改良盐碱土壤，特别是一年生盐生植物；二是提高了土壤植被覆盖率，减少土壤表面水分蒸发，减少耕作层中的盐分积累；三是耐盐植物根系的呼吸作用及有机质分解，可改善土壤结构，增加土壤养分含量，改善土壤理化性质。

种植绿肥来改良土壤和培肥地力是我国农业生产上传统的养地措施之一。绿肥广义上是指所有能直接翻耕到土壤或经堆沤后再施入土壤作肥料用的栽培或绿色植物体。绿肥作为一种完全型肥料，在增加土壤有机质和矿质养分、促进土壤微生物的均衡发展和增强土壤酶活性方面具有显著效果。

滨海盐渍化土壤在世界上分布广泛，在我国也有很大的面积。滨海盐土具有全盐含量高，地下水位高，改良难度大的特点。为了开发利用盐渍化的土地资源，目前滨海重盐土主要采取"围堤蓄淡养鱼"的模式进行利用，而在中度盐渍土上主要靠种植耐盐植物及具有一定耐盐性的豆科和禾本科绿肥牧草进行盐土改良。在滨海盐渍土上种植耐盐绿肥牧草，特别是田菁、沙打旺、紫花苜蓿等豆科绿肥牧草，在类似条件下其生物量和养分累积量显著高于其他绿肥品种，它们不仅可以富集深层盐渍土壤中的养分，而且还可以通过根瘤菌固定空气中的氮素，对盐土肥力提升贡献显著。张立宾等（2012）利用碱蓬对滨海盐渍土进行改良，得出：随着时间的延长，3年后土壤脱盐率可达 26.83%，土壤有机质增加 56.1%，全年增加 166.7%，速效 P 增加 193.7%，速效 K 增加 38.1%，取得了较好的效果。此外，张立宾还进行了田菁盆栽、田间耐盐试验及其对滨海盐渍土的改良效果试验。结果表明，田菁的耐盐能力在 6g/kg 左右，耐盐极限为 10g/kg 左右；种植田菁能有效降低土壤含盐量，增加土壤有机质含量，提高土壤全氮、速效磷和速效钾含量。有学者研究了不同白榆品系对滨海盐碱地的改良效果研究，认为白榆可降低土壤中盐离子及全盐含量，不同品系对照的土壤全盐含量降低了 55%~63%。还有学者以种植在滨海盐碱地 6 年（苗龄 3 年）的国槐和刺槐人工纯林为研究对象，比较了不同林木在不同季节对土壤理化性质的影响。结果表明：秋季国槐对盐碱地理化性质的改良效果好于刺槐，国槐的脱盐率达到 66.51%，土壤容重降低了 23.4%，总孔隙度增加了 36.94%，同时，Cl^-、Ca^{2+}、Na^+ 含量显著降低了 50.00%、51.85%、41.76%。马齿苋也是一种高耐盐性植株。在 NaCl 浓度为 160mmol/L 时，萌发率高达 37.46%，在盐胁迫下，具有集聚重金属，如 Cu、Se、Al 等的能力，用于修复盐碱地或重金属污染水质。

西北内陆地区，干旱及昼夜温差大，土壤易发生盐碱化，影响农业可持续发展。沙枣是我国干旱半干旱地区盐碱地改良的先锋树种。武海雯等从土壤养分变化、生物固氮、凋落物和细根分解等方面分析了沙枣改善盐碱土壤养分的程度及途径，从数量角度阐述沙枣的养分输送关键过程及土壤盐碱程度的影响，进一步认识沙枣对盐碱地的改良作用。有学者在宁夏银北盐碱地上种植红豆草、苜蓿、聚合草、小冠花，开展了脱盐效果研究。实验表明种植 1 年后，耐盐植物可使盐碱地 0~20cm、0~100cm 土层平均土壤脱盐率分别达 31.1% 和 19.1%，同时，可促进土壤团粒结构的形成，改善土壤理化性质，使土壤有机质、速效氮有所增加。还有学者通过 2 年直接种植比较耐盐的禾本科牧草，0~40cm 土壤的脱盐率可达 67.3% 以上，种植直根系作物枸杞 3 年后，同样土层土壤的脱盐率为 78.7%，效果与成本均优于传统灌水洗盐。郭洋等（2014）通过 2 年的田间试验表明，盐角草、盐地碱蓬、高碱蓬、野榆钱菠菜地上、地下部分总盐及大部分离子的含量表现为生育初期大于中后期；生育末期植株体内总盐积累量高碱蓬、盐地碱蓬较高，野榆钱菠菜次之，盐角草最低；盐角草对 Na^+、Cl^- 的吸收能力强于盐地碱蓬、高碱蓬和野榆钱菠菜，尤其对 Cl^- 表现出极强的选择吸收能力，4 种盐生植物对 SO_4^{2-} 均有较强的选择吸收能力；生育初期，盐生植物影响下的土壤 0~5cm 土层总盐含量明显下降，生育中期 0~20cm 土层中总盐含量总体下降，生育末期层 0~5cm 土壤盐分含量显著降低而 5~60cm 层次含量上升，不同时期 3 种盐生植物对不同层次的盐分离子影响虽没有统一规律，但从总体上看，起到抑制土层离子上升的作用。种植盐生植物吸收盐分的同时也会带动 5~90cm 土层的水盐运动，经过盐生植物处理的盐渍化土壤 pH 值低于对照。

本节从绿肥牧草对盐碱土盐分、pH 值、孔隙度、有机质、养分含量、根际微生物和酶活性等方面进一步介绍耐盐植物对盐碱土的改良作用研究进展。

（1）种植绿肥牧草对盐渍土 pH 值与盐分含量的影响

土壤 pH 值是影响土壤肥力的重要因素之一，对土壤养分存在的形态和有效性、土壤微生物活动及对作物本身生长发育都有着密切的关系。土壤水溶性盐是盐碱土的重要属性之一，也是限制植物生长的障碍因素。研究表明，在北方泥质海岸盐碱地种植田菁、苜蓿一个生长季后可以降低土壤全盐量和 pH 值，其中田菁处理的全盐量较未种植牧草的对照处理降低了 0.3g/kg，pH 值降低了 0.24；苜蓿处理的全盐量和 pH 值则分别降低了 0.2g/kg 和 0.09。元炳成（2011）研究表明种植紫花苜蓿 4 年后，土壤电导率比荒滩地下降 5.96mS/cm，pH 值下降 0.25。也有研究表明，种植绿肥牧草能够抑制土壤盐分累积，但同时也提高了土壤 pH 值，其 pH 值比对照高 0.12~0.40，这与前者种植绿肥牧草后土壤 pH 值下降的结论相悖。

绿肥牧草对盐渍土的脱盐作用因土层深度而不同。董晓霞等（2001）在含盐量 0.3%~0.5% 滨海盐渍地种植紫花苜蓿的研究中发现，0~40cm 土层的盐分变化最为活跃，脱盐强烈，而底层的变化微弱，土壤盐分分布由表聚柱状型转为底积型。在江苏沿海滩涂种植紫花苜蓿和牛尾草后的土层脱盐作用增强，0~60cm 土层平均含氯盐由种前的 1.70g/kg，逐年下降到种后第 4 年的 0.375g/kg。对田菁改良滨海盐渍土的研究也证明了这一点，在滨海盐渍土种植田菁后植物蒸腾取代了地面蒸发，避免了地面蒸发造成的地表积盐，种植田菁 2 年后土壤表层、中层和深层的脱盐率分别是 6.09%、6.95% 和 4.26%。但是，在江苏滨海垦区种植紫花苜蓿、红三叶、牛尾草、意大利黑麦草等 4 年后与种草前相比，0~5cm、5~20cm、20~40cm、40~60cm 土层盐分分别下降 0.02%~0.22%、0.24%~0.33%、0.04%~0.17%、0.07%~0.21%，表明其脱盐作用最强烈的应是 0~20cm 土层，这与董晓霞等的研究结论稍有出入。

绿肥牧草对滨海盐渍土的脱盐作用因品种而异。田菁对盐土的改良效果好于芦苇和盐蒿等作物。几种绿肥牧草对盐渍土的脱盐作用比较结果表明，10 月 0~20cm 土层脱盐效果顺序为田菁>苏丹草>苜蓿，0~80cm 土层整体各处理的脱盐顺序为田菁>苜蓿>苏丹草。

（2）种植绿肥牧草对滨海盐渍土物理性状的影响

绿肥牧草根系发达，随着种植年限的增长，其在土壤中残根积贮量越多，且 80% 左右分布在 0~20cm 土层，加上每年有一定量的枯叶落在地上，经腐烂分解后能促进土壤耕层团粒结构的构成和巩固，使土壤容重减轻，孔隙度增加，透水性增大，熟土层增厚，从而促进了自然降水的淋盐作用。为了探讨江苏滨海盐土改良的最佳途径，1990—1993 年陈玉华和周春霖等在江苏竹港垦区进行了种植绿肥牧草改良盐渍土的相关研究，结果表明种植绿肥牧草后土壤相关物理性状得到显著改善，种草第 4 年表层土（0~5cm）土壤容重下降 0.13~0.25g/cm³，孔隙率增加 5%~8%，耕作层增厚 5~7cm，大于 0.25mm 团聚体增加 10%~20%。黑麦草和苕子混播至 0~15cm 耕作层中，种植前大于 0.25mm 水稳性团粒结构为 15.57%，种植 1 年后增加到 23.08%，种植 2 年后为 35.52%；在土壤中起良好作用的 0.5~5.0mm 团粒的破碎率较低。种植 3 年后 0~10mm 耕层土壤容重从种前的 1.30g/cm³ 降低到 1.18g/cm³，总孔隙度也由种前的 50.95% 增加到 55.47%。田菁生长期和压青后，土壤非毛管孔度和渗透系数均能增大，土壤导水率和蒸发量则减小。1m 土层积盐率与压青量、土壤非毛管孔度和渗透系数均呈负相关。

（3）种植绿肥牧草对滨海盐渍土基本肥力要素的影响

土壤有机质是反映土壤肥力高低的重要指标之一。许多关于滨海盐渍土改良的研究表明种植绿肥牧草对土壤有机质影响较大。在苏北滨海盐渍土上种植绿肥，其翻压量与提高土壤有机质含量呈正比，一般翻压 1 000kg 豆科绿肥鲜草，土壤有机质含量增加 0.02%~0.04%。在含盐量 0.3%~0.5% 的滨海盐渍土上种植紫花苜蓿 7 年后，0~20cm 土层有机质含量增加 2.36g/kg，比空白地提高 28.43%。种植田菁 2 年后滨海盐渍土有机质增加 30.3%。种植黄花草木樨后，一年生黄花草木樨地和二年生黄花草木樨地土壤有机质增长幅度分别为 85.13% 和 14.3%。豆科绿肥与禾本科绿肥牧草混播更有利于增加土壤有机质含量。禾本科黑麦草与豆科绿肥苕子或箭筈豌豆混播后，耕埋后土壤有机质含量分别为 1.29% 和 1.36%，而单播黑麦草处理为 1.27%，单播苕子处理为 1.25%。种植紫花苜蓿、牛尾草或紫花苜蓿与牛尾草混播 4 年后，土壤有机质含量分别增加 0.29%、0.40% 和 0.38%。紫花苜蓿与牛尾草或鸡尾草混播利用 2 年后，土壤有机质由种草前的 1.07%（耕作层 0~20cm）分别提高到 1.21% 和 1.20%。

绿肥牧草可以提高滨海盐渍土全氮与速效氮含量，特别是豆科绿肥，其根部着生大量根瘤，能够有效固定空气中的氮素。研究表明，田菁营养生长期田菁每天平均可固氮 1 140 g/hm²，若在苗龄 100d 翻埋，可固氮 114.0kg/hm²，折合硫酸铵 543.0kg/hm²。在滨海盐渍土上种植田菁 2 年后土壤全氮增加 34.6%。种植紫花苜蓿 4 年后，0~20cm 土层土壤碱解氮增加 17.37mg/kg。全氮含量增加 0.04%。种植 7 年后，土壤全氮含量增加 0.231g/kg，比空白地提高了 42.54%。田菁和苜蓿种植 1 年后 0~50cm 层次土壤全氮、碱解氮含量与未种植牧草处理相比分别增加 32.1%~35.8% 和 21.4%~29.8%，且效果以田菁好于苜蓿。研究表明，种植黄花草木樨 1 年或 2 年的盐渍土，土壤全氮含量在 0~20cm 土层显著升高，随着土层深度增加，全氮含量降低。一年生黄花草木樨地全氮含量在 0~10cm、10~20cm、20~40cm 和 40~60cm 土层分别增加 1.82g/kg、2.7g/kg、1.85g/kg 和 0.45g/kg，而 2 年生的增加量则分别为 1.36g/kg、1.40g/kg、0.97g/kg 和 0.36g/kg。

绿肥牧草对盐渍土壤磷钾全量与速效含量的影响不一。研究表明，在滨海盐渍土上种植田菁 2 年后土壤速效磷和速效钾分别增加 33.3% 和 12.8%。种植紫花苜蓿 4 年后，土壤速效磷含量增加 2.87mg/kg，速效钾含量增加 44.9mg/kg。江苏沿海地区农业科学研究所的研究表明，豆科牧草与禾本科牧草混播可以显著提高土壤速效磷含量，黑麦草与箭筈豌豆或苕子混播使土壤速效磷含量比单播黑麦草处理增加 7.52~28.60mg/kg。田菁、苜蓿种植 1 年后 0~50cm 层次土壤全磷含量与未种植牧草处理相比分别增加 10.0% 和 12.5%，效果以田菁好于苜蓿。李月芬等（2004）研究表明种植黄花草木樨 1 年或 2 年使滨海盐渍土全磷含量增加 0.06~0.08g/kg，而速效磷含量在种植 1 年后增加 3.65mg/kg，种植 2 年后却降低 3.92mg/kg，原因可能是 2 年生黄花草木樨较一年生黄花草木樨生长迅速，枝繁叶茂，对土壤速效磷的索取大于积累，从而使土壤中速效磷含量大大降低。一年生和二年生黄花草木樨地土壤平均速效钾含量增加 74.7~104.3mg/kg，而全钾含量比空白地降低 27% 左右。

（4）种植绿肥牧草对滨海盐渍土壤酶活性及微生物含量的影响

大量研究表明，绿肥可以增加土壤中微生物含量及土壤酶活性，但目前有关种植绿肥对滨海盐渍土中微生物及酶活性影响的研究报道较少。江苏沿海地区农业科学研究所从 20 世纪 60 年代就在这方面开展了一系列研究，结果表明豆科绿肥紫花苜蓿和禾本科牛尾草单播草地土壤中微生物总数比不种草区分别增长 3 倍和 5 倍，豆禾混播草地土壤微生物总数比对照区增长 12 倍以上，微生物的充分繁育导致土壤中酶活性显著提高。这与赵可夫等（2002）种植耐盐植物后土壤微生物的数量都有增大的趋势的研究结论相一致。

（二）重金属污染修复

1. 重金属污染概述

土壤中的重金属是指由于自然原因产生并富存于土壤中，或由人类活动直接或间接地引入土壤中的相对密度大于 4.5g/cm 的金属元素，如铁（Fe）、镉（Cd）、铬（Cr）、铜（Cu）、镍（Ni）、汞（Hg）、锰（Mn）、锌（Zn）、铅（Pb）等，约有 45 种；而在环境污染方面，通常所说的重金属主要是指镉（Cd）、铬（Cr）、汞（Hg）、铅（Pb）等生物毒性较为显著的重金属，以及铜（Cu）、钴（Co）、锌（Zn）、镍（Ni）等具有一定毒性的重金属。

由于具有潜伏性、难降解性、易富集性等特点，重金属在土壤中不易为微生物分解，因而会在土壤中不断积累，影响土壤性质，甚至可以转化为毒性更大的烷基化合物。重金属易通过污水排放、大气沉降、污泥等方式汇集到沿海滩涂，进而富集到沿海植物、鱼类、禽畜体内，吸收、富集，最终通过食物链在人、畜体内蓄积，直接影响植物、动物甚至人类健康。

土壤中的重金属主要有两个来源：一是自然环境；二是人类活动。在自然条件下，土壤中重金属主要来自母岩、残存的生物物质、火山活动等，通常情况下重金属含量都比较低，不会对人体和生态系统造成危害。然而，土壤重金属污染现象主要是由人类活动产生的污染源造成的，包括工业生产、城市化建设、固体废弃物的利用和堆积、污水灌溉和排放、农药和化肥的使用以及大气沉降等。

土壤重金属污染是一个长期缓慢累积的过程，外源重金属进入土壤后，经过沉淀-溶解、吸附-解吸、螯合等物理化学过程的综合作用影响，会产生不同的化学形态存在形式。土壤理化性质对土壤中大多数重金属元素的迁移转化、生物有效性及潜在生物毒性等具有重要影响。重金属各形态之间的存在和转化也与土壤的有机质含量、酸碱性、氧化还原电位、酶活性、微生物等有着密切的关系。

（1）土壤团聚体

土壤团聚体是由土壤颗粒与腐殖质胶结而成，土壤的许多物理化学性质都与团聚体组成有着密切的关系。通常按照团聚体的粒径大小不同，分为大团聚体（直径>0.25mm）和微团聚体（直径<0.25mm）两种；按照稳定性不同，分为稳定性团聚体

（抗外力分散）、水稳性团聚体（抗水力分散）和非稳定性团聚体（外力易分散）三种。国内外已有研究发现，重金属元素在土壤中的空间分布与土壤团聚体的组成有着密切的关系。土壤中团聚体的粒径分配差异在很大程度上制约着重金属在土壤微环境中的空间分布。由于与土壤有机物和矿物质等的结合方式和结合数量上存在差异，土壤中不同粒径大小、不同比表面积的团聚体对重金属元素的吸附和束缚能力也存在明显的差异。随着土壤团聚体颗粒粒径的减小和比表面积的增大，重金属元素呈现富集增大的趋势。团聚体颗粒对重金属的吸附首先受土壤团聚体胶黏剂的控制；其次，重金属污染可能会对大粒径团聚体的形成产生抑制作用，使小粒径团聚体数量相对增多，从而使重金属在小粒径团聚体中所占的比重增加。Lombi 等（2000）研究发现，在野外土壤中，重金属元素被优先吸附到有机质含量较高的大团聚体颗粒中。由于不同粒径的土壤团聚体颗粒中的有机质、氧化物及其他土壤性质存在差异，导致其对重金属元素的吸附和解吸能力不同。因此，土壤团聚体组成是影响重金属空间分配的重要因素。目前国内外关于土壤团聚体与重金属空间分布之间关系的研究已有许多，但这些研究大多以稻田、耕地、果园和林地的土壤为主要研究对象，对滩涂土壤中团聚体与重金属交互作用关系的研究很少。

（2）土壤有机质

有机质对土壤中重金属的有效性和迁移转化具有显著的影响，它可以改变土壤溶液中重金属的存在形态或改变土壤胶体的表面性质，从而影响重金属的吸附。有机质通过吸附和络合作用，可以控制土壤中重金属的生态毒性和环境迁移行为，其存在对于降低重金属的生物毒性有重要作用。有机质对土壤中重金属的影响具有两面性。一方面，重金属可以与有机质中的大分子腐殖质形成不易溶的络合物，这些稳定的络合物可以吸附在土壤颗粒表面，从而可以减小重金属在土壤中的迁移能力。另一方面，重金属也可以与可溶性有机物形成溶解度较大的络合物，这些络合物存在于土壤溶液中，会增大重金属的迁移性和生物有效性。Spark 等（1995）发现将腐植酸加入土壤后，受腐植酸固相吸附和形成络合物的溶解度等因素的影响，土壤中重金属元素的吸附情况也发生改变。此外，土壤中有机质的改变对重金属化学形态的分布也有影响。陈守莉等（2007）发现，增加土壤中的有机质含量，可以使弱酸溶解态的重金属向有机结合态转化，而在强氧化条件下，有机结合态的重金属又可以随着有机质的降解而释放到土壤溶液中。另有学者发现，增加土壤中有机质的含量可以促使碳酸盐结合态的重金属向有机结合态转化。

（3）土壤 pH 值

土壤 pH 值对重金属元素的滞留和溶解有着重要的影响。土壤 pH 值对重金属的存在形态和土壤对重金属的吸附量有着显著的影响。pH 值越低，重金属被吸附越少，迁移能力越强；pH 值越高，土壤对重金属的吸附量增加，植物的吸收量相对减少。土壤 pH 值通过影响重金属化合物的溶解度以及土壤胶体表面的电荷来影响重金属的形态分布。钟晓兰等（2009）研究分析表明，由于土壤 pH 值下降，土壤有机质表面的负电荷数量减少，导致其对重金属阳离子的吸附能力减弱，所以弱酸溶解态的重金属 Co 会呈现出随土壤 pH 值的降低而显著增加的趋势。而由于土壤有机物随土壤 pH 值的升高溶解度下降，络合重金属元素的能力增强，所以有机结合态的重金属 Ni 会呈现出随土壤 pH 值升高而显著升高的趋势。

（4）重金属元素之间的相互作用

土壤溶液中的重金属离子之间的相互作用，如加和、拮抗、协同等，也会使土壤中的重金属元素的含量和生物有效性发生改变。例如，高浓度的 As 和 Cu 对土壤中 Zn 的吸附有显著的抑制作用，而高浓度的 Pb 和 As 则抑制 Cd 的吸附。在土壤溶液中，Cu 和 Pb 的存在会抑制 Cd、Ni 和 Zn 的吸附，而当有 Ca 离子存在时，土壤对 Cd、Cu、Ni、Pb 和 Zn 的吸附能力也会降低。土壤中的腐殖质是与重金属离子牢固螯合的配位体，李勤奋等提出，在含有机质的土壤中，Zn 是优先吸收固定元素，在与 Cu、Fe、Mn 等元素竞争有机质结合位点的时候占较大优势。

2. 盐生植物修复重金属污染

植物修复的原理主要包括以下 3 种：① 植物提取-通过植物去除土壤中的污染物；② 植物固化-将污染物固定在特殊的地方而不能移动；③ 植物分解-通过植物分解有机污染物。

生活在金属含量较高环境中的植物在长期的生物适应进化过程中，逐渐形成了对金属的抗逆性，其中一些植物能大量吸收环境中的金属元素并蓄积在体内，同时植物仍能正常生长。Doni 等（2015）考察了不同植物组合（*Paspalum vaginatum* Sw.；*P. vaginatum* Sw. +*Spartium junceum* L.；*P. vaginatum* Sw. + *Tamarix gallica* L.）以及堆肥对重金属污染的海洋沉积物的修复效果。结果发现，对 Cd、Ni、Zn、Pb 和 Cu 的吸附效果因重金属种类而异。在 0～20cm 范围内，重金属的生物可用性顺序为 Cd>Zn>Cu>Pb>Ni。Pb 和 Ni 在植物组织中的传导性低于其他种类重金属。Szymanowska 等（1999）在对受污染湖泊的研究中发现，Cr、Cd、Fe、Ni 和 Zn 等 5 种金属在 *Nymphaea alba*、*Nuphar lutenm*、*Ceratophyllum demersum*、*Phragmites communis*、*Typha latifolia* 和 *Schoenoplectus lacustris* 等几种水生植物中的浓度和在环境中的浓度之间有较好的正相关性，并认为水生植物主要是从湖泊沉积物中蓄积镉和铬，而对铁的蓄积主要是来自水中。

现在已经发现许多植物能够积累比一般植物多 50～100 倍的重金属而不受其毒害，且吸收的重金属大部分分布在地上部。如超积累植物遏蓝菜属的 *T. caerulescens* 不仅在高 Zn 土壤，而且在含 Zn 较低的土壤上也有较强的积累重金属的能力。土壤含 Zn 444μg/g（干重）时，*T. caerulescens* 地上部 Zn 浓度是土壤全 Zn 的 16 倍，是非超积累植物（油菜、萝卜等）的 150 倍。Dahmani-Muller 等（2000）研究了某金属冶炼厂附近生长的几种植物对重金属的耐性和吸收机制，结果表明，*C. halleri* 是 Zn 和 Cd 的超积累植物，其富集的 Zn 和 Cd 主要集中在地上部的叶片中，浓度分别为 >20 000mg/kg 和 >100mg/kg；另一种植物 *Armeria maritima* ssp. 富集的 Pb 和 Cu 主要固定在根部，并且发现其枯叶中重金属浓度比绿叶中高 3~8 倍，表明叶片的衰老脱落也是其耐受重金属毒性的机制之一。Entry 等（1996）研究表明，向日葵能超量富集辐射性元素 U，其积累的 U 是水体中 U 的 5 000~10 000 倍。通过种植并收获这些超积累植物，既减少了污染环境中的重金属浓度，又可以将收获的植物用于回收贵金属或用于其他用途。

对于 Pb、Cu、Au、Pt 等不溶性或难溶性金属，利用螯合诱导修复技术可增加植物对这些金属的吸收。ETDA、EDDS 和 DTPA 等合成螯合剂可以增加重金属在植物嫩叶中的积累。Liu 等（2008）研究发现，加入 EDTA 可以使 Pb 的累积量增加至 218.24mg/kg，是对照组的 2.69 倍。Zaier 等（2014）研究证明，EDTA 可以加强盐生植物滨水菜（*Sesuvium portulacastrum*）对 Pb 的吸收，当暴露在 800mg/kg Pb 污染的土壤中时，EDTA 的加入可使滨水菜对 Pb 的吸附量由 1 390 mg/kg 上升为 3 772mg/kg。但是螯合诱导修复技术也存在一定的风险，如由于螯合金属的可溶性增加可能导致对地下水的污染，以及残留螯合剂的潜在毒性和对植物造成的伤害。

耐盐性是多个相互作用形成的复杂特性。为了确定和了解盐生植物耐盐机制的生理特性，关于这方面的研究正逐年增加。此外，一些相关研究表明耐盐植物也能忍耐重金属和有害物质的胁迫，为植物修复研究提供了更大的潜力。盐生植物适应生长环境过多有毒离子（主要为 Na^+ 和 Cl^- 的能力），主要是基于盐生植物能在代谢不活跃的器官和细胞液中固定有毒离子，合成为相溶渗透物质和诱导形成抗氧化系统的能力，因此，可假定盐生植物和耐重金属植物都拥有某种特定的和普通的非生物耐性的作用机理。有相关的文献结论表明，耐盐和重金属的假设至少是基于共同的生理机制。

滩涂中植物研究较多的用于重金属污染修复的植物主要有以下几种。

（1）海蓬子

通过发射矩阵荧光光谱分析，Pan 等（2011）的研究表明，海蓬子根系能分泌出一种含有 Cu（II）的稳定性高分子络合物，这也就预示着，海蓬子的存在将强烈地影响着 Cu（II）在滩涂中的化学形态和流动性。Chaturvedi 等（2012）用 cDNA 末端快速扩增技术（RACE）从海蓬子中分离出了一条 2 型金属硫蛋白基因（SbMT-2），并用 Southern 印迹法进行了确证，然后将其导入大肠杆菌中进行特异性表达，发现重组细胞对 Zn、Cu 和 Cd 具有显著的积累能力,其中 Zn 的积累能力最强,其次是 Cu 和 Cd。Sharma 等(2010)以叶绿素、脯氨酸、抗氧化性酶为测量指标,研究了海蓬子在 NaCl 胁迫下对 Cd、Ni 和 As 三种重金属的耐受能力,结果表明,海蓬子可以作为滨海滩涂重金属污染修复的先锋植物。

(2)碱蓬

沉积物中重金属表现为环境直接影响态、环境间接影响态和稳定态。碱蓬对重金属元素的累积和忍耐能力与其本身所特有的生理机制有关,并随着重金属浓度、种类及交互作用、碱蓬生长期、季节的变化而变化,在其根、茎、叶中的累积具有显著差异。在碱蓬作用下,重金属形态也会发生显著改变,生物可利用性降低,随碱蓬生长周期变化而变化。从抵抗重金属机制上看,碱蓬对 Cu、Pb 和 Cd 的吸收是外排机制,对 Zn 的吸收则是积累和隔离机制,因此表现出对 Zn 的超富集能力。重金属胁迫影响根际的呼吸作用,特别是对碱蓬的抗氧化酶系统影响较大,从而影响根际有机物的分泌。这些内在的变化都可能受到相关基因表达的调控,例如,在 Cd 污染条件下,会使碱蓬产生氧化应激,干扰 Na$^+$ 平衡及肌醇代谢反应,而碱蓬 CAT2 基因的表达能有效降低这种影响。

由于碱蓬能承受盐度和重金属的双重胁迫,因此可以作为滨海滩涂环境修复工程的先锋植物。朱鸣鹤等(2009)研究野外生长的潮滩盐沼植物碱蓬对常见重金属(Cu、Zn、Pb 和 Cd)的累积吸收结果表明,碱蓬对重金属有一定的累积能力,其对 Cu、Zn、Pb 和 Cd 的累积吸收系数分别为 4.7、4.6、3.1 和 4.9,生物富集吸收系数则分别为 0.97、1.73、0.41 和 22,对海洋环境生态修复具有较大的研究潜力和应用价值。刘宇等关于碱蓬净化海水重金属能力的研究表明,碱蓬对重金属(Pb、Cd、Cu、Zn)单独处理及海水和重金属污染双重胁迫均具有良好的耐受性,碱蓬对 Pb、Cd、Cu、Zn 均有良好的富集能力,能有效的净化 Pb(0.15mg/L)、Cd(0.03mg/L)、Cu(0.15mg/L)、Zn(1.5mg/L)复合污染的盐度为 10 的海水,除 Pb 外,其余三种重金属的去除率在 10 d 内均达到 60% 以上,系统运行 30 d 后,去除率均超过 80%,这些都表明碱蓬既有良好的耐盐性,而且对低浓度化 Cd、Cu、Zn 的耐受性较大、吸收能力强,具有对重金属污染的滨海和河口地区进行植物修复的潜力。此外有学者对沿海和河口的调查研究也表明,盐生植物碱蓬对重金属具有较强的富集和转移能力,且碱蓬富集的绝大多数重金属元素都表现出地上部比根部高的现象。以上的研究结果都说明盐生植物碱蓬对沿海滩涂土壤有良好的生物修复能力。

(3)红树植物

红树植物可以通过根部吸收海水及沉积物中的重金属,再通过细胞壁沉淀、液泡区域化、螯合作用和抗氧化系统酶的作用等方式降低重金属毒性,并将重金属吸收并储存在根、树干，可减少环境中的重金属含量，从而起到修复重金属污染的作用。陈桂葵等（2005）用含 Ni 污水灌溉白骨壤（*Avicennia marina*，又称海榄雌），发现白骨壤植物对 Ni 的净吸收量随污水处理浓度的升高而增加，且以根部含量最高，平均占整个植株的 58.67%。Macfarlane 等（2003）研究也表明白骨壤对 Cu、Pb、Zn 的富集量随着沉积物中重金属含量的升高而增加，且根部每千克干重富集量与沉积物中含量相当。红树植物对重金属的富集能力因植物种类、植物器官和重金属种类而异。郑文教探讨了深圳福田自然保护区中的红树林对 Cr、Ni、Mn 的吸收、累积和分布情况，发现 3 种不同类型群落叶层中 Cr、Ni 的累积量由大到小依次为：白骨壤>桐花树（*Aegiceras corniculatum*）>秋茄（*Kandelia candel*）；Mn 累积量由大到小依次为：秋茄>白骨壤>桐花树。林志芬等（2003）采用 Cd 培养液处理秋茄，28d 后秋茄植物体各器官的 Cd 积累量随着处理浓度的增加而增加，但不同器官的积累量不同，依次为：根>胚轴>茎>叶，其中根部的 Cd 含量比基质浓度高 11.2～18.7 倍，表现出明显的富集效应。有的研究认为，红树林对重金属的净化主要是来自重金属的沉积作用，而吸收入植物体内的量相对较少。陈桂葵等在温室中建立了红树林植物白骨壤模拟滩涂系统，以研究重金属 Pb 在其中的分布、迁移及其净化，发现模拟系统对重金属 Pb 的净化效果显著，但加入系统中的 Pb 主要存留于土壤子系统中，很少迁移到植物体和凋落物中。

第四节 滩涂植物资源活性物质开发利用问题与展望

滨海滩涂作为我国重要的土地资源之一，开展综合利用研究已成为破解土地资源紧缺的重要内容。在滩涂上，因地制宜，种植经济盐生植物，可就地利用海水资源进行灌溉，对发展滨海特色农业具有广泛的意义。许多耐盐植物的果实、种子、叶片、块根等都含有丰富的营养成分，可以作为新型的食品原料、饲料、药材、蔬菜、园林绿化品种。

建立种质基因库，同时对我国的盐生植物应当建立盐生植物保护园。通过建立盐生植物保护园，既能将我国的濒危盐生植物保护起来，也可以将野外稀有的盐生植物资源种植在保护园中加以保护扩繁；通过对不同地区的珍贵野生盐生植物资源进行引种驯化，待驯化后能够向外推广，建立盐生植物档案进行负责管理；深入盐生植物生长环境进行植物区系和植被的调查研究，确定盐生植物生物多样性的保护地区；在原产地重新种植一些重要的濒危野生植物资源，使其恢复天然分布，促进其繁衍；对珍稀盐生植物资源和尚待开发利用的盐生植物资源进行实验研究，如生态学、遗传学、引种栽培、功能成分提取及鉴定等研究，对盐生植物资源进行大量繁殖及向外推广种植。

开展盐地农业和海水灌溉农业研究。我国有大量的盐碱地，盐碱地的改良是十分困难的，而目前最有效的办法就是在盐碱地上种植耐盐植物。耐盐植物资源在自然环境中十分匮乏，利用传统和现代的基因工程、分子生物学及遗传学手段很难改良植物的耐盐性，最有效的方法就是将有经济价值的盐生植物作为作物进行种植，因此我们需要开展盐地农业来提高农产品的产量。海水灌溉农业，即利用海水代替淡水进行灌溉的农业。世界上的淡水资源有限，而海水资源是取之不尽用之不竭的。此外，自然界中的盐碱地面积不断扩大，耕地面积不断减少，需要利用有价值的盐生植物，从而有效利用盐碱地进行生产，扩大农业生产。

同时形成"政府搭台，院所研发，企业为主，农户参与"的新型盐碱地开发利用模式，是未来盐碱地的绿色开发的方向。高校和科研院所首先要进行盐生植物耐盐机理研究，特别是耐盐经济植物筛选培育，为政府和企业提供种质和技术支撑。其次，政府要搭建平台，为盐碱地转租、转包，企业落地，科学家实验等提供优质便利政策支持和保障。再次，盐碱地规模化绿色开发必须以企业为主，以产业为导向，实现市场化运作。当地政府提供土地、政策，科学家提供技术、材料、品种，科学家和农民通过参股或入股参与企业发展，才能实现政府、科学家、农民和企业的共赢局面，实现我国盐碱地绿色、可持续开发利用。

参考文献

白云娥，漆小梅，赵华，等，2006. 聚酰胺分离金莲花总黄酮 [J]. 中国医院药学杂志（5）：512-514.

贝盏临，张欣，魏玉清，2012. 盐碱胁迫对 M-81E 甜高粱种子萌发及幼苗生长的影响 [J]. 河南农业科学（2）：45-49.

卜庆梅，王艳华，韩立亚，等，2007. 三角叶滨藜根吸水特点与其抗盐性的关系 [J]. 生态学杂志，26（10）：1585-1589.

陈芳，邓惠玲，张宜，2011. 半夏生物总碱对人肝癌细胞增殖的影响 [J]. 中国药师，14（10）：1449-1451.

陈飞飞，蔡东联，2009. 活性多糖延缓衰老的研究进展 [J]. 中西医结合学报，7（7）：674-677.

陈钢，谈献和，张瑜，2012. 江苏半夏无机元素的分析 [J]. 南京中医药大学学报，28（1）：41-43.

陈桂葵，陈桂珠，2005. 模拟分析白骨壤湿地系统中 Ni 的分配循环及其净化效果

[J]．海洋环境科学（4）：16-19．

陈华，李银心，2005．耐海水蔬菜新成员：蒲公英［J］．植物资源（6）：9-10．

陈妙华，刘凤山，1991．罗布麻叶镇静化学成分的研究［J］．中国中药杂志，16（10）：609-611．

陈启彪，梁慧琳，陈俏媛，等，2016．新型海水稻的介绍［J］．农技服务，33（6）：17．

陈全战，杨文杰，郑青松，2007．国内外杂交油葵品种耐盐性鉴定及方法比较［J］．中国农学通报，23（8）：157-160．

陈绍瑷，陈，2003．中药现代化研究的化学法导论［M］．北京：化学工业出版社．

陈守莉，孙波，王平祖，等，2007．污染水稻土中重金属的形态分布及其影响因素［J］．土壤（3）：375-380．

陈元元，朱宇旌，张勇，2013．苜蓿多糖在畜禽饲料中的应用［J］．动物营养学报，25（1）：36-43．

党瑞红，王玲，高明辉，等，2007．水分和盐分胁迫对海滨锦葵生长的效应［J］．山东师范大学学报（自然科学版）（1）：122-124．

丁海荣，洪立洲，杨智青，等，2008．盐生植物碱蓬及其研究进展［J］．江苏农业学报，20（8）：35-37．

董必慧，刘玉楼，2010．沿海地区主要柴油植物海滨锦葵的生物学特性及其开发利用［J］．江苏农业科学（2）：374-375．

董美丽，2018．油用向日葵新品种 ND90 的选育及栽培管理技术［J］．农业科技通讯（10）：247-248．

董双涛，李宝霞，霍乃蕊，2011．TCA-丙酮沉淀法提取聚合草叶蛋白的研究［J］．世界中西医结合杂志（9）：766-767．

董晓霞，郭洪海，孔令安，2001．滨海盐渍地种植紫花苜蓿对土壤盐分特性和肥力的影响［J］．山东农业科学（1）：24-25．

董艳辉，2015．金属络合法纯化火炭母黄酮工艺研究［J］．中国食品添加剂（1）：138-142．

窦佩娟，2012．水提和碱提茶树菇多糖的结构、溶液行为及生物活性研究的比较［D］．西安：陕西师范大学．

杜泉滢，李智，刘书润，等，2007．干旱、半干旱区湖泊周围盐生植物群落的多样性格局及特点［J］．生物多样性（3）：271-281．

范拴喜，2010．渭河流域陕西段农业面源污染与防治对策［J］．农业环境与发展，27（1）：68-73.

范作卿，吴昊，顾寅钰，等，2017. 海洋植物与耐盐植物研究与开发利用现状
[J]. 山东农业科学，49（2）：168-172.

冯立田，王磊，赵善仓，2011. 海水蔬菜西洋海笋研究进展及其开发利用 [J].
山东农业科学（5）：94-97，104.

高红宁，金万勤，郭立玮，2004. 微滤-大孔树脂法精制苦参中氧化苦参碱和苦
参总黄酮 [J]. 西北药学杂志（1）：12-13.

高瑞斌，杨艳，董树清，等，2014. 高效毛细管电泳在西北中藏药黄酮类化合物
中的应用研究 [J]. 亚太传统医药，10（12）：5-6.

耿华珠，1995. 中国苜蓿 [M]. 北京：中国农业出版社.

耿玮峥，吕铭洋，崔新明，等，2015. 天山花楸叶总黄酮对心肌缺血再灌注损伤
大鼠心肌酶和心肌超微结构的影响 [J]. 中国实验诊断学，19（6）：877-879.

郭巧生，苏筱娟，2016. 江苏省沿海滩涂野生药用植物生物多样性及其保护
[J]. 中国野生植物资源，18（3）：28-30.

郭洋，2014. 不同盐生植物吸盐特征及其对土壤改良效果 [D]. 乌鲁木齐：新疆
农业大学.

韩嘉义，韩斌，1996. 新型绿叶蔬菜：番杏 [J]. 北京农业（12）：33.

韩立民，王金环，2015. 我国海水蔬菜种植发展面临的问题及对策分析 [J]. 浙
江海洋学院学报（自然科学版），34（3）：276-281.

贺林，王文卿，林光辉，2012. 盐分对滨海湿地植物番杏生长和光合特征的影响
[J]. 生态学杂志，31（12）：3044-3049.

何新天，2011. 中国草业统计 [R]. 北京：全国畜牧总站.

洪绂曾，2009. 苜蓿科学 [M]. 北京：中国农业出版社.

洪建，2011. 滩涂资源开发利用与管理 [J]. 水利技术监督（6）：16-18.

侯晋军，韩利文，杨官娥，等，2006. 罗布麻叶化学成分和药理活性研究进展
[J]. 中草药，37（10）：7-9.

黄芳，蒙义文，1999. 活性多糖的研究进展 [J]. 天然产物研究与开发（5）：
90-98.

黄华梅，张利权，高占国，2005. 上海滩涂植被资源遥感分析 [J]. 生态学报，
25（10）：2686-2693.

黄丽萍，王立艳，杨勇，等，2014. 四种耐盐植物根际土壤盐分运移特征研究
[J]. 天津农业科学，20（6）：73-76.

黄威，2010. 南瓜叶蛋白加工方法及其制品的安全性评价研究 [D]. 重庆：西南

大学.

黄晓东，王艳春，李晓光，等，2018. 菊芋多糖对 2 型糖尿病大鼠胰岛细胞形态与功能影响 [J]. 中国公共卫生，34（3）：365-368.

黄晓冬，邹汉法，毛希琴，等，2002. 分子印迹手性整体柱的制备及对非对映异构体的分离 [J]. 色谱（5）：436-438.

季静，王军军，王萍，等，2000. 油用向日葵含油量的遗传分析 [J]. 作物杂志（4）：10-11.

贾燕芳，2020. 盐生植物修复盐碱地应用及资源化利用途径 [J]. 农业开发与装备（1）：41-42.

江洪波，雷挺，2007. 桑叶叶蛋白提取工艺的研究 [J]. 农产品加工：学刊（12）：19-21.

蒋艳，姜孝新，2011. 枸杞多糖对肝癌荷瘤小鼠的抗肿瘤作用及其机制 [J]. 肿瘤药学（4）：391-394.

焦中高，张春岭，刘杰超，等，2015. 碱提红枣多糖与水提红枣多糖生物活性的比较研究 [J]. 食品安全质量检测学报，6（10）：4181-4187.

荆常亮，周金辉，张成省，等，2019. 野生大豆营养成分及生物活性因子的研究进展 [J]. 大豆科学，38（4）：644-649.

孔娜娜，方圣涛，刘莺，等，2013. 罗布麻叶中非黄酮类化学成分研究 [J]. 中草药，44（22）：3114-3118.

寇一翾，吕世奇，刘建全，等，2014. 寡糖类能源植物菊芋及其综合利用研究进展 [J]. 生命科学（5）：451-457.

赖兴凯，林南雄，陈金章，等，2016. 耐盐植物番杏在泉州湾的栽培试验 [J]. 福建农业科技（1）：24-27.

李长江，张英锋，高大威，2014. 枸杞多糖分离纯化及降血糖效果的研究 [J]. 燕山大学学报，38（6）：557-560.

李朝晖，马晓鹂，吴万征，2012. 枸杞多糖降血糖作用的细胞实验研究 [J]. 中药材，35（1）：124-127.

李栋，2012. 中国苜蓿产业发展的现状和面临的问题及对策分析 [J]. 中国畜牧兽医（39）：208-211.

李尔春，丁红军，金晓辉，2007. 天然植物多糖的结构及活性研究进展 [J]. 食品与药品，9（4）：51-52.

李凤林，李青旺，冯彩宁，等，2008. 天然黄酮类化合物提取方法研究进展 [J]. 中国食品添加剂（5）：60-64.

李海洋，李爱学，王成，等，2018. 盐胁迫对苗期向日葵内源激素含量的影响［J］. 干旱地区农业研究，36（6）：92-97.

李凌春，2008. 枸杞多糖复合物对人类衰老及亚健康的干预作用初探［D］. 长沙：湖南师范大学.

李慕春，王苗苗，韩飞，等，2018. 罗布麻和白麻叶中主要化学成分的统计分析［J］. 中国实验方剂学杂志，24（2）：102-108.

李勤奋，李志安，任海，等，2004. 湿地系统中植物和土壤在治理重金属污染中的作用［J］. 热带亚热带植物学报（3）：273-279.

李晓冰，谢忠礼，朱艳琴，等，2013. 枸杞多糖联合氟尿嘧啶抗肿瘤免疫增强作用［J］. 中国公共卫生，29（10）：1463-1465.

李晓丽，张边江，2009. 油用向日葵的研究进展［J］. 安徽农业科学，37（27）：13015-13017.

李欣欣，张琦弦，张文华，等，2014. 胶原纤维吸附剂对单糖基黄酮苷类化合物的层析分离性能［J］. 林产化学与工业，34（6）：56-60.

李岩，张亚卓，郭璐，等，2015. 盐生植物翅碱蓬黄酮类物质及其抗氧化活性研究［J］. 食品研究与开发，36（21）：38-41.

李圆圆，2013. 茶渣蛋白的酶法提取及功能性质研究［D］. 无锡：江南大学.

李月芬，汤洁，林年丰，等，2004. 黄花草木樨改良盐碱土的试验研究［J］. 水土保持通报（1）：8-11.

梁超，2007. 过量积累甜菜碱改善小麦耐盐性的生理机制研究［D］. 泰安：山东农业大学.

梁飞，田长彦，张慧，2012. 施氮和刈割对盐角草生长及盐分累积的影响［J］. 草业学报，21（2）：99-105.

林志芬，钟萍，殷克东，等，2003. 秋茄对镉-甲胺磷混合物的吸收积累及致毒作用［J］. 生态科学（4）：346-348.

刘公社，周庆源，宋松泉，等，2009. 能源植物甜高粱种质资源和分子生物学研究进展［J］. 植物学报，44（3）：253-261.

刘杰，2011. 向日葵对碱胁迫和盐胁迫适应机制比较［D］. 长春：东北师范大学.

刘胜辉，王松标，2000. 番杏及其栽培［J］. 广西热作科技（4）：15-16.

刘一杰，薛永常，2016. 植物黄酮类化合物的研究进展［J］. 中国生物工程杂志，36（9）：81-86.

刘咏梅，刘波，王金凤，等，2005. 北沙参粗多糖的提取及对阴虚小鼠的免疫调

节作用 [J]. 中国生化药物杂志 (4): 224-225.

刘永信, 王玉珍, 2011. 黄河三角洲滩涂耐盐植物区域化栽培技术 [J]. 山东农业科学 (8): 115-117.

刘兆普, 隆小华, 刘玲, 等, 2008. 海岸带滨海盐土资源发展能源植物资源的研究 [J]. 自然资源学报, 23 (1): 9-14.

刘忠宽, 刘振宇, 玉柱, 等, 2016. 我国苜蓿青贮饲料的加工与利用现状 [J]. 河北农业科学, 20 (4): 62-65.

隆小华, 刘兆普, 蒋云芳, 等, 2006. 海水处理对不同产地菊芋幼苗光合作用及叶绿素荧光特性的影响 [J]. 植物生态学报 (5): 827-834.

隆小华, 刘兆普, 王琳, 等, 2007. 半干旱地区海涂海水灌溉对不同品系菊芋产量构成及离子分布的影响 [J]. 土壤学报 (2): 300-306.

陆炳章, 许慰睽, 周春霖, 1993. 牧草对改良滨海盐土的效果及其利用效益 [J]. 土壤通报 (S1): 53-55.

卢旭, 2007. 生物碱提取技术研究及进展 [J]. 天津化工 (3): 4-7.

卢艳花, 2005. 中药有效成分提取分离技术 [M]. 北京: 化学工业出版社.

罗毅, 冯晓东, 刘红燕, 2009. 大剂量益母草对大鼠肝、肾的亚急性毒性作用 [J]. 中国药师, 12 (9): 1180-1182.

吕宏凌, 王保国, 2005. 微滤、超滤分离技术在中药提取及纯化中的应用进展 [J]. 化工进展 (1): 5-9.

马厉芳, 吴春霞, 阿不都拉·阿巴斯, 2007. 超声波提取紫草叶中总黄酮的工艺研究 [J]. 食品科学, 28 (10): 275-278.

缪伏荣, 刘景, 王淡华, 2008. 大米草草粉对肉兔生长性能的影响 [J]. 中国养兔杂志 (3): 21-24.

莫天录, 薛林贵, 高慧, 等, 2015. 大孔吸附树脂纯化绿茄叶黄酮的工艺研究 [J]. 天然产物研究与开发, 27 (3): 534-539.

莫炫永, 2010. 不同产地半夏的氨基酸分析 [J]. 药物分析杂志, 30 (1): 145-148.

聂其霞, 赵小妹, 张保献, 等, 2002. 不同纯化方法对黄连解毒汤中盐酸小檗碱含量的影响 [J]. 中国中药杂志 (12): 28-30.

聂小安, 蒋剑春, 高一苇, 等, 2008. 海滨锦葵油生物柴油的制备及性能分析 [J]. 南京林业大学学报 (自然科学版) (1): 72-74.

庞雪, 廖念, 周逸群, 等, 2017. 不同炮制方法对半夏中鸟苷和腺苷含量的影响 [J]. 时珍国医国药, 28 (9): 2127-2129.

彭煜策, 赵梅, 吴淑菲, 等, 2018. 南充产半夏的蛋白质提取与鉴定研究 [J]. 科技资讯, 16 (18): 223-224, 226.

祁淑艳, 储诚山, 2005. 盐生植物对盐渍环境的适应性及其生态意义 [J]. 天津农业科学 (2): 42-45.

乔晶晶, 吴啟南, 薛敏, 等, 2018. 益母草化学成分与药理作用研究进展 [J]. 中草药, 49 (23): 5691-5704.

秦爱红, 徐玉明, 王晓玲, 等, 2010. 油用向日葵在盐碱地的适应性研究 [J]. 安徽农学通报 (上半月刊), 16 (1): 102-118.

邱晓, 张孝峰, 林志城, 等, 2012. 不同含盐量的田间自然土下甜高粱耐盐性初探 [J]. 中国农学通报 (3), 66-70.

曲敏, 马永强, 杨大鹏, 等, 2012. 不同方法提取苜蓿叶蛋白效果的比较及表征 [J]. 食品科学, 33 (14): 91-95.

阮成江, 钦佩, 韩睿明, 2005. 耐盐油料植物海滨锦葵优良品系选育 [J]. 作物杂志 (4): 71-72.

申利红, 王胜利, 2010. 益母草的研究进展 [J]. 安徽农业科学, 38 (8): 4414-4416.

施庆华, 陈建平, 张尊, 等, 2011. 江苏沿海滩涂甜高粱新品种适应性研究 [J]. 大麦与谷类科学 (4): 32-34.

司建志, 王硕, 周小雷, 等, 2015. 聚酰胺纯化八角残渣黄酮的工艺研究 [J]. 食品工业科技, 36 (8): 245-249.

宋金昌, 范莉, 牛一兵, 等, 2009. 不同甜高粱品种生产与奶牛饲喂特性比较 [J]. 草业科学, 26 (4): 74-78.

宋金明, 张默, 李学刚, 等, 2011. 胶州湾滨海湿地中的 Li、Rb、Cs、Sr、Ba 及碱蓬 (*Suaeda salsa*) 对其的 "重力分馏" [J]. 海洋与湖沼, 42 (5): 670-675.

孙海霞, 伏晓晓, 王敏玲, 等, 2013. 碱蓬干草饲喂水平对羔羊肌肉及器官组织中矿物元素的影响研究 [J]. 草业学报, 22 (4): 346-350.

孙黎, 刘士辉, 师向东, 等, 2006. 10 种藜科盐生植物的抗盐生理生化特征 [J]. 干旱区研究 (2): 309-313.

孙宇梅, 赵进, 周威, 等, 2005. 我国盐生植物碱蓬开发的现状与前景 [J]. 北京工商大学学报 (自然科学版) (23): 1-4.

王贝贝, 龚一富, 王钰喆, 等, 2015. 不同浓度海水对蔬菜种子萌发、生长及其品质的影响 [J]. 中国蔬菜 (2): 45-49.

王斌，2007. 黄河三角洲滨海湿地药用耐盐植物蒙古鸦葱和柽柳化学成分及生物活性研究 [D]. 青岛：中国海洋大学.

王斐，韩吉春，李德芳，等，2018. 罗布麻总黄酮提取物抗心肌缺血再灌注损伤作用及其机制 [J]. 药学服务与研究，18 (1)：16-20.

王海洋，王为，陈建平，等，2014. 江苏沿海滩涂盐碱地甜高粱高产栽培技术 [J]. 大麦与谷类科学 (3)：33-34.

王洪新，王键，2002. 苦豆子种子生物碱离子交换分离的因素研究 [J]. 中草药 (12)：27-30.

王红艳，2016. 海滨锦葵耐盐生理特性及脯氨酸代谢相关基因的研究 [D]. 烟台：中国科学院烟台海岸带研究所.

王晖，马慧芬，徐赟晟，等，2017. 炮制对半夏淀粉基础物理化学性质的影响 [J]. 中国实验方剂学杂志，23 (22)：32-36.

王记莲，2015. 海蓬子黄酮的分离纯化及其抑菌活性研究 [J]. 黑龙江畜牧兽医 (23)：191-193.

王凯，王景宏，洪立洲，等，2009. 碱蓬在江苏沿海地区高产栽培技术的研究 [J]. 中国野生植物资源，28 (5)：63-65.

王凯，尹金来，周春霖，等，2001. 耐盐蔬菜三角叶滨藜的引种和栽培研究 [J]. 江苏农业科学 (4)：57-59.

王理鸣，2008. 益母草鲜汁对皮肤黑色素抑制作用的实验研究 [J]. 湖北中医杂志 (3)：60-61.

王伟，于海峰，张永虎，等，2013. 盐胁迫对向日葵幼苗生长和生理特性的影响 [J]. 华北农学报，28 (1)：176-180.

王晓玲，李春胜，房春波，等，2003. 碱蓬的用途与种植技术 [J]. 特种经济动植物 (12)：25-26.

王仪明，雷艳芳，张兴，等，2010. 大米草收获时期和饲料营养价值的研究 [J]. 畜牧与饲料科学，31 (Z2)：11-13.

王永慧，陈建平，张培通，等，2013. 滨海滩涂盐碱地甜高粱生长和地上部干物质积累特性的研究 [J]. 中国农学通报 (24)：49-53.

王玉珍，2013. 盐碱地柽柳的药用价值及栽培技术 [J]. 特种经济动植物，16 (5)：32-33.

王震，乔天磊，霍乃蕊，等，2016. 植物叶蛋白提取方法及研究进展 [J]. 山西农业科学，44 (1)：126-130.

魏忠平，邢兆凯，于雷，等，2009. 北方泥质海岸盐碱地种植牧草肥土效果研究

［J］. 辽宁林业科技（2）：8-10.

翁跃进，宋景芝，2000. 杭逆境蔬菜番杏的利用研究［J］. 中国种业（3）：39-40.

吴成龙，周春霖，尹金来，等，2008. 碱胁迫对不同品种菊芋幼苗生物量分配和可溶性渗透物质含量的影响［J］. 中国农业科学（3）：901-909.

吴承东，赫明涛，王军，等，2013. 江苏沿海地区甜高粱超高产栽培技术［J］. 现代农业科技（20）：32-33.

吴冬青，李彩霞，冯雷，等，2005. 金色补血草花色素抗氧化活性及抑菌作用研究［J］. 中兽医医药杂志（5）：22-23.

吴国华，2018. DL36363 向日葵新品种在民勤县的种植表现及高产栽培技术［J］. 农业科技与信息（23）：23-24.

吴曼，徐明岗，徐绍辉，等，2011. 有机质对红壤和黑土中外源铅镉稳定化过程的影响［J］. 农业环境科学学报，30（3）：461-467.

吴梅姐，罗彩林，吴燕珍，2015. 大米草总黄酮的抗菌研究［J］. 世界临床医学，9（9）：164-165.

吴雅静，2005. 海蓬子及其利用价值与开发前景［J］. 养殖与饲料（8）：16-18.

肖琦，阳文武，张德伟，等，2016. 半夏总生物碱含量影响因素及药理作用研究进展［J］. 中国药业，25（3）：123-126.

谢光辉，2011. 能源植物分类及其转化利用［J］. 中国农业大学学报，16（2）：1-7.

谢逸萍，孙厚俊，王欣，等，2010. 新型能源植物菊芋资源的引种鉴定与海涂利用评价［J］. 江西农业学报（9）：62-62，71.

徐丰清，梁永革，2018. 半夏的炮制方法及其对药效的影响［J］. 双足与保健，27（12）：164-165.

徐汉虹，2001. 杀虫植物与植物性杀虫剂［M］. 北京：中国农业出版社.

徐年军，严小军，徐继林，等，2005. 大米草中生物活性物质的筛选［J］. 海洋科学（3）：17-19.

徐文杰，包明亮，2015. 优质高效青贮饲料—饲用甜高粱［J］. 中国畜禽种业，11（7）：97.

许金霞，2007. 枸杞多糖的制备及其活化巨噬细胞机理的研究［D］. 杭州：浙江大学.

许卫锋，张红霞，2011. 半夏及水半夏中氨基酸含量测定比较研究［J］. 现代中药研究与实践，25（4）：31-32.

薛广厚，范海延，李航，等，2009. 生物碱在植物源农药中的应用研究 [J]. 北方园艺 (6)：131-134.

杨君，姜吉禹，2009. 海水灌溉条件下菊芋种植密度对土壤无机盐及产量的影响 [J]. 吉林师范大学学报（自然科学版）(2)：17-18，25.

杨立飞，朱月林，胡春梅，等，2006. NaCl 胁迫对嫁接黄瓜膜脂过氧化、渗透调节物质含量及光合特性的影响 [J]. 西北植物学报，26 (6)：1195-1200.

杨文华，2004. 甜高粱在我国绿色能源中的地位 [J]. 中国糖料 (3)：57-59.

杨永利，2004. 盐生植物对盐碱地的改良作用及在绿化中的景观效果 [J]. 现代园林 (10)：34-38.

姚世响，陈莎莎，徐栋生，等，2010. 不同盐胁迫对新疆耐盐植物藜叶片钾、钠元素含量及相关基因表达的影响 [J]. 光谱学与光谱分析，30 (8)：2281-2284.

弋良朋，马健，李彦，2006. 盐胁迫对 3 种荒漠盐生植物苗期根系特征及活力的影响 [J]. 中国科学 . D 辑：地球科学 (S2)：86-94.

易金鑫，马鸿翔，张春银，等，2010. 新型绿色海水蔬菜海蓬子的研究现状与展望 [J]. 江苏农业科学 (6)：15-18.

易克传，曾其良，李慧，2012. 膜技术纯化菊花总黄酮的工艺研究 [J]. 天然产物研究与开发，24 (10)：1449-1453.

易思荣，黄娅，2002. 蒲公英属植物的研究概况 [J]. 时珍国医国药，13 (2)：108.

殷云龙，於朝广，华建峰，等，2012. 豆科植物田菁对滨海盐土的适应性及降盐效果 [J]. 江苏农业科学，40 (5)：336-338.

尹鹭，曹学丽，徐静，等，2013. 高效逆流色谱分离化橘红中黄酮类化合物及组分结构鉴定 [J]. 食品科学，34 (20)：268-272.

于德华，常尚连，徐化凌，等，2009. 黄河三角洲滩涂耐重盐植物的筛选实验 [J]. 河北大学学报（自然科学版），29 (6)：640-646.

于莲，张海燕，郭宇，等，2014. 星点设计优化山药多糖冷浸提取工艺 [J]. 辽宁中医杂志，41 (11)：2433-2434.

于天丛，闫磊，丁君，等，2006. 苦豆子 7 种生物碱对瓜类炭疽病菌的室内毒力测定 [J]. 农药科学与管理 (7)：23-25，34.

余丹妮，徐德生，冯怡，等，2007. 柱层析-分光光度法测定益母草中总黄酮含量 [J]. 时珍国医国药 (5)：1036-1037.

玉柱，孙启忠，2011. 饲草青贮技术 [M]. 北京：中国农业大学出版社.

元炳成, 2011. 紫花苜蓿改良盐渍土对土壤微生物活性和养分含量的影响 [J]. 生态环境学报, 20 (3): 415-419.

曾华, 2017. 植物耐盐碱机制研究进展 [J]. 北方水稻, 47 (2): 58-61.

翟彦民, 张秀玲, 于成华, 2007. 野生蔬菜蒲公英的开发利用 [J]. 安徽农业科学, 35 (12): 3529-3540.

张彩霞, 谢高地, 李士美, 等, 2010. 中国能源作物甜高粱的空间适宜分布及乙醇生产潜力 [J]. 生态学报, 20 (17): 4765-4770.

张浩波, 陈晖, 彭晓霞, 等, 2016. 不同加工方法对半夏中氨基酸含量的影响 [J]. 湖南农业科学 (6): 68-70.

张科, 田长彦, 李春俭, 2012. 盐土和沙土对新疆常见一年生盐生植物生长和体内矿质组成的影响 [J]. 生态学报, 32 (10): 3069-3076.

张兰兰, 王志睿, 黄昌全, 等, 2004. 钩吻总生物碱中钩吻素子的提取与分离 [J]. 第一军医大学学报, 2004 (9): 1006-1008.

张立宾, 郭新霞, 常尚连, 2012. 田菁的耐盐能力及其对滨海盐渍土的改良效果 [J]. 江苏农业科学, 40 (2): 310-312.

张立华, 2006. 内蒙古向日葵生产的现状及发展对策 [D]. 呼和浩特: 内蒙古农业大学.

张连茹, 2004. 二色补血草水溶性多糖、多酚类和挥发性成分的研究 [J]. 武汉: 武汉大学.

张彤, 齐麟, 2005. 植物抗旱机理研究进展 [J]. 湖北农业科学 (4): 107-110.

张小锐, 2011. 枸杞多糖 LBPF4-OL 免疫调节靶细胞及其作用位点研究 [D]. 北京: 中国人民解放军军事医学科学院.

张晓秋, 1999. 浅谈蒲公英的食用价值及栽培方法 [J]. 牡丹江师范学院学报 (1): 19.

张艳, 2012. 玉米须多糖提取工艺参数优化及玉米须多糖降血糖作用和机制研究 [D]. 长春: 吉林大学.

张艳, 林莺, 刘永慧, 等, 2007. NaCl 对海滨锦葵活性氧清除能力的影响 [J]. 山东师范大学学报 (自然科学版) (4): 117-119.

张洋, 冷晓微, 李亚娟, 等, 2016. 罗布麻叶总黄酮对大鼠动脉粥样硬化干预作用 [J]. 中国公共卫生, 32 (12): 1696-1699.

张语迟, 刘春明, 刘志强, 等, 2009. 罗布白麻与罗布红麻的液相色谱-质谱联用分析 [J]. 分析测试学报, 28 (10): 1148-1154.

章英才, 张晋宁. 两种不同盐浓度环境中盐地碱蓬叶的形态结构特征研究 [J].

宁夏大学学报（自然科学版），22（1）：70-73.

赵宝泉，王茂文，丁海荣，等，2015. 江苏沿海滩涂盐生药用植物资源研究 [J]. 中国野生植物资源，34（6）：44-50.

赵宝泉，温祝桂，邢锦城，等，2018. 江苏沿海滩涂湿地盐生植物区系及物种多样性 [C] //中国植物学会85周年学术年会论文摘要汇编（1933-2018）：139.

赵东洋，2017. 罗布麻系列多糖的提取、分离以及抑制半乳凝集素活性的研究 [D]. 长春：东北师范大学.

赵海阳，林年丰，包海鹰，2013. 黄花草木樨种子蛋白质含量测定及其提取工艺研究 [J]. 长春中医药大学学报，29（3）：534-536.

赵婧，2017. 南瓜酸性多糖的结构解析及其与功能蛋白的相互作用 [D]. 北京：中国农业大学.

赵可夫，范海，江行玉，等，2002. 盐生植物在盐渍土壤改良中的作用 [J]. 应用与环境生物学报（1）：31-35.

赵可夫，周三，范海，2002. 中国盐生植物种类补遗 [J]. 植物学通报（5）：611-613.

赵磊，杨延杰，林多，2006. 蒲公英的经济价值 [J]. 辽宁农业科学（6）：33-35.

赵鹏，张婷婷，宋道，2014. 二色补血草多糖的羧甲基化工艺研究 [J]. 中药材，37（8）：1474-1478.

赵淑华，2016. 野生蒲公英开发利用前景广阔 [J]. 科学种养（1）：55.

赵振勇，张科，王雷，等，2013. 盐生植物对重盐渍土脱盐效果 [J]. 中国沙漠，33（5）：1420-1425.

郑青松，陈刚，刘玲，等，2005. 盐胁迫对油葵种子萌发和幼苗生长及离子吸收、分布的效应 [J]. 中国油料作物学报，27（1）：60-64.

郑青松，刘兆普，刘友良，等，2004. 盐和水分胁迫对海蓬子、芦荟、向日葵幼苗生长及其离子吸收分配的效应 [J]. 南京农业大学学报，27（2）：16-20.

钟晓兰，周生路，黄明丽，等，2009. 土壤重金属的形态分布特征及其影响因素 [J]. 生态环境学报，18（4）：1266-1273.

周浩，杨吉平，别红桂，2012. 耐盐蔬菜三角叶滨藜营养成分分析与评价 [J]. 北方园艺（14）：27-29.

周锐丽，卢烽，秦龙龙，2011. 蒲公英的营养与保健功能 [J]. 中国食物与营养，17（6）：71-72.

周三，韩军丽，赵可夫，2001. 泌盐盐生植物研究进展 [J]. 应用与环境生物学报（5）：496-501.

周三，关崎春雄，岳旺，2008. 野大豆、黑豆和大豆的异黄酮类成分比较 [J]. 大豆科学（2）：315-319.

周贤春，何春霞，苏力坦·阿巴白克力，2006. 生物碱的研究进展 [J]. 生物技术通讯，17（3）：476-479.

周一鸣，周小理，崔琳琳，2010. 高效毛细管电泳法在黄酮类化合物分析检测中的应用 [J]. 食品科学，31（20）：275-277.

朱建良，张冠杰，2004. 国内外生物柴油研究生产现状及发展趋势 [J]. 化工时刊（1）：23-27.

朱金婵，2008. 三种黄酮铜配合物的合成及其生物活性研究 [D]. 桂林：广西师范大学.

朱鸣鹤，丁永生，方飚雄，等，2009. 盐沼植物翅碱蓬对沉积物中磷环境化学行为影响 [J]. 海洋环境科学，28（3）：275-278.

朱小梅，董静，丁海荣，等，2015. 绿肥牧草对滨海盐渍土的改良作用研究进展 [J]. 安徽农业科学，43（17）：150-151.

朱英，裴德胜，陈民，等，2007. 金银花叶总黄酮的水提取工艺研究 [J]. 中成药（1）：60-63.

朱志清，李银心，2001. 生物技术与耐海水作物的追求 [J]. 植物杂志（6）：3-4.

邹洁，王璇，2012. 生物碱的提取技术研究进展 [J]. 广东化工，39（11）：96-97.

邹日，柏新富，朱建军，2010. 盐胁迫对三角叶滨藜根选择透性和反射系数的影响 [J]. 应用生态学报，21（9）：2223-2227.

左军，牟景光，胡晓阳，2019. 半夏化学成分及现代药理作用研究进展 [J]. 辽宁中医药大学学报，21（9）：26-29.

AMER S, SEGUIN P, MUSTAFA A F, 2012. Short communication：Effects of feeding sweet sorghum silage on milk production of lactating dairy cows [J]. Journal of Dairy Science, 95（2）：859-863.

ATZORI G, NISSIM W G, CAPARROTTA S, et al., 2016. Potential and constraints of different seawater and freshwater blends asgrowing media for three vegetable crops [J]. Agricultural Water Management, 176：255-262.

BAJEHBAJ A A, 2010. The effects of NaCl priming on salt tolerance in sunflowergermination and seedlinggrown under salinity conditions [J]. African Journal of Biotechnology, 9 (12): 1764-1769.

BARRETT-LENNARD E G, 2002. Restoration of saline land through revegetation [J]. Agricultural Water Management, 53 (1-3): 213-226.

BEN HASSINE A, GHANEM M E, BOUZID S, et al., 2009. Abscisic acid has contrasting effects on salt excretion and polyamine concentrations of an inland and a coastal population of the Mediterranean xero-halophyte species *Atriplex halimus* [J]. Ann Bot, 104 (5): 925-936.

BHANDARI S K, OMINSKI K H, WITTENBERG K M, et al., 2007. Effects of chop length of alfalfa and corn silage on milk production and rumen fermentation of dairy cows [J]. Journal of Dairy Science, 90 (5): 2355-2366.

BOLETI A P D, FREIRE M D M, COELHO M B, et al., 2007. Insecticidal and antifungal activity of a protein from *Pouteria torta* seeds with lectin-like properties [J]. Journal of Agricultural and Food Chemistry, 55 (7): 2653-2658.

CHAI Y Y, JIANG C D, SHI L, et al., 2010. Effects of exogenous spermine on sweet sorghum duringgermination under salinity [J]. Biologia Plantarum, 54 (1): 145-148.

CHATURVEDI A K, MISHRA A, TIWARI V, et al., 2012. Cloning and transcript analysis of type 2 metallothioneingene (SbMT-2) from extreme halophyte *Salicornia brachiata* and its heterologous expression in *E. coli* [J]. Gene, 499 (2): 280-287.

CHEN HL F J, 1997. Structure and Function of Glycoconjugates. 2nd ed. [M] // Shanghai: Shanghai Medical University Press.

CHEN J, LI J, SUN A D, ZHANG B L, et al., 2014. Supercritical CO_2 extraction and pre-column derivatization of polysaccharides from *Artemisia sphaerocephala* Krasch seeds viagas chromatography [J]. Industrial Crops and Products, 60: 138-143.

CHEN Q, HU Z Y, YAO F Y D, et al., 2016. Study of two-stage microwave extraction of essential oil and pectin from pomelo peels [J]. Lwt-Food Science and Technology, 66: 538-545.

CHENG H R, LI S S, FAN Y Y, et al., 2011. Comparative studies of the antiproliferative effects ofginseng polysaccharides on HT-29 human colon cancer cells [J]. Medical Oncology, 28 (1): 175-181.

CONG M, LV J S, LIU X L, et al., 2013. Gene expression responses in *Suaeda salsa* after cadmium exposure [J]. Springerplus, 2: 232.

DAHMANI-MULLER H, VAN OORT F, GELIE B, et al., 2000. Strategies of heavy metal uptake by three plant species growing near a metal smelter [J]. Environmental Pollution, 109 (2): 231-238.

DE LUCCA A J, JACKS T J, BROEKAERT W J, 1998. Fungicidal and binding properties of three plant peptides [J]. Mycopathologia, 144 (2): 87-91.

DI MARCO O N, RESSIA M A, ARIAS S, et al., 2009. Digestibility of forage silages from grain, sweet and bmr sorghum types: Comparison of in vivo, in situ and in vitro data [J]. Animal Feed Science and Technology, 153 (3-4): 161-168.

DONI S, MACCI C, PERUZZI E, et al., 2015. Heavy metal distribution in a sediment phytoremediation system at pilot scale [J]. Ecological Engineering, 81: 146-157.

DOS SANTOS C L V, CALDEIRA G, 1999. Comparative responses of Helianthus annuus plants and calli exposed to NaCl: I. Growth rate and osmotic regulation in intact plants and calli [J]. Journal of Plant Physiology, 155 (6): 769-777.

ELZAHABI M, YONG R N, 2001. pH influence on sorption characteristics of heavy metal in the vadose zone [J]. Engineering Geology, 60 (1-4): 61-68.

ENTRY J A, VANCE N C, HAMILTON M A, et al., 1996. Phytoremediation of soil contaminated with low concentrations of radionuclides [J]. Water Air and Soil Pollution, 88 (1-2): 167-176.

FLOWERS T J, GALAL H K, BROMHAM L, 2010. Evolution of halophytes: multiple origins of salt tolerance in land plants [J]. Functional Plant Biology, 37 (7): 604-612.

GALAT A, 1999. Variations of sequences and amino acid compositions of proteins that sustain their biological functions: An analysis of the cyclophilin family of proteins [J]. Archives of Biochemistry and Biophysics, 371 (2): 149-162.

GOMEZ-PANDO L R, ALVAREZ-CASTRO R, EGUILUZ-DE LA BARRA A, 2010. Effect of Salt Stress on peruvian germplasm of *Chenopodium quinoa* Willd.: a promising crop [J]. Journal of Agronomy and Crop Science, 196 (5): 391-396.

GRAF B L, CHENG D M, ESPOSITO D, et al., 2015. Compounds leached from quinoa seeds inhibit matrix metalloproteinase activity and intracellular reactive oxygen species [J]. International Journal of Cosmetic Science, 37 (2): 212-221.

GRUNDMANN O, NAKAJIMA J -I, SEO S, et al. 2007. Anti-anxiety effects of *Apocynum venetum* L. in the elevated plus maze test [J]. J Ethnopharmacol, 110 (3): 406-411.

HAVSTEEN B H, 2002. The biochemistry and medical significance of the flavonoids [J]. Pharmacology & Therapeutics, 96 (2-3): 67-202.

HAYWARD H E, BERNSTEIN L, 1958. Plant-growth relationships on salt-affected soils [J]. The Botanical Review, 24 (8): 584-635.

ISELI B, BOLLER T, NEUHAUS J M, 1993. The N-terminal cysteine-rich domain of tobacco class I chitinase is essential for chitin binding but not for catalytic or antifungal activity [J]. Plant Physiology, 103 (1): 221-226.

JABEEN N, AHMAD R, 2012. Improving tolerance of sunflower and safflower during growth stages to salinity through foliar Spray of nutrient solutions [J]. Pakistan Journal of Botany, 44 (2): 563-572.

KADER J C, 1996. Lipid-transfer proteins in plants [J]. Annual Review of Plant Physiology and Plant Molecular Biology, 47, 627-654.

KANDIL F E, AHMED K M, HUSSIENY H A, et al., 2000. A new flavonoid from Limonium axillare [J]. Archiv Der Pharmazie, 333 (8): 275-277.

KASUGA M, LIU Q, MIURA S, et al., 1999. Improving plant drought, salt, and freezing tolerance bygene transfer of a single stress-inducible transcription factor [J]. Nature Biotechnology, 17 (3): 287-291.

KIM D, YOKOZAWA T, HATTORI M, et al., 2000. Effects of aqueous extracts of A-pocynum 6enetum leaves on spontaneously hypertensive, renal hypertensive and NaCl-fed-hypertensive rats [J]. J Ethnopharmacol, 72: 53-59.

KLARZYNSKI O, PLESSE B, JOUBERT J M, et al., 2000. Linear beta - 1, 3glucans are elicitors of defense responses in tobacco [J]. Plant Physiology, 124 (3): 1027-1037.

KUO C, KWAN C, GONG C, et al., 2011. Apocynum venetum leaf aqueous extract inhibits voltage-gated sodium channels of mouse neuroblastoma N2A cells [J]. J Ethnopharmacol, 136 (1): 149-155.

LATIF S, ANWAR F, HUSSAIN A I, et al., 2011. Aqueous enzymatic process for oil and protein extraction from *Moringa oleifera* seed [J]. European Journal of Lipid Science and Technology, 113 (8): 1012-1018.

LAU Y S, KWAN C Y, KU T C, et al., 2012. Apocynum venetum leaf extract, an antihypertensive herb, inhibits rat aortic contraction induced by angiotensin II: a nitric oxide and superoxide connection [J]. J Ethnopharmacol, 143 (2): 565-571.

LAUS M N, GAGLIARDI A, SOCCIO M, et al., 2012. Antioxidant activity of free and bound compounds in quinoa (*Chenopodium quinoa* Willd.) seeds in comparison with durum wheat and emmer [J]. Journal of Food Science, 77 (11): C1150-C1155.

LEAH R, TOMMERUP H, SVENDSEN I, et al., 1991. Biochemical and molecular characterization of three barley seed proteins with antifungal properties [J]. Journal of Biological Chemistry, 266 (3): 1564-1573.

LEE J I, KONG C S, JUNG M E, et al., 2011. Antioxidant activity of the halophyte *Limonium tetragonum* and its major active components [J]. Biotechnology and Bioprocess Engineering, 16 (5): 992-999.

LEMUS R, LAL R, 2005. Bioenergy crops and carbon sequestration [J]. Critical Reviews in Plant Sciences, 24 (1): 1-21.

LEWANDOWSKI I, SCURLOCK J M O, LINDVALL E, et al., 2003. The development and current status of perennial rhizomatous grasses as energy crops in the US and Europe [J]. Biomass & Bioenergy, 25 (4): 335-361.

LI M, HAN G, CHEN H, et al., 2012. Chemical compounds and antimicrobial activity of volatile oils from bast and fibers of *Apocynum venetum* [J]. Fibers and Polymers, 13 (3): 322-328.

LIAO H F, CHEN Y J, YANG Y C, 2005. A novel polysaccharide of black soybean promotes myelopoiesis and reconstitutes bone marrow after 5-flurouracil- and irradiation-induced myelosuppression [J]. Life Sciences, 77 (4): 400-413.

LIN P, WONG J H, NG T B, 2010. A defensin with highly potent antipathogenic activities from the seeds of purple pole bean [J]. Bioscience Reports, 30 (2): 101-109.

LIN P, XIA L X, WONG J H, et al., 2007. Lipid transfer proteins from *Brassica campestris* and mung bean surpass mung bean chitinase in exploitability [J]. Journal of Peptide Science, 13 (10): 642-648.

LIU D, ISLAM E, LI T Q, et al., 2008. Comparison of synthetic chelators and low molecular weight organic acids in enhancing phytoextraction of heavy metals by two ecotypesof *Sedum alfredii* Hance [J]. Journal of Hazardous Materials, 153 (1-2): 114-122.

LIU H M, WANG F Y, LIU Y L, 2016. Hot-compressed water extraction of polysaccharides from soy hulls [J]. Food Chemistry, 202: 104-109.

LIU X H, XIN H, HOU A J, et al., 2009. Protective effects of leonurine in neonatal rat hypoxic cardiomyocytes and rat infarcted heart [J]. Clinical and Experimental Pharmacology and Physiology, 36 (7): 696-703.

LOH K P, QI J, TAN B K H, et al., 2010. Leonurine protects middle cerebral artery occluded rats through antioxidant effect and regulation of mitochondrial function [J]. Stroke, 41 (11): 2661-2668.

LOMBI E, SLETTEN R S, WENZEL W W, 2000. Sequentially extracted arsenic from different size fractions of contaminated soils [J]. Water Air and Soil Pollution, 124 (3-4): 319-332.

LV L, ZHANG D, SUN B, et al., 2016. Apocynum leaf extract inhibits the progress of atherosclerosis in rats via the AMPK/mTOR pathway [J]. Pharmazie, 72: 41-48.

MACFARLANE G R, PULKOWNIK A, BURCHETT M D, 2003. Accumulation and distribution of heavy metals in thegrey mangrove, *Avicennia marina* (Forsk.) Vierh.: biological indication potential [J]. Environmental Pollution, 123 (1): 139-151.

MAXWELL E G, BELSHAW N J, WALDRON K W, et al., 2012. Pectin-An emerging new bioactive food polysaccharide [J]. Trends in Food Science & Technology, 24 (2): 64-73.

NAN Y, WANG R, YUAN L, et al., 2012. Effects of Lycium barbarum polysaccharides (LBP) on immune function of mice [J]. African Journal of Microbiology Research, 6 (22): 4757-4760.

NIELSEN K K, NIELSEN J E, MADRID S M, et al., 1997. Characterization of a new antifungal chitin-binding peptide from sugar beet leaves [J]. Plant Physiology, 113 (1): 83-91.

NOSTRO A, FILOCAMO A, GIOVANNINI A, et al., 2012. Antimicrobial activity and phenolic content of natural site and micropropagated *Limonium avei* (De Not.) Brullo & Erben plant extracts [J]. Natural Product Research, 26 (22): 2132-2136.

PAN X L, YANG J Y, ZHANG D Y, et al., 2011. Cu (II) complexation of high molecular weight (HMW) fluorescent substances in root exudates from a wetland halophyte (*Salicornia europaea* L.) [J]. Journal of Bioscience and Bioengineering, 111 (2): 193-197.

PARKASH A, NG T B, TSO W W, 2002. Isolation and characterization of luffacylin, a ribosome inactivating peptide with anti-fungal activity from spongegourd (*Luffa cylindrica*) seeds [J]. *Peptides*, 23 (6): 1019-1024.

POPOVIC M, KAURINOVIC B, MIMICA-DUKIC N, et al., 2001. Combined effects of plant extracts and xenobiotics on liposomal lipid peroxidation. Part 4. Dandelion extract - Ciprofloxacin/pyralene [J]. Oxidation Communications, 24 (3): 344 - 351.

RABIEI Z, RABIEI S, 2017. A review on antidepressant effect of medicinal plants [J]. Bangladesh Journal of Pharmacology, 12 (1): 1-11.

RIBEIRO S F F, TAVEIRA G B, CARVALHO A O, et al., 2012. Antifungal and Other Biological Activities of Two 2S Albumin - Homologous Proteins Against Pathogenic Fungi [J]. Protein Journal, 31 (1): 59-67.

RIVILLAS-ACEVEDO L A, SORIANO-GARCIA M, 2007. Isolation and biochemical characterization of anantifungal peptide from *Amaranthus hypochondriacus* seeds [J]. Journal of Agricultural and Food Chemistry, 55 (25): 10156-10161.

RUIZ-CARRASCO K, ANTOGNONI F, COULIBALY A K, et al., 2011. Variation in salinity tolerance of four lowland genotypes of quinoa (*Chenopodium quinoa* Willd.) as assessed bygrowth, physiological traits, and sodium transportergene expression [J]. Plant Physiology and Biochemistry, 49 (11): 1333-1341.

SEGURA A, MORENO M, MOLINA A, et al., 1998. Novel defensin subfamily from spinach (*Spinacia oleracea*) [J]. Febs Letters, 435 (2-3): 159-162.

SELITRENNIKOFF C P, 2001. Antifungal proteins [J]. Applied and Environmental Microbiology, 67 (7): 2883-2894.

SEMENOVA G A, FOMINA I R, BIEL K Y, 2010. Structural features of the saltglands of the leaf of *Distichlis spicata* 'Yensen 4a' (Poaceae) [J]. Protoplasma, 240 (1-4): 75-82.

SHARMA A, GONTIA I, AGARWAL P K, et al., 2010. Accumulation of heavy metals and its biochemical responses in *Salicornia brachiata*, an extreme halophyte [J]. Marine Biology Research, 6 (5): 511-518.

SHEVYAKOVA N I, NETRONINA I A, ARONOVA E E, et al., 2003. Compartmentation of cadmium and iron in *Mesembryanthemum crystallinum* plants during the adaptation to cadmium stress [J]. Russian Journal of Plant Physiology, 50 (5): 678-685.

SLUPSKI J, ACHREM-ACHREMOWICZ J, LISIEWSKA Z, et al., 2010. Effect of processing on the amino acid content of New Zealand spinach (*Tetragonia tetrago-nioides Pall.* Kuntze) [J]. International Journal of Food Science and Technology, 45 (8): 1682-1688.

SMIRNOVA G V, VYSOCHINA G I, MUZYKA N G, et al., 2009. The antioxidant characteristics of medicinal plant extracts from Western Siberia [J]. Applied Bio-chemistry and Microbiology, 45 (6): 638-641.

SPARK K M, JOHNSON B B, WELLS J D, 1995. Characterizing heavy-metal ad-sorption on oxides and oxyhydroxides [J]. European Journal of Soil Science, 46 (4): 621-631.

STIRPE F, 2004. Ribosome-inactivating proteins [J]. Toxicon, 44 (4): 371-383.

SU M, LI X-F, MA X-Y, et al., 2011. Cloning two P5CSgenes from bioenergy sor-ghum and their expression profiles under abiotic stresses and MeJA treatment [J]. Plant Science, 181 (6): 652-659.

TAN W K, LIN Q, LIM T M, et al., 2013. Dynamic secretion changes in the saltglands of the mangrove tree species *Avicennia officinalis* in response to a changing saline environment [J]. Plant Cell Environ, 36 (8): 1410-1422.

THEVISSEN K, GHAZI A, DESAMBLANX G W, et al., 1996. Fungal membrane re-sponses induced by plant defensins and thionins [J]. Journal of Biological Chemistry, 271 (25): 15018-15025.

VEGA-GALVEZ A, MIRANDA M, VERGARA J, et al., 2010. Nutrition facts and functional potential of quinoa (*Chenopodium quinoa* Willd.), an ancient Andeangrain: a review [J]. Journal of the Science of Food and Agriculture, 90 (15): 2541-2547.

WALLSCHLAGER D, DESAI M V M, SPENGLER M, et al., 1998. How humic sub-stances dominate mercury geochemistry in contaminated floodplain soils and sediments [J]. Journal of Environmental Quality, 27 (5): 1044-1054.

WANG W J, MA X B, JIANG P, et al., 2016. Characterization of pectin fromgrape-fruit peel: A comparison of ultrasound-assisted and conventional heating extractions [J]. Food Hydrocolloids, 61, 730-739.

WEI Q, LIAO Y, CHEN Y, et al., 2005. Isolation, characterisation and antifungal activity of beta-1, 3-glucanase from seeds of Jatropha curcas [J]. South African Journal of Botany, 71 (1): 95-99.

WRIGHT K H, PIKE O A, FAIRBANKS D J, et al., 2002. Composition of Atriplex hortensis, sweet and bitter *Chenopodium quinoa* seeds [J]. Journal of Food Science, 67 (4): 1383-1385.

YAMATSU A, YUSUKE YAMASHITA, MARU I, et al., 2015. The improvement of sleep by oral intake of GABA and *Apocynum venetum* Leat extract [J]. J Nutr Sci Vitaminol, 61: 182-187.

YE X Y, NG T B, 2002. Isolation of a new cyclophilin-like protein from chickpeas with mitogenic, antifungal and anti-HIV-1 reverse transcriptase activities [J]. Life Sciences, 70 (10): 1129-1138.

YUAN Y, MACQUARRIE D J, 2015. Microwave assisted extraction of sulfated polysaccharides (fucoidan) from *Ascophyllum nodosum* and its antioxidant activity [J]. Carbohydrate Polymers, 129: 101-107.

ZAIER H, GHNAYA T, GHABRICHE R, et al., 2014. EDTA-enhanced phytoremediation of lead-contaminated soil by the halophyte *Sesuvium portulacastrum* [J]. Environmental Science and Pollution Research, 21 (12): 7607-7615.

ZHANG C X, BIAN M D, YU H, et al., 2011. Identification of alkaline stress-responsivegenes of CBL family in sweet sorghum (*Sorghum bicolor* L.) [J]. Plant Physiology and Biochemistry, 49 (11): 1306-1312.

ZHANG X, YU L, BI H T, et al., 2009. Total fractionation and characterization of the water-soluble polysaccharides isolated from *Panax ginseng* C. A. Meyer [J]. Carbohydrate Polymers, 77 (3): 544-552.

ZHAO Y Y, LU Z H, HE L, 2014. Effects of Saline-Alkaline Stress on Seed Germination and Seedling Growth of *Sorghum bicolor* (L.) Moench [J]. Applied Biochemistry and Biotechnology, 173 (7): 1680-1691.

ZHOU J, ZOU P, JING C, et al., 2020. Chemical characterization and bioactivities of polysaccharides from *Apocynum venetum* leaves extracted by different solvents [J]. Journal of Food Measurement and Characterization, 14 (2): 244-253.

ZHOU J, ZOU P, JING C, et al., 2020. Chemical characterization and bioactivities of polysaccharides from *Apocynum venetum* leaves extracted by different solvents [J]. Journal of Food Measurement and Characterization, 14 (1): 244-253.

ZHUANG D F, JIANG D, LIU L, et al., 2011. Assessment of bioenergy potential on marginal land in China [J]. Renewable & Sustainable Energy Reviews, 15 (2): 1050-1056.

第三章 海洋微生物农用活性物质

第一节 海洋微生物概述

一、海洋微生物的定义特征及发展历史

(一) 海洋微生物的定义及特征

海洋中的微生物包括病毒、古菌、细菌、真菌、单细胞藻类及原生动物等，但通常为研究方便又将海洋中自养生物——微藻和原生动物分别列入浮游植物和微型浮游动物，将剩下的类群加上病毒和真菌都归入海洋微生物，它们广泛而大量存在，种类和数量繁多，具有独特的生态功能。海洋微生物狭义上是指那些源生于海洋的"土著"微生物，包括来源于海水、海底沉积物、海洋生物表面和体内的微生物；广义上，那些最初源自陆地，但是进入海洋后能够适应海洋特殊的环境，并且能长年累月地在海水中繁衍生息的微生物也应该被认为是海洋微生物。笔者综合目前国内外学者的研究报道，将海洋微生物定义为：来源于海洋环境，可在寡营养、低温条件（也包括海洋中高压、高温、高盐等极端环境）下长期存活并能持续繁殖子代的微生物。而对于分离自海洋但来源于陆地的耐盐微生物，其不需要任何海洋相关因子仍能良好生长，可称为"兼性海洋微生物"，或者"海洋来源的微生物"。需要指出的是，大多数可培养的海洋微生物离开海水环境仍能生长，不可否认的是，海洋环境中存在种类繁多的嗜盐菌，然而在笔者多年的研究中发现，多数情况下，来源于海洋滩涂和近海生物、环境的海洋微生物在无盐培养基上仍然能够正常生长，在低盐培养基上甚至生长更为良好。有些报道将海洋微生物定义为能在"海水培养基上生长的微生物"，这种定义显然是针对可培养微生物而言的。基于16S rRNA基因序列分析研究显示，海洋中的绝大多数微生物是不能在实验室条件进行纯培养的，目前能在实验室条件下培养出来的海洋微生物种类还不到总数的1%，因此通过传统微生物分离培养的方法获得的海洋微生物无法代表海洋中微生物的多样性及其所代表的真实类群。

与陆地相比，海洋环境以高盐、高压、低温、少光和寡营养为特征。海洋微生物长期生存在复杂海洋环境中，具有极强的适应性，形成了有别于陆地微生物的独特生存代谢和遗传机制，表现出许多特性，主要包括耐盐性、耐压性、温度耐受性、寡营养性、多形性和发光性。

　　耐盐性是海洋微生物最为普遍的特性。海水中富含各种微量离子和无机盐类。钠离子是海洋微生物生长所必需的，但不是唯一的必需成分，很多海洋微生物的生长还需要诸如钾、镁、钙、磷、铁等其他成分。很多研究报道将"嗜盐性"作为海洋微生物的特性，然而笔者认为，采用"耐盐性"来描述更为合适。很多海洋来源的微生物，其在无盐或者低盐培养基上生长更为迅速。

　　海洋中静水压力因水深而异，水深每增加 10m，静水压力递增 1 个标准大气压。海洋最深处的静水压力可超过 1 000 个标准大气压。深海水域是一个广阔的生态系统，通常是指水深超过 1 000m 的区域，占据世界海洋 75% 的体积，约 56% 以上的海洋环境处在 100~1 100 大气压的压力之中。海洋微生物根据其对压力的耐受情况可以分为常压菌、耐压菌、嗜压菌、极端嗜压菌。嗜压微生物是指在高于 0.1MPa 的压力条件下生长优于常压条件的微生物，是深海微生物独有的特性。来源于浅海的微生物一般只能忍耐较低的压力，而深海的嗜压细菌则具有在高压环境下生长的能力，能在高压环境中保持其酶系统的稳定性。嗜压微生物在全球各大水体均有分离，实验表明，在超过 2 000m 水深的环境中，更容易分离到嗜压微生物。研究嗜压微生物的生理特性必须借助高压培养器来维持特定的压力。那种严格依赖高压而存活的深海嗜压细菌，由于研究手段的限制迄今尚难于获得纯培养菌株。相比于耐盐菌和嗜盐菌的筛选，受限于实验条件的限制，对于嗜压和耐压菌的研究相对较少。笔者通过文献调研发现，深海微生物次级代谢产物的结构和多样性并非有独特性，相反产物结构新颖性显著低于浅海和陆地微生物，部分原因是目前对于深海微生物的研究较少，另一个关键原因笔者认为就是所采用的培养条件并非深海微生物所适应的条件，"压力"则是很重要的一个方面。

　　大约 90% 海洋环境的温度都在 5℃ 以下，绝大多数海洋微生物的生长要求较低的温度，一般温度超 37℃ 就停止生长或死亡。通常处于远洋中的细菌最适生长温度为 18~22℃，陆缘海域中及海洋生物的病原菌多适合于 25~28℃ 的温度下生长。笔者通过对中国南海和黄海近海来源微生物多年的研究发现，对于海洋真菌和细菌，28℃ 通常是其最适温度，温度过高会减缓其生长，甚至引起死亡。而陆生细菌的最适生长温度一般为 30~37℃。许多海洋微生物能够在 0~4℃ 条件下缓慢生长，甚至在 -5℃ 以下也有微生物生长。那些能在 0℃ 生长或其最适生长温度低于 20℃ 的微生物称为嗜冷微生物。嗜冷微生物主要分布于极地、深海或高纬度的海域中，其细胞膜构造具有适应低温的特点。那种严格依赖低温才能生存的嗜冷菌对热反应极为敏感，即使中温就足以阻碍其生长与代谢。与此对应的是，海洋中还存在着嗜热菌。近几十年来嗜热菌研究取得了重要进展。世界各国科学家不断地从堆肥和深海海底热液区等高温生态环境分离到许多新的、生长温度更高的嗜热菌和超嗜热菌。目前所分离到的嗜热微生物的生长温度可高达115℃及121℃。马萨诸塞州大学的生物学教授德里克·拉夫力和研究者克兹姆·凯斯福在海面以下几英里的喷涌浓缩矿物和高温海水的热液出口处发现了一株嗜热菌，其生长温度达到了惊人的121℃。120℃是一切细菌包括芽孢的极限致死温度，已不能用"抗热性"一词解释了，因为这涉及对生命科学、酶化学、蛋白质化学等许多概念性质的重新认识和定位。

一些细菌在长期的自然进化过程中选择了快速生长、依靠高繁殖率的生长策略，即 r 生长策略；另外一些选择了对环境资源高亲和性的生长策略，适应了低营养含量和极低生长率，即 k 生长策略。海水中营养物质较少，很多海洋微生物能够在营养贫乏的条件下生长，有一些海洋细菌在营养较丰富的培养基上，第一次形成菌落后即迅速死亡，有的则根本不能形成菌落。这类海洋细菌在形成菌落过程中因其自身代谢产物积聚过甚而中毒致死。这种现象说明常规的平板法并不是一种最理想的分离海洋微生物方法。在海洋微生物的筛选及发酵优化实验中，寡营养培养基是很重要的一个筛选条件，在寡营养条件下，海洋微生物仍然能够生长。

在显微镜下观察细菌形态时，有时在同一株细菌纯培养中可以同时观察到多种形态，如球形、椭圆形、大小长短不一的杆状或各种不规则形态的细胞。这种多形现象在海洋革兰氏阴性杆菌中表现尤为普遍。这种特性看来是微生物长期适应复杂海洋环境的产物。海洋细菌按形态特征来说有球菌、杆菌、弧菌和螺菌。球菌的表面积较杆菌、螺菌小得多，但其抗深海静水压力的能力较强。杆菌中具钝圆或尖端的杆菌可能有利于水下运动的减阻，而水深超过2 000m的深海水域也生活着许多细长的杆菌，它们如何抵抗的海水静压力，现不得而知。海洋表层水域中存在许多呈螺旋状回转或波形弯曲的螺菌和菌体只有一个弯曲的弧菌，海水中弧菌和螺菌在种类与数量上远比土壤及淡水中多。

虽然发光现象并非海洋细菌普遍性的生理特征，但是目前获得的发光细菌大多来源于海洋。海洋发光细菌是一类从海水中或者从海洋动物体表、消化道和发光器官上以及海底沉积物中分离到的，在适宜条件下能够发射可见光的异养细菌，这种可见荧光波长在450~490nm，在黑暗处肉眼可见。海洋中的发光细菌，除了在海水中自由浮游生存的外，还有寄生于其他海洋生物体。许多海洋生物的发光与发光细菌有关，如某些鱼类、软体动物等的发光是由海洋发光细菌寄生、共栖生存所致。海洋发光细菌的种类不是很多，主要有以下几种：明亮发光杆菌（*Photosbacterium phosphoreum*）、鳆发光杆菌（*P. leiognathi*）、羽田希瓦氏菌（*Shewanella hanedai*）、哈维氏弧菌（*Vibrio harveyi*）、美丽弧菌生物型Ⅰ（*V. splendidus* biotypeⅠ）、费氏弧菌（*V. fischeri*）、火神弧菌（*V. logei*）和东方弧菌（*V. orientalis*）。此外，地中海弧菌（*V. mediterranei*）中的某些菌株也有发光现象。虽然海洋发光细菌种类不多，但其分布却非常广泛，从海表层至深海，从热带海洋至非常寒冷的极地海域都有其踪迹。发光细菌具有重要的研究意义，可利用发光细菌的发光强度与水中毒物的浓度、毒性的关系检测污染物；利用潜艇航行时激发的生物发光勾画出潜艇涡动的光尾流可跟踪探测潜艇；海洋发光细菌的发光特性还可用以改进水下光通信与探测、海洋水色遥感、海洋发光细菌发光免疫和抗菌素浓度测定等方面。

（二）海洋微生物的研究发展

海洋微生物的研究始于19世纪中叶，而真正较为详细的描述开始于19世纪末期。1838年，Ehrenberg第一次分离并详细描述了海洋细菌折叠螺旋体，随后Cohn和Warming等先后报道了海洋微生物的研究情况。1884年，Certes从Talisman海洋考察远征队采集到的一些深海沉积物中首次分离得到深海细菌，随后美国的Russell、德国的Fisher、苏联科学家Issatchenko等都从深海分离到细菌菌株，并首先推测深海细菌在海洋物质循环、能量流动中可能扮演着重要的角色。值得一提的是，1914年Issatchenko长达300页的卓越专著《北冰洋细菌的研究》首次提出并阐明了微生物在全球海洋环境中物质转化的作用。但是由于当时的战争，人们对海洋微生物的认识以及采样条件和培养方法的限制，海洋微生物的研究在长达几十年的时间里进展都很缓慢。早期对于海洋特别是深海微生物的研究很少，并且海洋微生物学家的研究工作也并没有得到当时海洋研究者和陆地微生物研究者的广泛认可。1939年出版的《伯杰氏鉴定细菌学手册》中记录的1 335种细菌中，从海洋分离的仅有86种。1946年，美国佐贝尔《海洋微生物学》一书问世，促使海洋微生物的研究进入以生理、生态为基础的研究阶段。1959年以后，苏联学者A. E. 克里斯连续出版了研究深海微生物的著作，提出微生物海洋学的研究设想。1961年国际海洋微生物学讨论会的召开标志着以海洋细菌为主要内容的海洋微生物学成为一门独立的学科。20世纪60年代后，代表性的专著有美国学者E. J. F. Wood 1965年出版的《海洋微生物生态学》，1974年日本多贺信夫编写的《海洋微生物学》，J. M. Sieburth于1979年出版的《海洋微生物》等，这些专著为后来海洋微生物学的发展奠定了基础。日本、美国等国家先后实施了海洋生物资源探测计划，在海洋微生物学研究领域走在世界的最前沿。随着科学技术的迅猛发展，深海采样技术得到逐步完善并快速应用于海洋微生物的研究。自1968年起，美国发起了深海钻探计划（DSDP）、大洋钻探计划（ODP）以及综合大洋钻探计划（IODP），日本启动了深海环境调查科技高级研究计划（DEEP

STAR），欧洲科学基金会（ESF）发起了深海生物圈探测计划等，这些计划都极大地促进了全球海洋微生物的研究。至 20 世纪 80 年代，随着人们对地球生物的生理分布、生命的起源、生物进化等生命科学领域重大问题的探索，海洋微生物的研究也从形态生理学逐步转向分子水平和基因水平的时代迈进。

进入 21 世纪后，对海洋微生物资源的开发引起了各个临海国家的高度关注。美国、日本、英国、澳大利亚等国家先后成立了区域性海洋科学学术交流组织，如亚太海洋生物技术学会（APSMB）、欧洲海洋生物技术学会和泛美海洋生物技术协会、国际海洋生物技术大会（IMBC）等。各临海国家纷纷组建海洋生物研究中心，如美国马里兰大学海洋生物技术中心、加利福尼亚大学圣地亚哥分校海洋生物技术和环境中心、德国马克思普朗克海洋微生物研究所和日本海洋生物技术研究所等，加上一些老牌的海洋研究所，如美国的 Scripps 海洋研究所和海洋微生物研究所等，这些研究机构的成立为向全球海洋科学研究全面进军提供了坚实的基础。

2007 年起，全球海洋微生物普查计划开启，各国科学家利用 2 年的时间完成了至今最为彻底的海洋微生物普查，记录下了 600 多万种新蛋白质的基因编码，使全球基因数据库的总量增加了一倍。报道说，科学家们从加拿大东部起航，驶过巴拿马运河，考察了加拉帕戈斯群岛、法属波利尼西亚、非洲之角、加勒比海以及美国的太平洋海岸及其附近水域。这项普查显示，大部分海洋水域并非死气沉沉，而是存在成千上万种生物形式。这些生物能够推动抗生素和替代能源的研究迅速取得进展，成为生产清洁能源的关键。本次考察的重点并非微生物本身，而是从它们的细胞中获得 DNA 物质，然后带到岸上分析"解码"。此次环球考察航行过程中，最令人心动的是，科考人员一直在不断发现大量新基因和新蛋白质。美国海洋生物实验室科学家麦切·索基恩把这项研究称之为"杰出的技术成就"。他说，微生物占海洋生物数量的 90%，控制着所有保持地球生态系统平衡的重要生物和生化循环。随着今后考察的深入，基因数据库还会不断扩大。其他任何海洋生物的数量都无法与此次普查发现的微生物数量相提并论。科学家正在发现一系列新的海洋微生物并对其进行描述，这些微生物无论是从多样性还是丰富性方面都达到令人吃惊的程度。海洋微生物普查组由荷兰和美国研究人员构成，在超过 1 200 个区域收集样本，最终编辑整理的数据集涵盖的 DNA 序列数量超过 1 800 万个。据研究人员介绍，基于分子特征的海洋微生物种类达到 10 亿种左右。他们指出微生物对海洋生物的可持续性至关重要，其在海洋生物呼吸作用中的贡献率达到 95% 左右，它们在维持海洋正常运转方面发挥了重要作用。毫无疑问，如果没有微生物的参与，海洋中的生物乃至地球上的生物将很快走向灭亡。根据科学家 20 世纪 50 年代做出的估计，每升海水中的微生物细胞数量在 10 万个左右。借助于更为先进的现代技术，研究人员现在得出的微生物数量接近 10 亿个。根据他们的计算，海洋微生物的总重量估计相当于 2 400 亿头非洲象。此次海洋生物普查中，智利研究人员在南美洲西南岸发现一个巨大的"微生物席"，覆盖面积相当于希腊。"微生物席"是在最小含氧层所在深度发现的。所谓的最小含氧层是指含氧量极低的区域或者无氧区域。根据研究人员的发现，这些微生物以硫化氢为食。硫化氢对绝大多数生物具有毒性，是无氧环境下的有机物质分解产物。专家表示，借助于最近取得的技术进步，科学家才得以对"难以用肉眼观察"的微生物进行研究。"在研究微生物过程中，我们很难进行分辨，因为它们的个头太小并且看上去一模一样。我们现在知道海洋中看似相同的微生物实际上存在巨大差异。过去 10 年时间里，我们在相关技术帮助下开始解答'它们是什么'以及'做什么'的问题。"

中国海洋微生物学的研究开创于 20 世纪 60 年代前后，薛廷耀教授是中国海洋微生物学的最早开拓者，他 1956 年先在中国科学院海洋生物研究室（中国科学院海洋研究所前身）建立起海洋微生物研究室并兼任室主任，最早研究的是硫杆菌及海洋小球菌，其中的研究人员有孙国玉、丁美丽及陈骝，他们后来在拓展中国的海洋微生物学研究和人才培养方面都做了大量工作。其后 1958 年薛廷耀又在山东海洋学院（中国海洋大学前身）建立了微生物实验室并主持教学和科研工作，最先研究的是海洋发光细菌和铁细菌，当时的助教人员为纪伟尚和徐怀恕。薛廷耀于 1962 年编译出版的《海洋细菌学》，是中国最早的一本系统阐述海洋微生物基础知识的论著，他还在"东方红"号调查船上建立了海洋微生物调查实验室，为微生物的资源开发创造了条件。1966—1976 年海洋微生物学研究工作基本停滞。20 世纪 70 年代中期后 10 年左右的时间，国内微生物学家着重开展了环保及与养殖病害有关的研究工作。1979 年起，陈骝开展了海带栽培区在异养菌特别是褐藻酸降解菌的一系列研究。1979 年丁美丽等在国内首次报道有关石油烃降解菌生态研究结果，从胶州湾分离出 300 余株具有分解石油烃能力的微生物。1983 年，沈世泽等在青岛近海发现有还原菌存在。1983 年，王文兴等从青岛太平角及即墨沿海养殖场水样及泥样中分离出弧菌属、假单孢杆菌属、不动杆菌属、棒状杆菌属、微球菌等属的细菌，还从对虾体内分离出一批菌株。值得一提的是，此间孙国玉等积极倡议海洋微生物的相关基础研究及各种标准方法的推广和建立，这些是此后开展中国微生物海洋学工作的基础。徐怀恕和美国马里兰大学的著名海洋微生物学家 R. R. Colwell 教授一起在世界上首次提出了"细菌的活的非可培养状态（Viable But Nonculturable State，VBNC）"理论，在国际上引起了很大的反响并负有盛名。归国后，徐怀恕教授对开拓、发展中国海洋微生物学的研究做出了重要贡献，对海洋细菌腐蚀与附着的机理、VBNC 状态细菌的检测、海水养殖动物细菌性病害的诊断与免疫、有益菌的开发与利用等方面进行了大量开拓性研究。20 世纪 90 年代后，中国海洋微生物学科呈现井喷式的发展，这期间有大量的关于海洋微生物多样性、资源、环境以及新技术方法的研究。徐洵于 1991 年创立了我国第一个海洋分子生物学实验室，在国内率先开展了海洋病毒的研究。1997 年第一个海洋病毒（对虾白斑杆状病毒）的分离与基因组测序分析获得中国十大科技进展之一。在此基础上，建立我国第一个深海微生物实验室，标志着我国海洋微生物研究由近海拓展到深海。2005 年，建立了国内第一个海洋微生物菌种保藏中心，目前保藏海洋、极地来源的各类微生物菌种 23 000 余株，是世界菌种保藏联盟（World Federation for Culture Collections，WFCC）中海洋微生物菌种保藏量最多的菌种保藏机构（www. mccc. org. cn）。我国已经成为海洋微生物分类鉴定与系统进化的主要贡献国之一。海洋微生物菌种库建设成果入选 2017 年中国十大重大工程进展（《科技导报》）。

二、海洋微生物的种类及分布

海洋微生物在海洋环境广泛分布，随着海水深度的增加，海洋环境微生物的物种丰度和数量，呈递减的趋势。在表层海水或近岸沉积环境，海洋微生物的数量达 $10^6 \sim 10^9$ 个/mL，而在大于 1 000m 水深的深海环境，微生物数量约在 10^3 个/mL。有资料显示，在海底软泥中原核生物的生物量估计占地球总生物量的 10% ~ 30% 之多，沉积环境原核微生物达 10^{30} 个，其中细菌占据比例最大，通过免培养方法检测到每克海洋沉积物栖居约有细菌 37 000 个种。在海水表层，近海的海岸带红树林生态系统和珊瑚礁生态系统，深海沉积环境和深海热液喷口、冷泉口等，都发现了微生物的存在。据 Venter 统计，在百慕大群岛附近海域平均每升贫瘠的海水里至少有 1 个海洋微生物新种。在世界海洋最深处马里亚纳海沟 11 000m 的深海沉积物中仍然有丰富的微生物存在。更有甚者，在海床表面以下 800m 深处的沉积软泥中也发现有微生物的生命活动。目前海洋环境中，已经描述的原核微生物物种大致分布在海水（2%）、沉积物（23%）、藻类（10%）、鱼类（9%）、海绵动物（33%）、软体动物（5%）、被囊动物（5%）、腔肠动物（2%）、甲壳类动物（2%），其他如蠕虫等（9%）。

微生物多样性和群落结构的研究已经列入了多个国际合作计划，如前文提到的国际海洋微生物普查（The International Census of Marine Microbes，ICoMM），目标是了解在各种海洋环境类型（开阔的大洋，沿岸海域，海底等）中的微生物的主要类群及其生态作用。截至 2010 年底，已经在全球调查了 317 个采样点，调查的对象包括真核微生物，细菌和古菌；世界海洋微生物种群结构计划（The Project Microbial Population Structure of the World's Oceans），将在全球海洋范围内选择有代表性的站点取样，包括沿岸海域，开阔的大洋，海底（热液喷口、海脊、沉积物和海山）等，围绕着以下问题：栖息在海洋中的微生物有多少种；特殊环境中的特异微生物以及这些特异微生物是否有全球分布的特点；微生物及其生命活动在生物地球化学过程中所起的作用；微生物群落动态及其演替对海洋环境变化做出什么样的反应；研究微生物的多样性和相对数量。其中的 TRANSAT 航次调查了不同深度的微生物群落，分析结果表明独特的微生物类群适应于有着特定温盐特征的水团。这些国际计划纷纷实施，研究的海域覆盖了广阔的海域，如太平洋、大西洋、北冰洋等。

我国对微生物群落组成和多样性的调查比较落后，研究多集中于对中国海区及邻近海域的沉积物中的细菌群落调查，如黄海潮间带沉积物中细菌的多样性，东海底泥中细菌的多样性，南海沉积物中的细菌，西太平洋"暖池"区海底沉积物中细菌，红树林沉积物中细菌的多样性，以及养殖池沉积物中古菌的多样性。然而对中国海区的水体浮游细菌的多样性研究工作非常有限，如通过传统培养的方法研究了东海海水，分子生物学方法研究了黄海冷水团海域、长江口水体、珠江口河口区域表层水、青岛近岸。这些研究初步揭示了中国海区的细菌类群多样性，但总体上数据比较零散，调查站位比较少和调查时间比较局限，难以形成对中国海区浮游细菌多样性较为系统的认识。但从另一方面看这些基础数据的积累对于理解浮游细菌类群在中国海和大洋中的生态功能和地位的认识是必不可少的。

（一）海洋古菌

免培养研究结果显示，未知类群 SAR11 和古菌 Group I（Crenarchaeota）是海洋环境中分布最广泛的类群。Woese 在 1990 年提出的三域学说使古菌获得了与真核生物和细菌同等的分类学地位。古菌代表了原核微生物的一个主要分支，形态上，细胞直径 0.1~15μm，球形、杆形、螺旋形、叶状或方形、细胞团簇或者纤维；其细胞壁与细菌的相比，功能类似但化学成分差别甚大，没有真正的肽聚糖，而是由多糖（假肽聚糖）、糖蛋白或蛋白质构成的；细胞膜为单分子层膜或单、双分子层混合膜，亲水头（甘油）与疏水尾（烃链）间是通过醚键而不是酯键连接的，疏水尾是异戊二烯的重复单位（如六聚体鲨烯、四聚体植烷等），而不是脂肪酸，古菌的是 D 型磷酸甘油，而不是 L 型磷酸甘油，含多种独特脂类（嗜盐菌类：嗜盐胡萝卜素、β 胡萝卜素、番茄红素、细菌红素、视黄醛，可与蛋白质结合成视紫红质和萘醌）；在遗传学特征上，由不含核膜的单个环状 DNA 分子构成，基因也组织成操纵子，这些与细菌相似，但在 DNA 复制、转录、翻译等方面，古菌却有明显的真核特征（如采用非甲酰化甲硫氨酰 tRNA 作为起始 tRNA，启动子、DNA 聚合酶、转录因子、RNA 聚合酶等均与真核生物相似）。古菌是异源生物类群，包括自养菌和异养菌，多生活在极端环境中，如高压热溢口、热泉、盐碱湖等，但是后来发现古菌在地球上分布广泛。在海洋中，古菌的栖息地通常认为局限于浅海或深海的厌氧沉积物中、热泉或深海热液喷口（产甲烷古菌、硫酸盐还原古菌和极端嗜热古菌）和被陆地封闭的高盐海域

（极端嗜盐古菌）。Delong（1992）最早在浮游微型生物群落中发现古菌的 16S rDNA 序列，首次揭示海洋浮游古菌在表层和中层水体的广泛存在。随后的深入研究揭示它们在海洋超微型浮游生物中占相当比例，在海洋生态系统中广泛存在并占据着重要的生态地位。古菌在数量分布上极不平衡，在南大洋南极海域表层水体中占总原核生物量的33%，在深海水体中是原核生物类群的主要类群，然而在海洋沉积物中，其数量仅占总原核生物量的 2.5%~8%或更少。在类群分布上，不同海域存在不同的分布特点，北美近岸表层水体中分布着嗜泉古菌和广古菌；太平洋表层水体多为广古菌，但随深度增加嗜泉古菌所占比例可高达39%；南极深海存在数量较多的广古菌。在浮游古菌的生理特征研究方面，因为极难获得浮游古菌的纯培养株系，所以一直进展缓慢。有证据显示浮游古菌可以吸收无机碳和氨基酸营养生活。直到 2005 年，Könneke 从海水养殖池中分离到第一株海洋自养古菌（*Nitrosopumilus maritimuso*），属于海洋泉古生菌，它能将氨氧化成亚硝酸盐，从而可以营化能自养生长。Herndl 发现在大西洋，泉古菌门中的 Group I 的无机碳利用率随着深度的增加而增大，广古菌门中的 Group II 的无机碳利用率随着深度的增加而逐渐减少，并且该区域的古菌生产力占总原核生物生产力的 10%~84%。同时在海洋古菌生理过程和功能方面，还存在大量的未知，加上其极为庞大的数量，因此古菌深刻地影响着海洋的环境。在海洋微型浮游生物中古菌广泛分布，水深 100m 以下的含量可达微型浮游生物中原核生物 rRNA 的 20%~30%。古菌可分为 3 个明显不同的组群：嗜盐古菌、嗜热酸古菌和产甲烷古菌。其中，嗜盐古菌的生存要求至少 12%~15% 的 NaCl，甚至在 NaCl 饱和液中生长良好，该类菌因含高浓度的类胡萝卜素而呈红色；嗜热古菌是一个异源生物类群，在低 pH 值和高温条件下生长，代表菌株在 90℃ 和低于 1.0 的 pH 值环境中仍有活性；产甲烷古菌为严格的厌氧菌，能够还原二氧化碳和一些简单有机化合物，该菌在海洋环境中大量存在，产生的甲烷逸出后，被好氧的嗜甲烷细菌氧化。近年来的研究发现，古菌并非只是生活在极端环境中，在陆地、湖泊、海洋的水域及这些地点的沉积物中，在温和海洋水域中，在极地海洋水域中，古菌都广泛地存在。它们被分成 2 或 3 界计 10 纲，约 99 属。每个属的种数不一，但普遍不多，合计约有 195 种。已发现海洋古菌 67 属 184 种，常见海洋古菌约 6 属 16 种。

我国对古菌的研究主要集中于沉积物古菌多样性，如福建漳江口红树林，珠江口，南部陆坡和西沙海槽表层，南极中山站，东海底泥中古菌；鄂霍次克海天然气水合物区与东海内陆架泥质区；还有对腾冲热泉中古菌多样性的研究，对海水水体中古菌的研究很少。

（二）海洋细菌

海洋环境的细菌类群主要有变形杆菌门、拟杆菌门及放线菌门。其中，变形菌门是细菌中最大而且生理状态最为多样的类群，因此人们在研究海洋细菌多样性时往往会受变形菌门的影响。变形杆菌门中的所有成员都是革兰氏阴性菌，有学者认为，革兰氏阴性菌的细胞壁更能适应海洋环境。根据形态特征及 16S rRNA 基因序列来分析，有把变形杆菌门分成 5 个纲，分别为 α、β、γ、δ 和 ε，在这 5 个纲中均有来自海洋的种类，其中，α 和 γ-变形杆菌在海洋特别是海洋浮游细菌中最为丰富，而 α-变形杆菌中的玫瑰杆菌和鞘氨醇单胞菌是海洋环境中的最优势的两个类群，γ-变形杆菌是浅海、海岸、潮间带等海洋沉积环境中优势类群，多数易于培养的海洋细菌都在 γ-变形杆菌中，在海水中 α-变形杆菌是最具优势的细菌。α、β 和 δ-变形杆菌还是深海沉积物中原核微生物的主要类群，但在不同深海沉积物中，优势菌群的结构常常存在很大差异。同时，海洋细菌中有光能自养细菌、化能自养细菌、化能异养细菌等，几乎所有已知生理类群的细菌都可在海洋环境中找到。在海水中，革兰氏阴性细菌占优势，而在远洋沉积物中，革兰氏阳性菌居多，在大陆架沉积物中，芽孢杆菌属最为常见。一些细菌需在这里特别指出：黏细菌是一类细胞分化非常复杂的革兰氏阴性细菌，具有类似真核微生物的多细胞形态发生特征，另外黏细菌丰富的次级代谢产物使它在新药开发中渐受重视；螺旋菌是大型卷曲细菌，好氧、兼性好氧或厌氧，它们属于螺旋体目，具有很高的运动性，运动采取独特的卷曲运动机制，在海洋环境中螺旋菌自由生活或作为某些具有晶型的软体动物的共生菌；附肢或突柄状细菌主要水生并多附着于物体表面，它们有着复杂的生活循环，包括细胞衍生物如茎秆和菌丝体形成等；螺菌科的螺旋、弯曲细菌为海洋环境的常见菌，它们与螺旋体菌的区别在于鞭毛运动方式，这些细菌倾向于微好氧，包括特别的寄生菌蛭弧菌属（*Bdellovibrio*）等；除具有独特形态发生特征的革兰氏阴性细菌外，还有一类缺少明确细胞壁而导致多型性的细菌，即柔膜体菌，柔膜体菌是已知的最小的可自我繁殖的生命体，是著名的植物、动物和无脊椎动物的寄生菌。

我国对海洋细菌多样性的研究，最初在海岸带调查和大陆架调查中应用培养的方法对海洋细菌进行计数，如 1982 年陈笃等应用该方法对东海大陆架异养细菌的生态分布进行研究。从 20 世纪 80 年代后期一些新方法和新手段被逐渐应用于海洋微生物学的研究，如沈鹤琴等对大亚湾海洋微生物数量分布、种类组成及其与环境关系的研究，郑天凌等对闽南-台湾浅滩渔场上升流区的细菌生物量研究。然而，研究海洋环境中的微生物的一个基础问题是大多数的微生物是不可培养的，分子生物学技术的出现加强了我们对海洋微生物多样性、结构以及进展情况的分析能力，解决了传统方法只能分析可培养微生物的问题，而且一些技术灵敏到可以检出样本中的单个细胞。

（三）海洋放线菌

放线菌是一类具有高 G+C 含量的革兰氏阳性细菌，因产生丰富的活性次生代谢产物而著名，它是海洋微生物中一个重要的类群，广泛分布在海洋各种环境中，如近岸、浅滩、海洋动植物体内、海水、深海沉积物、海雪、海底沉积物深层以及海底冷泉区、结核矿区等。近岸和红树林沉积以及浅海动植物等采样容易的海洋环境放线菌研究相对较多，并有一定研究历史和深度。特别是海绵共附生放线菌，目前已经发现丰富的类群，并从中发现大量活性次级代谢产物。2000 年后海洋放线菌的研究受到极大的关注，特别是海洋"土著"放线菌（*Salinispora*）及其高效抗肿瘤活性次级代谢产物 salinisporamide A 的发现，强烈地吸引着各个相关领域的研究者。

1926 年 Aronson 描述了 *Mycobacterium marinum* 新种；1944 年 ZoBell 和 Upham 从海泥里分离出 2 个 *Actinomyces* 新种；1946 年 Humm 和 Shepard 分离到 3 株琼脂分解放线菌，其中 2 株 *Proactinomyces* 和 1 株 *Actinomyces*。同年，ZoBell 在 *Marine microbiology* 一书总结了海洋来源的放线菌包括了 *Mycobacterium*、*Actinomyces*、*Nocardia* 和 *Micromonospora* 4 个属。1954 年，Freita 和 Bhat 分离到海洋 *Nocardia* 和 *Streptomyces*。1956 年出版的 *Bergey's manual* 记录了 4 株海洋来源的放线菌，其中 2 株 *Nocardia*、1 株 *Sreptomyces* 和 1 株 *Mycobacterium*。前人对海洋放线菌的研究，主要证实了放线菌在海洋中的存在，简单记录了在不同海洋环境中的放线菌数量和分布，并以简单的形态描述进行分类。由于对海洋放线菌是否是海洋土著类群存在着争论，因此后来这些描述的物种均未被认可。

目前对海洋放线菌的研究还未完全展开。早期人们很容易在海洋环境中分离出小单孢类（*Micromonospora*）、红球菌类（*Rhodococcus*）和链霉菌类（*Streptomyces*）3 个类群，表明它们是海洋环境中放线菌的优势类群。随着美国 SCRIPPS 研究所 Fenical 研究小组发现了一株需要海水才能生长的海洋小单孢类放线菌之后，越来越多的海洋专属性放线菌被发现和描述。据最新统计，目前在海洋环境中发现的放线菌共有 50 个属，包括 12 个新属，这 12 个新的分类单元全部是 2000 年后才从海洋环境中首次发现和描述的。近 5 年来，中国科学院南海海洋研究所重点针对南海海域的放线菌多样性展开了研究，从采集的南海沉积物样品中分离培养出大量的海洋放线菌。通过分类学鉴定，这些放线菌涵盖了 13 科 30 属的 130 种，其中 21 个属与 Goodfellow 统计的相同，包括首次发现并描述的两个海洋放线菌新属，即南海放线菌属（*Sciscionella*）和海洋产孢放线菌新属（*Marinactinospora*），而其余 9 个类群的放线菌是从海洋环境中首次发现的。这些结果显示出我国南海热带海域具有丰富的放线菌资源。

（四）海洋真菌

目前对于海洋真菌的研究相对较多，但大部分为浅海、表层海水或海岸带发现的，文献中描述了约 1 500 种海洋真菌，包括 800 多株海绵相关的真菌，但这些真菌仅有 321 个属级类群的 551 种获得有效描述。近年来发现，深海生境拥有高真菌多样性，通常水深超过 1 000m 的海洋被称为深海，其面积约占海洋总面积的 90%，深海生态系统是地球上最大的生态系统之一。深海环境具有高盐、高压、低温（火山口、热液口除外）、低氧、黑暗和寡营养的特点，曾经被认为是"海洋沙漠"。然而，研究发现深海环境中微生物类群十分丰富。来自 Malaspina 全球海洋调查航次的研究表明，基于 18S rDNA V4 区 454 测序数据，深海区（3 000~4 000m）水样中担子菌序列约占总序列数的 15%，是微小真核生物类群的重要组成成分。Bochdansky 在北大西洋和北极海域 1 000~3 900m 深水柱中收集"海洋雪"（下沉的有机物颗粒），利用真核生物探针发现在生物量上真菌与网黏菌纲生物（原生动物）是两大主要微小真核生物类群，并推测其在深海有机物降解过程中发挥重要作用。

自 2002 年美国学者 Edgcomb 的文章发表以来，深海沉积物一直是微生物多样性研究的热点。利用 ITS rRNA 克隆建库的方法，科学家们发现太平洋深海沉积物真菌类群以子囊菌和担子菌为优势类群。同样采用克隆建库的方法，研究人员从东印度洋海底沉积物（4 000m 深度）中获得 445 个真菌克隆，其中子囊菌、担子菌和接合菌克隆分别为 276 个、143 个和 26 个。随后，科学家采用多个基因片段（ITS、18S 和 28S），分析了太平洋沉积物真菌组成，发现子囊菌和担子菌是主要类群。这与之前的研究结果十分吻合。此后，基于 ITS2 rDNA 宏标记技术研究了西南印度洋中脊热液喷口附近区域沉积物真菌多样性，获得的 723 个 OTUs 中超过 90% 为子囊菌，担子菌仅约为 5%。子囊菌中散囊菌纲（Eurotiomycetes）、粪壳菌纲（Sordariomycetes）和座囊菌纲（Dothideomycetes）为优势纲，担子菌中伞菌纲（Agaricomycetes）为优势纲。此外，在伊比利亚边缘海底火山口附近沉积物中发现大量真菌，并且活跃火山口附近区域的真菌占比明显高于不活跃的火山口区域。上述研究显示，真菌在深海沉积物中广泛存在，且与陆生真菌具有较高的遗传相似性。早在 2006 年，印度学者 Damare 从印度洋海底沉积物中分离获得的曲霉属真菌（*Aspergillus terreus*，#A4634）孢子可以在 200bar 压力下萌发，证实深海高压环境下真菌依然保持活性。因此，目前普遍认为来源于陆生环境的深海沉积物真菌可能已经适应了深海特殊环境。

三、海洋微生物开发农用活性物质的优势

目前用于生物防治的微生物主要分离自陆源环境，但由于多年来的不断分离、筛选，导致越来越难筛选出具有新型抗病机制的优良微生物菌株，因此，人们逐渐把目光投向了微生物资源丰富的海洋，期望从海洋环境中筛选出具有新型抗菌机制的微生物，用于植物病虫害的生物防治。海洋环境独特，其高压、高渗、低温差、低溶氧、少光的特点造就了海洋微生物在新陈代谢、生存繁殖方式、适应机制等方面显著的特异性，使其能产生许多结构特殊的生命活性物质和代谢产物，并且相当一部分是陆地

生物所没有的，这为人类寻找海洋生物活性物质提供了丰富的资源。现代药理学研究表明，很多海洋微生物及其次生代谢产物具有较好的植物病虫害防治效果。

海洋微生物农药是农药工业的新产业，其优点在于能够克服化学农药对生态环境所造成的污染，减少农产品中农药的残留量，降低农药对人类健康所带来的危害。随着我国农业的不断发展，微生物农药将有效地实现农产品优质安全的生产。目前国内外对海洋微生物的研究开发非常重视，并且已经有很好的研究成果。特别是近些年随着海洋生物技术的发展，加上细胞工程、基因工程、发酵工程、分离工程等技术的应用，都进行了海洋微生物资源的开发利用。目前已从海洋真菌、细菌、放线菌等微生物中分离到多种具有较强生物活性的物质，有些已经应用到植物病虫害的防治中，正着手于这些物质的工业化生产。海洋微生物在生物农药的开发和应用上有非常广泛的前景。我国海洋资源极其丰富，拥有东海、南海、黄海、渤海四大海域，具有丰富的微生物种群，但由于海洋微生物活性物质具有结构上的多样性、含量的微量性、生产提取成本高等开发难点，并且我国的海洋微生物资源研究较少，起步较晚，因此海洋微生物次级代谢产物应用于生物农药的研究落后于西方发达国家。然而随着我国生物技术的不断发展，以及人们逐渐对新资源利用的重视，海洋微生物作为生物农药的新来源必将成为我国的研究重点和热点。

目前，我国在海洋微生物农药的研制与应用方面仍面临诸多问题。第一，我国微生物制剂生产中还存在着产品活菌数低、品种少、成本高等问题，因此，得到优良微生物菌株并探索其高效发酵技术是进行微生物制剂研究开发的关键。第二，开展微生物农药作用机制的研究也至关重要，明确其作用方式和作用位点，可为研究如何提高筛选效率和靶目标的针对性，延长微生物农药寿命提供必要条件。第三，由于微生物农药在贮存过程中和田间使用后易受环境条件的影响，作用速度较慢，防效不稳定，所以保护剂和增效剂的筛选也是微生物农药研发过程中的重要内容之一。第四，关于微生物农药的安全性鉴定问题，由于大多数抗生素和微生物的其他代谢产物混在一起，化学分析困难，需要创造新技术去解决毒性及残留量的鉴定问题。近年来，随着人们对海洋微生物研究的不断深入，越来越多的新型海洋微生物及其代谢产物被应用于抗菌、杀虫、除草等植物保护领域，显现出巨大的生防潜力。我国海域面积辽阔，有着丰富的海洋资源，这为海洋微生物源农药的研究和开发提供了广阔的空间。随着我国生物技术的发展以及对微生物农药的不断重视和对海洋资源开发利用的大力投入，海洋微生物源农药的研究必将成为我国现代农业新型农药研究的重点和热点。

第二节　海洋微生物及其农用活性次级代谢产物的研究方法

一、样品的采集和保存

海洋样品的采集与获得一直是海洋微生物研究的最大限制因素。浅海或近岸样品采集难度相对较小，例如，红树林生态区，可以在退潮的情况下采集红树林根部沉积物，植物的残体，活植物的根、茎、叶、种等以及植物病灶区样品；海滩的沉积物、漂浮物等；浅海的海洋动植物如海绵、珊瑚、海藻等以及河口、湿地、浅滩等生态区样品。海洋样品的采集，特别是深海样品的采集，如深海的底层海水、沉积物、深海的腐木以及深海热液区、冷泉区、金属结核区等特殊生态系统的沉积物及鱼、蠕虫、虾、蟹等动植物样品以及深海样品等都需要特殊的采样设备如深海沉积物抓斗、可视沉积物捕获器、高保真采样器、水下机器人、深潜器等。目前这些设备非常昂贵，大多数国家的研究单位尚不具备这些条件，因此对于获得深海样品非常不易，加上欠缺保真培养设备等，严重限制了海洋微生物的研究。

作为我国第一个专业的海洋微生物菌种保藏中心，中国海洋微生物菌种保藏管理中心（Marine Culture Collection of China，MCCC），经过 10 余年的建设和运行，已收集了来自中国近海、大洋和南北两极的 2.2 万株菌种资源，为社会提供了 1.5 万株次共享服务。服务对象遍布于我国 28 个省（直辖市、自治区）、中国香港特别行政区及韩国、法国、马来西亚、澳大利亚等国外用户。单位类型以科研院所和高等院校为主，还包括医院、企业等单位。

我国启动科技基础条件平台项目之前，海洋微生物的菌种资源多分散在各个科研单位，不利于资源的保护和开发利用。2005 年科技部启动了微生物菌种资源共享平台建设项目，即"海洋微生物菌种资源整理、整合与共享试点"子项目。由自然资源部第三海洋研究所牵头，按照微生物资源的共性及个性描述规范，对自然资源部第三海洋研究所、中国海洋大学、中国极地研究中心、厦门大学、中国科学院微生物研究所、自然资源部第一海洋研究所、自然资源部第二海洋研究所、山东大学、中山大学等 10 余家单位的菌种进行了数字化、标准化描述，建立了 MCCC，为海洋微生物资源的可持续开发利用奠定了基础。

按照国家微生物资源平台制定的各项标准、规范，并结合海洋微生物自身的特点，MCCC 完成了菌株规范保藏和标准化整理整合，实现了大量菌株信息的收集与整理。为了保证资源的多样性，要求所有菌种必须有包括基因序列分析在内的 50 多项菌种信息采集。在实物保种入库前先进行信息审核，合格后方可保种入库。入库审核的标准首先是根据 16S rDNA 序列，然后再根据采集地点、分离源生境、生理生化指标、所具功能用途以及已有库藏菌株的多样性等指标。信息先行的策略不仅保证了资源的多样性，节省了人力资源，同时从源头上保证了菌种信息的质量，有效避免了由人员流动等原因造成的信息流失。目前该中心库藏资源达 2.2 万株，共 17.5 万份，分属于 1 000 多个属，3 800 多个种。菌种来自中国近海、深远海、极地等多种生境，包括表层水样、沉积物、红树林土壤、养殖环境、盐场、热液羽流、热液烟囱、冰芯、极地冻土、大型生物等。建立液氮冻结库、超低温冰箱冻结库和真空冷冻干燥菌种库，长期稳定的保藏菌种资源。建立菌种信息库和对外的菌种资源共享网站（http://www.mccc.org.cn），所有入库菌株都经过了形态学、生理生化、分子生物学鉴定，有明确的分类信息，目前网站访问量约 8 万次/年。这些资源信息通过出版目录、门户网站、国家微生物资源平台、中国科技资源共享网等多种途径向社会公布。目前提交到国家科技基础条件平台信息中心（http://www.escience.org.cn/）的标准化数据为 16 982 条，实现了资源的跨库检索。2011 年 MCCC 被科技部确立为国家微生物资源平台核心成员之一。2013 年，加入世界微生物菌种保藏联合会（WFCC No. 1051）。

自 2005 年成立以来截至 2018 年 8 月底，MCCC 已为社会提供了菌种资源 1.5 万株次，相关库藏资源 6 500 余株。目前年度资源共享量约 1 000 株次。统计结果表明，已共享菌株中数量最多的是细菌，占共享微生物总数的 83%，其次是丝状真菌（14%），再次是酵母（2%）、古菌（0.18%）及噬菌体（0.02%）。已共享细菌覆盖了库藏细菌 47% 的种，主要是变形菌纲 3 178 株，芽孢杆菌纲 951 株，放线菌纲 817 株，其他类群 221 株；已共享丝状真菌覆盖了库藏丝状真菌 76% 的种，其中子囊菌门成员 917 株，其余均为担子菌门成员 8 株；已共享酵母覆盖了库藏酵母 33% 种，主要是红酵母（*Rhodotorula*）、假丝酵母（*Candida*）、红冬孢酵母（*Rhodosporidium*）和毕赤酵母（*Pichia*）；已共享古菌仅覆盖了库藏古菌 18% 的种，均为广古菌门（Euryarchaeota）热球菌科（Thermococcaceae）成员。共享量前十的属依次为芽孢杆菌（*Bacillus*）、食烷菌（*Alcanivorax*）、青霉（*Penicillium*）、链霉菌（*Streptomyces*）、交替单胞菌（*Alteromonas*）、弧菌（*Vibrio*）、曲霉（*Aspergillus*）、假单胞菌（*Pseudomonas*）、海杆菌（*Marinobacter*）、海源菌（*Idiomarina*），共享量前十的种依次为优雅食烷菌（*Alcanivorax venustensis*）、麦氏交替单胞菌（*Alteromonas macleodii*）、青霉（*Penicillium* sp.）、枝孢（*Cladosporium* sp.）、柴油食烷菌（*Alcanivorax dieselolei*）、产黄青霉（*Penicillium chrysogenum*）、假交替单胞菌（*Pseudoalteromonas* sp.）、曲霉（*Aspergillus* sp.）、庞蒂亚克亚硫酸盐杆菌（*Sulfitobacter pontiacus*）和蜡样芽孢杆菌（*Bacillus cereus*）。从采集地角度，已共享菌株中数量最多的是大洋菌株（55%），其次是近海菌株（29%），再次陆地菌株（10%），最后是极地菌株（7%）。已共享大洋菌株 3 590 株，覆盖了库藏大洋资源的 32%，主要来自大西洋，占 34%，其次是太平洋，占 29%；已共享近海菌株 1 897 株，覆盖了库藏近海资源的 27%，主要来自南海，占 77%，其次是黄海，占 7%；陆地菌株主要来自一些盐湖、湖泊等环境，其中因鉴定需要引进的模式菌株占其自身的 60% 左右；极地菌株以北极来源为主，占 75%，主要是白令海和北冰洋来源的菌株。从分离基物角度，已共享菌株中最多的来自沉积物，占 44%，其次是水样，占 33%，再次是生物样，占 11%。各类型覆盖库藏同类资源的比例差别不大，均为 30% 左右。

二、海洋微生物的分离和培养

海洋中蕴含丰富的微生物资源，由于目前分离培养技术有限，可培养的微生物只占很少一部分，可培养微生物的多样性也有限，海洋中其他主要类群如浮霉菌门和绿弯菌门还少有类群被纯培养。为培养出更多的微生物物种，近年来研究人员进行了很多尝试，例如 Epstein 和 Lewis 团队开发了"扩散盒"培养法，该方法可提高对海洋潮间带底泥微生物的分离效率。分离芯片（iChip）是对"扩散盒"的升级，研究人员用该方法从土壤中筛选出了一种新的微生物（Eleftheriaterrae），还发现这种微生物能够分泌新型抗生素 teixobactin。将自然环境带到实验室中是模拟原始生存环境的一种策略，相关研究也取得一定成效：SAR11 类群的分离便是该策略成功的典型；细胞微囊包埋技术同样分离到大量未培养微生物，在国内，刘双江团队也对类似分离技术进行创新，得到了部分新的微生物类群。目前从我国在海洋原核微生物分离培养的方法来看，2000 年以来我国发表的海洋细菌中，大部分是通过用 MarineAgar2216 作为分离培养基分到的，还有部分使用 ISP、NHM、PY、R2A 培养基等。分离培养基的多样性将直接影响可培养微生物的多样性，最近研究表明，采用培养组学进行微生物的分离培养能够获得更多难培养和未培养的类群，说明在未培养海洋微生物的可培养研究过程中，应用多种培养策略，开发新型培养基仍是很有必要的。除了培养基，其他处理条件对微生物的可培养性也有重要影响。如样品的前期处理环节也易被忽视，大多数实验室采用直接将样品稀释涂布的方法分离海洋细菌。山东大学杜宗军教授课题组发表的很多新物种是采用先富集后分离的方法获得的。海洋中大多数微生物处于活的非可培养状态，并有部分微生物由于长期适应原生境，当新生境（人工培养基）出现，会出现较长的代谢调整期。为了缩短部分微生物对新生境的调整期，或者唤醒其中休眠的微生物类群，可以采用富集组学的方法来开展菌种分离工作。通过设计多种富集培养策略（不同的富集培养基和不同的富集培养条件），采用多相富集技术以期分离到更多微生物类群。通过与多组学技术相结合来解析富集分离机制，改进并设计定向富集分离策略，相信富集组学技术将会在海洋微生物菌种资源发掘中发挥重大作用。当然分离培养策略远不止上述几种方法，仍需要进行创新和改良。

目前所采用的海洋微生物新的培养技术主要包括以下几个方面。

（1）向培养基中添加微生物生长所必需的成分。在培养基中加入微生物相互作用的信号分子就可简单地模拟微生物间的相互作用，满足微生物生长繁殖的要求。有学者研究发现，如果向培养基中加入酰基高丝氨酸内酯、cAMP 或 ATP 等信号分子能促使细菌得到培养。其中与革兰氏阴性菌多种基因调控有关的 cAMP 是最有效的信号分子，10μmol/L cAMP 可使 10% 的微生物细胞（用显微镜直接计数法计算微生物细胞的总数）培养出来。然而，用加有 cAMP 的培养基培养出来的细菌如果不继续添加信号分子，则不能生长。

（2）降低培养过程中的毒害作用。为了降低培养过程中优势菌种代谢所产生的过氧化物、自由基和一些拮抗物质的毒害作用，可以在培养基中添加对这些毒性成分具有降解能力的物质，如丙酮酸钠、甜菜碱、超氧化物歧化酶（SOD）和过氧化氢酶等。SOD 和丙酮酸钠的代谢产物 HADH、H^+ 可与超氧化物结合，从而降低了超氧化物对细胞的损害作用。甜菜碱的 3 个甲基中有 2 个可以被超氧化物或自由基氧化，从而减少超氧化物或自由基对细胞的毒害。同时，充足的氧气有时也是毒性氧产生的原因之一，减少培养环境中的氧分压也可减弱毒性氧的影响。

（3）稀释培养法。海洋微生物目前获得培养的不到 1%，这是由于海洋环境中主要是寡营养微生物，而在实验室培养时，培养基的营养物浓度远远高于微生物生长的自然环境。为了克服该缺陷，Button 等（1993）从概率论的角度提出一个崭新的方法，即稀释培养法（Dilution culture）。先将海洋微生物群落计数后再进行稀释，然后接种于灭菌海水中进行培养。培养 9 周后用流式细胞仪检测，发现微生物细胞的密度可达到 10^4 个/mL，细胞的倍增时间为一天到一周。作者用这种方法发现 60% 的海洋细菌是活的，并认为用传统的培养方法得到低存活率的主要原因是大多数海洋细菌在达到可见的混浊度之前就到达了稳定期。传统的培养方法中营养物质的添加刺激了某些微生物的生长，但是却抑制了大多数微生物的生长。

（4）高通量培养法。Connon 等（2002）在稀释培养法的基础上提出高通量培养法（High-throughput culturing，HTC）。他们将样品密度稀释至 10^3 个/mL 后，采用 48 孔细胞培养板分离培养微生物。通过这种方法可使样品中 14% 的细胞培养出来，远远高于传统微生物培养技术所培养的微生物数量。

（5）扩散盒培养法。这种培养方法是模拟海洋微生物生长的自然环境。Kaeberlein 等设计了一种培养装置名为扩散盒。该扩散盒由一个环状的不锈钢垫圈和两侧胶连的 0.1μm 滤膜组成。将海洋微生物样品加至封闭的扩散盒中，在模拟采样点环境条件的玻璃缸中进行培养。扩散盒的膜可使化学物质在盒内和环境之间进行交换，但是细胞却不能自由移动。尽管用这种方法没有培养出新的微生物种类，但是在扩散盒中培养1周后却得到大量形态各异的菌落。获得的菌株在人工合成的固体培养基中不能生长，但是在其他微生物的存在下却能形成菌落。这种培养方法能较大程度地模拟微生物所处的自然环境，由于化学物质可以自由穿过薄膜，可保证微生物群落间作用的存在，提高了微生物的可培养性。

（6）微囊包埋法。微囊包埋法是海洋微生物的另一种高通量分离培养技术。Zengler等（2005）将海水和土壤样品中的微生物先进行类似稀释培养法的稀释过程，然后将稀释到一定浓度的菌液与融化的琼脂糖混合，制成包埋单个微生物细胞的琼脂糖微囊，然后将微囊装入凝胶柱内，使培养液连续通过凝胶柱进行流态培养。凝胶柱进口端用$0.1\mu m$滤膜封住，防止细菌的进入而污染凝胶柱；出口端用$8\mu m$滤膜封住，防止微囊随培养液流出。高通量培养技术一般采用微孔板结合以流式细胞仪检测，这样就可以增加细胞检测的灵敏度，缩短低生长率细胞的培养时间。

（7）针对放线菌的培养法。众所周知，革兰氏阳性的放线菌是获取抗生素的重要来源，但以上介绍的微生物培养的各种新技术都没有专门针对分离纯化放线菌类。为了更有效地从环境中获得更多种类的放线菌，有研究根据放线菌独特的长菌丝以及能穿透固体培养基的特性提出了一种专门筛选放线菌的新方法。他们将两片具有半透性的膜分别上下封在中间装有灭菌琼脂的塑料容器上，下层膜的孔径是$0.2\sim0.6\mu m$，上层膜的孔径是$0.03\mu m$，将装置置于土壤中，细丝状的微生物就会选择性地刺入装置并长成菌落。将下层膜的孔径减少至$0.2\mu m$就能限制真菌菌丝的刺入生长。将该装置在室温黑暗条件下培养$14\sim21d$，再将中间的琼脂在显微镜下观察就可将长出的单菌落挑出、纯化。与常规的平板培养法相比，这种方法培养出大量细丝状的放线菌类，多样性也大大提高。最重要的是，这种培养方法使一些非常罕见的放线菌类得到了纯培养。

（8）根据微生物自身特性的培养方法。海洋微生物中一些迄今未获得纯培养的进化枝具有与众不同的代谢途径，可以根据其独特的代谢途径将这些微生物培养出来。例如，海洋泉古菌门的古菌可以氧化铵来产生能量，从而采取了通过抗生素排除其他海洋微生物并在培养基中添加铵的培养策略，最终获得了海岸亚硝化侏儒菌的纯培养。有学者发现SAR202进化枝可以氧化卤代化合物，SAR202属于绿屈挠菌门，生活在海洋真光层以下，迄今为止该进化枝还没有培养出海洋种类。

三、海洋微生物次级代谢产物的研究方法

（一）海洋微生物次级代谢产物的分离纯化方法

海洋微生物次级代谢产物的分离纯化是进行其研究的第一步骤，是进行理化性

质、结构表征及其生物功能和活性等后续研究的基础和关键。与其他天然产物分离纯化的方法类似，主要包括：经典的蒸馏、结晶、升华、沉淀、溶解、萃取和现代的色谱方法等。不论经典的还是现代的分离纯化方法及技术，依赖于天然产物结构决定的其理化特性差别。经典的分离方法主要利用了它们的挥发、凝结、结晶、溶解和升华等自身的物理特性，而现代色谱分离方法主要利用了天然产物与其他用于色谱分离材料之间的相互作用特性。其中色谱方法是目前天然产物化学研究中应用最普遍、最有效和相关技术发展最快的分离纯化方法。色谱法诞生于 20 世纪初，中期被人们接受并得到迅速发展，后期被逐步改进、完善并推广应用，被称之为 20 世纪的分离方法。该方法及其相关技术的发展和应用极大地推动和加快了复杂及微量天然产物的分离纯化过程，成为分离纯化天然产物的基本方法。尤其在液-固色谱中，各种色谱填料（C18、C8、$-NH_2$、$-CN$、二醇基和苯基等）、离子交换树脂、凝胶（sephadex 和 sepharose 等）、大孔吸附树脂等新型填料的开发和应用，为从复杂生物样品中特定化合物的选择性富集和分离提供了有效手段；同时色谱技术的高度仪器化，如气相色谱（GC）、离心薄层色谱（CTLC）、高效液相色谱（HPLC）、中压液相色谱（MPLC）、闪式色谱（Flash CC）等的发展，不但极大地提高了分离效率，而且使以前难以分离的水溶性和大分子成分以及复杂样品中微量成分的分离成为现实。然而，由于天然产物存在于复杂体系之中，并且由于生命过程的复杂和变异性以及生物体组织和结构变化的多样性，每一种生物体中可能存在着与其生命周期密切关联的成百上千乃至更多的代谢产物，它们的含量、结构、理化性质、功能和活性等千差万别。这不但为天然产物化学提供了十分广阔的研究内容，同时也为天然产物的分离纯化带来了极大的挑战和困难。目前不存在适用于所有天然产物分离纯化的单一方法和技术。在采用色谱技术的分离过程中，前期步骤通常包括使用廉价、高载样量固定相的色谱方法，也就是比较经典的以硅胶、氧化铝、聚酰胺或离子交换树脂为固定相的柱色谱分离和萃取以及液-液分配色谱技术；后期步骤使用适合于小量样品的仪器化高效率色谱分离技术，如 HPLC 等。

在天然产物化学研究中，根据研究目标的不同，主要有两种研究模式，其中一种是以寻找新颖或特异结构为目标，另一种是以寻找有特殊生物功能或活性的天然产物为目标。尽管在实际研究中两者有一定交叉，但是侧重点不同。因此针对不同的侧重点在研究过程中所采取的高效化研究策略和手段有所不同。

（1）在以寻找新颖或特异结构为目标的天然产物研究模式中，为了避免已知结构天然产物的重复分离纯化，提高研究效率，重点采用一些结构早期预测和鉴别的技术手段，其中主要包括 NMR、MS 及 MS/MS 和 HPLC-DAD-MS" 等技术。在分离纯化前和分离纯化过程中，通过测定提取物和跟踪测定分离样品的 NMR、MS/MS 和

HPLC-DAD-MS^{n}等图谱，根据相关谱中提供的反映样品中天然产物结构或特征的NMR谱、相对分子质量及其裂解特征和紫外吸收峰等信息，提前或跟踪分析及辨认已知成分和未知成分，以此为导向，有目标地进行未知成分的分离纯化。最近，分子网络技术蓬勃兴起，在指导新化合物的研究中发现起到了关键性作用。分子网络技术是指利用化合物的二级质谱数据，通过光谱算法将质谱数据转换为向量，以余弦值0~1的值表示，化合物相似度越大，余弦值越大。通过数学方法对向量进行对比，并通过可视化软件呈现出来，形成直观、形象的分子网络图。分子网络图中每一个节点表示一个化合物，相似结构的化合物产生相似的分子离子峰，表现在分子网络中即为节点之间有连接，即节点与节点间的连线表示化合物质谱之间的相关性，相关性的大小可以用连线的粗细来表示。相互连接的节点组成的聚集簇代表了结构类型相似的一类化合物，图中较多节点集中的区域，显示代谢产物结构类型的丰富性。

（2）在以寻找特殊生物功能或活性天然产物为目标的研究模式中，天然产物的分离纯化过程与生物学功能或活性的检测结合紧密。在进行天然产物的分离纯化之前和分离纯化过程中，利用生物学功能或药理活性评价模型（包括特定生物细胞、功能蛋白和活性酶等）及其检测分析技术，提前或跟踪分析识别有功能或有活性的提取物和分离组分，以此为指导，有目标地进行具有特定生物功能或活性天然产物的分离纯化，从而可避免分离纯化过程中目标成分的丢失和分离纯化非目标成分的浪费。该研究模式主要用于化学生态学、化学生物学和天然药物化学等领域研究。

近年来，随着现代高灵敏地结构识别及鉴定技术和方法，例如 MS/MS、HPLC-MS/MS、NMR（包括其超低温探头、微量探头等）和 HPLC-NMR 联用技术等，以及生物功能或活性检测评价研究模式已取得了比较广泛地应用进展。尽管以上两种研究模式的目标和重点有所不同，但是总体上均是以目标导向的研究方法。因此在实际应用中，根据具体情况和目标，两种研究模式中的相关技术及手段可以相互借鉴和整合使用。例如在从天然产物中寻找新型结构的药物先导化合物研究中，可以借助结构和活性同时预知和检测的高效研究模式。

（二）海洋微生物次级代谢产物的鉴定方法

海洋微生物次级代谢产物成分复杂，结构类型包括生物碱、聚酮、萜类、甾体、脂肪酸等。其结构多样性不仅使它们的生物活性评价很有吸引力，而且对快速分析及筛选混合物中生物活性组分的分离及检测技术提出了很大挑战。传统的研究方法首先制备天然产物提取物，然后进行药理活性测试，利用色谱方法（包括薄层色谱、柱色谱和液相色谱等）分离纯化，获得活性提取物中的单体成分。通过核磁共振谱（NMR）、质谱（MS）、X 射线单晶衍射（XRD）、紫外光谱（UV）、红外光谱（IR）、旋光光谱（ORD）以及圆二色谱（CD）等波谱或光谱数据综合分析，完成分子结构及其立体结构的鉴定。对于有药理活性的化合物进一步寻找活性基团，研究化学结构与药理活性之间的关系，并进行结构优化获得先导化合物，寻找及发现新的药物。通过上述方法，虽然获得了大量的天然产物有效成分，并被广泛地应用于医药、化工、食品等行业，但是这种传统方法存在许多问题和局限性。传统方法一般需要较长时间、复杂的样品制备过程，且效率低、周期长、耗资大，不适应当前快速发展的新药研发过程；而且还经常导致活性成分尤其是低含量成分的丢失或破坏等。因此，除了充分发挥不同先进分析技术的作用之外，需要改革传统的单独实时分析的检测模式，尽可能整合多种分析手段形成系统分析体系或在线分析方法，建立适合于不同结构类型成分、复杂及化学多样性天然产物的简便、快速的新型分析方法是一种重要的发展趋势。尽管目前开发的 LC-MS 和基于 LC-MS/MS 的代谢组学方法能够快速鉴定组分中的化合物，然而，该方法需要借助合适的数据库，并且无法鉴定新化合物，因此，从这种角度上来说，传统的天然产物分离纯化仍然是现在天然产物研究最为有力的工具。

四、海洋微生物次级代谢产物的分离鉴定及活性评价实例

以海洋木贼镰刀菌 D39 来源具有生物活性的 3-Decalinoyltetramic Acids 衍生物研究为例。3-Decalinoyltetramic acids（3DTAs）是一类含有 tetramic acid（2,4-二酮四氢吡咯）和十氢化萘的天然产物，其中，首先发现并最具代表性的该类化合物是 equisetin。陆地和海洋微生物都能够产生 3DTAs，真菌是其主要生产者。这类化合物具有显著多样的生物活性，包括抗菌、抗病毒、细胞毒性和除草活性等。2011 年，科学家们发现了一个具有五元环体系全新骨架的 3DTA 化合物 fusarisetin A，该化合物具有腺泡形态发生抑制活性，由此丰富了 3DTA 类化合物的结构和活性多样性。因此，由于 3DTA 类化合物有趣的结构和显著的生物活性，在近些年来引起了化学家和生物学家们越来越多的关注。

海洋独特的水体环境赋予了栖息其中的海洋真菌能够产生结构新颖、生物活性显著的次级代谢产物，因而成为天然产物研究的热点。然而，只有在某些特定生长条件下，菌株才能够产生丰富的活性次级代谢产物。因此，"单菌多产物"（OSMAC）策略应运而生。该方法是通过改变培养基成分、温度、盐度和溶氧量等，激活微生物的沉默基因，以此来提高次级代谢产物的多样性和产量。

在本课题组对海洋真菌来源活性次级代谢产物的研究中，一株采自青岛黄海潮间带的海洋真菌 *Fusarium equiseti* D39 引起了我们的注意，它的发酵提取物显示了很强的抗植物病原菌活性。采用 bioassay-LCMS-¹H NMR 筛选技术，发现提取物 HPLC 指纹图谱和¹H NMR 谱图显示了 3DTA 紫外特征信号、特征化学位移和分裂，同时质谱

出现了新的分子离子峰，提示有新的 3DTA 化合物存在。但在前期小规模发酵研究中，仅从中获得了 2 个蒽醌类化合物，因此促使我们扩大发酵规模，继续从中寻找新颖 3DTA 类化合物。采用 20kg 大米固体发酵，从其乙酸乙酯提取物中分离鉴定 6 个 3DTA 化合物，包括 2 个新颖的 fusarisetin 化合物，fusarisetins C 和 D（1 和 2），以及 4 个已知化合物 fusarisetin B（3）、fusarisetin A（4）、equisetin（5）和 *epi*-equisetin（6）（见图 3-1）。通过调研发现，目前世界上只报道了 2 个天然产物来源的 fusarisetin 化合物。本研究中，我们报道了这些化合物的分离、鉴定和活性测试。此外，为了提高活性化合物 5 的产量，采用 OSMAC 策略对 D39 进行了发酵优化。

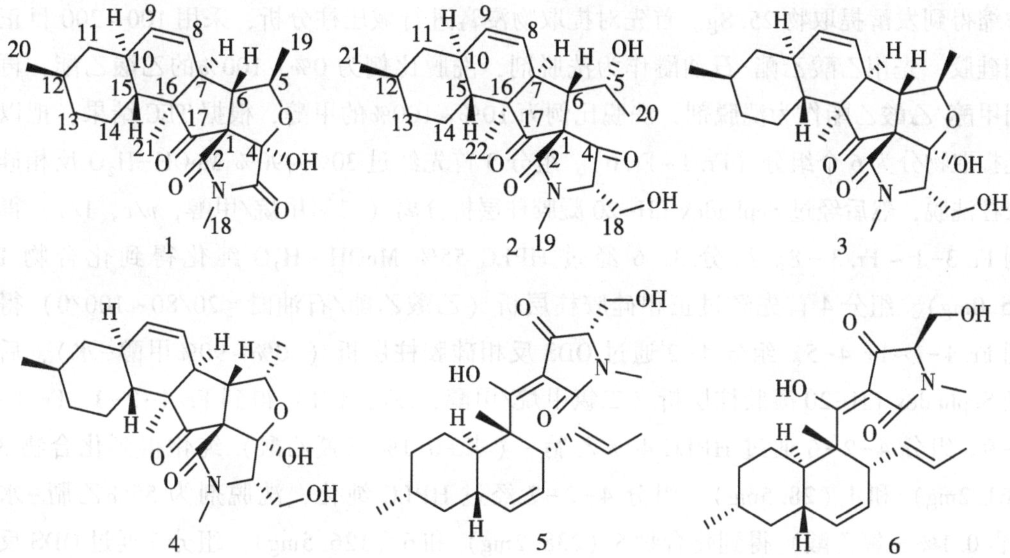

图 3-1　化合物 1~6 的化学结构

（一）材料与方法

1. 仪器与材料

旋光仪 JASCO P-1020（日本 Jasco 公司）；Techcomp UV2310 Ⅱ 紫外分光光度计（天美集团）；BioTools ChiralIR-2X 震动圆二色光谱仪（美国 BioTools 公司）；核磁共振波谱仪 Agilent DD2 500（美国安捷伦公司）；质谱仪 ESI-MS Q-TOF Ultima Global GAA076（美国 Waters 公司）；高分辨质谱仪 LTQ Orbitrap XL（美国赛默飞公司）；Gemini E Ultra 铜靶单晶衍射仪（美国安捷伦公司）；高效液相色谱仪（日本日立公司）；C18 柱：（5μm，10mm×250mm，美国 Waters 公司）；正相柱层析硅胶 100~200 目，200~300 目（青岛海洋化工厂）；octadecylsilyl 反相硅胶（RP18，40~63μm；美国默克公司）；凝胶 Sephadex LH-20（美国 GE 公司）；正相 TLC 预制板（烟台汇友

硅胶开发有限公司），采用含饱和香草醛的 12% H_2SO_4-H_2O 溶液显色；HPLC 用甲醇和乙腈为色谱纯（国药集团），其他试剂均为分析纯。

2. 菌株来源

菌株 *F. equiseti* D39 分离自一株 2016 年 7 月采自青岛黄海潮间带的未鉴定的植物。通过形态学和分子生物学鉴定确定其种属。菌株保藏于中国农业科学院烟草研究所海洋农业研究中心，GenBank（NCBI）登录号为 KY945342。

3. 化合物的提取和分离

采用大米固体培养基发酵 *F. equiseti* D39，1L 发酵瓶中加入 80g 大米，120mL 水，共发酵 100 瓶，28℃静置发酵 30d。采用乙酸乙酯对发酵后的培养基萃取 3 次，然后浓缩得到发酵提取物 25.8g。首先对提取物浸膏进行减压柱分析，采用 100~200 目正相硅胶，先用乙酸乙酯/石油醚作为洗脱剂，洗脱比例为 0%~100% 的乙酸乙酯，再用甲醇/乙酸乙酯作为洗脱剂，洗脱比例为 10%~100% 的甲醇，根据 TLC 结果，把以上提取物分为 6 个组分（Fr. 1~Fr. 6）。组分 3 首先经过 30%~90% MeOH-H_2O 反相硅胶柱洗脱，然后经过 Sephadex LH-20 凝胶柱层析分离（二氯甲烷/甲醇，*v/v*，1/1）得到 Fr. 3-1~Fr. 3-8。组分 3-6 经过 HPLC 55% MeOH-H_2O 纯化得到化合物 1（5.0mg）。组分 4 首先经过正相硅胶柱层析（乙酸乙酯/石油醚=20/80~100/0）得到 Fr. 4-1~Fr. 4-5。组分 4-2 通过 ODS 反相硅胶柱层析（30%~90% 甲醇-水），后经 Sephadex LH-20 凝胶柱层析（二氯甲烷/甲醇，*v/v*，1/1）得到 Fr. 4-2-1~Fr. 4-2-9。组分 4-2-6 通过 HPLC 40% 乙腈-（水+0.1% 三氟乙酸）纯化得到化合物 3（61.2mg）和 4（28.5mg）。组分 4-2-7 经过 HPLC 纯化，洗脱剂为 55% 乙腈-水（含 0.1% 三氟乙酸）得到化合物 5（238.2mg）和 6（126.5mg）。组分 5 通过 ODS 反相硅胶柱层析，流动相为 30%~80% 甲醇-水，得到 Fr. 5-1~Fr. 5-8。组分 5-7 通过凝胶柱层析（二氯甲烷-甲醇，*v/v*，1/1），最后经过半制备 HPLC（60% 甲醇-水）洗脱，得到化合物 2（4.0mg）。

Fusarisetin C（1）：无色晶体；$[\alpha]_D^{20}$+15.0（*c* 0.25，MeOH）；UV（MeOH）λ_{max}（logε）202（3.42）nm；^1H 和 ^{13}C NMR 数据，见表 3-2 和表 3-3；HRESIMS *m/z* 372.1825 [M-H]$^-$（calcd for $C_{21}H_{27}NO_5$，372.1816）。

Fusarisetin D（2）：无色晶体；$[\alpha]_D^{20}$-9.2（*c* 0.13，MeOH）；UV（MeOH）λ_{max}（logε）200（3.19）nm；^1H 和 ^{13}C NMR 数据，见表 3-2 和表 3-3；HRESIMS *m/z* 390.2278 [M+H]$^+$（calcd for $C_{22}H_{32}NO_5$，390.2275）。

化合物 1 和 3 的 X-ray 单晶数据分析。化合物 1 和 3 在二氯甲烷-甲醇 2:1 的溶液中，25℃缓慢挥发，3d 后得到无色晶体。单晶通过 Xcalibur/Eos/Gemini ultra 衍射仪在 298K 测试。结构经过 SHELXS-2018 方法和全矩阵最小二乘差分方法进行了确证。所有的非氢原子进行了各向异性修订，所有的氢原子进行了各向同性的修正。单晶1和3的数据上传至剑桥晶体数据库中心，晶体号分别为1893702和1895292。

化合物1的单晶数据：$C_{21}H_{27}NO_5$，$M_r = 373.44$，单斜，$a = 12.5780$ (12) Å，$b = 7.4893$ (8) Å，$c = 22.119$ (2) Å，$\alpha = 90.00°$，$\beta = 95.281$ (10)°，$\gamma = 90.00°$，$V = 2074.7$ (4) Å^3，spacegroup $C2$，$Z = 4$，$D_x = 1.196\,mg/m^3$，$\mu = 0.694\,mm^{-1}$，F (000) = 800。Crystal size：0.08mm×0.07mm×0.07mm。Reflections collected/unique：6 383/2 896 [R (int) = 0.0556]。The final indices were $R_1 = 0.0607$，$wR_2 = 0.1313$ [$I > 2\sigma$ (I)]。Flack parameter = 0.0 (5)。

化合物3的单晶数据：$C_{22}H_{31}NO_5$，$M_r = 389.22$，单斜，$a = 10.1548$ (5) Å，$b = 17.3448$ (9) Å，$c = 11.9203$ (6) Å，$\alpha = 90.00°$，$\beta = 94.435$ (4)°，$\gamma = 90.00°$，$V = 2\,093.27$ (19) Å^3，spacegroup $P2_1$，$Z = 4$，$D_x = 1.236\,mg/m^3$，$\mu = 0.705\,mm^{-1}$，F (000) = 840。Crystal size：0.12mm×0.11mm×0.11mm。Reflections collected/unique：8 355/5 693 [R (int) = 0.0199]。The final indices were $R_1 = 0.0459$，$wR_2 = 0.1026$ [$I > 2\sigma$ (I)]。Flack parameter = 0.0 (2)。

4. 除草活性测试

采用种子萌发抑制法测试化合物对反枝苋（*Amaranthus retroflexus*）和生菜（*Lactuca sativa*）的除草活性。采用200μg/mL和50μg/mL的草甘膦作为阳性对照。

5. 抗菌活性测试

采用微量稀释法进行抗菌活性测试。测试菌株有5株植物病原细菌，包括果斑病菌（*Acidovorax citrulli*）、番茄细菌性溃疡病菌（*Clavibacter michiganensis*）、角斑病菌（*Pseudomonas syringae*）、青枯病菌（*Ralstonia solanacearum*）和黄单胞菌（*Xanthomonas campestris*）；12株植物病原真菌，包括烟草赤星病菌（*Alternaria alternata*）、甘蓝黑斑病菌（*Alternaria brassicicola*）、花生冠腐病菌（*Aspergillus niger*）、灰葡萄孢（*Botrytis cinerea*）、苹果轮纹病菌（*Botryosphaeria dothidea*）、炭疽病菌（*Colletotrichum* sp.）、禾谷镰刀菌（*Fusarium graminearum*）、尖孢镰刀菌（*Fusarium oxysporum*）、稻瘟病菌（*Magnaporthe grisea*）、茶轮斑病菌（*Pseudopestalotiopsis theae*）、小麦纹枯病菌（*Rhizotonia cerealis*）和苹果腐烂病菌（*Valsa mali*）。细菌采用硫酸链霉素作为阳性药，真菌采用多菌灵和咪酰胺作为阳性药。采用透射电镜研究化合物5（MIC和4×MIC）对 *P. syringae* 细胞超微结构的影响。

6. 发酵优化

采用OSMAC策略对菌株 *F. equiseti* D39进行发酵优化。首先制备种子液，将一小块新鲜的菌丝体加入马铃薯葡萄糖水培养基中（PDW，200mL），180r/min，28℃振荡培养3d。7种优化培养基分别为胡萝卜培养基、玉米培养基、麦芽培养基、甘薯培养基、花生培养基、马铃薯培养基和大豆培养基，编号分别为 crops A-G。培养基的具体制作方法为：200g 上述作物于水中加热煮沸 60min，过滤后液体补充至 1 000mL，并加入 20g 葡萄糖。随后进行发酵优化，500mL 发酵瓶中加入 250mL 上述培养基，并加入 5mL 种子液，28℃，180r/min 振荡培养 9d。发酵结束后，将菌体与菌液分开，菌液采用等体积乙酸乙酯萃取 3 次，浓缩至干。菌体采用二氯甲烷-甲醇（v/v，1/1）浸泡 24 h，浓缩后剩下含水相，采用乙酸乙酯萃取 3 次，浓缩至干，并与菌液萃取相合并，得到发酵提取物。将发酵提取物溶解在乙腈当中配制成 10.0mg/mL 溶液用于 HPLC 分析。

通过绘制标准曲线来确定化合物 5 的产量。绘制标准曲线所用的浓度为 0.05mg/mL、0.1mg/mL、0.2mg/mL、0.4mg/mL、0.6mg/mL 和 1.0mg/mL，进样量为 10.0μL，流速为 1.0mL/min［MeCN/（H_2O+0.1% TFA），v/v，60/40］，采用分析柱为 C_{18}（Waters，5μm，4.6mm×250mm），液相为 Waters e2695 系统和 Waters 2998 PDA 检测器。

根据化合物 5 的产量确定最优培养基后，又进行了最佳盐度的确定。所采用的盐浓度分别为 1%、3%、5%、7% 和 9%。发酵优化的过程与前述相同。

（二）结果与讨论

1. 3-Decalinoyltetramic Acids 的结构鉴定

Fusarisetin C（1）为无色晶体，高分辨质谱提示其分子式为 $C_{21}H_{27}NO_5$，不饱和度为 9。在 ^1H NMR（CD_3OD）谱中（见表 3-2），在 δ_H 5.84（ddd，J=10.0，4.5，2.5 Hz）和 5.59（d，J=10.0 Hz）处有 2 个相互偶联的烯烃质子的信号；在 δ_H 4.74（dq，J=6.5，2.0 Hz）处有 1 个甲氧基信号；在 δ_H 3.02（s）处有 1 个连氮甲基信号；在 δ_H 1.15（d，J=6.5 Hz）和 0.94（d，J=6.5 Hz）处有 2 个耦合的甲基质子信号；在 δ_H 0.98（s）处有 1 个单甲基信号；另外，在 ^1H NMR（DMSO-d_6）谱中，在 δ_H 8.17（s）处有 1 个活泼氢信号。在 ^{13}C NMR 与 DEPT（DMSO-d_6）中（见表 3-1），在 δ_C 209.0（酮羰基信号）、172.9、172.6（2 个酰胺信号）处显示出 3 个羰基共振信号；在 δ_C 131.8、124.5、82.8、56.8、48.3、37.4、35.9 和 32.2 处显示有 8 个次甲基碳；在 δ_C 105.5、73.3 和 53.2 处有 3 个季碳信号；在 δ_C 41.3、34.8 和 24.7 处显示 3 个亚甲基碳；在 δ_C 25.0 处显示 1 个含氮甲基碳；在 δ_C 22.6、22.2 和 13.8 处显示 3 个甲基碳。这些光谱特征表明化合物 1 属于 3-decalinoyltetramic acids 家族的 fusarisetin 类化合物，具有 6/6 十氢化萘环和 5/5/5 三环嵌合的五环体系，与来源于自土壤真菌 *Fusarium* sp. FN080326 的化合物 fusarisetin B 类似。与化合物 fusarisetin B 相比，连氧亚甲基和次甲基信号消失以及酰胺峰的出现，表明 fusarisetin

B 中 E 环的-CHCH$_2$OH 基团被 fusarisetin C 中的酰胺酰羰基取代。HMBC 谱中（见图 3-2），H-18 与 C-2 和 C-3 相关，以及 4-OH 与 C-1 和 C-3 相关，证实了上述结论。根据 HMQC、COSY 和 HMBC 谱的碳和氢的相关信号分析结果，确定了化合物 1 的平面结构。在 NOESY 谱中（见图 3-2），H-21 与 H-7 和 H-10 相关，H-10 与 H-12 相关，H-5 与 H-7 和 4-OH 相关，表明这些基团是位于同一平面上。这些 NOESY 数据和相关的偶合常数证实了十氢化萘环系统是顺式连接，三环和十氢环系统之间的反式连接。由于 1S'、4R'、5R'、6S'、7S'、10S'、12R'、15R'、16S'组合不能得到合理的 3D 模型，因此，1 的相对构型被确定为 1R'、4R'、5R'、6S'、7S'、10S'、12R'、15R'、16S'。

表 3-1 化合物 1 的 ^{1}H NMR（500 MHz，δ in ppm，J in Hz）
和 ^{13}C NMR（125 MHz，δ in ppm）数据

位置	1（CD$_3$OD）		1（DMSO-d_6）	
	δ$_C$, type	δ$_H$（J in Hz）	δ$_C$, type	δ$_H$（J in Hz）
1	75.3		73.3	
2	174.0		172.6	
3	174.6		172.9	
4	106.9		105.5	
5	85.4	4.74（dq, J=6.5, 2.0Hz）	82.8	4.74（dq, J=6.5, 1.5Hz）
6	58.8	2.73（dd, J=10.5, 2.0Hz）	56.8	2.63（dd, J=10.5, 1.5Hz）
7	50.6	2.48（dd, J=10.5, 4.5Hz）	48.3	2.42（dd, J=10.5, 4.5Hz）
8	125.3	5.84（ddd, J=10.0, 4.5, 2.5Hz）	124.5	5.86（ddd, J=10.0, 4.5, 2.0Hz）
9	133.5	5.59（d, J=10.0Hz）	131.8	5.54（d, J=10.0Hz）
10	37.9	1.91-1.93（m）	35.9	1.86-1.88（m）
11	43.1	1.88-1.90（m） 0.84（q, J=12.5Hz）	41.3	1.84-1.86（m） 0.74-0.78（m）
12	34.1	1.44-1.53（m）	32.2	1.46（m）
13	36.4	1.76（m） 0.91-0.98（m）	34.8	1.71（brd, J=12.0Hz） 0.81-0.85（m）
14	26.3	1.44-1.53（m） 1.09-1.16（m）	24.7	1.36-1.39（m） 1.01-1.09（m）
15	39.1	1.44-1.53（m）	37.4	1.32-1.34（m）
16	55.2		53.2	
17	210.8		209.0	
18	25.4	3.02（s）	25.0	2.96（s）
19	23.2	1.15（d, J=6.5Hz）	22.6	1.06（d, J=6.5Hz）
20	22.7	0.94（d, J=6.5Hz）	22.2	0.88（d, J=5.5Hz）
21	14.3	0.98（s）	13.8	0.88（s）
4-OH				8.17（s）

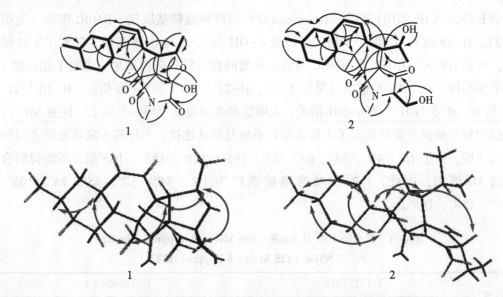

图 3-2 化合物 1 和化合物 2 的 COSY、HMBC 和 NOESY 信号

近年来，振动圆二色谱（VCD）已经成为确定化合物构型的一种重要手段。为了确定化合物 1 的绝对构型，取 5.0mg 化合物 1 用 120μL DMSO-d_6 溶解，并采用 BioTools dual PEM Chiral*IR*-2X 仪器测试 IR 和 VCD。采用 MPW1PW91/6-311+G (d) //B3LYP/6-311+G (d) 方法组计算 (1R、4R、5R、6S、7S、10S、12R、15R、16S) -1 的 IR 和 VCD 谱图。计算的 (1R、4R、5R、6S、7S、10S、12R、15R、16S) -1 的 IR 和 VCD 和实验数据有很好的吻合，因此化合物 1 的绝对构型为 1R、4R、5R、6S、7S、10S、12R、15R、16S。幸运的是，1 溶解在二氯甲烷∶甲醇 2∶1 的溶剂中，室温下缓慢挥发，2 周后得到其单晶（见图 3-3），测试结果确定了 1 的绝对构型为 1R、4R、5R、6S、7S、10S、12R、15R、16S。

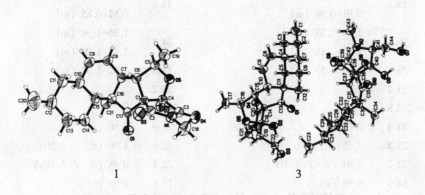

图 3-3 化合物 1 和化合物 3 的 X-ray 单晶衍射图

Fusarisetin D（2）为无色油状，高分辨质谱提示其分子式为 $C_{22}H_{31}NO_5$，不饱和度为 8。在 ^1H 和 ^{13}C NMR 谱中显示化合物 2 也具有 3-decalinoyltetramic acids 家族的 fusarisetin 类化合物的特征信号。分析 1D 和 2D NMR 谱图发现（见表 3-2），化合物 2 与 fusarisetin B 的主要差异在 C、D 和 E 环中存在。与 fusarisetin B 相比，化合物 2 的 D 环中酮羰基信号和 C-4 甲氧喹胺信号消失。COSY 谱中，H-7/H-6/H-5/H-20 之间的交叉峰；HMBC 谱中（见图 3-2），显示 H-6 与 C-1、C-2、C-4 和 C-8 相关联，H-20 与 C-6 相关联，显示 C-6 与-CH（OH）CH_3 基团相连。HMBC 谱中，H-3 和 H-18 与 C-4 的 HMBC 相关性表明，fusarisetin B 中 C-4 处的 C-O 键在 2 中断裂。因此 2 的平面结构被确定。另外，2 是首个报道的具有 6/6 十氢化萘和 5/5 二环嵌合的 fusarisetin 化合物。

化合物 2 的相对构型（除了 C-1 和 C-5）是通过 NOESY 确定的（见图 3-2）。在 NOESY 谱中，H-22 和 H-7、H-10、H-12 相关，表明这些基团处于同侧。H-6 和 H-3、H-15 相关，H-15 和 H-21 相关提示这些基团处于顺式。C-5 和 C-6 的相对构型是通过分析 $^2J_{C,H}$、$^3J_{C,H}$ 和 $^3J_{H,H}$ 耦合常数确定的。在例如 2 的侧链的脂肪族系统中，相邻碳的构型可以表示为图 3-3。其中 A-1、A-3、B-1 和 B-2 4 种构型可以通过 $^3J_{H,H}$、$^2J_{C,H}$ 和 $^3J_{C,H}$ 来确定。根据 2 的耦合常数 ^3J（H_5, H_6）= 1.5Hz、^2J（H_5, C_6）= 1.8Hz、^3J（H_6, C_5）= 6.0Hz，确定 6-H 和 5-OH 的位置为反式，与图 3-4 中 B2 相对应，因此确定了 2 的相对构型。

我们试图采用改良的 mosher 法确定 C-5 的绝对构型，然而反应后既没有得到产物也没有得到反应物，我们推测该结构在碱性条件下不稳定。由于目前文献报道的 fusarisetin 类化合物的 A、B 和 C 环的绝对构型都一致，因此基于生源合成途径的考虑，化合物 2 的绝对构型为 1R、3S、5S、6S、7S、10S、12R、15R、16S。

表 3-2　化合物 2 的 ^1H NMR（500 MHz，δ in×10^{-6}，J in Hz）

和 ^{13}C NMR（125 MHz，δ in×10^{-6}）数据

位置	2（CD$_3$OD）		2（DMSO-d_6）二甲基亚砜	
	δ_C, type	δ_H（J in Hz）	δ_C, type	δ_H（J in Hz）
1	73.9		71.7	
2	171.7		168.3	
3	71.2	4.12（dd, J=5.0, 3.0Hz）	69.7	4.06（dd, J=6.0, 3.0Hz）
4	204.2		203.8	
5	68.1	4.08（m）	65.8	3.94（m）
6	58.5	2.64（brd, J=11.5Hz）	57.3	2.45（dd, J=11.5, 9.5Hz）
7	47.1	2.67（brd, J=11.5Hz）	45.2	2.59（dd, J=11.5, 5.0Hz）
8	126.4	5.87（m）	125.5	5.82（m）

（续表）

位置	2（CD₃OD）		2（DMSO-d₆）二甲基亚砜	
	δ_C, type	δ_H（J in Hz）	δ_C, type	δ_H（J in Hz）
9	133.6	5.58（d, J=10.0Hz）	131.8	5.53（brd, J=10.0Hz）
10	38.2	1.86（brd, J=12.0Hz）	36.2	1.80（brd, J=11.0Hz）
11	42.9	1.89（brd, J=12.0Hz） 0.83（m）	41.2	1.85（brd, J=11.0Hz） 0.74（m）
12	34.1	1.48（m）	32.1	1.46（m）
13	36.4	1.74（m） 0.90（m）	34.8	1.72（brd, J=12.5Hz） 0.79（m）
14	26.5	1.32（m） 1.11（m）	24.8	1.24（m） 1.03（m）
15	39.0	1.52（dt, J=10.5, 2.0Hz）	37.2	1.39（dt, J=12.0, 2.0Hz）
16	55.6		53.5	
17	210.6		210.1	
18	61.5	3.93（dd, J=12.0, 3.5Hz） 3.83（dd, J=12.0, 4.5Hz）	61.3	3.75（m） 3.61（m）
19	28.6	3.11（s）	23.8	1.15（d, J=6.5Hz）
20	24.1	1.26（d, J=6.5Hz）	28.1	2.99（s）
21	22.7	0.93（d, J=6.5Hz）	22.2	0.87（d, J=9.0Hz）
22	15.4	0.98（s）	14.8	0.86（s）
5-OH				4.98（d, J=5.0Hz）
18-OH				4.94（m）

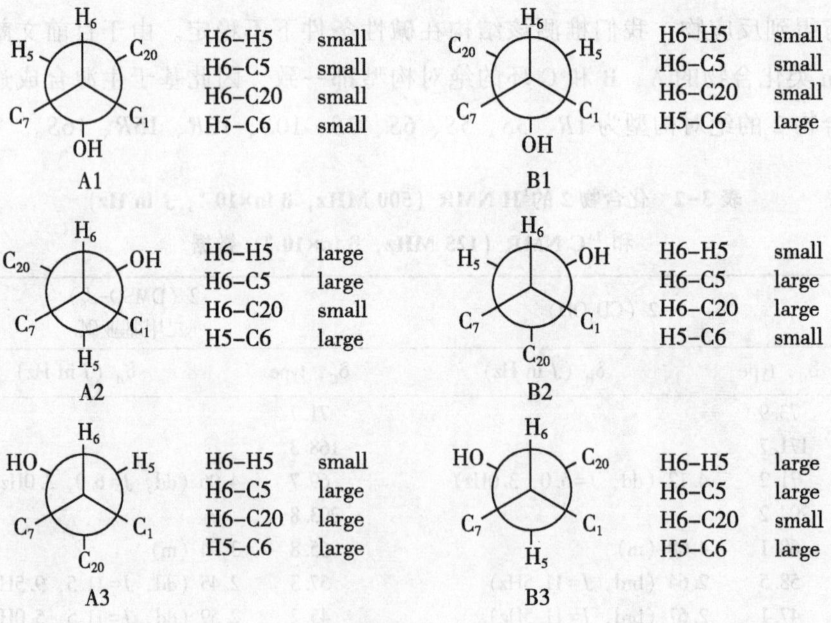

图3-4　耦合常数方法分析 5R,6S（A1-A3）和 5S,6S（B1-B3）6种构象

通过文献数据比对，确定了已知化合物 3~6 的结构，分别为 fusarisetin B、fusa-risetin A、equisetin 和 *epi*-equisetin。化合物 3 首先被一个专利报道为其对应异构体，却被文献中引用为 fusarisetin B，本研究确证化合物 3 的正确结构应为 fusarisetin B。在 2012 年，笔者对化合物 4 的结构进行了修正，却没有修正化合物 3，其绝对构型也没有讨论。幸运的是，化合物 3 在 20：1 的甲醇/水溶液中缓慢挥发一周后，得到其单晶（见图 3-3），因此确定其绝对构型为 1R、3S、4R、5R、6S、7S、10S、12R、15R、16S。

2. 化合物 1~4 可能的生源合成途径

据文献调研所知，目前仅报道了 2 个天然来源的 fusarisetin 类化合物。仔细比较 fusarisetin 和 equisetin 的骨架发现，fusarisetins A~D 可能是 equisetin 通过活性氧（ROS）通过自由基氧化得到的。这个过程可概括为，首先通过氧化形成自由基，然后环化后，侧链烯烃受到 ROS 作用，通过单电子氧化和半缩酮反应形成 fusarisetins（见图 3-5）。因此，fusarisetins A 和 D 中 A、B 和 C 环手性中心的绝对构型应与 fusarisetins B 和 C 中的相同，这点也已经通过 X-ray 单晶衍射进行了确证。

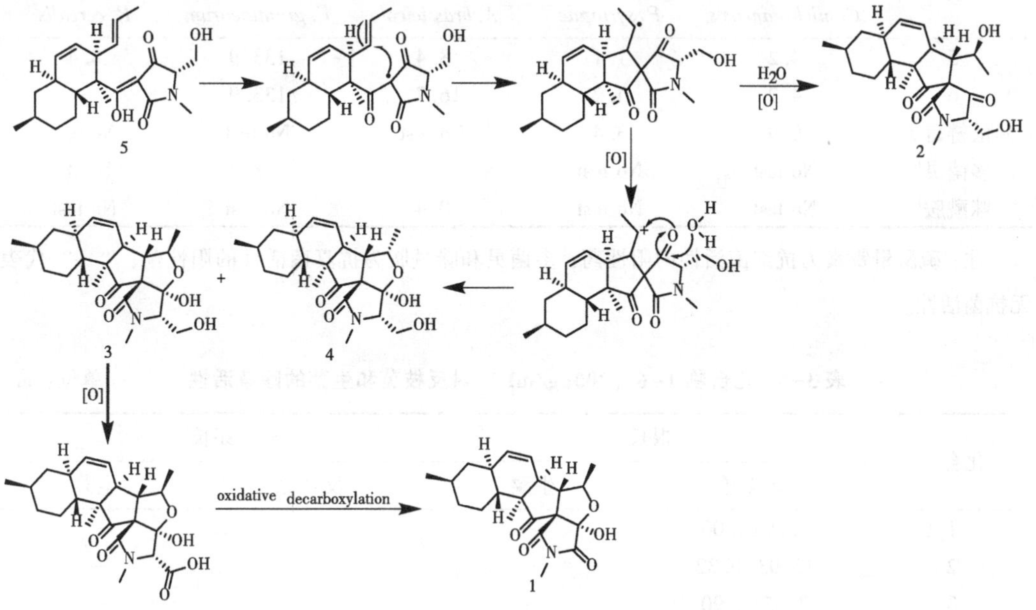

图 3-5　化合物 1~4 可能的生源合成途径

3. 化合物 1~6 的生物活性

文献报道显示，3-decalinoyltetramic acids 及其衍生物具有显著多样的生物活性，包括抗病毒、抗菌、细胞毒和植物毒等。在本研究中，我们测试了所得化合物的多种生物活性。包括抗植物病原细菌活性（*A. avenae*、*C. michiganensis*、*P. syringae*、*R. solanacearum* 和 *X. campestris*），抗植物病原真菌活性（*A. alternata*、*A. brassicicola*、*A. niger*、*B. cinerea*、*B. dothidea*、*Colletotrichum* sp.、*F. graminearum*、*F. oxysporum*、*M. grisea*、*P. theae*、*R. cerealis* 和 *V. mali*）和除草活性（*A. retroflexus* 和 *L. sativa*）。活性测试结果见表 3-3 至表 3-5。我们发现，化合物 1~6 表现出了显著的除草活性，化合物 5 和 6 还表现出了明显的抗植物病原菌活性。值得注意的是，化合物 5 和 6 对 *P. syringae* 和 *R. cerealis* 作用最为明显，最小抑菌浓度（MIC）达到 1.1μmol/L 和 8.4μmol/L，强于阳性药硫酸链霉素的 3.4μmol/L 和多菌灵的 16.3μmol/L。有趣的是，文献中广泛报道了 equisetins 的革兰氏阳性菌活性，本研究中我们又报道了该化合物抗革兰氏阴性菌活性。化合物 4~6 在 200μg/mL 和 50μg/mL 的浓度下都表现出了显著的除草活性。文献中报道了 fusarisetins 类化合物腺泡形态发生抑制活性，我们首次发现了该类化合物的除草活性。

表 3-3 化合物 5 和化合物 6 抗植物病原菌活性　　　　　　　单位：μmol/L

化合物	MIC				
	C. michiganensis	*P. syringae*	*A. brassicicola*	*F. graminearum*	*R. cerealis*
5	4.2	1.1	8.4	133.9	8.4
6	4.2	4.2	16.7	133.9	—
硫酸链霉素[a]	0.9	3.4	No test	No test	No test
多菌灵[b]	No test	No test	—	8.2	16.3
咪酰胺[b]	No test	No test	0.4	No test	No test

注：[a]硫酸链霉素为抗细菌活性的阳性药；[b]多菌灵和咪酰胺为抗真菌活性的阳性药；"—"代表无抗菌活性。

表 3-4 化合物 1~6（200μg/mL）对反枝苋和生菜的除草活性　　　　　　单位：mm

化合物	根长		芽长	
	反枝苋	生菜	反枝苋	生菜
1	4.60±0.00	—	—	—
2	13.03±0.32	—	—	—
3	7.65±2.90	—	—	—
4	0		0	—
5	0	0	0	6.36±0.59
6	0	0	0	4.90±1.43
草甘膦	0	0	0	3.75±0.25
水	16.43±1.55	20.94±2.15	7.40±0.77	8.40±0.59

注：草甘膦浓度为 200μg/mL；长度<2.0mm 视为没有萌发；"—"表示没有除草活性。

表 3-5　化合物 4~6 (50μg/mL) 对反枝苋的除草活性　　　　　　单位：mm

化合物	反枝苋	
	根长	芽长
4	6.77±1.93	6.30±1.01
5	0	4.47±1.29
6	0	5.20±0.87
草甘膦	0	0
水	16.43±1.55	7.40±0.77

注：草甘膦的浓度为 50μg/mL；长度<2.0mm 视为没有萌发。

采用透射电镜 TEM 研究化合物 5 对 *P. syringae* 细胞膜的影响（见图 3-6）。空白对照显示细胞形态没有发生明显变化，当加入化合物 5（1×MIC 和 4×MIC 时，细胞膜变得不完整，且化合物 5 浓度越高，对细胞膜破坏性越大。实际上，化合物 5 可以通过破坏细菌细胞壁和细胞膜，导致细胞畸形，进而导致细胞内容物泄露，从而造成细菌死亡。

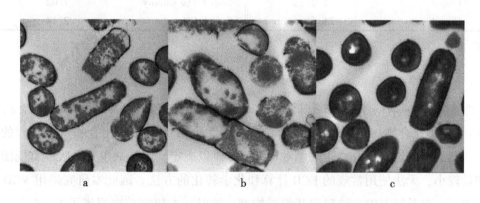

图 3-6　加入化合物 5 (a) 1×MIC、(b) 4×MIC 和
(c) 未加化合物的 *P. syringae* 细胞 TEM 图

4. 化合物 5 的发酵优化

由于化合物 5 显著的生物活性，我们采用 OSMAC 策略对菌株 D39 进行发酵优化，以提高化合物 5 的产量。最初采用大米固体培养基发酵 D39，因为通常这种发酵能够获得结构新颖多样的次级代谢产物。但提取过程通常会混入固体培养基中的脂肪酸等杂质，严重影响提取物的活性测试和指纹图谱分析。同时，固体发酵周期较长，因此我们采用摇瓶发酵进行发酵优化。

通过 HPLC-UV 测试获得的数据绘制化合物 5 浓度与峰面积的标准曲线 $y = 8.34×$

$10^6x-3.54\times10^4$（$R^2=0.99$），x 代表化合物 5 的浓度（mg/mL），y 代表峰面积。所采用的浓度对应的峰面积点展现了很好的线性关系。根据此方法测试发酵优化提取物中化合物 5 的含量，各种不同培养基差异显著（见表 3-6）。采用 crop F 培养基发酵 D39，化合物 5 的产量最高，达到 21.61mg/L。

因此以 crop F 为培养基，采用不同盐浓度（0%、1%、3%、5%、7%和 9%）继续对 D39 进行发酵优化。我们发现，当盐浓度为 1%时，化合物 5 的产量最高，达到 59.85mg/L，随着盐浓度的继续升高，产量逐渐下降（见表 3-6）。因此 1%盐浓度的 crop F 培养基是 *F. equiseti* D39 产化合物 5 的最优培养基。

表 3-6　D39 在不同培养基中化合物 5 的产量

材料方法	产量（mg/L）	材料方法	产量（mg/L）
Crop A	0.73	Crop G	0.93
Crop B	1.15	Crop F 1% salinity	59.85
Crop C	2.09	Crop F 3% salinity	21.70
Crop D	10.27	Crop F 5% salinity	9.32
Crop E	5.21	Crop F 7% salinity	7.02
Crop F	21.61	Crop F 9% salinity	2.14

（三）结论

综上所述，本研究我们报道了分离自海洋真菌 *F. equiseti* D39 的 2 个新颖 fusarisetins 类化合物（1 和 2）和 6 个具有抗菌除草活性的已知化合物（3~6）的分离纯化及结构鉴定。化合物 1 的绝对构型十分难以确定，因为缺少紫外吸收官能团并且产量较小，无法使用常规的 ECD 计算和化学转化的方法。因此本研究采用 VCD 计算和 X-ray 单晶衍射的方法确定其绝对构型。同时，本研究首次报道了 fusarisetins 类化合物的除草活性。为了后续田间试验的需要，采用 OSMAC 策略对菌株进行了发酵优化以提高活性化合物 5 的产量，发现含 1%盐浓度的马铃薯葡萄糖水培养基是最优培养基，产量能够达到 59.85mg/L。由于目前国际国内通常忽视了海洋真菌次级代谢产物的农用生物活性，我们的研究表明，从海洋真菌中寻找新型生物农药具有十分广阔的前景。

第三节　海洋微生物农药

我国是世界上的农业大国之一，农作物病虫害具有种类多、影响大、并时常暴发成灾的特点，其发生范围和严重程度对农业生产常造成严重影响。农作物病虫草害是农业生产上重要的生物灾害，2011—2018 年我国农作物重大病虫害每年累计发生面积约超过 3.33 亿 hm^2，对国民经济造成重大损失。目前，植物病虫草害以化学防治为主，化学农药的使用在一定程度上减轻了农业病虫害问题，但是由于化学农药的长期应用和不合理的使用，造成了生态平衡破坏、环境污染严重、有害生物的抗药性增强、农副产品农药残留量超标和食品安全问题突出等负面效应。生物农药具有高效、低毒、低残留和无污染等特点，人们呼吁加快生物农药产业的发展与生物防治技术的应用。

目前应用于生物防治的生物农药主要源自陆地环境，但由于多年来的不断研究，可挖掘利用的陆地资源越来越少。海洋具有高压、高盐、低溶氧、寡营养和少光等特殊的环境条件，造就了海洋微生物在生存繁殖、新陈代谢等方面的特异性。因而能够产生许多结构新颖、生物活性多样显著的次级代谢产物。近年来，人们逐渐把目光投向了资源丰富、环境独特的海洋，期望从海洋环境中筛选出新型生物农药，用于植物病虫草害的生物防治。

一、抗菌活性

（一）海洋真菌抗植物病原菌活性

海洋真菌可分为专性海洋真菌和兼性海洋真菌两类，前者是那些仅在海洋或河口生境中生长和产孢的真菌，后者是指来自淡水或陆地但能够在海洋环境中生存和繁殖的真菌。1949 年，科学家从撒丁岛海泥中分离的顶头孢霉（*Cephalosporium acremonium*）的发酵产物中发现了头孢菌素 C，拉开了海洋真菌活性次级代谢产物研究的序幕。近几年来新发现海洋真菌活性次级代谢产物的数目持续增加。目前海洋真菌次级代谢产物的研究主要集中于医药领域，在农业方面的研究相对较少，且大多数处于实验室研究阶段，田间实践应用较少。值得注意的是，近几年来海洋真菌活性次级代谢产物的研究呈现快速增长的趋势。2018 年报道的海洋真菌来源化合物比 2017 年增长了 38%，然而，从之前海洋新化合物来源的大户——海绵动物、腔肠动物和被囊动物中获得的新化合物数量却持续减少。同时，与 2015—2017 年报道的平均值相比，2018 年从海洋真菌中获得的新化合物数量更是增长了 85%。与之相反的是，海绵动物、腔肠动物和被囊动物来源的新化合物分别减少了 11%、16% 和 45%。如果这个趋势继续持续下去，到 2021 年，海洋真菌就将超过腔肠动物，成为海洋新化合物的第二大来源（目前化合物数量对比 4 708∶5 761），在 2024 年将超过海绵动物（目前化合物 9 231 个）。

1. 抗真菌

在海洋真菌生物农药的研究中，对其抗植物病原真菌活性的研究最为广泛。植物真菌性病害难于防治、造成的损失严重，是多种重要粮食作物的主要病害。目前已经有很多科研工作者找到了具有抑制植物病原真菌活性的海洋真菌提取物或单体化合物。

海洋沉积物来源真菌是具有抑制植物病原真菌活性的天然产物的重要来源。2010年，许兰兰等从北部湾的海泥样品中筛选出 5 株海洋真菌，其发酵液对荔枝霜疫霉菌（*Peronophythora litchii*）和荔枝炭疽病菌（*Colletotrichum gloeosporioides*）菌丝生长有较强的抑制作用，且具有较好的离体防病保鲜效果。2014 年，杨小岚等在南海沉积物中分离得到 23 株海洋真菌，采用生长速率法测定发酵液提取物对链格孢菌（*Alternaria alternata*）、荔枝炭疽病菌（*Colletotrichum gloeosporioides*）、新月弯孢霉（*Curvularia lunata*）和柱枝双胞霉（*Cylindrocladium scoparium*）的抑菌活性，结果显示有 11 株真菌的提取物在浓度为 50mg/mL 时，对至少 1 种受试植物病原真菌的抑制率在 50%以上，其中有 3 株真菌［正青霉（*Eupenicillium* sp.）FS100、二分型头孢菌（*Dichotomomyces cejpii*）FS110 和青霉菌（*Penicillium* sp.）FS105］对部分植物病原真菌抑制率超过 90%。2015 年，Cao 等在 1 株渤海来源格孢腔菌（*Pleospora* sp.）CF09−1 发酵液中分离到 1 个嗜氮酮类化合物（见图 3-7，1），对灰葡萄孢（*Botrytis cinerea*）、辣椒疫霉（*Phytophthora capsici*）和稻根霉菌（*Rhizopus oryzae*）的最小抑菌浓度（MIC）分别为 0.39μmol/L、0.78μmol/L 和 0.78μmol/L，强于阳性药多菌灵的 MIC（0.78μmol/L、1.56μmol/L 和 1.56μmol/L）。2016 年，曹飞等在一株采自渤海的格孢腔菌 CF09−10 发酵液中分离出 6 个氮杂烷酮类化合物（见图 3-7，2~7），它们对 3 种植物病原真菌［香蕉炭疽菌（*Glorosprium musarum*）、芒果叶枯菌（*Pestalotia calabae*）和甘蔗凤梨菌（*Thielaviopsis paradoxa*）］具有不同程度的抑菌活性，特别是化合物 3 表现出了显著的抗植物病原真菌活性，对 3 种病原菌的 MIC 分别为 1.56μmol/L、0.78μmol/L 和 0.78μmol/L，有望开发成为新型杀菌生物农药。2015 年，Li 等在深海沉积物中分离 1 株棘孢青霉（*Penicillium aculeatum*）SD−321，在其发酵提取物中获得 3 个没药烷倍半萜（见图 3-7，8~10），其中化合物 8 是新化合物，化合物 8 对芸苔链格孢（*Alternaria brassicae*）有较强的抑制活性，MIC 为 0.5μg/mL（阳性对照两性霉素 B 的 MIC＝32μg/mL），化合物 9 和 10 对小麦全蚀菌（*Gaeumannomyces graminis*）有很强的抑制作用，MIC 分别为 0.5μg/mL（阳性对照两性霉素 B 的 MIC＝64μg/mL）。2016 年，Li 等从一株黄海海泥来源的文氏曲霉（*Aspergillus wentii*）SD−310 发酵液中分离得到 2 个萜类化合物（见图 3-7，11 和 12），测试了其对 4 种植物病原真菌的抑制活性，结果表明，化合物 11 和 12 对禾谷镰刀菌（*Fusarium graminearum*）表现出了很强的抑制活性，MIC 分别为 2.0μg/mL 和 4.0μg/mL，强于两性霉素 B 的 MIC 8.0μg/mL。

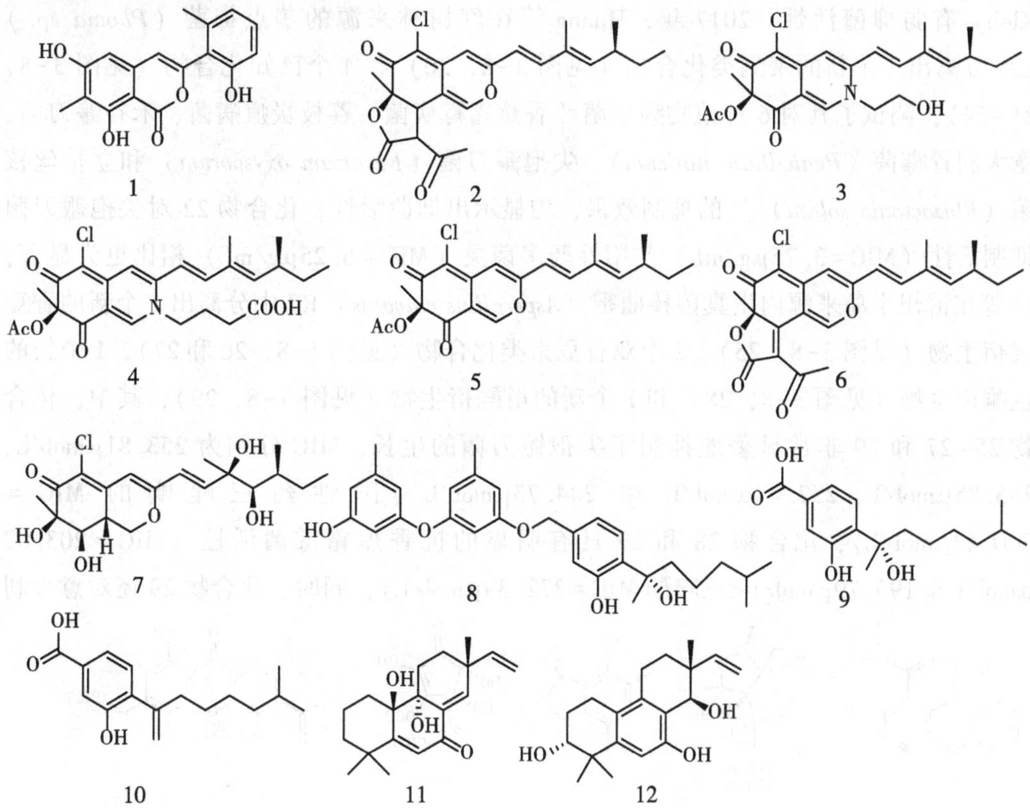

图 3-7　化合物 1~12 的化学结构

红树林来源真菌也是具有抑制植物病原真菌活性的化合物主要来源之一。2011年，Li 等在两株红树林来源真菌（菌株 E33 和 K38）共培养液的乙酸乙酯提取物中分离出 1 个氧杂蒽酮衍生物（见图 3-8，13），对香蕉炭疽盘长孢菌（*Gloeasporium musae*）具有一定的抑制活性。2014 年，Meng 等在红树植物红榄李根际土来源的双叶青霉菌（*Penicillium bilaiae*）MA-267 发酵液中得到 2 个倍半萜化合物（见图 3-8，14 和 15），显示出对荔枝炭疽病菌的强抑制活性，MIC 分别为 1.0μg/mL 和 0.125μg/mL（阳性对照博来霉素的 MIC=0.25μg/mL）；Zhang 等在红树来源的拟茎点霉（*Phomopsis* sp.）A123 的发酵提取物中分离得到 1 个异苯并呋喃酮（见图 3-8，16），表现出了对黑曲霉（*Aspergillus niger*）的抑制活性。2015 年，Wang 等在一株红树林链格孢菌 *Alternaria* sp. R6 发酵液中得到 1 个环戊烯酮衍生物（见图 3-8，17）和 1 个蒽酮类衍生物（见图 3-8，18），对禾谷镰刀菌和香蕉霜霉病菌（*Colletotrichum musae*）表现出较弱的抑菌活性。2016 年，陈亮亮等在角果木内生真菌革孔菌（*Coriolopsis* sp.）J5 的发酵产物中分离得到对羟基苯甲酸酯（见图 3-8，19），对棉花枯萎镰刀菌（*Fusarium oxysporum* f. sp. *vasinfectum*）和棉花黄萎病菌（*Verticillium dahlia* Kleb）有弱抑菌活性。2017 年，Huang 等在红树林来源的茎点霉菌（*Phoma* sp.）L28 分离出 1 个新的聚酮类化合物（见图 3-8，20）和 4 个已知化合物（见图 3-8，21~24），测试了其对 6 种植物病原菌［香蕉霜霉病菌、荔枝炭疽病菌、禾谷镰刀菌、意大利青霉菌（*Penicillium italicum*）、尖孢镰刀菌（*Fusarium oxysporum*）和立枯丝核菌（*Rhizoctonia solani*）］的抑制效果，均显示出抑菌活性，化合物 22 对尖孢镰刀菌抑制活性（MIC = 3.75μg/mL）与阳性药多菌灵（MIC = 6.25μg/mL）相比更为显著；Li 等在雷州半岛来源内生真菌棒曲霉（*Aspergillus clavatus*）R7 中分离出 1 个新的香豆素衍生物（见图 3-8，25）、2 个双香豆素类化合物（见图 3-8，26 和 27）、1 个新的色酮衍生物（见图 3-8，28）和 1 个新的甾酮衍生物（见图 3-8，29），其中，化合物 25~27 和 29 非常显著地抑制了尖孢镰刀菌的生长，MIC 分别为 253.81μmol/L、235.85μmol/L、252.47μmol/L 和 244.73μmol/L（阳性药三唑酮的 MIC = 340.43μmol/L），化合物 28 和 29 具有明显的抗香蕉霜霉菌活性（MIC = 203.07 μmol/L和195.79μmol/L<三唑酮 MIC = 272.39μmol/L），同时，化合物 29 还对意大利

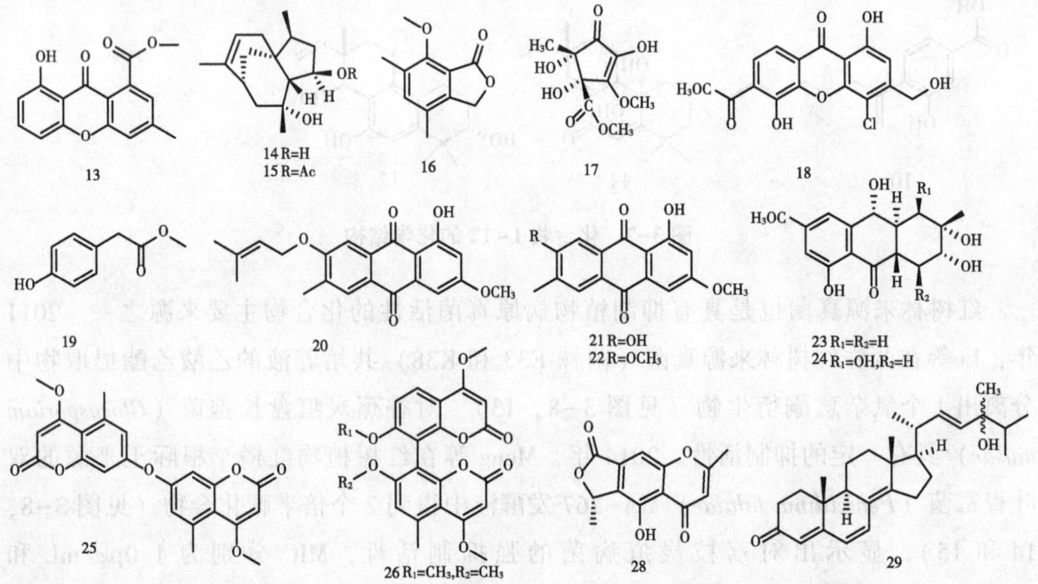

图 3-8　化合物 13~31 的化学结构

青霉菌有较显著的抑制效果，MIC 为 61.18μmol/L，抑制效果强于阳性药三唑酮；罗寒等在榄李新鲜叶片中分离到了一株杂色曲霉（*Aspergillus versicolor*）MA-229，从其发酵产物中分离得到 1 个二氢喹啉酮类化合物（见图 3-8，30）和 1 个喹诺唑啉酮类化合物（见图 3-8，31），化合物 30 对小麦全蚀病菌具有一定的抑制活性，MIC 为 32μg/mL，化合物 31 对小麦赤霉病菌（*Penicillium graminearum*）有强抑制活性，MIC 为 16μg/mL（阳性药两性霉素 B 的 MIC=64μg/mL）。

同时，从海洋动物、海绵以及海藻来源的真菌中也获得了一些抗植物病原真菌的活性化合物。2014 年，邢倩等在北海涠洲岛刺胞动物分离的黑孢菌（*Nigrospora* sp.）TA26-9 的发酵液中分离出 6 个蒽醌类化合物（见图 3-9，32~37），对辣椒炭疽病菌（*Colletotrichum capsici*）表现出中等抗菌活性，MIC 为 0.26~1.22μmol/L，阳性对照多菌灵 MIC 为 0.01μmol/L，化合物 32、33、35 和 36 对玉米大斑病（*Setosphaeria turcica*）也表现出中等抗菌活性，MIC 为 0.27~4.82μmol/L，而阳性对照多菌灵的 MIC 为 0.019μmol/L。2015 年，Liu 等在 1 株海绵来源青霉菌（*Penicillium adametzioides*）AS-53 的发酵产物中分离得到 2 个二硫代哌嗪衍生物（见图 3-9，38 和 39），显示出对芸苔链格孢的抑制活性，MIC 分别为 4.0μg/mL 和 32.0μg/mL（阳性对照两性霉素 B 的 MIC=1.0μg/mL）。2016 年，Tarman 等从印度尼西亚海域红海藻中分离了 11 株真菌，对其进行了初步的小规模发酵，然后对其发酵提取物测试了抗多种植物病原真菌活性，发现焦腐病菌（*Lasiodiplodia theobromae*）KT29 的发酵提取物在 50μg/孔时，对黄瓜枝孢霉（*Cladosporium cucumerinum* Ell. *et* Arth.）显示了明显的抗菌活性，有进一步研究其活性成分的价值。

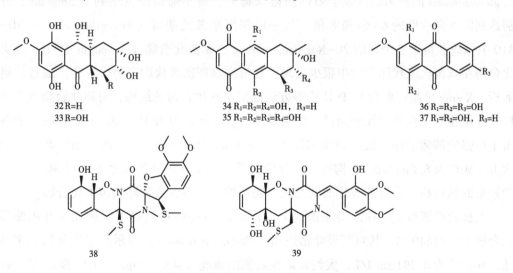

32 R=H
33 R=OH

34 R₁=R₂=R₄=OH，R₃=H
35 R₁=R₂=R₃=R₄=OH

36 R₁=R₂=R₃=OH
37 R₁=R₂=OH，R₃=H

38

39

图 3-9 化合物 32~39 的化学结构

李昆志课题组从北部湾的海泥和海水样品中分离得到 64 株海洋真菌，以荔枝霜疫霉病菌、荔枝炭疽病菌、水稻稻瘟病菌和水稻纹枯病菌作为指示菌，采用平板对峙法筛选出 13 株具有抗菌活性的菌株，然后制备其发酵液，通过菌丝生长抑制法筛选出 10 株活性菌株。对 5 株强活性菌株进行荔枝采后抗菌试验，常温下 5 株海洋真菌的发酵液处理鲜果的褐变指数小于杀菌剂处理组。进一步研究发现，一株真菌的发酵粗提物在 50μg/spot 对植物病原真菌 *Cladosporium cucumerinum* Ell. et Arth. 显示了明显的抗菌活性，有进一步研究其活性成分的潜力。

王斌贵课题组近年来聚焦于海洋真菌抗植物病原真菌活性化合物的发现和研究，并发现了多个结构新颖的抗菌活性化合物。从一株海藻来源的真菌（*Paecilomyces variotii*）发酵粗提物中获得一个新颖的含 $3H$-oxepine 结构的生物碱 varioxepine A，采用 NMR、ECD 计算和 X-ray 单晶衍射确定了其平面结构和绝对构型。在活性测试当中，该化合物表现出了明显的抗植物病原真菌（*Fusarium graminearum*）活性，最小抑菌浓度为 4μg/mL。从一株红树来源的真菌（*Penicillium bilaiae*）MA-267 发酵粗提物中获得两个新颖的倍半萜类化合物 Penicibilaenes A 和 B，采用 X-ray 单晶衍射的方法确定了这两个化合物的结构，在抗菌活性测试中，两个化合物对植物病原菌（*Colletotrichum gloeosporioides*）表现出了明显的抗菌活性，最小抑菌浓度分别为 1.0μg/mL 和 0.125μg/mL。从一株红树来源的 *Penicillium brocae* MA-231A 中获得了一个新的吡喃类化合物 pyranonigrin F 和一个已知化合物 pyranonigrin A，采用波谱学方法结合 X-ray 单晶衍射的方法确定了它们的结构。两个化合物对植物病原真菌 *A. brassicae* 和 *C. gloeosprioides* 的抑菌活性强于阳性药博来霉素，最小抑菌浓度达到 0.5mg/mL，分别达到阳性药活性的 64 倍和 8 倍。从一株深海来源的曲霉（*Aspergillus wentii*）SD-310 中分离获得了 5 个新的 20-Nor-isopimarane 二萜类化合物 aspewentins D-H，该类化合物在真菌次级代谢产物中很少发现，在海洋真菌次级代谢产物中更少。通过波谱解析、X-ray 单晶衍射和 ECD 计算等方法确定了新化合物的结构，对新化合物进行了抗 4 株植物病原真菌活性的测试，结果显示 aspewentins D 和 H 对 *F. graminearum* 表现出了很强的抑菌活性，最小抑菌浓度为 2.0μg/mL 和 4.0μg/mL，强于阳性药两性霉素 B（MIC 为 8.0μg/mL）。构效关系分析表明，C-9 位含羟基较之于 C-1 和 C-3 位含羟基的活性高，含有芳香环的该类化合物活性强于不含芳香环的该类化合物。

王长云课题组从一株海葵来源的 *Cochliobolus lunatus* 中获得了十四元大环内酯类化合物 LL-Z1640-2，其对芒果叶枯病菌（*Pestalotia calabae*）显示出了明显的抗菌活性，MIC 值为 0.391μmol/L，大约是阳性对照酮康唑（MIC=10μmol/L）的 25 倍。在大棚整株植物实验当中，在对感染致病疫霉菌（*Phytophthora infestans*）的马铃薯进行预防性叶面喷洒试验中，当浓度为 200mg/kg、60mg/kg、20mg/kg 时，该化合物对

P. infestans 的抑菌率分别为 98%、98%、92%，与阳性对照甲霜灵的活性相当；在对感染致病疫霉菌（*P. infestans*）的番茄进行灌溉试验中，当浓度为 6mg/kg 时，化合物对致病疫霉菌（*P. infestans*）的抑菌率为 86%；更显著的是，在对感染霜霉病菌（*Plasmopara viticola*）的葡萄进行预防性叶面喷洒试验中，该化合物的活性强于阳性对照甲霜灵，当浓度为 6mg/kg 时，其对霜霉病菌（*P. viticola*）的抑菌率为 91%，而此时甲霜灵对该菌的抑菌率为 0。

2015 年，陈新华课题组从南大西洋沉积物当中分离得到了一株海洋内生真菌（*Aspergillus fumigatus*），从其发酵培养基中纯化出一个抗真菌蛋白（restrictocin），其对尖孢镰刀菌（*Fusarium oxysporum*）、烟草赤星病菌（*Alternaria longipes*）、炭疽病菌（*Colletotrichum gloeosporioides*）、拟青霉菌（*Paecilomyces variotii*）和绳状青菌（*Trichoderma viride*）等植物病原真菌具有很强的抑制作用，最小抑菌浓度分别为 0.6μg/disc、0.6μg/disc、1.2μg/disc、1.2μg/disc 和 2.4μg/disc，具有开发成为新型杀菌剂的潜力。

2016 年，曹飞等从一株渤海真菌（*Pleosporales* sp.）CF09-1 中分离到一个嗜氮酮类化合物，显示了显著的抗植物病原菌活性，对灰葡萄孢菌（*Botrytis cinerea*）、稻根霉菌（*Rhizopus oryzae*）和辣椒疫霉菌（*Phytophthora capsici*）的 MIC 分别为 0.39μmol/L、0.78μmol/L 和 0.78μmol/L。

2. 抗细菌

相对于植物病原真菌来说，以植物病原细菌为活性目标的海洋真菌天然产物研究相对较少。2013 年，Swathi 等在印度沿海地区分离得到曲霉菌（*Aspergillus* sp.）和弯孢菌（*Curvularia* sp.），其发酵提取物均对野油菜黄单胞菌（*Xanthomonas campestris*）有不同程度的抑制作用，曲霉菌的提取物浓度为 10μg/mL 时，抑菌圈直径为 11 mm，弯孢菌提取物浓度为 25μg/mL 时，抑菌圈直径为 12 mm；Silber 等在海水中分离出 1 株齿梗孢属真菌（*Calcarisporium* sp.）KF525，在其发酵产物中分离得到 5 个聚酯类化合物（见图 3-10，40~44），可以抑制野油菜黄单胞菌的生长。2015 年，Niu 等在深海来源真菌（*Spiromastix* sp.）MCCC 3A00308 的发酵液中分离得到 3 个新型二芳基衍生物（见图 3-10，45~47），对黄瓜角斑病菌（*Pseudomonas lachrymans*）和青枯雷尔氏菌（*Ralstonia solanacearum*）有不同程度的抑制，MIC 值为 0.25~4μg/mL，强于阳性药氯霉素（MIC=2μg/mL）或与之活性相当。Wang 等在一株海洋来源的白曲霉（*Aspergillus candidus*）HDf2 的次级代谢产物中分离得到 2 个针茅酸类似物（见图 3-10，48~49），对青枯雷尔氏菌表现出一定的抑菌活性。2016 年，陈亮亮等在红树植物角果木（*Cerops tagal*）来源革孔菌 J5 的发酵液中分离得到 1 个化合物 5-丙酸甲酯-2-甲酸甲酯呋喃（见图 3-10，50），表现出抗地毯黄单胞菌

（*Xanthomonas axonopodis*）的活性。Shen 等对一株海胆来源的真菌（*A. candidus*）HDf2 进行研究，从中获得了 2 个具有抗菌活性的刺孢青霉酸类化合物 spiculisporic acid F 和 G，它们对 *R. solanacearum* 显示了中等强度的抑菌活性；Ge 课题组对一株海藻来源的真菌（*Pleosporales* sp.）所产混源萜类次级代谢产物进行研究，发现 pleosporallins D 和 E 对 *C. michiganensis* 显示了中等活性的抑菌活性，MIC 为 9.48μg/mL。2018 年，Zhao 等研究了 31 种海洋真菌发酵液提取物对 6 种植物病原细菌 [黄瓜角斑病菌、细菌性果斑病菌（*Acidovorax avenae*）、胡萝卜软腐欧文氏菌（*Erwinia carotovora*）、水稻白叶枯病菌（*Xanthomonas oryzae* pv. *oryzae*）、青枯雷尔氏菌和番茄细菌性溃疡病菌（*Clavibacter michiganensis*）] 的活性，在提取物浓度为 10mg/mL 时，有 77% 的菌株对植物病原细菌表现出抑制活性。另外，木贼镰刀菌（*F. equiseti*）D39、草酸青霉（*Penicillium oxalicum*）P19 和产黄青霉（*P. chrysogenum*）P20 在提取物浓度为 0.1mg/mL 时对黄瓜角斑病菌仍表现出很强的抑菌效果。

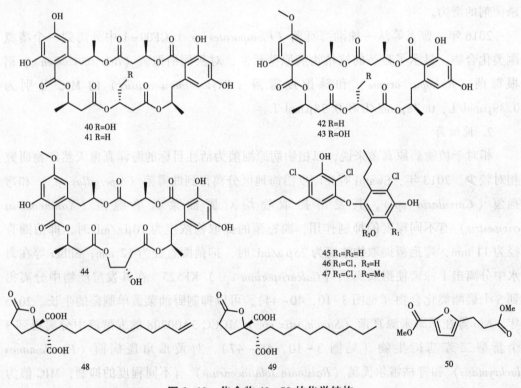

40 R=OH
41 R=H

42 R=H
43 R=OH

44

45 R₁=R₂=H
46 R₁=Cl，R₂=H
47 R₁=Cl，R₂=Me

48

49

50

图 3-10 化合物 40~50 的化学结构

（二）代表性海洋真菌抗植物病原菌活性

1. 海洋曲霉（*Aspergillus* sp.）和木霉（*Trichoderma* sp.）次级代谢产物研究现状

海洋曲霉来源天然产物的研究始于 1992 年，Shinggu 等报道了首例海洋曲霉来源的新天然产物，揭开了海洋曲霉次级代谢产物研究的篇章。截至 2018 年，海洋曲霉新天然产物的数量已然超过了 979 个，其结构类型多样，包括聚酮、生物碱、萜类、甾体、卤代物、脂肪酸、肽类、糖苷等，且具有抗癌、抗菌、自由基清除和抗寄生虫等多种生物活性。

海洋来源木霉次级代谢产物研究始于 20 世纪 90 年代，但此后几年发展较为缓慢，自 2010 年以来的研究报道占总数的一半以上，是近年来比较活跃的研究领域，仅次于曲霉和青霉。截至 2018 年，海洋木霉新天然产物数量已经超过了 127 个，且 2018 年发现新天然产物达 35 个，其化合物结构类型包括聚酮、肽类、萜类、脂类等，其中包括一些特殊的三环结构和三硫衍生物等特殊的骨架结构，且具有抗细菌、抗真菌、杀虫以及对肿瘤细胞的毒性等生物活性。

目前，海洋曲霉和木霉的天然产物研究主要集中在医药领域，在其防治植物病原菌上的报道相对较少，因此加强其在农用抗菌方面的研究，研发微生物天然产物农药具有很大的潜力。

2. 海洋曲霉 (*Aspergillus* sp.) 抗植物病原菌活性次级代谢产物

海洋曲霉次级代谢产物农用抗菌活性的研究报道主要集中在植物病原真菌方面。海洋曲霉次级代谢产物丰富、结构类型多样，是海洋真菌中具有抗植物病原真菌活性的优势属之一。目前已有较多相关报道，表明海洋曲霉活体菌株、提取物及单体化合物具有抑制植物病原真菌的作用。

2010 年，沈硕等从福建沿海海滩采集的生物样品中分离到了一株海洋曲霉 (*Aspergillus* sp.) 1002F2，其水溶性提取物对高粱炭疽菌 (*Colletotrichum graminicola*) 和番茄早疫菌 (*Alternaria solani*) 的抑制活性较高，EC_{50} 值分别为 1.34g/L 和 0.94g/L。黄庶识等从广西北部湾分离到短棒曲霉 (*Aspergillus clavatonanicus*) MF-13，对荔枝霜疫霉 (*Peronophythora litchi*)、荔枝炭疽病菌 (*Colletotrichum gloeosporioides*)、水稻纹枯病菌 (*Rhizoctonia solani*) 和水稻稻瘟病菌 (*Magnaporthe grisea*) 等 4 种植物病原菌丝生长均有强的抑制作用。2011 年，许兰兰等进一步研究发现 MF-13 的发酵滤液对荔枝霜疫霉菌 (*P. litchi*) 的抑制效果较好，菌丝生长抑制率达到 94% 以上，对荔枝炭疽病菌 (*C. gloeosporioides*) 抑制效果次之，菌丝生长抑制率在 70% 以上。2013 年，祝耀华在福建漳江口的红树样品中分离到了 135 株真菌，共 22 株对茶叶病原真菌有抑菌活性，其中曲霉属是主要种属，占 4.3%。本课题组从海南海域样品中分离到的 3 株曲霉 [D5 (*Aspergillus versicolor*)、D17 (*Aspergillus fumigatus*)、D20 (*Aspergillus* sp.)] 对甘蓝黑斑病菌 (*Alteraria brassicicola*)、茶轮斑病菌 (*Pestalotiopsis theae*)、金橘沙皮病菌 (*Diaporthe medusaea*)、赤星病菌 (*Alteraria alternata*) 等 4 种植物病原真菌具有不同程度的抑制作用。

孙好芬（2012）从热带马尾藻中分离出一株内生真菌文氏曲霉（*Aspergillus wentii*）EN-48，并从中分离到了一个双核蒽醌类化合物 physcion-10,10′-bianthrone，对白菜黑斑病菌（*Alteraria brassicae*）有一定的抑制活性，抑菌圈为 6.0mm。Cohen 等从一株海绵来源奇突曲霉（*Aspergillus insuetus*）OY-207 中分离的混源萜 insuetolides A 有抑制粗糙链孢霉菌（*Neurospora crassa*）活性，MIC 为 140μmol/L。陈卓（2014）对海水来源黄曲霉 MCCC3A00246 的次级代谢产物进行研究，采用刃天青显色法进行活性跟踪，从中分离到的化合物 3β,5α,9α-三羟基-（22E, 24R）-麦角甾-7,22-二烯-6-酮和 2,6-二甲氧基苯甲酸对黑曲霉（*Aspergillus niger*）有显著的抗菌作用，抑制率均在 90% 以上。2016 年，Li 等从一株黄海海泥来源的文氏曲霉（*A. wentii*）SD-310 发酵液中分离得到 2 个萜类化合物，测试了其对 4 种植物病原真菌的抑制活性，结果表明，化合物对禾谷镰刀菌（*Fusarium graminearum*）表现出了很强的抑制活性，MIC 分别为 2.0μg/mL 和 4.0μg/mL，强于两性霉素 B（MIC 为 8.0μg/mL）。Wang 等从深海海泥中分离出一株杂色曲霉（*Aspergillus versicolor*）SCSIOO 05879，其产物生物碱化合物 versicolides QA 和 B 对多犯性植物炭疽病菌（*Colletotrichum acutatum*）的 MIC 为 1.6μmol/L（阳性对照放线菌酮为 6.4μmol/L）。Li 等在雷州半岛红树来源内生真菌棒曲霉（*Aspergillus clavatus*）R7 中分离出 1 个新的香豆素衍生物、2 个双香豆素类化合物、1 个新的色酮衍生物和 1 个新的甾酮衍生物，能够非常显著地抑制尖孢镰刀菌（*Fusarium oxysporum*）的生长，其中 4 个化合物的 MIC 分别为 253.81μmol/L、235.85μmol/L、252.47μmol/L 和 244.73μmol/L（阳性药三唑酮的 MIC = 340.43μmol/L），2 个化合物具有明显的抗香蕉霜霉菌活性（MIC = 203.07μmol/L 和 195.79μmol/L<三唑酮 MIC = 272.39μmol/L），同时，还对意大利青霉菌（*Penicillium italicum*）有较显著的抑制效果，MIC 为 61.18μmol/L，抑制效果强于阳性药三唑酮。2017 年，罗寒等在红树榄李新鲜叶片中分离到了一株杂色曲霉（*A. versicolor*）MA-229，从其发酵产物中分离得到 1 个二氢喹啉酮类化合物和 1 个喹诺唑啉酮类化合物，二氢喹啉酮类化合物对小麦全蚀病菌（*Gaeumannomyces graminis*）具有一定的抑制活性，MIC 为 32μg/mL，喹诺唑啉酮类化合物对小麦赤霉病菌（*Fusarium graminearum*）有强抑制活性，MIC 为 16.0μg/mL（阳性药两性霉素 B 的 MIC = 64.0μg/mL）。2018 年，Li 等从海洋藻类内生真菌（*Aspergillus tennesseensis*）中分离到 2 个具有异戊二烯基二苯醚结构新化合物 [diorcinol L、（R）-diorcinol B] 和 7 个已知化合物 [（S）-diorcinol B、9-acetyldiorcinol B、diorcinol C（见图 3-8，20）、diorcinol D、diorcinol E、diorcinol J 和 dihydrobenzofuran derivative]，对赤星病菌（*A. alternata*）、玉米小斑病菌（*Cochliobolus heterostrophus*）、小麦全蚀病菌（*G. graminis*）、围小丛壳真菌（*Glomerella cingulata*）、毛霉（*Mucor hiemalis*）和根黑

腐烂病菌（*Thielaviopsis basicola*）分别显示出不同程度的抗菌活性，MIC 值 2~64μg/mL。杨遂群（2018）以海藻和红树林来源的 3 株曲霉属真菌［阿拉巴马曲霉（*Aspergillus alabamensis*）EN-547、聚多曲霉（*Aspergillus sydowii*）EN-534 和构巢曲霉（*Aspergillus nidulans*）MA-143］为研究对象，采用改变培养基类型和添加诱导分子等策略来激活真菌的沉默代谢途径，从阿拉巴马曲霉 EN-547 的发酵粗提物中分离鉴定的 2 个新的吲哚二酮吡嗪类衍生物 AL1 和 AL2 对小麦纹枯病菌（*Rhizotonia cerealis*）、苹果炭疽病菌（*Colletotrichum gloeosporioides*）、小麦赤霉病菌（*F. graminearum*）、番茄枯萎病菌（*Fusarium oxysporum*）和苹果腐烂病菌（*Valsa mali*）均表现出一定的抑制活性，MIC 值为 16~64μg/mL；对聚多曲霉 EN-534 和橘青霉 EN-535 进行了共培养研究，从其发酵粗提物中分离鉴定了 2 个新的橘青霉素类衍生物 SC1 和 SC2，对小麦赤霉病菌（*F. graminearum*），番茄枯萎病菌（*F. oxysporum*）和苹果腐烂病菌（*V. mali*）均表现出一定的抑制活性，MIC 值为 16~64μg/mL；从构巢曲霉 MA-143 的发酵粗提物中分离鉴定的 1 个新的氧杂蒽酮类衍生物 ND2 对小麦赤霉病菌（*F. graminearum*）、番茄枯萎病菌（*F. oxysporum*）和苹果腐烂病菌（*V. mali*）均表现出一定的抑制活性，MIC 值为 8~64μg/mL。

目前，海洋曲霉在植物病原细菌的研究报道与植物病原真菌相比相对较少。Swathi 等（2013）在印度沿海地区分离得到曲霉菌（*Aspergillus* sp.），其发酵提取物均对野油菜黄单胞菌（*Xanthomonas campestris*）有良好的抑制作用，曲霉菌的提取物浓度为 10μg/mL 时，抑菌圈直径为 11 mm。Wang 等（2016）在一株海胆来源的白曲霉（*Aspergillus candidus*）HDf2 的次级代谢产物中分离得到 2 个针茅酸类似物，对青枯雷尔氏菌（*Ralstonia solanacearum*）表现出一定的抑菌活性。Li 等（2017）从海洋藻类内生真菌（*A. tennesseensis*）中分离到 2 个具有异戊二烯基二苯醚结构新化合物化合物［diorcinol L、（*R*）-diorcinol B］和 4 个已知化合物［（*S*）-diorcinol B、9-acetyldiorcinol B、diorcinol E 和 diorcinol J］，同时也对青枯雷尔氏菌（*R. solanacearum*）具有良好的抗菌活性，MIC 为 8~32μg/mL。本课题组从海南海域样品中分离到的 89 株海洋真菌，其中有一株曲霉 D20 对黄瓜角斑病菌（*Pseudomonas syringae*）和果斑病菌（*Acidovorax avenae*）具有良好的抑制作用，抑菌圈分别为 7.33mm 和 8.20mm。

3. 海洋木霉（*Trichoderma* sp.）抗植物病原菌活性次级代谢产物

目前，从海洋木霉中分离鉴定的单体化合物数量与曲霉相比较少，在农用抗菌活性上的报道也主要集中在植物病原真菌领域，在植物病原细菌上的相关报道很少。并且海洋木霉具有抗植物病原真菌活性的研究大多为活体菌株和提取物，关于单体化合物的研究涉及内容不多。

2006 年，解树涛等研究了康宁木霉菌（*Trichoderma koningii*）SMF2 分泌的抗菌肽 trichokonins 的拮抗活性，结果显示该抗菌肽抑菌谱较广，对棉花枯萎病菌、尖孢镰刀菌、苹果黑腐菌、玉米弯孢菌、小麦根腐病菌和西瓜炭疽菌等病原菌均有较强的抑制作用。2011 年，Gal 等报道了 2 种海洋来源的木霉菌（深绿木霉 *Trichoderma. atroviride* 和 *Trichoderma asperelloides*），可有效减少豆类上的茄枯萎病，并诱导黄瓜幼苗对丁香假单胞菌的防御反应。陶晶晶（2011）研究了不同海域的 209 株海洋微生物菌株，采用抑菌率法测定其抑制植物病原真菌活性，筛选获得的 7 株海洋木霉，除 JLYG27-8、G13-14 对枯萎病病原菌和 G13-14 对赤霉病病原菌的抑制率低于 50% 外，其余的供试拮抗木霉菌株对 8 种病原菌菌株的抑菌率均达 50% 以上。贾炜等（2011）测试了南极苔藓来源的棘孢木霉（*Trichoderma asperellum*）的生防作用，结果显示其对稻瘟霉菌（*M. grisea*）、棉花黄萎菌（*Verticiuium dahliae*）、小麦赤霉病菌（*F. graminearum*）等 7 种植物病原菌有显著抑制效果，同时具有提高番茄种子的发芽率和诱导黄瓜抗逆、抗盐等作用。2013 年，孙健健分离筛选出一株海洋木霉菌 NJ-01，该菌株发酵液对黄瓜白粉病的预防和治疗效果分别为 62.94% 和 56.13%。祝耀华（2013）在福建漳江口从红树中分离到了 135 株真菌，共有 22 株对茶叶病原真菌具有抑菌活性，木霉属是主要种属之一，占 6.4%。2016 年，宋银平研究发现 10 株海洋藻栖木霉的细胞内外的分泌物对香蕉枯萎病（*F. oxysporum*）和黄瓜枯萎病菌（*F. oxysporum*）均表现出不同程度抑菌活性。何海兵（2016）在潮间带泥土样品中筛选得到对一株禾谷镰刀菌具有明显抑制作用的拮抗真菌，鉴定为 *Trichoderma* sp. NB-F14，但从其提取物中分离到的化合物在菌丝生长抑制和孢子萌发试验中均未观察到稳定的抑制作用，分析可能的原因是活性成分不稳定或者微量，在常规的色谱分离过程中损失。2017 年，李闯从 109 株海洋木霉中筛选出 3 株菌株 [里氏木霉（*Trichoderma reesei*）M3-2、康宁木霉（*T. koningiopsis*）Y5-1、猬木霉（*Trichoderma erinaceum*）X20-1]，对 6 种植物病原靶标菌具有明显的抑制作用，其中对核盘菌的抑菌率最高，分别达到 92.6%、90.7%、82.6%，另外还显示了对黄瓜灰霉病、白粉病以及炭疽病的防治效果，M3-2xy1 对黄瓜白粉病的防效最高，为 87.7%，Y5-1xy2 对黄瓜灰霉病和炭疽病的防效最高，分别为 65.8% 和 75.5%。本课题组分离出 25 株红树林来源的海洋木霉，13 株海洋木霉对烟草黑胫病菌（*Phytophthora parasitica* var. *nicotianae*）的抑制率达到 60% 以上，最高的抑制率为 84.1%；5 株木霉对烟草赤星病菌的抑制率达 40%；2 株对青枯病菌有弱的抑制作用。

2009 年，Ren 等从南极企鹅岛沉积物中分离的一株棘孢木霉（*T. asperellum*）发酵提取物中得到 6 个新的肽类化合物 asperelines A-F，这 6 个化合物的氮端被乙酰化，碳端连接了罕见的脯氨醇残基，生物活性测试结果显示对番茄早疫病菌

（*A. solani*）和稻瘟病菌（*M. grisea*）有弱的抑菌活性。2010 年，刘旭研究了分离自山东威海海域的鸭毛藻共生真菌哈茨木霉（*Trichoderma harzianum*）EN-85 的次级代谢产物，对其粗提物和单体化合物进行了活性筛选，发现粗提物对白菜黑斑病菌（*Alternaria brassicae*）和苹果轮纹病菌（*Botryosphaeria dothidea*）具有中等的抑制作用，分离的化合物中已知化合物 cyclonerodiol FS3 和新化合物 FS4 对苹果轮纹病菌（*B. dothidea*）和棉花枯萎病菌（*F. oxysporium*）有弱的抑制活性。2019 年，邹积雪等对分离自大连海域松节藻的长枝木霉（*Trichoderma longibrachiatum*）DL5-4 进行实验室规模化发酵培养，从中分离到 3 个化合物 2′,3′-dihydrosorbicillin、sohirnones A 和 sorbicillin，对围小丛壳真菌（*G. cingulata*）有显著的抑制作用，抑菌圈直径分别为 13.3mm、12.5mm 和 12.6mm，均强于阳性药（两性霉素 B 的抑菌圈直径为 12.3mm）。

海洋曲霉次级代谢产物在植物病原真菌上的报道相对植物病原细菌来说较多，但与目前从海洋曲霉中发现的新天然产物的数量相比，仍只占很少的一部分，不足 5%。其主要原因可能是目前海洋曲霉天然产物的侧重点在医药领域，在农用抗菌活性上的研究不够；相对于已知化合物来说，科学家们对新的化合物的兴趣更大，对一些已知化合物的活性筛选也大多停留在抗癌和抗人体病原菌等方面，在农用抗菌活性上的筛选较少。海洋木霉农用抗菌上的报道的更多的是在活性菌株和提取物层面，对单体化合物上的报道还停留在较浅层次上，还需加强抑菌机理和田间试验等多层次、多方面深入研究。笔者课题组近年来致力于海洋真菌农用活性物质的研究，从山东和海南沿海分离获得海洋真菌 300 余株，针对果斑病菌（*A. avenae*）、番茄溃疡病菌（*Clavibater michiganensis*）、大白菜软腐病菌（*Erwinia carotovora*）、黄瓜角斑病菌（*P. syringae*）、青枯雷尔氏菌（*R. solanacearum*）、柑橘溃疡病菌（*Xanthomonas campestris*）和水稻白叶枯病菌（*Xanthomonas oryzae* pv. *oryzae*）等主要植物病原细菌，烟草赤星病菌（*A. alternata*）、甘蓝黑斑病菌（*A. brassicicola*）、花生冠腐病菌（*Aspergillus niger*）、黄瓜灰霉病菌（*Botrytis cinerea*）、苹果轮纹病菌（*B. dothidea*）、葡萄炭疽病菌（*Colletotrichum gloeosporioides*）、金橘沙皮病菌（*D. medusaea*）、稻瘟病菌（*M. grisea*）、茶轮斑病菌（*Pestallozzia theae*）、烟草黑胫病菌（*P. parasitica* var. *nicotianae*）、苹果腐烂病菌（*V. mali*）、小麦纹枯病菌（*R. cerealis*）等植物病原真菌进行了抗菌活性筛选，发现所获得的曲霉属和木霉属真菌对不同植物病原菌均表现出了不同程度的抗菌活性，对植物病原真菌的抗菌活性更为明显，而在植物病原细菌中，青枯菌和水稻白叶枯的抗菌活性则更难筛选，与之相反的是，黄瓜角斑病菌、果斑病菌和番茄溃疡病菌对海洋真菌提取物更为敏感。虽然海洋真菌在防治植物病原菌上具有巨大的潜力，但不可否认的是，其应用也具有一定的限制因素。首先，部分植物病原菌活性模型要求的样品量较大，而海洋微生物活性物质的产量较小，无法满足实验室和盆栽实验所需要的产量，对于田间试验更是"望洋兴叹"；其次，海洋生物资源的采集、纯化和制备等成本高，需要足够的经费支持，用于医药研究有其较大需求，而农药研发对于成本要求尤其苛刻，这是阻碍产业化发展的另一难题。然而，以上问题并不是没有解决办法，农药研发与医药研发有很大不同，不需要极高的纯度和各种异构体的拆分，发酵产物经过简单的纯化即可使用。基于此，可通过生物合成方法提高活性菌株产生活性成分的产量，并结合有机合成扩大应用前景。

海洋面积辽阔，海洋曲霉和木霉资源丰富，目前被分离鉴定只是很少的一部分。随着对海洋资源的大力开发和利用，海洋曲霉和木霉将为微生物天然产物农药的研发提供重要的先导化合物来源。

（三）海洋细菌和蓝细菌抗植物病原菌活性

从海洋细菌和蓝细菌中分离得到的次级代谢产物明显少于海洋真菌，但2018年与2016—2017年的平均值相比，也增加了22%和61%。2018年，从海洋细菌中总共获得了240个新化合物，而在2016—2017年，这个数字分别是179和242。其中，链霉菌仍然是新化合物的主要来源，在2017年和2018年数量分别为137个和167个，比例超过50%，2018年占比甚至接近70%。相比之下，蓝细菌来源新化合物数量很少，2018年仅报道了66个，其中59%为肽类化合物。与此同时，海洋细菌和蓝细菌在农用生物活性研究方面则更少，但海洋细菌生物农药却有上市的产品。2014年10月，由华东理工大学联合四家高校、科研院所和企业研制的"10亿cfu/g海洋芽孢杆菌可湿性粉剂"获得防治番茄青枯病、黄瓜灰霉病的农药正式登记证，并于2015年5月获得生产批准证。该产品是国际上第一个利用海洋微生物为生防菌的海洋微生物农药。长期过量使用化肥后，残留物会使耕地盐渍化，多年以来，国内外盐渍地土传病害的防治一直是未解决的难题。虽然微生物农药在土传病害防治方面有明显优势，但目前国内登记的微生物农药的生防菌都来自陆地，在盐渍地中难以正常发挥药效。"10亿cfu/g海洋芽孢杆菌可湿性粉剂"的产业化不仅有望解决化学农药无法有效防治的土传病害防治问题，更可以解决陆地微生物农药由于不耐渗透压而无法有效防治盐渍地土传病害这一国际难题。从2005年开始，华东理工大学李元广教授团队经过多年坚持不懈的努力，研制出国内外第一个获得田间试验批准证的海洋微生物农药"10亿cfu/g海洋芽孢杆菌可湿性粉剂"；随后，对海洋芽孢杆菌的培养工艺、制剂配方及加工工艺等进行了优化与放大，并在此基础上建成年产200t的生产线；制定并备案了"10亿cfu/g海洋芽孢杆菌可湿性粉剂"及其原药（50亿cfu/g海洋芽孢杆菌）的企业标准。该产品通过位点竞争、拮抗作用和诱导抗性等几个机制防治植物病害。几年来，团队通过73个田间试验和示范对该产品的应用技术进行了研究，试验均显示出比使用化学农药更高的防效。该产品不仅对盐渍地中的黄瓜根腐病、西瓜根腐病、花生青枯病和萝卜软腐病等 4 个土传病害具有很好的防效，而且对非盐渍化土壤的近 20 个土传病害及叶部病害也具有良好的防效。此外，该产品还对香蕉及苹果等有促生长、增产作用。最为重要的是，毒理学试验表明，"10 亿 cfu/g 海洋芽孢杆菌可湿性粉剂"及其原药为微毒类农药，为安全高效的环境友好型微生物农药。

2010 年，李元广教授团队采用活菌对峙培养法将 31 株海洋放线菌和细菌菌株与 5 株植物病原菌株（番茄早疫病菌、稻瘟病菌、瓜炭疽病菌、西瓜枯萎病菌和灰霉病菌）共培养，进行拮抗菌株的初筛。然后从发酵液抑制病原指示菌孢子萌发的角度采用平板扩散法，以抑菌圈大小评价抑菌活性强弱，进行活性菌株的复筛。最终确定 3 株对植物病原真菌有较好抑菌活性的菌株，并采用活性追踪分离的方法获得一个具有显著抗植物病原真菌活性的化合物。科学家分离出一株独岛枝芽孢杆菌（*Virgibacillus dokdonensis* A493），其产生的抗菌活性物质对水稻白叶枯病原菌–水稻黄单胞菌具有显著抑制效果，并初步鉴定其可能为一种抗生素。科学家从连云港海域的海水和海泥中分离到了 644 株海洋细菌，其中 PYsw－1 的胞外分泌物对水稻稻瘟病菌（*Pyricularia grisea*）和水稻纹枯病菌（*Rhizoctonia solani*）病原真菌的有抑制作用。科学家筛选出一株分离自南海海沙中的具有高抑制水稻稻瘟病活性的海洋细菌 031057，其产生的抗生素粗品 500 倍液能有效防治盆栽水稻稻瘟病，初步推测其抗菌物质可能为杂蛋白类物质。科学家从辽宁渤海水域分离到一株细菌 LU-B02，其发酵液对水稻绵腐病具有一定抑制作用，其抑菌圈大小为 10.2mm。科学家从韩国 Youngong 岛的海泥中获得 400 株放线菌，其中 37 株具有不同程度的抗真菌活性，其中属于链霉菌的菌株 Asl 表现出较强的抗稻瘟病菌活性；放线菌菌株 NH50 虽然表现较广的抗菌谱，但对稻瘟病菌有较弱的活性。科学家报道了一株从山东烟台海域近海盐场泥样中分离出的海洋交替单胞菌株 YTW－10，对小麦赤霉菌和玉米弯孢病菌有明显的抑制效果，并对其进行了鉴定及发酵优化研究。科学家从福建平潭周边海域的鱼类中筛选出具有抑菌活性的 19 株放线菌，其中 1 株具有高效广谱性抑制植物病原活性，其发酵粗提物在 0.12~6.61g/L 时对小麦纹枯病有明显的抑制效果。科学家从渤海海水中分离得到的 1 株放线菌 I10，其发酵液原液对小麦白粉病的保护和治疗效果分别为 99.57% 和 75.53%。科学家报道的海洋假单胞杆菌 GY－1 对小麦根腐病菌、小麦叶枯病菌等植物病原真菌有较强抑制作用，纯化出其胞外活性物质为一种分子量约为 70.9kDa 的抗菌蛋白。科学家采用梯度稀释分离法从连云港海域中分离出 9 株海洋放线菌菌株，其中 *Streptomyces mediolam* ZW-1 菌株的发酵液对小麦雪腐镰刀菌、小麦赤霉病菌和玉米圆斑病菌等植物病原真菌有较强的抑制活性，可导致病原真菌菌丝细胞壁膨大，原生质体收缩，同时可抑制菠菜早疫病菌分生孢子的萌发和芽管的伸长。科学家从中国南海海泥的 94 株细菌中，运用玉米纹枯病菌为筛选靶标，分离筛选到一株具有抗菌活性的海洋细菌（*Micrococus yunnanensis*）B177，初步分离得到 2 个具有较强生物活性的物质。科学家从多种海洋样品中筛选出 3 株具有高效抑制作物病原菌的海洋放线菌，其中对玉米小斑病的生防效果均在 85% 以上，对玉米大斑病菌和玉米弯孢叶斑病菌的孢子萌发抑制率均比较高。科学家从山东威海海域分离到的白色链霉菌的一个变种放线菌 B5 菌株发酵液对玉米大斑病菌、玉米小斑病菌等的菌丝生长具有很好的抑制效果。而对于防治农作物的病害，科学家研究的红树内生细菌 AmS2 菌株对辣椒炭疽菌的抑制效果最好，初步鉴定 AmS2 为解淀粉芽孢杆菌。马桂珍等采用琼脂扩散法测定海洋多粘类芽孢杆菌 L1-9 菌株发酵液的抗菌谱及抗菌作用的稳定性。结果表明：L1-9 菌株发酵液对番茄灰霉病菌、禾谷镰刀菌、棉花黄萎病菌、苹果斑点落叶病菌、棉花枯萎病菌的抑菌带宽度均达到了 15.0 mm 以上。聂亚锋从连云港海域海洋样品中分离出 644 株海洋细菌，检测出 11 株菌对白菜黑斑病菌、番茄灰霉病菌、油菜菌核病和辣椒炭疽病菌等多种植物病原真菌有抑制作用。研究其中 1 株菌株 PY-sw-1，产生粗抗菌蛋白，其抑制植物病原真菌的主要表现在菌丝生长收缩或萎缩、菌丝扭曲、顶端膨大、原生质外泄等。有学者测定的 GY-1 菌株及其发酵液对菠菜早疫病菌和油菜菌核病菌等植物病原真菌有较强的抑制作用。胡杨以植物病原菌为靶标菌，筛选出的 3 株具有抑制活性的放线菌效果极为显著，并初步分离出其中一株菌的胞外活性物质，对黄瓜灰霉病和黄瓜白粉病具有很好的防治效果。有学者分离出的一株海洋细菌对油菜菌核病等植物病原菌的抑制效果极佳，该菌属于黄杆菌属，其抗菌活性物质稳定，为金丝素抗生素类。有学者研究的海洋解淀粉杆菌菌株 GM-1 发酵液对小麦根腐病菌和葡萄白腐病菌的抑菌作用最强烈，抑制率均达 85% 以上。GM-1 菌株具有广谱抗菌活性和较强的稳定性。有学者鉴定 AmS2 菌株为解淀粉芽孢杆菌，菌株可分泌产生非蛋白类的抗菌活性物质。毒力测定表明，菌株抗菌物质粗提物对芒果炭疽病菌菌丝生长和分生孢子萌发的 EC_{50} 分别为 0.977 2mg/mL 和 1.902 7mg/mL，当提取物浓度 ≥3.0mg/mL 时，可致使病菌分生孢子壁消解。有学者从湛江近海海水和海泥分离并选出对芒果炭疽菌具有较强拮抗作用的海洋枯草芽孢杆菌 BSW03，抑菌圈直径为 14.0 mm。有学者在研究一株海洋解淀粉芽孢杆菌对香蕉枯萎病菌的拮抗作用时，该菌株在香蕉体内及根际土壤中的定殖，促进香蕉生长，防治香蕉枯萎病等方面均有一定的效果。有学者也以香蕉枯萎病菌为指示菌，通过盆栽实验研究了海洋生防细菌 TC-1 的防病促生机理，并分离出其具有抗菌蛋白进行了分离纯化。有学者从 93 份中国南部海域近海海泥样品中分离出 1 800 多株海洋细菌，其中有约 55.6% 的菌株对香蕉枯萎菌有一定的拮抗作用，最后筛选出菌株 TC-1，初步鉴定为芽孢杆菌属的细菌，TC-1 对 14 种病原微生物都有较好的抑菌效果。有学者在研究水果采后保鲜时从海洋中筛选出一株海洋酵母菌，对其进行抗病实验和采后保鲜实验，效果非常好。

有学者从一株渤海湾滩涂碱蓬的根当中分离获得了一株 Bacillus marinus B-9987，采用天然产物的分离鉴定方法从其发酵培养基中获得了 1 个新的环肽类化合物 marihysin A，其显示了广谱、中等的抗植物病原真菌活性，对番茄早疫病菌（Alternaria solani）、尖孢镰刀菌（Fusarium oxysporum）、黑白轮枝菌（Verticillium alboatrum）、禾谷镰刀菌（F. graminearum）、小菌核属（Sclerotium sp.）、青霉属（Penicillium sp.）、立枯丝核菌（Rhizoctonia solani）和炭疽菌属（Colletotrichum sp.）的最小抑菌浓度在 100~200μg/mL。

研究人员采用离体方法从 150 株海洋微生物菌株中获得 12 株具有强抗植物病原真菌活性的菌株，然后采用植物活体测试的方法，测试 12 株菌发酵粗提物的抗菌活性，发现 Streptomyces griseus 对白粉病和灰霉病防治效果较为显著，其菌液、菌体粗提物 20 倍液对黄瓜白粉病防效达 92.8% 和 63.7%，其菌体粗提物 20 倍液对灰霉病防治效果达 85%。采用紫外及紫外氯化锂复合诱变、亚硝酸诱变处理 Streptomyces griseus，诱变后菌株的抑菌活性比原菌株提高了 2 倍。盆栽试验表明，诱变菌株菌体菌液粗提物对黄瓜白粉病的防治效果分别较对照化学药剂三唑酮提高 29.24% 和 7.53%。田间小区试验表明，诱变株发酵液对番茄白粉病防治率达 68.88%，较对照药剂三唑酮提高 12.84%。

由此可以发现，海洋细菌农用活性研究大多集中于其发酵液和粗提物，少数研究报道了其活性蛋白，对于在海洋真菌中研究较多的次级代谢产物报道却很少。分析其原因，可能是由于海洋细菌基因组较小，代谢简单，次级代谢产物的产量和丰富性相对于海洋真菌而言要小很多。而农用生物活性模型对于化合物的产量要求很高，特别是盆栽实验，这对于多数海洋细菌次级代谢产物而言是一个很大的难题。但仅有的少量研究展现了广阔的应用前景。

2012 年，Ma 等从一株海洋细菌摩加夫芽孢杆菌（Bacillus mojavensis）发酵培养基中获得了 3 个脂肽类化合物，其中包括 1 个新化合物 Anteiso-C15 mojavensin A。通过波谱学方法鉴定了它们的结构。新化合物具有 L-Asn、D-Tyr、D-Asn、L-Gln、L-Pro、D-Asn、L-Asn 的新颖骨架结构，并且含有一个 anteiso 型饱和脂肪酸侧链。两个已知化合物分别鉴定为 iso-C16 fengycin B 和 anteiso-C17 fengycin B。这些化合物对多种植物病原真菌具有显著的抑制活性。在 2mg/mL 的浓度以上，anteiso-C15 mojavensin A 随着浓度增高，对苹果腐烂病菌（Valsa mali）、尖孢镰刀菌黄瓜专化型（Fusarium oxysporum f. sp. cucumerinum）和轮枝镰刀菌（Fusarium verticillioides）具有明显的抑制效果。Iso-C16 fengycin B 和 anteiso-C17 fengycin B 显示了更为显著的抗真菌活性。以上结果表明，本研究获得的 anteiso-C15 mojavensin A 新脂肽的抗真菌活性要低于 iturins 类脂肽。

2013 年，陶黎明等发现 1 株海洋放线菌代谢产物对多种植物病原真菌具有良好的抑制作用。采用硅胶柱层析、制备薄层色谱、制备 HPLC 等手段对该菌株的发酵液分离纯化，并采用紫外光谱、质谱、核磁共振等方法对所得化合物进行结构鉴定，得到两个活性化合物 filomycin D 和 hygrobafilomycin。活性测试表明，hygrobafilomycin 对稻瘟病菌、黄瓜灰霉病菌和瓜类炭疽病菌具有抑制作用，表明其具有一定的抗植物病原真菌活性。其中，对稻瘟病菌的抑制活性最强，最小抑菌浓度为 15.63μg/mL。张吉斌团队以水稻黄单胞菌等植物病原菌为指示菌，采用平板对峙法对 411 株海洋细菌进行了抗菌筛选，初筛获得活性菌株 81 株，进而考察其抗菌活性稳定性，获得 7 株具有稳定抗菌活性的菌株，最后通过测定抗菌谱，发现深海独岛枝芽孢杆菌（*Virgibacillus dokdonensis*）A493 抗菌谱特异并且稳定拮抗水稻黄单胞菌。采用 A493 发酵上清液处理水稻，生长 20d 后对水稻白叶枯病害的防治效果达到了 66.7%，且对水稻的正常生长无不良影响。对其发酵液进行分离提取，并运用 Doskochilva 系统纸层析分析，得到新的氨基糖苷类活性化合物。

2015 年，Shin 等在筛选抑制辣椒疫霉（*Phytophthora capsici*）孢子运动的海洋微生物时，发现一株芽孢杆菌（*Bacillus* sp.）109GGC020 的发酵提取物具有显著的活性。进一步的研究从中获得了 2 个结构新颖的环脂肽类化合物 gageopeptins A 和 B，并通过化学衍生化和文献比对确定了它们的立体构型。活性测试表明，两个化合物都能够显著抑制 *P. capsici* 的孢子运动，但 gageopeptins A 的活性（$IC_{50} = 1μg/mL$）大约为 B（$IC_{50} = 400μg/mL$）的 400 倍。有趣的是，当浓度大于 50μg/mL 时，gageopeptins A 表现出了对孢子的溶解作用。同时，两个化合物对几种植物病原真菌也表现出了很好的抑制活性。

有科学家进行了印度泰米尔纳德邦红树林根系细菌抗植物病原真菌活性筛选。从中筛选出一株活性显著的绿脓杆菌（*Pseudomonas aeruginosa*），并通过改变 pH 值，温度，碳源、氮源和盐度进行发酵优化。测试了该株细菌对青霉菌属（*Penicillium* sp.）、假丝酵母菌（*Candida* sp.）、曲霉属（*Aspergillus* sp.）、烟曲霉（*Aspergillus fumigatus*）、黄曲霉（*Aspergillus flavus*）、假单胞菌（*Pescalotionbsis* sp.）、尖孢镰刀菌（*Fusarium oxysporum*）和杉木炭疽病菌（*Glomerella cinculata*）等植物病原真菌的活性，发现除了后两种真菌，对其余真菌表现出了明显的抑菌活性。

有学者研究了海洋嗜根寡养单胞菌（*Stenotrophomonas rhizophila*）作为生物农药防治由 *Colletotrichum gloeosporioides* 引起的芒果炭疽病的潜力。该株细菌能够产生挥发性活性物质和水解酶，能够与病原菌竞争营养物质。采用菌浓度为 $1 \times 10^8 CFU/mL$ 时，发病率能够降低 95%，病灶直径降低 85%，效果强于合成杀菌剂。

2018 年，Zhang 等发现 *Bacillus subtilis* BS155 对稻瘟病菌（*Magnaporthe grisea*）有很强的抑制作用。经鉴定活性成分主要为 fengycin 家族的环脂肽 fengycin BS155。通过扫描和透射电镜研究发现该物质能够改变细胞质膜和菌丝细胞膜的结构。通过蛋白质组学和生物化学分析，fengycin BS155 能够降低线粒体膜电位，诱导活性氧产生（ROS），降低活性氧清除酶的表达。同时，fengycin BS155 造成菌丝细胞染色质凝聚，导致 DNA 修复相关蛋白表达的下调和聚 ADP 核糖聚合酶的裂解。该研究还发现，fengycin BS155 能够诱导细胞膜损伤和细胞器功能障碍，扰乱线粒体膜电位、氧化应力和染色质凝聚，导致稻瘟病菌细胞的死亡。

2017 年，Betancur 等从加勒比海域的珊瑚礁采集沉积物、无脊椎动物和海藻样品，从中筛选具有抗植物病原菌和群体感应抑制活性的放线菌，共获得 203 株菌株。通过 16S rRNA 测序，其中 24 株放线菌鉴定为链霉菌、小单胞菌属和戈登氏属。通过 LC-MS 分析了它们发酵液乙酸乙酯提取物中次级代谢产物的成分。通过化学及活性筛选的获得 6 株目标菌株进行化合物的分离鉴定及活性评价工作。

2016 年，Al-Amoudi 等从沙特阿拉伯海岸的微生物中寻找活性化合物。获得了 3 种沉积物，从中分离了 251 株细菌并评价其抗菌活性。通过分子生物学鉴定，这些菌属于 5 个门，分别是变形菌门、拟杆菌门、放线菌门、拟杆菌门和浮霉菌门，并发现了 15 种新属，其中 49 株细菌具有显著的抗植物病原菌活性。10 株菌株对金黄葡萄球菌、鼠伤寒沙门菌和丁香假单胞菌具有抗菌活性。

海洋芽孢杆菌能够产生一系列抗菌活性物质，包括肽类、蛋白以及非肽类化合物。其中肽类化合物根据生源合成途径又可分为核糖体途径和非核糖体途径肽类化合物。通过核糖体途径合成的化合物主要是脂肽类化合物，该类化合物具有很好的抗植物病原菌活性。脂肽可分为三类：表面活性素（surfactins）、伊维菌素（iturins）和泛革素（fengycins）。其中表面活性素是研究得最多的脂肽。表面活性素结构中包括一个肽环，由 $_L$-Glu-$_L$-Leu-$_D$-Leu-$_L$-Val-$_L$-Asp-$_D$-Leu-$_L$-Leu 组成，连接一个含有 13~16 个碳原子的脂肪酸链。表面活性素具有很强的抗细菌活性，而抗真菌活性并不明显，可被用来作为抗细菌农药。伊维菌素和泛革素抗真菌效果较为显著。从海洋细菌中发现的伊维菌素包括 bacillomycin Lc、iturin A 以及近几年新发现的 maribasins、subtulene、mojavensin 和 bacillopeptin A 等。伊维菌素结构中含有一个环七肽连有一个 14~17 个碳的 β-氨基脂肪酸链，分子量在 11kDa。伊枯草菌素特别是 iturin A 具有广谱的抗植物病原真菌活性，可被用来作为生物农药使用。相反，伊维菌素的抗真菌活性较弱。构效关系研究表明，主要活性基团为其中的环肽结构。泛革素结构中包含一个十肽通过内酯结构成一个肽环，其上还连有一个含有 14~18 个碳的 β-羟基脂肪酸链。该家族包括 fengycins A、B 和 C 三类。分子量在 1 500Da 左右，对丝状真菌具有明显抑制效果，从海洋细菌中发现的 fengycins 有 nincomycin、6-abufengycin 等。相比化学农药和传统抗生素，海洋脂肽具有对动植物无害、可生物降解以及不易使病原真菌产生交叉抗性等优点，随着海洋资源的进一步开发，将会发现更多新型抗植物病原真菌脂肽，从中开发出新型海洋微生物杀菌农药具有十分广阔的前景。

海洋微藻在海洋生物资源中占有非常重要的地位，其种类繁多、生长迅速、富含活性物质、可大规模培养等，近年来已被作为开发海洋生物活性物质开发的焦点。目前已成功从海洋微藻中筛选、分离和提取出多种具有抗病毒、抗肿瘤、预防心血管疾病、抗菌和提高机体免疫力等功能的活性物质。但可利用的药源微藻十分有限，仍有许多种类尚待开发和研究。海洋微藻主要包括蓝藻门、绿藻门、硅藻门、金藻门、红藻门、甲藻门等，这些微藻能够产生多糖和蛋白质等多种活性物质，具有在农业上应用的巨大价值。然而，目前有关微藻农用活性物质的研究很少。

微藻中的初级或者次级代谢产物具有潜在的生物活性，这些生物活性物质具有的抗菌特性正逐渐受到研究者们的重视。大量研究表明，微藻中含有的脂肪酸、卤代脂肪族化合物、萜烯类、含硫的异形环状化合物、色素、酚类物质、固醇和多糖等是微藻的主要抑菌物质。脂肪酸的抑菌机理可能是其特有的破坏浮游微生物及其原生质体细胞膜的毒性。当这些生物被用毒性剂量的脂肪酸处理后，在胞外能检测到很高剂量的 K^+ 浓度升高，表明胞内的 K^+ 泄露是细胞膜破坏后的结果。脂肪酸能够改变细胞膜的通透性，还与细胞膜上的油脂和蛋白发生作用有关，而油脂可以抑制关键酶或在细胞膜表面形成障碍，从而达到抑菌的功效。微藻中的类胡萝卜素 β-胡萝卜素可导致溶菌酶增多以及抗菌免疫酶消化细菌细胞壁，从而产生抗菌性能。

微藻对植物病原菌具有抑制作用。江红霞（2008）采用纸片法对 4 种微藻的不同溶剂浸提液、粗脂和粗脂的各分离组分进行了抗甘薯薯瘟病原菌（*Pseudomonas solanacoarum*）、玉米大斑病菌（*Helminthosporium turcicum*）和稻瘟病菌（*Pyricularia oryzae*）等 3 种植物病原菌活性试验。结果表明，4 种微藻对 3 种植物病原菌都具有一定的抗菌活性，在各种溶剂浸提液中，乙醚浸提液的抗菌效果最好；在 4 种微藻的粗脂中，蛋白核小球藻的粗脂对玉米大斑病菌的抗菌活性最强；在各分离组分中，娇柔塔胞藻的苯洗脱组分对稻瘟病菌的抗菌活性最强。该课题组又采用纸片法对 11 种微藻的不同溶剂提取物、娇柔塔胞藻的粗脂和经过硅胶柱层析后的粗脂的各分离组分进行了抗 3 种植物病原菌的试验。结果表明，甘薯薯瘟病原细菌对微藻提取物最为敏感，娇柔塔胞藻的乙醚提取物对稻瘟病菌的抗菌活性最强，娇柔塔胞藻的粗脂 3 种植物病原菌都有一定的抗菌活性。在娇柔塔胞藻粗脂的各分离组分中，苯洗脱组分对稻瘟病菌的抗菌活性最强。

李侠等（2007）对实验室培养的 6 种海洋微藻用有机溶剂与水提取其活性物质，提取物用圆形纸片法对 3 种细菌和 2 种真菌的生长进行了抑制实验。发现在 6 种海洋微藻中，塔胞藻的抗菌谱最广，分别对 4 种菌的生长有抑制作用。亚心形扁藻与塔胞藻的提取物对枯草芽孢杆菌的抗性最强。在所有的菌中，黑曲霉对微藻提取物较敏感。不同的微藻对革兰氏阳性菌和革兰氏阴性菌有不同的抑制作用。微藻对细菌的抑制作用大于对真菌的抑制作用。

二、杀虫活性

近年来，我国农作物病虫害灾变规律发生新的变化，一些大区域迁飞、流行性重大病虫暴发频率增加，突发性病虫发生频繁，一些地域性和偶发性病虫发生范围不断扩大、危害程度加重，严重威胁着我国粮食的持续丰收。如 2012 年，多种病虫暴发成灾，全国农作物有害生物发生面积达到 4 亿多 hm^2（次）。其中，稻飞虱在西南、南方、长江中下游、华南、江南稻区偏重至大发生，全国发生 3 000 万 hm^2，分别较2011 年和常年增加 20.7%和 27.2%；小麦蚜虫是 2001 年以来第二重发生年，在河北、山东、山西等省大发生，发生面积为 1 700 多万 hm^2。三代黏虫 8 月上旬在东北、华北等地玉米田大暴发，发生面积 800 万 hm^2，是近年来发生面积最大、危害最重的一年。2019 年草地贪夜蛾首次入侵我国，发生区域主要出现在广西、贵州、广东、湖南等地，同时在海南、福建、浙江、湖北、四川、江西、重庆、河南等地也有发现，入侵全国 26 个省份 1 524 个县，见虫面积 1 688 万亩，实际危害面积 246 万亩，虫害地区产量损失控制在 5%以内。

由此可见，这些害虫严重危害农业生产，但目前生产上仍以化学防治为主，针对害虫的生物防治主要包括天敌昆虫资源利用及生物源农药。近年来，基于海洋微生物次级代谢产物的有效杀虫物质的研究日益增多，筛选获得了大量活性化合物。海洋生物杀虫活性物质开发最成功的是在 20 世纪 60 年代开始研究利用的沙蚕毒素类，目前为止共计成功开发了以沙蚕毒素为模板的 10 余种系列化合物，是世界各地防治多种害虫特别是东南亚水稻产区的常用药剂。海洋毒素研究是近现代天然毒素发展最为迅速的领域，在海洋天然产物研究中占据特殊的地位。海洋有毒生物威胁人类海上生活和生产，但其又是一类特殊的生物活性物质，毒性强，含量往往很低，结构又十分复杂。由于新的分离技术和先进的波谱分析方法的应用，海洋毒素的研究有了飞跃的发展，成为海洋生物中开发成为杀虫农药的很有潜力的领域。目前海洋毒素作为农药开发应用的研究工作还很少，更多的工作主要是对其分子作用机理的研究。海洋生物毒素的作用靶标主要是生物的神经系统，特别是不同海洋毒素作用于神经系统离子通道以及离子通道受体的影响等。对于研究昆虫与脊椎动物离子通道药理学特性的异同点以及离子通道的特性和不同受体结合位点研究起到重要的作用，也为明确神经系统杀虫剂的分子作用机理起到了重要的推动作用。1934年新田清三郎发现蚊蝇、蝗、蚂蚁等在异足索沙蚕（*Lumbricomerereis hateropoda*）死尸上爬行或取食后会中毒死亡或麻痹瘫痪。1941年，他首次分离了其中的有效成分，并取名为沙蚕毒素（nereistoxin，简称NTX）。1962年确定其化学结构为4-1,2-二硫杂环戊烷。此后，Konishi等按照沙蚕毒素的化学结构，在其衍生物合成、化学结构测定和生物活性实验等方面进行了系统的奠基性工作，从而形成了沙蚕毒素系化合物。沙蚕毒素类杀虫剂的作用机制研究表明，在昆虫体内NTX降解为1,4-二硫酥糖醇（DTT）的类似物，从二硫键转化而来的巯基进攻乙酰胆碱受体（AChR），从而阻断了正常的突触传递。NTX类杀虫剂作为一种弱的胆碱酯酶受体（AChR）抑制剂，主要是通过竞争性对烟碱型ACh不能与AChR结合，从而阻断正常的神经节胆碱能的突触间神经传递，是一种非箭毒型的阻断剂。NTX类杀虫剂极易渗入昆虫的中枢神经节中，侵入神经细胞间的突触部位。昆虫中毒后虫体很快呆滞不动，无兴奋或过度兴奋和痉挛现象，随即麻痹，身体软化瘫痪，直到死亡。有科学研究了红藻（*Plocamium telfairiae*）提取物对不同害虫的杀虫活性，结果显示，该提取物对烟草天蛾、夜蛾和蚊子幼虫均有很强的抑杀作用，而且它的杀虫活性要超过沙蚕毒素类的巴丹。有科学研究从海头红中分离出2种有强烈杀虫活性的多卤化单萜物质telfairine和aplysiaterpeniod A，并研究了这2种杀虫活性物质的作用机理，表明该化合物可能是作用于试虫的神经系统。20世纪50年代中期，有科学研究从海藻（*Chodria armata*和*Digenia simplez*）中分离出软骨藻酸dombic acid和红藻氨酸kainicacid，这2种物质都具有强烈的杀虫活性。有科学研究在智利海头红科红藻（*Plocamium cartilagineum*）中分离了4个多卤代单萜，其中macrosteles pacifrons有杀虫活性。Victor等分析了来自红藻（*Pantoneura plocamioides*）的多卤代单萜对不同昆虫的拒食活性，其中的一些单萜能强烈抑制桃蚜的进食。有的单萜对马铃薯甲虫有拒食作用，并且对草地贪夜蛾卵巢组织的Sf9细胞有选择性细胞毒性。

近20年来，海洋微生物及其活性次级代谢产物的研究蓬勃发展，对于其农用生物活性方面的开发和应用也越来越多，但是有关其农用杀虫活性方面的研究主要集中于海洋植物和动物上，微生物来源的杀虫活性物质研究还较少。以棉铃虫（*Heliothis armigera*）为初筛试虫，采用常规浸虫和微型筛选法测定采自我国海域的908株海洋微生物的杀虫活性，获得了14株具有杀虫活性的菌株，将杀虫活性最强的一株细菌浓缩发酵液进行对棉铃虫、菜青虫（*Pierisrapae linnaeus*）、黏虫（*Leucania separata*）、小菜蛾（*Plutella xylostella*）和菜缢管蚜（*Rhopalosiphum pseudobrassicae*）的室内杀虫活性，发现该菌株浓缩发酵液对黏虫的杀虫活性最高，达94.36%，对菜青虫和棉铃虫的杀虫活性中等，而对菜缢管蚜和小菜蛾的杀虫活性较低。为了进一步挖掘该株细菌的杀虫活性潜力，采用正交试验对其发酵培养基进行优化。优化后菌株发酵液对棉铃虫初孵幼虫的杀虫活性为 67.33%。然后采用硫酸二乙酯（DES）和 ^{60}Coγ 射线两种不同的处理方式，对菌株细胞进行诱变，经棉铃虫活体筛选获得活性最好的突变菌株，其发酵液杀虫活性达 77.78%。传代试验证明该突变株遗传性能较稳定。接下来，又通过单因子及正交试验对另一株海洋杀虫细菌的液体发酵条件进行优化筛选，探索了其最优的杀菌条件，用发酵液饲喂棉铃虫初孵幼虫，48 h 后棉铃虫死亡率可达66.67%。这些研究开拓了农用杀虫活性物质研究的新资源，为从海洋微生物中寻找杀虫活性物质奠定了基础。

科学家对 331 株海洋微生物进行杀虫活性筛选，发现其中 40 株菌株的发酵产物对卤虫具有毒杀作用，其中一株链霉菌对卤虫和棉铃虫都具有显著的毒杀作用，其杀虫活性与阳性药阿维菌素相当。进一步采用不同溶剂其发酵粗提物提取，测定提取物的杀虫活性，并进而对其进行 HPLC 分离，初步了解其可能的活性成分。该研究表明海洋放线菌具有产生杀虫活性物质的潜力，并且改良了海洋放线菌代谢产物杀虫活性的测试模型和方法。

宋思扬课题组对采集自浙江舟山海域底泥、福建省九龙江口红树林及福建省云霄县红树林 188 株海洋真菌代谢产物进行杀小杆线虫（*Rhabditis* sp.）活性和乙酰胆碱酯酶抑制活性筛选。乙酰胆碱酯酶在昆虫神经传导过程中起着媒介的作用，它催化乙酰胆碱分解成胆碱和乙酸。若乙酰胆碱酯酶被抑制，乙酰胆碱不被分解，使昆虫的神经传导不断的处于过度兴奋和紊乱状态，破坏了正常的生理活动，从而引起昆虫的麻痹衰竭而死。实验中发现一株真菌代谢产物具有显著的杀虫活性，其 LC_{50} 小于0.5mg/mL；两株真菌的发酵粗提物具有较强的乙酰胆碱酯酶抑制活性，IC_{50} 分别为30μg/mL 和 25μg/mL。该研究表明，海洋真菌次级代谢产物具有开发成为新型农用杀虫剂的潜力，继续从中开发杀虫先导化合物是十分必要的。

有关科学家采用活体昆虫浸渍法对海洋微生物发酵液进行了杀虫活性研究，以小菜蛾 2~3 龄幼虫为测试对象，对 294 株微生物进行初步筛选，得到 15 株活性较好的菌株，以真菌和细菌为主。15 株菌株的发酵液对小菜蛾幼虫 48h 校正死亡率都达到35% 以上，有 5 株菌株达到 50% 以上。有关科学家采用小菜蛾幼虫为靶标，从 285 株不同地域、不同宿主的海洋微生物中筛选出 16 株具有较好杀虫活性的菌株，进而采用斜纹夜蛾细胞系细胞毒活性测试的方法，从这 16 株菌种筛选得到 6 株具有较好细胞毒活性的菌株。然后系统地研究了几株具有生物活性的海洋微生物菌株的生物学特性、培养条件的优化、活性物质的提取和分离，为开发利用海洋微生物资源的农药应用提供理论依据。

有关科学家从我国海域筛选到一株高杀虫活性的海洋细菌 JAAS01 菌株，该菌株对棉铃虫、菜青虫、黏虫、小菜蛾和菜缢管蚜均表现出较好的杀虫活性。此外，他们还采用硫酸二乙酯和 ^{60}Coγ 射线 2 种不同的处理方式对海洋细菌 JAAS01 细胞进行诱变，获得的突变株 JAAS01D 对棉铃虫初孵幼虫的杀虫活性达 77.78%，比出发菌株 JAAS01 提高了大约 12 个百分点。

Xiong 等（2004）用卤虫生物检测法从海洋中筛选到海洋链霉菌（*Streptomyces* sp.）173，其发酵提取物具有杀卤虫和棉铃虫的活性。邓燚杰（2008）从海洋放线菌中筛选出多个具有杀虫活性的菌株，其中海绵放线菌 S19 菌株具有较强的杀卤虫、杀线虫和杀甜菜夜蛾活性。雷敬超等（2007）从海南、湛江等海洋环境样品中分离到 256 株放线菌，运用松材线虫筛选模型进行杀线虫活性菌株的筛选，得到 23 个对线虫有较高击倒率的放线菌菌株，其中链霉菌菌株 H107011 的杀虫效果最好，且具有较好的遗传稳定性。

程中山等（2008）从香港海域红树林中筛选获得的一株真菌菌株，其发酵粗提物对许多重要害虫具有很强的杀虫活性，具有开发成新型杀虫剂的潜力。采用单因素法对影响其生长和所产代谢产物活性的最适温度、pH 值、发酵时间、装液量等因素进行了探索，同时发现发酵液 pH 值和杀虫活性具有相同的变化趋势，可以通过检测发酵液的 pH 值来预估发酵液的杀虫活性大小。该研究为进一步将该真菌开发成高效、广谱、无公害、低成本的新型海洋微生物杀虫剂和其产业化开发应用打下基础。

印度学者对采自印度海域不同种属珊瑚的 94 株链霉菌进行杀虫活性研究，得到 59 株对赤拟谷盗或米虫具有显著毒杀作用的菌株，这些菌株有望作为新型海洋农用杀虫剂资源进行开发。随后，该课题组又从不同珊瑚当中分离细菌并研究其对米虫的杀虫活性，发现一株细菌（*Bacillus* sp.），其甲醇提取物杀虫活性明显高于丙酮和正己烷提取物。通过高效液相色谱结合质谱分析研究其可能的活性化合物。该研究证实海洋细菌具有产生杀虫活性物质的潜力，从中开发新型生物杀虫剂具有光明的前景。对分离自孟加拉国沿海海泥的放线菌杀虫活性进行研究，发现一株链霉菌具有很强的杀虫活性，当期发酵提取物浓度为 24mg/mL 时，能够杀死所有的测试米虫，其 LC_{50} 达到 3.16mg/mL。

史晓讯等（2010）从渤海水域分离得到 3 株具有杀线虫活性的丝状真菌 MTJS31、MTJS14 和 MTJS421。宋姗姗等（2006）从海洋真菌 96F197 的菌丝体中分离得到 2 种生物碱类化合物 viridicatol 和 sclerotiamide，后者能显著提升玉米害虫幼虫的死亡率，具有明显的杀虫作用。朱峰等（2007）从南海红树林分离到 2 株内生海洋真菌 1924# 和 3893#，并从其发酵液中分离到 2 种次级代谢产物 A 和 B，经波谱分析确定它们分别为 6-甲基水杨酸和环（苯丙-苯丙）二肽，其中代谢产物 A 具有较强的杀虫活性，可用于制备抗棉铃虫和抗中华蟹的农药。赵丽等（2011）从大连海域繁茂膜海绵共附生的真菌中筛选到一株真菌 Hmp F73，其代谢产物具有较强的杀虫抗菌活性，经分离纯化得到 4 种杀虫抗菌活性化合物，均属于 12,13-环氧单端孢霉烯族化合物，具有良好的开发价值。

陈志芳等（2005）筛选出一株具有杀虫活性的海洋细菌，其杀棉铃虫活性极高。熊利霞等（2003）从天津大港和南戴河地区海域获得 3 株具有非常良好的杀卤虫效果的菌株，其中一株也具有杀棉铃虫活性。牛德庆等（2008）在研究极地微生物时获得 38 株采自南北极及白令海峡的海洋微生物具有杀小菜蛾虫活性，其中 7 株活性极高。

薛陕等（2010）对 134 株海洋微生物（其中 49 株海洋放线菌、54 株海洋细菌、31 株海洋真菌）进行农用抗生活性物质筛选，分别测定其发酵上清液和菌丝体浸提液的活体杀虫活性，经过初筛和复筛，在 134 株海洋菌中，共有 48 株海洋菌的发酵产物具有杀虫活性，占总数的 35.8%，仅有 5 株对蚜虫有活性，占总数的 4.7%，其中 P10-23 和 P12-21 的杀蚜虫活性较高，但没有一株海洋菌对螨虫或黏虫有杀虫效果；海洋细菌、海洋放线菌、海洋真菌的活性菌株的比例分别为 31.5%、53.1%、16.1%；在 48 株活性菌株中，仅有 5 株细菌和 1 株放线菌的发酵上清液和菌丝体浸提液均有活性，说明发酵时杀虫活性组分是否排带胞外具有较明显的确定性。

日本学者对从海洋中分离到的 200 株放线菌进行筛选，得到一株放线菌（*Streptomyces sioyaensis*），它所产生的生物碱 altemicidin 具有很强的杀螨活性。厦门大学胡志钰等（2002）对厦门海洋潮间带的 1 240 株具有杀虫活性的放线菌进行初筛选，其中 7 株放线菌杀线虫活性在 90% 以上。肖永堂等（2005）利用卤虫和小杆线虫从海洋真菌虫筛选出几株杀虫活性较好的菌株而且具有乙酰胆碱酯酶抑制作用。邓燚杰（2008）从海洋放线菌中筛选具有杀虫活性的菌株，对其中一株活性较好的海绵放线菌株 S19 进行研究，发现海绵放线菌株 S19 具有较强的杀卤虫、杀线虫和杀甜菜夜蛾活性。

陈福龙等（2013）从 21 株海洋真菌中筛选得到一株对烟蚜有较高生物活性的菌株，用点滴法测定该菌株对烟蚜的触杀作用，菌株发酵液的乙酸乙酯提取物浓度为 500μL/mL 时对烟蚜毒杀作用显著，24 h 校正死亡率达到 92.91%，LC_{50} 为 91.40 μL/mL。对其发酵液用乙酸乙酯萃取蒸馏和大孔吸附树脂分离纯化后进行 GC-MS 检测，分析其活性成分可能为 1,3-二烯丙基脲，其相对含量达到 90.40%。刘志航等（2015）对青岛海域的不同海洋样品进行分离，得到 18 株海洋放线菌。采用浸虫法测定海洋放线菌发酵液对玉米螟 2 龄幼虫的室内毒力，筛选得到 2 株活性较高的链霉菌，其 48h 发酵液对玉米螟 2 龄幼虫的校正死亡率分别为 86.21% 和 81.04%。2015

年, Abraham 等对红树林来源的真菌构巢裸孢壳 (*Emericella nidulans*) BPPTCC 6038 进行研究, 发现其乙酸乙酯提取物对斜纹夜蛾具有杀虫活性; Abraham 等在 110 株红树内生真菌中筛选出 5 株真菌米曲霉 (strain BPPTCC 6036)、构巢曲霉 (strains BPPTCC 6035 和 BPPTCC 6038)、溜曲霉 *Aspergillus tamari* (strain BPPTCC 6037) 和杂色曲霉 (strain BPPTCC 6039), 对斜纹夜蛾幼虫的致死率平均为 16.7% ~ 43.3%。2016 年, Mohamed 等在蓝贻贝来源长枝木霉 (*Trichoderma longibrachiatum*) 的次级代谢产物中分离得到 2 个长链聚乙二醇, 对双翅目幼虫具有急性毒性。2017 年, Du 等在冠突散囊菌 EN-220 的发酵液中分离出 7 个新的吲哚二酮哌嗪衍生物, 对线虫表现出弱致死活性; Guo 等在红树植物尖叶卤蕨 (*Acrostichum specioum*) 来源烟曲霉 (*Aspergillus fumigatus*) JRJ111048 的发酵产物中分离出 1 个新的酸酐衍生物, 在其质量浓度为 20μg/mL 时, 对斜纹夜蛾幼虫显示出有效的杀虫活性, 能使幼虫体重减少、蛹的重量减轻、成虫的形态受到影响。

三、抗病毒活性

有关海洋来源抗植物病毒的报道很少, 海洋微生物次级代谢产物在此方面的研究更少。研究人员为探索从水母毒素中获取抗植物病毒物质的应用前景, 采用半叶枯斑法、整株法和漂浮叶圆片法, 对白色霞水母刺细胞毒素的抗烟草花叶病毒 (Tobacco mosaic virus, TMV) 活性进行了检测。结果表明, 白色霞水母刺细胞毒素对 TMV 具有很强的直接钝化作用, 枯斑抑制率随钝化时间的延长而增大。0.99mg/mL 毒素体外钝化 TMV 30min, 枯斑抑制率达 98.85%, 将 TMV 与 0.80mg/mL 毒素体外混合后立即接种, 枯斑抑制率仍达 89.57%; 20 ~ 70℃, 毒素对 TMV 的钝化作用随温度升高而降低, 但又表现出一定的高温耐受性, 70℃下处理 30min, 1.33mg/mL 毒素对枯斑的抑制率为 61.73%。毒素对病毒初侵染有一定的预防作用, 并可抑制 TMV 的增殖; 1.93mg/mL 毒素处理接种 TMV 的叶圆片 2d 后, 对 TMV 的增殖抑制率为 49.41%; 但该毒素对 TMV 所致病害的治疗效果不明显。该毒素还具有较强的蛋白水解酶活性, 可能与其抗 TMV 活性相关。表明白色霞水母刺细胞毒素抗 TMV 作用明显, 其抗植物病毒活性值得深入研究。研究人员筛选出对 TMV 有抑制作用的 6 个海洋细菌菌株, 通过初筛重点研究了活性较强的菌株 9a 和 9b; 采用半叶法测定对 TMV 的钝化作用, 其抑制率分别达到了 95.26%、92.18%; 采用圆片法测定对烟草花叶病毒体外抑制增殖作用, 抑制率分别为 36.1%、35.1%。通过喷施处理, 两菌株培养液可以抑制 TMV 增殖, 抑制率分别为 15.18%、39.76%, 可以提高过氧化物酶 (POD)、多酚氧化酶 (PPO) 等防御酶的活性以及叶绿素含量的增加, 诱导烟草对 TMV 的系统侵染产生抗性; 两菌株培养液对侵染位点具有保护作用, 抑制率为 62.14%、62.36%。为了研究两株细菌的分类地位，对两株菌进行了生物学和分子生物学鉴定。两菌株形态特性和培养特征及生理生化的性质可以初步确定为芽孢杆菌，采用 16S rDNA 序列分析方法，通过克隆测序获得 16S rDNA 基因序列，利用 CLUSTAL、MEGA、在线 BLUST 等生物信息学软件对序列进行分析，分别鉴定为蜡样芽孢杆菌（*Bacillus cereus*）和水生芽孢杆菌（*Bacillus aquimaris*）。2013 年，Shen 等在 1 株草酸青霉 0312F1 的发酵液中分离得到 2 个化合物，其对 TMV 有中等较强的抑制活性，EC_{50} 分别为 100.80μg/mL 和 137.78μg/mL，阳性对照病毒唑的 EC_{50} 为 65.32μg/mL，有开发成抗病毒剂的潜力。

四、除草活性

据统计，世界各地共有 3 万余种杂草，其中有 1 800 余种对农作物的生长造成危害。杂草通过与作物竞争养分和空间使作物减产或品质下降，严重时甚至造成绝收，若不加控制，这些杂草可造成全世界粮食减产 10%～15%，严重者甚至会减产超过 50%。相比于其他作物，烟草受到杂草的危害更为严重，杂草不但与烟草争夺正常生长所需要的营养成分，而且许多杂草还是病虫害传播的中间寄主，大多数越年生、宿根生杂草是越冬性病虫的越冬场所，这样极大地影响烟草的产量和质量。在过去的几十年，化学除草剂在杂草防除中发挥了主要的作用。目前大多数的除草剂的作用靶标主要有以下几种：光合色素及相关组分的合成和代谢、氮的代谢及氨基酸的生物合成、脂类的生物合成、光合电子传递系统。较少的作用靶标使杂草很容易产生抗药性，有报道显示，目前已有 272 个抗药性杂草生物型出现。同时，化学除草剂的长期、连续和大面积使用，也造成了诸如农药残留、食品安全和环境污染等一系列问题。而对于烟草来说，杂草给烟草带来的危害更为严重，由于烟草对于大多数的化学除草剂较为敏感，每年由于除草剂药害问题带来的经济损失难以估量，因此，研究新型适用于烟田的环境友好型生物除草剂迫在眉睫。

天然产物除草剂主要是指以植物、动物、微生物等产生的具有除草活性的次级代谢产物开发的除草剂，具有资源丰富、不破坏生态环境、易生物降解、毒性低、残留少、选择性强、对非靶标生物和哺乳动物安全、环境兼容性好、开发费用少、化学结构新奇、作用方式独特、靶标选择性高等合成除草剂无法比拟的优势。天然产物除草剂按其来源可分为植物源除草剂、动物源除草剂和微生物源除草剂。目前动物源除草剂未见报道，植物源除草剂报道的也很少，主要的研究与应用对象集中在微生物源除草剂。

微生物除草剂由于资源丰富、环境污染小等优点，符合可持续农业的发展要求，近年来引起了人们的广泛关注。微生物除草剂分为活体微生物和微生物次级代谢产物两种类型。与活体微生物和化学除草剂相比，微生物次级代谢产物具有以下优点：第一，化学结构新颖，一般为化学合成难以发现的潜在的新型植物毒性化合物；第二，与活性微生物除草剂相比，更易储存、利于剂型加工、使用方便且受环境干扰较小；第三，一般为多靶标作用位点和方式，不容易引起杂草抗性的产生；第四，易于在环境中降解，大多对哺乳动物低毒，对非靶标生物较安全；第五，开发和登记等费用低。

第一个开发成商品除草剂的微生物次级代谢产物为20世纪80年代初由日本明治制果公司研发的双丙氨膦（Bilanafos），它是由从土壤中分离的链霉菌产生的一种有机磷三肽化合物。双丙氨膦是谷酰胺合成酶抑制剂，可引起氨的积累，抑制光合作用过程中的光合磷酸化作用，从而起到除草作用。双丙氨膦本身并不直接起作用，必须被靶标植物代谢成为膦化麦黄酮（phosphinothricin）后才产生活性，广泛用于防除一年生和多年生禾本科杂草及阔叶杂草。在法国，研究者发现 Ascochyta caulina 能够产生 3 种植物毒素，具有开发成为微生物源除草剂的潜力。链格孢属真菌作为产生植物毒素的重要真菌，已从其次级代谢产物中开发出多种具有除草剂潜力的化合物。如来源于 Alternaria alternata 的化合物 maculosin、tenuazonic acid、alterlosin I、alterlosin II 和 AAL-毒素，这其中有些已经开发成为除草剂商品。与此同时，国内学者对于微生物次级代谢产物除草活性的研究也进行得如火如荼。杨宴霞等通过微生物筛选得到放线菌 SPRI-710055，经生物测试其次级代谢产物具有除草活性，对其发酵提取物进行分离鉴定，得到了具有除草活性的化合物放线菌酮结构相同，并验证了其除草活性。杨宴霞（2009）经过除草活性筛选得到 2 株具有除草活性的菌株瓜果腐霉菌株 PA1 和 PAC，对这两株菌株进行紫外诱变，分别得到了 31 株和 33 株诱变菌株，并对其除草活性进行了测定，发现 PA1-M1 和 PAC-M2 除草活性增强。对 PA1-M1 发酵粗提物进行分离鉴定，得到多个化合物。国家南方农药创制中心上海基地发现的 SPRI-70014 对阔叶杂草和禾本科杂草具有很强的除草活性。研究者从 Alternaria augustiovoidea AAEC0523 中分离到一淡黄色的油状毒素，对稗草的种子萌发和幼苗生长都有较强的抑制作用，作为微生物源除草剂具有较好的开发潜力。

然而，随着人们对陆地微生物研究的深入，新种属的发现越来越少，对现有陆地微生物的除草活性筛选也越来越多，很难再发现新的微生物除草剂。同时，随着天然有机化学的迅速发展，各种分离检测手段的出现使得人们对陆地微生物次级代谢产物的研究比较透彻，很难从中发现新的除草活性化合物，因此人们把目光敏锐地集中在海洋这个人类赖以生存的"第二疆土"。另外，由于海洋独特的环境，各种海洋生物物种之间的生存竞争极为激烈，为维持生存，海洋微生物必然具有独特的遗传和代谢机制来适应海洋环境，有望从中获得有特殊结构和功能的除草活性物质，可以减轻或延缓杂草抗药性问题。通过大量的文献调研发现，与陆地微生物除草剂的研究相比，目前对于海洋微生物甚至海洋生物除草剂的研究仍处于起步阶段，仅有较少的报道也只是涉及活性菌株的筛选，甚至连活性成分的确定都少有研究，因此，海洋微生物除草剂研究有很大的研究和发展前景，海洋微生物除草剂必将在杂草防治领域发挥重要作用。陶黎明课题组对134株海洋微生物进行农用抗生活性物质筛选，分别测定其发酵上清液和菌丝体浸提液的除草活性，经初筛和复筛，发现12株海洋微生物的发酵产物具有除草活性，其中5株为细菌，7株为放线菌，大部分活性菌株对杂草的根部抑制率远高于地上部分，而6株菌株对杂草具有一定的选择性抑制效果，2株海洋放线菌的除草活性较突出，它们的发酵上清液和菌丝体浸提液均有较好的除草活性，其中1株对苋菜根和芽的生长抑制率达到95%，具有进一步研究的价值。研究者从250株海洋细菌当中筛选得到50株具有除草活性的菌株，其中8株菌的发酵产物表现出了很强的除草活性，在浓度为5mg/kg时对浮萍的生长抑制率达到90%，主要表现为植株矮化和发白，有必要研究其活性成分，为开发成为新型除草剂打下基础。接下来，该研究组又从一种珊瑚中分离出240株细菌，对其发酵粗提物进行除草活性筛选，发现一株芽孢杆菌对浮萍（Lemnaminor）具有很强的生长抑制作用，并初步分析了其可能的活性成分。该研究表明，珊瑚来源细菌可能是除草活性物质的潜在资源。研究者研究了海洋微生物 Moraxella sp. 在不同培养条件下产生除草活性化合物的潜力，确定了该菌株产生除草活性化合物的最优培养条件。董海焦等（2014）通过分离纯化带鱼体内微生物，测定代谢产物的除草活性，最终分离纯化得到2株具有除草活性的细菌，进而对影响代谢产物产生的各种因素进行研究，以明确其最优发酵条件，该菌产生除草活性代谢产物的最适培养基为无机盐加糖培养基，最适发酵培养条件为起始pH值6.5，发酵温度25℃，摇瓶培养3~4d。最后经薄层层析和高效液相色谱等方法对该细菌所产生的除草活性物质进行分离纯化，发现一种除草活性物质。由此可见，海洋微生物除草剂具有巨大的研究价值，目前已有部分研究人员聚焦于此，然而，对于研究最多的海洋真菌活性次级代谢产物方面，还没有人对于其除草活性进行研究，因此，从海洋真菌来源的除草剂具有十分光明的研究前景。

笔者课题组在国际上较早开展了海洋微生物除草剂的研究工作，主要针对海洋真菌除草活性代谢产物进行研究，构建了海洋农用活性菌种库，进行了具有除草活性的海洋真菌的分离、筛选和鉴定工作，对具有强除草活性的菌株进行次级代谢产物的分离鉴定和除草活性评价。分别于山东和海南海洋滩涂采集植物样品，采用组织切片法和组织匀浆稀释法，利用3%盐浓度（海水浓度）的马铃薯葡萄糖琼脂（PDA）培养基对其中的真菌进行分离。7d后，根据真菌的形态对其分别进行纯化，此过程进行

2~3次，得到单一真菌菌株。共获得真菌300余株，并进一步通过真菌形态进行排重，对排重后的真菌进行下一步的发酵筛选。利用大米固体培养基或马铃薯葡萄糖水液体培养基对所得的菌株进行小规模发酵培养40d后，再分别采用乙酸乙酯、二氯甲烷：甲醇＝1：1溶剂对菌体进行浸泡，液体培养基采用乙酸乙酯进行萃取。对所得溶液进行减压浓缩蒸馏，采用乙酸乙酯对浓缩后的溶液进行萃取得到粗提物。利用TLC薄层层析、HPLC-UV和HPLC-MS图谱检测次级代谢产物的结构类型、丰富度和产量，并采用种子萌发法、离体叶片法或茎叶处理法对发酵提取物进行除草活性筛选，获得目标菌株。这里，笔者改良了文献报道的除草活性筛选方法，并针对天然产物产量小的问题，开发了适用于小规模除草活性筛选的方法。利用形态学鉴定并结合分子生物学技术提取真菌的基因组，扩增其rDNA-ITS序列，将PCR产物经纯化后测序。将测序结果提交GenBank，并运用BLAST与已有菌株进行同源性比对，找出最相似种属，确定为该菌株的鉴定结果。以3株具有除草活性的菌株为目标菌株，采用大米固体培养基和马铃薯葡萄糖水液体培养基进行实验室规模化发酵。采用活性追踪及化合物色谱示踪的方法，综合运用正反向硅胶柱层析、Sephadex LH-20凝胶柱层析和半制备高效液相色谱等天然产物分离手段，利用NMR、MS、IR、UV、ECD、VCD、OR计算和X-ray单晶衍射等方法鉴定其中的次级代谢产物结构，从中获得了80余个化合物。分别采用种子萌发法和茎叶处理法对获得的部分化合物进行了除草活性测试，评价其作为除草剂的应用潜力，发现苊醌类、3-decalinoyltetramic acids混源萜、xanthone类化合物表现出了明显的除草作用。活性评价过程中发现，较多化合物能够或多或少抑制杂草种子萌发，但是能够完全抑制的化合物数量很少；采用茎叶喷雾法筛选时，很少有化合物表现出明显的除草活性，一方面是因为部分化合物产量很小，无法支撑茎叶喷雾法所用的药量；另一方面，由于杂草属于高等植物，要除杀高等生物显然要比杀死微生物难得多。笔者课题组筛选了40余株海洋真菌对于苋科杂草茎叶除杀作用的效果，在10mg/mL的高浓度下，仅有2株菌株提取物有活性，因此开发海洋微生物除草剂任重道远。

五、海洋微生物次级代谢产物农用活性物质研究实例

以海洋真菌提取物及单体化合物抗植物病原菌活性研究为例。随着经济的发展和社会的进步，人们越来越关注食品安全问题，因此，从天然产物中寻找农药成为科学家们感兴趣的课题。植物细菌和真菌病害是作物减产的重要因素，每年造成巨大的经济损失。目前，对于其防治措施主要为化学农药，长期大量使用容易造成环境污染和病原抗性。海洋独特的水体环境赋予了栖息其中的海洋真菌能够产生结构新颖、活性显著的次级代谢产物的能力，因而成为人们研究的热点，很有希望从中发现新颖的生

物农药。

在本研究中，我们报道了海洋真菌的分离和鉴定，提取物对病原菌的抑制活性，以及次级代谢产物的分离鉴定和活性评价。同时，我们也对活性化合物 alterperylenol 的抗菌作用机制进行了初步的研究。

（一）海洋真菌的分离、鉴定和系统发育树分析

从青岛黄海潮间带植物样品中分离纯化了 141 株真菌，根据形态学排重，选择其中的 31 株进行发酵和活性测试。通过形态学分析和分子生物学方法对 31 株菌株进行了鉴定。所有菌株的 ITS-rDNA 序列与国家生物技术信息中心（NCBI）数据库中的数据相似度很高（99%~100%）。进一步采用 MEGA 6.0 软件进行系统进化树分析发现，31 株真菌分属于 7 科 8 属，包括镰刀菌属（*Fusarium* sp.）、间座壳属（*Diaporthe* sp.）、拟茎点霉属（*Phomopsis* sp.）、球黑孢霉属（*Nigrospora* sp.）、青霉属（*Penicillium* sp.）、链格孢属（*Alternaria* sp.）、红柄微皮伞（*Marasmiellus* sp.）和毛霉属（*Mucor* sp.）。在这其中，*Alternaria* sp. 和 *Fusarium* sp. 是优势菌种，占到了所鉴定菌株总数的 58.06%（10 *Alternaria* sp.、8 *Fusarium* sp.）。

（二）活性海洋真菌的筛选

抗细菌活性。海洋真菌来源的抗细菌活性化合物主要用于医药研究，而用于农药的研究很少。对 31 株海洋真菌提取物进行了抗植物病原细菌活性测试，测试菌株包括丁香假单胞杆菌黄瓜专化型（*P. syringae* pv. *lachrymans*）、西瓜嗜酸菌（*A. avenae*）、胡萝卜软腐欧文氏菌（*E. carotovora*）、水稻白叶枯病菌（*C. michiganensis*）、青枯病菌（*X. oryzae*）和密执安棍状杆菌（*R. solanacearum*）。其中有 24.77% 的海洋真菌提取物在 10.0mg/mL 的浓度下表现出了不同程度的抗细菌活性（见表 3-7），26% 的在 1.0mg/mL 浓度下表现出了很强的抗菌活性（见表 3-8）。其中，*Fusarium equiseti*（P18）、*Penicillium oxalicum*（P19）和 *Penicillium chrysogenum*（P20）在 0.1mg/mL 对 *P. syringae* pv. *lachrymans* 和 *A. avenae* 表现出了明显的抗菌活性，P18 作用效果最强（见图 3-11）。而海洋来源青霉抗植物病原细菌潜力突出，本研究所获得的两株海洋青霉在 10.0mg/mL、1.0mg/mL 和 0.1mg/mL 浓度下都表现出了显著的抗菌活性，与阳性药硫酸链霉素相当。31 株海洋真菌对丁香假单胞杆菌黄瓜专化型（*P. syringae* pv. *lachrymans*）、西瓜嗜酸菌（*A. avenae*）、胡萝卜软腐欧文氏菌（*E. carotovora*）和水稻白叶枯病菌（*C. michiganensis*）的抗菌作用明显，而对青枯病菌（*X. oryzae*）和密执安棍状杆菌（*R. solanacearum*）的抗菌作用相对较弱。*Alternaria* sp.（P8）抗菌谱最广，在 10.0mg/mL 浓度下对所测的病原菌都具有抗菌活性。

表 3-7 海洋真菌提取物（10.0mg/mL）的抗植物病原细菌活性

真菌菌株	P. syringae	A. avenae	E. carotovora	X. oryzae	R. solanacearum	C. michiganensis
P1	+	-	+	-	-	-
P2	+	+	+	-	-	-
P3	+	+	++	-	-	+
P4	++	++	++	-	-	+
P7	-	-	+	-	-	-
P8	+	+	++	+	+	+
P9	++	++	+	-	-	++
P10	-	+	++	-	-	-
P12	-	+	++	-	-	-
P13	-	+	++	-	-	-
P14	++	+++	++	-	-	++
P15	-	+	++	+	-	-
P16	+	+	++	-	-	-
P17	+	+	-	-	-	-
P18	+++	+++	+++	-	-	+++
P19	+++	+++	+++	-	-	++
P20	+++	+++	+++	-	-	-
P23	-	++	-	-	-	-
P24	-	+	+	-	-	-
P25	++	+++	++	-	+	++
P27	++	+++	++	-	-	++
P28	+	+	++	-	-	-
P29	+++	+++	+++	-	-	++
P31	+	-	+	-	-	+

注：阳性对照，硫酸链霉素（1.0mg/mL）；阴性对照，二甲亚砜（DMSO）；-表示没有抗菌活性；+表示弱抗菌活性（抑菌圈5~10mm）；++表示中等强度抑菌活性（抑菌圈10~15mm）；+++表示强抗菌活性（抑菌圈>15mm）。

表 3-8 海洋真菌提取物（1.0mg/mL）的抗植物病原细菌活性

真菌菌株	P. syringae	A. avenae	E. carotovora	C. michiganensis
P8	+	-	-	-
P14	++	-	++	+
P18	+++	+++	+++	+++
P19	+++	-	++	-
P20	+++	-	-	-
P25	+	-	-	-
P27	+	-	-	-
P29	+	-	-	-

注：-表示没有抗菌活性；+表示弱抗菌活性（抑菌圈5~10mm）；++表示中等强度抑菌活性（抑菌圈10~15mm）；+++表示强抗菌活性（抑菌圈>15mm）。

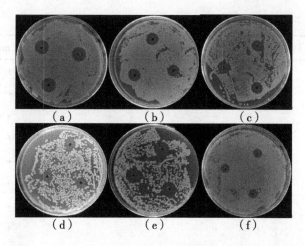

（a）P18 抗 *P. syringae* pv. *lachrymans*；（b）P19 抗 *P. syringae* pv. *lachrymans*；（c）P20 抗 *P. syringae* pv. *lachrymans*；

（d）P18 抗 *A. avenae*；（e）硫酸链霉素抗 *A. avenae*；（f）硫酸链霉素抗 *P. syringae* pv. *lachrymans*

图 3-11　琼脂糖扩散法测试抗菌活性（0.1mg/mL）

（三）抗真菌活性

本研究测试了 31 株海洋真菌的抗植物病原真菌活性，测试菌株包括 *Alternaria alternata*（Fries）Keissler 和 *Phytophthora parasitica* var. *nicotianae* Tucker，其中 16 株真菌显示了明显的抗真菌活性。有 14 株真菌能够抑制 *P. parasitica* var. *nicotianae* Tucker 的生长，只有 4 株真菌能够抑制 *A. alternata*（Fries）Keissler 的生长（见表 3-9，图 3-12），由此可见所得海洋真菌提取物对 *P. parasitica* var. *nicotianae* Tucker 的作用效果要强于 *A. alternata*（Fries）Keissler。由于我们本研究分离获得的 31 株真菌中，*A. alternata* 占了很大一部分，因此同种属的真菌其次级代谢产物可能不会抑制相互之间的生长。P14，P18，P29 和 P31 的抗菌作用效果最强，抑菌圈最大。

表 3-9　海洋真菌提取物（1.0mg/mL）抗真菌活性

真菌菌株	*A. alternata*（Fries）Keissler	*P. parasitica* var. *nicotianae* Tucker
P3	−	+
P7	−	+
P8	−	+
P11	−	+
P12	+	−
P14	−	+
P17	+	−

（续表）

真菌菌株	*A. alternata*（Fries）Keissler	*P. parasitica* var. *nicotianae* Tucker
P18	+	+
P19	−	+
P20	−	+
P22	−	+
P24	−	+
P26	−	+
P27	−	+
P29	+	+
P31	−	+

注：−表示没有抗真菌活性；+表示有抗真菌活性。

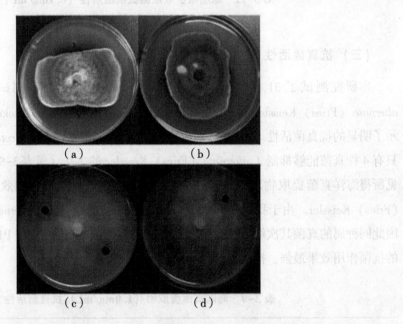

（a）P14 提取物抗 *A. alternata*（Fries）Keissler；（b）P29 的提取物抗；（c）P18 的提取物抗 *P. parasitica*
var. *nicotianae* Tucker；（d）P31 的提取物抗 *P. parasitica* var. *nicotianae*

图 3-12　琼脂糖扩散法测试抗真菌活性（1.0mg/mL 真菌提取物）

（四）化合物 1~4 的结构解析

根据活性测试的结果，我们对 P8 和 P18 的提取物进行了化学成分的研究，从
P18 中获得了 2 个蒽醌类化合物（11*S*）-1,3,6-trihydroxy-7-（1-hydroxyethyl）an-

thracene-9,10-dione（1）和 7-acetyl-1,3,6-trihydroxyanthracene-9,10-dione（2），从 P8 中获得了 2 个苝醌类化合物 stemphyperylenol（3）和 alterperylenol（4）（见图 3-13）。

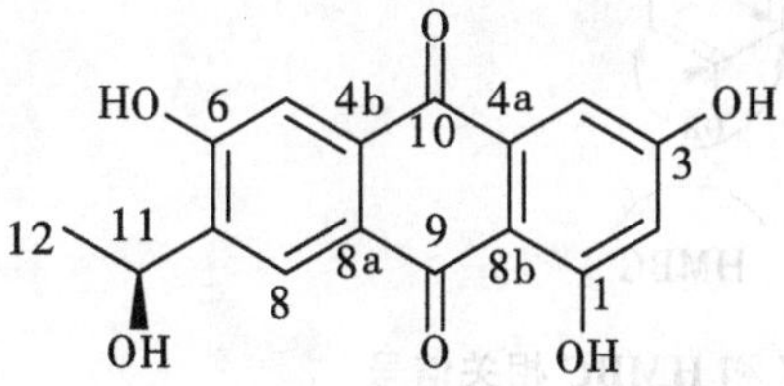

图 3-13　化合物 1~4 的化学结构

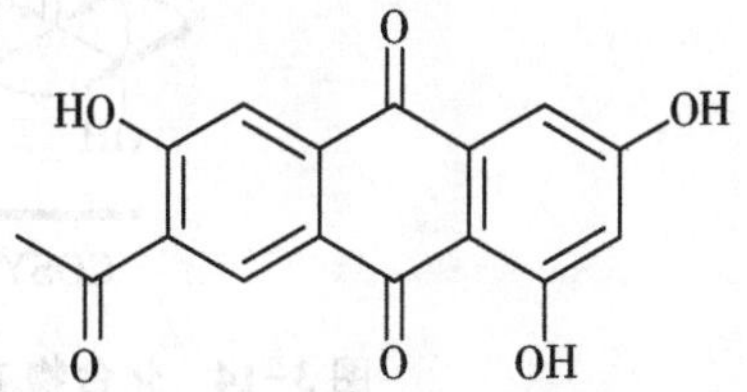

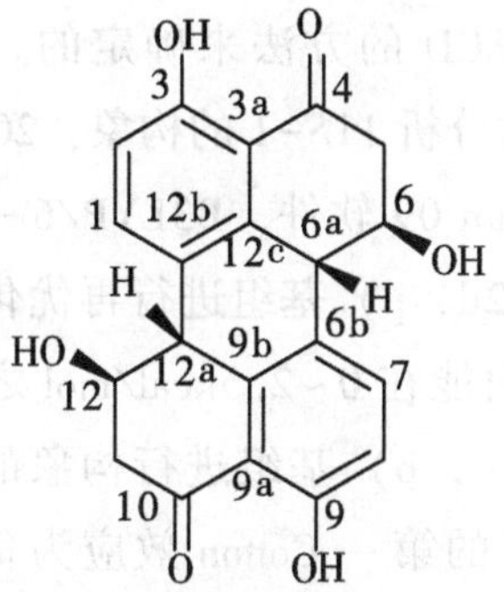

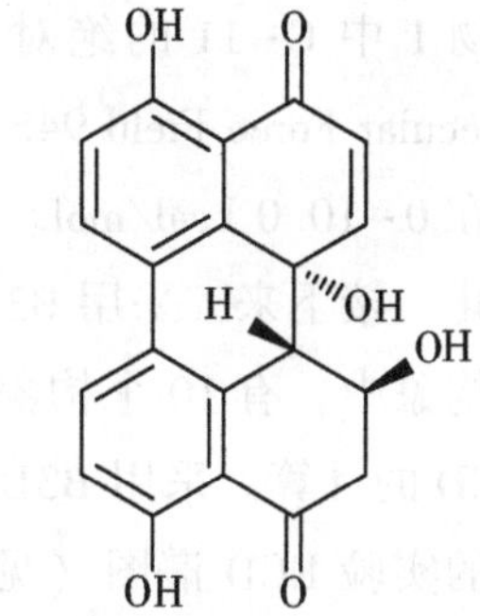

化合物 1 是橙色无定型粉末，分子量为 $C_{16}H_{12}O_6$，提示分子中有 11 个不饱和度。氢谱中在 δ_H 13.04（s）处给出了 1 个酚羟基信号，在 δ_H 8.27（s）和 7.49（s）处给出了 2 个对位苯环氢信号，在 δ_H 7.09（d，J=2.0Hz）和 6.56（d，J=2.0Hz）处给出了 2 个间位苯环氢信号，在 δ_H 5.01（q，J=6.5Hz）处给出 1 个连氧的次甲基信号，在 δ_H 1.32（d，J=6.5Hz）处给出 1 个甲基信号。碳谱和 DEPT 谱给出了 2 个酮羰基信号（δ_C 185.7 和 182.0），4 个亚甲基信号（δ_C 125.1、112.2、108.1 和 107.7），1 个连氧的次甲基信号（δ_C 62.9），8 个 sp^2 季碳信号（δ_C 164.9、164.5、159.4、141.0、135.1、133.3、124.6 和 109.0），以及 1 个甲基信号（δ_C 28.3）。以上这些数据，结合化合物的二维核磁数据，确定为蒽醌类化合物。在 HMBC 图谱中（见图 3-14），OH-1 与 C-1、C-2 和 C-8b 相关，H-2 与 C-4 和 C-8b 相关，H-4 与 C-2、C-8b 和 C-10 相关，H-5 与 C-7、C-8a 和 C-10 相关，H-8 与 C-4b、C-6 和 C-9 相关，确定了化合物蒽醌骨架的结构连接。在 COSY 谱中，H-11 与 H-12 相关，以及 HMBC 谱中 H-11 与 C-6 和 C-8 相关，H-12 与 C-7 相关，提示 1-hydroxy-ethyl 基团连接在 C-7 位。因此，化合物 1 的平面结构确定为 1,3,6-trihydroxy-7-

(1-hydroxyethyl) anthracene-9,10-dione。

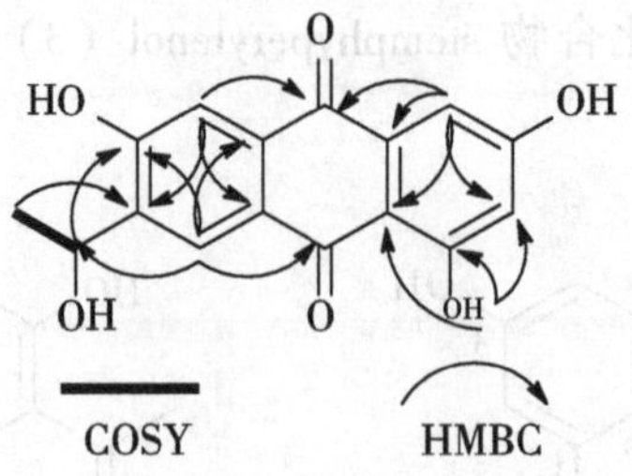

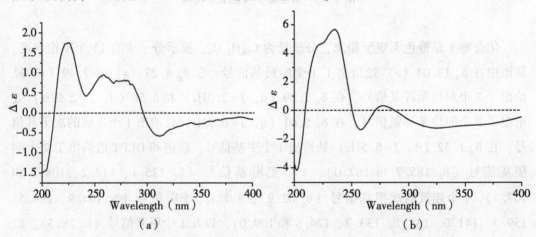

图 3-14　化合物 1 的 COSY 和 HMBC 相关信号

　　化合物 1 中 C-11 的绝对构型是通过计算 ECD 的方法来确定的。首先，采用 Merck Molecular Force Field 94S（MMFF94S）软件分析 11S-1 的构象，20 个最低构象相对能量在 0~10.0 kcal/mol。随后，采用 Gaussian 09 软件，B3LYP/6-31G（d）基组进行优化。接下来，采用 B3LYP/6-311++G（2d，p）基组进行再优化。在计算的最低能量构象中，有 10 个构象的相对吉布斯自由能在 0~2.5kcal/mol 之间，将进一步进行 ECD 的计算。采用 B3LYP/6-311++G（2d，p）基组进行构象的 ECD 计算。化合物 1 的实验 ECD 谱图（见图 3-15）显示了的第一 Cotton 效应为负（312nm），第二 Cotton 效应为正（281nm），第三 Cotton 效应为负（225nm），与实验 ECD 谱图有很好的吻合，因此确定了 C-11 位的绝对构型为 11S。

图 3-15　11S-1 的实验（a）和计算（b）ECD 谱图

　　化合物 1（包含绝对构型）在 SciFinder 数据库中无法查到（https：//scifinder. cas. org/scifinder），其平面结构虽然可以查到，但是并没有报道核磁数据。

　　（11S）-1,3,6-trihydroxy-7-（1-hydroxyethyl）anthracene-9,10-dione（1）：橙色粉末；$[\alpha]_D^{20}$ -22.6°（c 0.10，MeOH）；UV（MeOH）λ_{max}（logε）217（4.16），

285（4.32），430（3.61）nm；ECD（1.11mM，MeOH）λ_{max}（$\Delta\varepsilon$）225（$\Delta\varepsilon$+1.77），241（$\Delta\varepsilon$+0.44），281（$\Delta\varepsilon$+0.83），312（$\Delta\varepsilon$-0.57）；^{1}H NMR（DMSO-d_6，500MHz）δ13.04（1H，s，OH-1），8.27（1H，s，H-8），7.49（1H，s，H-5），7.09（1H，d，J=2.0Hz，H-4），6.56（1H，d，J=2.0Hz，H-2），5.01（1H，q，J=6.5Hz，H-11），1.32（3H，d，J=6.5Hz，H-12）；^{13}C NMR（DMSO-d_6，125MHz）δ185.7（C，C-9），182.0（C，C-10），164.9（C，C-3），164.5（C，C-1），159.4（C，C-6），141.0（C，C-7），135.1（C，C-4a），133.3（C，C-4b），125.1（CH，C-8），124.6（C，C-8a），112.2（CH，C-5），109.0（C，C-8b），108.1（CH，C-4），107.7（CH，C-2），62.9（CH，C-11），28.3（CH$_3$，C-12）；HRESIMS m/z 299.0563（calcd for C$_{16}$H$_9$O$_6$，299.0561）。

其他已知化合物 7-acetyl-1,3,6-trihydroxyanthracene-9,10-dione（2）、stemphyperylenol（3）和 alterperylenol（4），通过比较它们和文献的波谱数据，从而确定了它们的结构。

（五）化合物 1~4 的生物活性

我们测试了化合物 1~4 对 *P. syringae* pv. *lachrymans*、*A. avenae*、*E. carotovora*、*X. oryzae* pv. *oryzae*、*R. solanacearum* 和 *C. michiganensis* 等 6 种植物病原细菌，以及 *A. alternata*（Fries）Keissler、*A. brassicicola*、*P. parasitica* var. *nicotianae* Tucker、*Diaporthe medusaea* Nitschke、*Aspergillus niger* var. *tiegh* 和 *Pestallozzia theae* 6 种植物病原真菌的抗菌活性。在抗细菌活性测试中，alterperylenol（4）对 *C. michiganensis* 表现出了明显的抗菌活性，MIC 达到 1.95μg/mL，为阳性药硫酸链霉素活性的 2 倍（MIC=3.90μg/mL）。化合物 2 对 *P. syringae* pv. *lachrymans*、*A. Avenae* 和 *E. carotovora* 表现出了明显的抗菌活性，MIC 分别为 3.91μg/mL、3.91μg/mL 和 7.81μg/mL；化合物 1 对这 3 株细菌表现出了弱的抗菌活性，MIC 分别为 15.6μg/mL、15.6μg/mL 和 7.81μg/mL，而硫酸链霉素的 MIC 为 0.24μg/mL、0.98μg/mL 和 0.98μg/mL。在抗真菌活性测试中，alterperylenol（3）对 *P. theae* 和 *A. brassicicola* 表现出了明显的抗菌活性，MIC 分别为 7.81μg/mL 和 125μg/mL，作用效果与阳性药多菌灵相当。化合物 1 和 2 对 *P. theae* 表现出了中等程度的抗菌活性，MIC 为 31.3μg/mL，而多菌灵为 7.81μg/mL。

为了进一步确认化合物 4 的抗菌活性，测试了该化合物对 *C. michiganensis* 生长曲线的影响。在对照组中，*C. michiganensis* 的生长经历了 3 个明显的过程（见图 3-16）：缓慢生长期、指数生长期和稳定期。在缓慢生长 8h 后，细菌快速增长进入指数生长期，然后 12h 后，进入稳定期。然而，加入最小抑菌浓度的化合物 4 后，30h 内能够完全抑制 *C. michiganensis* 的生长。结果表明，化合物 4 对 *C. michiganensis* 具有很强的抗菌作用。

海洋活性物质农业应用

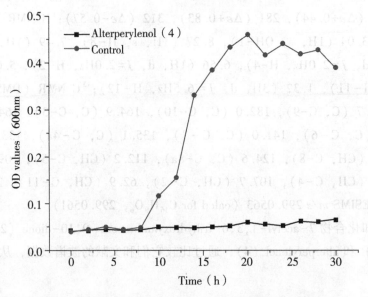

图3-16　空白对照和加入化合物4后细菌的生长曲线

（六）化合物 4 的抗菌作用机理

为了研究化合物 4 的抗菌作用机理，测试了细菌的核苷酸泄漏情况，并通过透射电镜（TEM）和细胞膜电位实验研究化合物 4 对 *C. michiganensis* 细胞膜的影响。细胞膜的破坏能够导致小离子、核苷酸和蛋白质等细胞内容物的外漏，因此测试这些物质能够很好地体现细胞膜的完整性。游离核苷酸的浓度可以通过测试其在 260nm 下的吸光度（OD_{260}）来确定，这种方法被广泛应用于细胞完整度的测定。在本研究中，经不同浓度化合物 4 处理 30h 后，菌液 OD_{260} 值在 3.75 左右，与对照基本相当，表明核苷酸没有外漏，细菌细胞膜是完整的。为了验证这个结论，我们采用 TEM 观察用 4×MIC 的化合物 4 处理过的细菌细胞，结果表明，*C. michiganensis* 的细胞形态正常，细胞膜完整，与空白对照基本相当。以上结果表明化合物 4 没有影响 *C. michiganensis* 细胞膜的完整性。

为了继续探究化合物 4 对细菌细胞膜的影响，采用双（1,3-二乙基硫代巴比妥酸）三次甲基氧杂菁［DiBAC4（3）］检测细胞的膜电位。当细胞膜处于去极化状态时，DiBAC4（3）进入细胞，与细胞内疏水位点相结合，导致荧光强度增加；在去极化缺失状态下，DiBAC4（3）在超极化的细胞外，由于 DiBAC4（3）含量减小，导致荧光强度降低。采用 MIC、2×MIC 和 4×MIC 的化合物 4 处理 *C. michiganensis*，与空白对照相比，荧光强度明显降低。随着加入化合物 4 浓度的增大，荧光强度逐渐降低，提示化合物 4 能够造成细胞膜的超极化，进而抑制细菌的生长。

天然产物的抑菌机理通常包括破坏细胞膜完整性，造成 DNA 损伤，抑制大分子合成等。由于本研究获得的化合物 4 的产量较小，因此只测试了对细胞完整性和膜电位的影响。因此，对于化合物 4 的抑菌机理还需进一步深度研究。

(七) 海洋真菌的分离

海洋真菌于 2016 年 7 月分离自青岛黄海潮间带（36°1′37″S 和 120°28′11″E 的未鉴定的植物。采集到的样品迅速处理，按照之前文献的方法分离、纯化和培养真菌。样品首先经无菌水清洗 3 次，除去表面泥沙。然后用 75% 酒精清洗 1min，并再次用无菌水清洗 3 次。样品切成 0.5cm² 小块，然后放到不同盐浓度（0%、0.5%、1%、3% 和 5%）的马铃薯葡萄糖琼脂（PDA）平板培养基上，培养基中加入 25mg/mL 的氯霉素以抑制细菌的生长。另外，样品切成 1 cm³ 的小块，并加入 2mL 无菌水研磨。将所得的匀浆用无菌水按如下比例稀释（1∶10、1∶100 和 1∶1 000），然后吸取 100μL 到 PDA 平板培养基，涂布均匀，平板培养基密封后，于恒温培养箱中 28℃ 培养 3~7d。根据菌落形态，挑取不同菌落形态的菌丝进行进一步纯化，重复上一步骤。纯化后，挑取菌丝于含有马铃薯葡萄糖水培养基和甘油的冻存管中（体积比为 3∶1），−80℃ 低温保藏于中国农业科学院烟草研究所海洋农业研究中心。

(八) DNA 提取、PCR 和测序

采用 Lysis buffer for microorganisms to direct PCR（Takara，Dalian，China）直接释放真菌的 DNA。取一小块菌丝和 50μL lysis buffer 加入无菌 EP 管中，80℃ 热变性 15min，然后 5 000r/min 离心得到含有真菌 DNA 的上清液。取 5μL 上清液作为模板进行真菌 ITS-ribosomal（r）DNA 扩增，扩增引物采用 ITS1（5'-TCCGTAGGTGAAC-CTGCGG-3'）和 ITS4（5'-TCCTCCGCTTATTGATATGC-3'）。PCR 总体积 50μL 的物质，包括 5μL DNA 模板，1μL 引物（10mmol/L），25μL 2×EasyTaq PCR SuperMix 和 18μL dH₂O。94℃ 预变性后，扩增反应在 94℃ 进行 30s，总共 35 个循环；55℃ 进行 30s；72℃ 进行 1min，最后在 72℃ 延伸 10min。PCR 产物（5μL）在 120V 条件下采用 0.1% 琼脂糖凝胶电泳 30min，然后提交测序。序列与 NCBI 数据进行比对，并申请 GenBank 号。

(九) 系统发育树的构建

登录美国生物信息中心（NCBI）数据库的 GenBank，将海洋来源真菌测序所得的拼接序列进行同源分析，获得其相近同源序列。把真菌 ITS 序列上传至 NCBI 数据库获取 GenBank 序列号。利用 MEGA 6.0（Molecular Evolutionary Genetics Analysis）软

件，借助 Clustal X 采用邻近法（Neighbor-Joining）进行聚类分析，Bootstrap 值 1000 构建系统发育树。

（十）海洋真菌的鉴定、发酵及生物活性测试

每种真菌采用大米固体培养基进行发酵，每瓶含有大米 40g，30mL 无菌水，28℃发酵 4 周。发酵后的大米采用乙酸乙酯和二氯甲烷-甲醇（体积比为 1 : 1），溶液浓缩后，然后采用乙酸乙酯萃取 3 遍，浓缩至干。将乙酸乙酯提取物进行减压柱层析洗脱，洗脱剂采用乙酸乙酯-石油醚（10%）除去脂肪酸，剩余成分用 100%乙酸乙酯洗脱，并浓缩至干待用。

乙酸乙酯提取物对 *P. syringae* pv. *lachrymans*、*A. avenae*、*E. carotovora*、*X. oryzae* pv. *oryzae*、*R. solanacearum* 和 *C. michiganensis* 的抗菌活性是通过琼脂糖扩散法测定的。采用 LB 培养基 37℃条件下对细菌过夜培养，调整菌液浓度为 $2 \times 10^5 \sim 5 \times 10^5$ CFU/mL 之间。取 100μL 菌液均匀涂布于 PDA 固体平板上，用打孔器在距培养基边缘 2cm 处打 3 个位置均匀的孔（直径 6mm），并用挑针把琼脂挑出。提取物用 DMSO 溶解，配制成 10.0mg/mL、1.0mg/mL 和 0.1mg/mL 的溶液，每孔加入 10μL。用硫酸链霉素作阳性对照，DMSO 作阴性对照。培养基于 37℃培养箱培养 24h，测量抑菌圈直径，评价抗菌活性。

采用琼脂糖扩散法测试乙酸乙酯提取物的抗真菌活性。在 PDA 培养基上生长 7d 的真菌用打孔器打一菌块（直径 7mm），并放在 PDA 培养基中央。在离培养基边缘 1.5cm 处打两个直径为 6mm 的小孔。乙酸乙酯提取物用 DMSO 溶解，配制成 1.0mg/mL 的溶液，每孔中加入 10μL 溶液。采用 DMSO 做空白对照，平板培养基于 28℃培养 5d，统计抑菌圈大小。

（十一）化合物 1~4 的分离纯化及结构鉴定

由于发酵规模较小，从每个菌的发酵提取物中获得了 2 个化合物。P18 首先经过 ODS 反向硅胶柱层析（RP18，40~63μm；Merck，Billerica，MA，USA），然后采用（30%~50%）甲醇-水梯度洗脱，后经过 Sephadex LH-20 凝胶柱层析（GE Healthcare，匹兹堡，美国）纯化，洗脱溶剂采用二氯甲烷：甲醇（体积比为 1 : 1），化合物 1（4.4mg）和 2（2.1mg）。P8 的乙酸乙酯提取物首先经过 ODS 反相硅胶柱层析，30%~50%甲醇-水洗脱，然后通过 Sephadex LH-20 凝胶柱层析（二氯甲烷-甲醇；体积比为 1 : 1）纯化，最后经 HPLC 25%乙腈-水制备，获得化合物 3（4.1mg）和 4（3.6mg）。

旋光仪 JASCO P-1020（日本 Jasco 公司）；Techcomp UV2310Ⅱ紫外分光光度计（天美集团）；BioTools ChiralIR-2X 震动圆二色光谱仪（美国 BioTools 公司）。核磁共振波谱仪 Agilent DD2 500（美国安捷伦公司）；质谱仪 ESI-MS Q-TOF Ultima Global

GAA076（美国 Waters 公司）；高分辨质谱仪 LTQ Orbitrap XL（美国赛默飞公司）；高效液相色谱仪（美国 Waters 公司）；C18 柱：（5μm，10mm×250mm，美国 Waters 公司）；正相柱层析硅胶 100~200 目，200~300 目（青岛海洋化工厂）；octadecylsilyl 反相硅胶（RP18，40~63μm；美国默克公司）；凝胶 Sephadex LH-20（美国 GE 公司）；正相 TLC 预制板（烟台汇有硅胶开发有限公司），采用含饱和香草醛的 12% H_2SO_4-H_2O 溶液显色；HPLC 用甲醇和乙腈为色谱纯（国药集团），其他试剂均为分析纯。

（十二）化合物的活性测试

活性化合物的最小抑菌浓度 MIC。本研究测试了化合物 1~4 对 6 种植物病原细菌的抗菌活性，包括 5 种革兰氏阴性菌 *P. syringae* pv. *lachrymans*、*A. avenae*、*E. carotovora*、*X. oryzae* pv. *oryzae* 和 *R. solanacearum*，以及 1 种革兰氏阳性菌 *C. michiganensis*，采用 2 倍稀释法来确定化合物的最小抑菌浓度 MIC。简单来说，将 1.0mg 化合物用 50μL DMSO 和 950μL 无菌水溶解，配制成浓度为 1.0mg/mL 的溶液。每孔加入 50μL 化合物溶液，50μL 无菌水进行 2 倍稀释，后每孔补充 50μL 细菌菌悬液（2×10^5~5×10^5CFU/mL），得到浓度为 0.98~125μg/mL 的化合物溶液。DMSO 的终浓度为 1%。将 96 孔板于 37℃培养 24h，观察最小抑菌浓度。所有实验进行 3 次重复，LB 培养基、DMSO（1%）和硫酸链霉素分别作为空白对照、阴性对照和阳性对照。

化合物 1~4 的抗真菌活性也同样是通过微量稀释法测试的。采用的目标病原菌为 *A. alternata*（Fries）Keissler、*A. brassicicola*、*P. parasitica* var. *nicotianae* Tucker、*D. medusaea* Nitschke、*A. niger* var. *tiegh* 和 *P. theae*，病原菌在马铃薯葡萄糖水培养基上 28℃生长 72~120h，用无菌水洗孢子，孢子浓度达到 1×10^5CFU/mL，然后加入 96 孔板中，后加入 250μg/mL 样品进行二倍稀释，最后再加入孢子悬液补充至 200μL，使浓度为 0.98~125μg/mL。空白培养基，多菌灵和 1% DMSO 分别作为空白对照，阴性对照和阳性对照。培养基于 28℃培养 72h，测试最小抑菌浓度。

（十三）化合物 4 对 *C. michiganensis* 生长曲线的影响

将指数期生长的 *C. michiganensis* 浓度调整至 1×10^6CFU/mL，然后添加化合物 4 使其浓度达到最小抑菌浓度，另外一组添加 DMSO 作为对照。细菌在 37℃，150r/min 培养，每 2h 检测 OD_{600} 值。

（十四）核苷酸泄漏测试

生长指数期的 *C. michiganensis* 细菌 5 000r/min 离心 5min，并用 0.85% 生理盐水

清洗 3 次，调整菌液浓度为 $1×10^6$CFU/mL。随后加入化合物 4，使其终浓度分别达到 MIC、2×MIC、3×MIC 和 4×MIC，并在 37℃ 培养。使用 DMSO 作为对照。用 0.22μm 滤膜过滤除去细菌细胞，每 2h 测试 OD_{260} 值。

（十五）透射电镜实验 TEM

化合物 4（4×MIC）*C. michiganensis* 中，细菌培养 12 h，细胞经过 5 000r/min 离心 5min，然后用 0.85% 的生理盐水清洗。随后，采用 2.5% 的戊二醛固定 4h，1% 锇酸固定 1.5h，并用 0.1mol/L 磷酸缓冲液清洗 3 遍。采用梯度的丙酮（0%，70%，90%，100%）洗脱。嵌入环氧树脂并在不同温度下固定，样品切成 70nm 大小，采用醋酸铀酰柠檬酸铅染色，Reichert-Jung ULTRACUT E 检测。

（十六）细胞膜电位差的测定

病原菌摇至对数期，调整菌液浓度至 $1×10^6$CFU/mL。称取适量化合物加入菌液中，分别配成 1×MIC、2×MIC 和 4×MIC 浓度梯度的溶液。室温下孵育 30min。随后加入 5μmol/L 的荧光探针 DiBAC4（3）。待反应 5min 后，用荧光分光光度计检测激发波长 492nm 和发射波长 515nm 下的吸光度。

总结来说，从青岛潮间带海洋植物中分离获得了 141 株真菌，鉴定了其中 31 株。通过化学筛选和生物活性筛选，选择两株真菌进行化学成分的研究，从中分离获得了化合物 1~4。这些化合物表现出了抗细菌、抗真菌等活性，其中，化合物 4 能够通过造成 *C. michiganensis* 膜电位超极化抑制细菌生长，而不破坏细菌细胞膜结构。本研究报道的海洋真菌抗细菌活性十分有趣，因为目前很少有研究报道海洋真菌的抗植物病原细菌活性。我们的研究结果表明，海洋真菌活性物质非常有潜力开发成为新型生物农药。

六、海洋微生物农药的研究展望

微生物农药作为公认的"无公害农药"，防治对象不易产生抗药性，不伤害天敌，繁殖快，是综合防治农业病虫草害的重要手段，并具备可在人为控制下进行规模化培养、不破坏野生生态资源、成本相应较低等独特优点。在国家着力加强农业供给侧结构性改革的今天，发展微生物农药的研究极为迫切。

数千年前，人类就认识到海洋生物的药用价值，并在漫长的历史发展过程中不断地进行应用和探索，为近代和现代海洋药用生物的应用开发积累了宝贵的经验。在海洋特殊的环境中，海洋生物为在生存竞争中求得个体和种群的生存和繁衍，经过长期的进化演变产生了种类繁多、结构新颖、功能特殊的代谢产物，通过麻痹和毒杀等方式来抵御海洋环境中的捕食者、竞争者及猎物，或用以防范天敌的进攻和捕猎，避免海洋无损生物附着，以及物种间的信息传递等。现代药理学研究表明，许多海洋生物含有的次级代谢产物具有很好的药理活性，可用于医药和农药的研究。海洋生物组织细胞内和细胞外栖息了大量微生物，包括细菌、真菌、蓝细菌等。这些共生微生物从其宿主获得营养，而对宿主来说共生微生物可能参与了其天然产物的合成。对海绵动物、被囊动物、软体动物、苔藓动物、腔肠动物等重要药源生物进行的研究发现，通过食物链摄入的或共生的细菌、微藻等微生物，可能是某些海洋天然产物或其类似物的真正生产者。因此，海洋微生物成为人们研究医药和农药的热点资源。对海洋微生物活性物质的研究始于 20 世纪 40 年代，头孢菌素的发现拉开了人们对海洋微生物药用活性物质研究的序幕。

对于海洋微生物农药的研究与医药有所不同，除利用海洋微生物次级代谢产物作为生物农药外，可直接利用活体海洋微生物和发酵提取组分进行农药的开发，因此海洋微生物农药的研究范围更广，成药前景更大。现阶段，海洋微生物农药的研究还不太深入，只停留在菌种的筛选、菌种发酵条件的优化、粗提物盆栽实验阶段，对菌种发酵液中的农用活性物质的分离纯化及结构研究还有待深入，对活性作用机理和毒性评价的研究涉及较少，离开发成为成熟的农药制剂还有很长的路要走。

同时，对于海洋微生物资源还有待深入挖掘。目前人们对于深海、极地环境下的微生物知之甚少，对于极端环境微生物生态类群尚未充分详细地研究。再者，许多海洋微生物并不能通过常规的培养方法进行培养，因而还需要探索新的培养方法。具有丰富多样性的海洋微生物是天然产物发现的最后的巨大资源，发展新的培养技术和分离方法是发挥其开发潜力的保障。海洋微生物发展潜力依赖于许多因素，由于一种农药的研究需要投入大量时间和金钱，因此需要学术领域的研究和企业的强力推动。相信在科技迅速发展的今天，在科学家的共同努力下，我国海洋微生物农药的发展必将具有广阔的发展前景。

第四节　海洋微生物肥料

化肥的施用对农业生产做出了巨大的贡献，中国是一个人口众多的国家，粮食生产在农业生产的发展中占有重要的位置。施肥不仅能提高土壤肥力，而且也是提高作物单位面积产量的重要措施。化肥是农业生产最基础而且是最重要的物质投入。据联合国粮农组织统计，化肥在对农作物增产的总份额中占 40%~60%。然而长期过分依赖于化学肥料造成农田有机质不足、土壤板结、肥力下降等问题，进而导致农作物品质降低。不仅如此，大量化肥的使用还造成环境污染和食品安全问题，严重危害人们的健康。随着生态农业和绿色食品生产的兴起和发展，微生物肥料逐步引起了人们的重视。由于其能够消减因大量使用化学肥料而引起的环境污染、食品安全等问题，具有很大的发展前景，成为国内外研究的热点。目前，微生物肥料逐步成为我国国家生态示范区、绿色和有机农产品基地等肥料的主力军，同时其具有的经济效应、社会效应以及生态效应，有助于我国农业的可持续发展。

一、海洋微生物肥料定义

微生物肥料亦称菌肥、生物肥料、接种剂等，指一类含有活微生物的特定制品，通过其中所含微生物的生命活动，增加植物养分的供应量或促进植物生长，改善农产品品质及农业生态环境，其中活微生物起关键作用。微生物肥料可分为两类：一类是通过其中所含微生物的生命活动来增加植物营养元素的供应量，改善植物营养状况，进而增加产量，如根瘤菌肥；另一类是广义的微生物肥料，通过其中所含微生物的生命活动及其产生的次级代谢物质，如激素类等，不仅能提供植物营养元素的供应，而且还能促进植物对营养元素的吸收利用，甚至还能拮抗某些病原微生物的致病作用，减轻病虫害的发生。近年开发的植物促生根际细菌微生物肥料就属于后者，这类肥料在目前的生产应用中种类繁多。通过微生物的生命活动，微生物肥料具有改良土质、增进土壤肥力、促进作物的营养吸收、增强作物抗病和抗逆能力等重要功能。

二、海洋微生物肥料研究进展

从我国农业生产发展的战略高度看，微生物肥料的发展是可持续农业、有机农业的要求，也是我国无公害、绿色食品生产的需要，对减少化肥和农药用量、缓解环境污染具有重要意义。根据估计，若我国微生物肥料的产量占化肥产量的3%，则粮食产量可增加50亿~100亿 kg，可见微生物肥料具有非常广阔的发展潜力。目前对于海洋微生物的研究进行得如火如荼，涉及医药、生物、化工、农业等多个领域，然而对于海洋微生物肥料的应用研究还很少。海洋微生物资源丰富，同时具有显著多样的生物活性，具有开发成为新型微生物肥料的潜力，值得科研人员花力气去研究。

2007 年，中国海洋大学生物工程开发有限公司历经多年的实验研究，成功推出"海状元"双动力微生物菌肥，并开始大量投放市场。该产品通过生物发酵技术将从海藻中提取的几十种活性物质与多种特异功能菌株有机地结合在一起，融合了海藻肥和微生物菌肥的双重功效，达到了优势互补，在效果上超越了单纯的海藻肥和微生物菌肥，可大幅减轻作物枯萎、黄萎、根腐、疫病、根结线虫、茎基腐等因重茬造成的病害，并可疏松改良土壤，培肥地力，解磷解钾，减轻土壤中残留氯根、亚硝酸盐等有害物质对作物的危害。海藻活性物质中的海藻低聚糖、甘露醇、甜菜碱、酚类、氨基酸、矿物质、维生素等，能促进作物蛋白质和糖的合成，增强作物光合作用和根系的生长发育，增强作物的新陈代谢、抗菌、抗病毒、抗寒、抗旱、抗涝能力，可大大提高作物的免疫力。"海状元"双动力微生物菌肥填补了国内复合微生物菌肥领域的一项空白，达到了国际先进水平。

唐吉亮等（2012）对海洋奇力牌双动力生物菌肥的功能特点、适用范围、用法用量和注意事项等进行了详细地介绍。该产品是运用现代生物技术加工手段生产的新型生物菌肥料，适用于各种土壤，耐高温、耐严寒、抗病能力强，还能够提高作物抗逆性、优化作物品质，是现代农业生产无公害绿色有机产品的理想肥料。该产品具有以下特点：第一，强力生根，促进作物生长，根长、根白，促进作物吸收水分及营养，能使农作物提早成熟6~7d，增产10%以上；第二，激活土壤养分，提高肥效，本产品能快速分解和活化土壤中存留的难溶态养分，使其迅速转化为水溶性速效养分，与化肥或有机肥混施，可延长肥效20d以上，节省化肥或有机肥10%以上；第三，抗病害，提高作物抗性，有效铲除因重茬引起的病害，对缓解药害有奇效；第四，高肥力地块蓄水保肥，降解药害残留，可促进土壤团粒结构的大量生成；第五，提高作物品质，培育绿色食品，使农产品中氨基酸、维生素C、蛋白质含量明显增加，从而改善和提高农产品质量。科学家检验了海洋奇力双动力生物菌肥和海洋奇力双动力营养素在大豆上的应用效果。它们在大豆上应用可激活土壤营养，提高肥效，强生壮根，促进籽粒饱满，抑病抗菌，增强农作物的天然抵抗力，提高作物抗逆性，对农作物的健康提供保障，减少农作物对化学药品的依赖性，优化作物品质，培育绿色食品，同时实现了更高的产量和利润。

三、海洋微生物肥料在农产品上的应用

科学家探讨了海藻生物菌肥在葡萄上的应用效果。结果表明：使用海藻生物肥处理的葡萄长势良好，抗病性强，表现为新梢生长快、茎粗壮、叶片大、颜色黑绿、不易染病；葡萄品质提高，表现为着色早，红色度大，颜色鲜，光泽好，口感好，使用海藻生物肥处理的葡萄固形物含量比对照增加了1.3个百分点；葡萄产量提高，表现为果穗质量比对照高100g，粒重提高2g，亩产量提高234kg，增产率为26.4%。总体来看，施用海藻生物肥的葡萄在新梢长度、穗质量、粒质量、产量、着色、含糖量等方面均超过对照，施用该肥料绿色环保，值得大力推广。

科学家探讨了海藻微生物肥料最佳施肥量，在实验室条件下研究了海藻微生物肥料施肥量在5kg/hm²、15kg/hm²、45kg/hm²、135kg/hm²时对小麦苗长、苗干重、根长及叶绿素含量的影响。结果表明，当施肥量为15kg/hm²时，小麦幼苗的苗长、苗干重、根长及叶绿素含量均达到最大值，适量的海藻微生物肥料对小麦的生长具有明显的促进作用。该研究为海藻微生物肥料在农业生产中的应用提供科学依据。海藻微

生物肥的促植物生长作用是由于海藻中本身含有一定的促进生长因子，再加上微生物代谢也进一步促进了海藻中有效因子的产生和释放，此外，有益微生物在代谢过程中也产生了一定量的促生长激素，从而对植物的出苗和根系生长产生了综合促进作用。但随着施肥量的增多，植物的生长速度反而降低，表明在使用该海藻微生物肥料时施肥量不宜过多。同时，在贮藏微生物肥料时应避免阳光直射，以免紫外线杀死肥料中的微生物。施用微生物肥料应注意肥料的生产日期，最好当年施用，否则肥效会明显降低；当土壤生态环境适合微生物肥料中的有益微生物活动时，可提高微生物肥料的肥效。

科学家通过海洋生物菌剂在辣椒上的肥效试验，验证海洋生物菌剂在辣椒上的应用效果。试验表明，在辣椒田施用海洋生物菌剂有以下效果。一是植株长势良好。植株叶色深、茎秆粗壮、根系发达、抗病力增强，结果后辣椒果实均匀，成熟度较好。二是缩短生育期。增施海洋生物菌剂，可促使辣椒转色期提早 2d 左右。三是增产、增效。使用海洋生物菌剂后，辣椒增产率高达 17.1%。四是对提高辣椒的出干率和色价有一定帮助。五是海洋生物菌剂使用方便，在辣椒上施用，可提高作物抗性，增产、增效明显，可在生产中推广应用。

科研人员进行了海藻菌露在辣椒上的施用效果试验，以验证海藻菌露促进辣椒生长、增加产量的效果。结果表明，在辣椒田施用海藻菌露肥料，有明显增产效果，能有效促进植株生长发育，加快生育进程，增加产量。

科研人员以苹果砧木平邑甜茶幼苗为试材，在苹果连作土盆栽条件下研究了棉隆熏蒸加海藻菌肥对幼苗生长以及土壤环境的影响。结果表明，与连作土对照相比，棉隆熏蒸和海藻菌肥均提高了甜茶幼苗的生物量指标，二者组合使用效果最为显著；棉隆、海藻菌肥、棉隆加海藻菌肥均提高了甜茶幼苗根系呼吸速率以及三种根保护性酶超氧化物歧化酶（SOD）、过氧化物酶（POD）和过氧化氢酶（CAT）的活性，其中棉隆加海藻菌肥的效果最明显；棉隆加海藻菌肥提高了幼苗根系总长度、根表面积、根体积、根尖数；海藻菌肥显著增加了土壤中细菌与真菌的数量，棉隆加海藻菌肥增加了土壤中细菌数量以及土壤中细菌与真菌的比值。棉隆熏蒸加海藻菌肥能更有效地减轻苹果连作障碍。该研究表明海藻菌肥是一种理想的防控苹果连作障碍的措施，为生产应用提供了理论依据和实践意义。

科研人员以玉米为试验材料，通过盆栽灌溉施肥试验，研究了海洋侧孢短芽孢杆菌 AMCC10172 对玉米生长发育的影响相关性，明确了其在不同灌溉条件下对盆栽玉米产量、干物质积累量、叶绿素值、玉米植株体内及土壤氮磷钾的影响。试验结果表明：①适量的海洋侧孢短芽孢杆菌在土壤中能不同程度提高盆栽玉米的产量，但施用过量会限制玉米产量的增加；海洋侧孢短芽孢杆菌、有机肥和水相互作用可以提高土壤有效磷含量，降低过度施肥对土壤磷素含量造成的影响，大幅度提高各养分利用率；一定量的海洋侧孢短芽孢杆菌能够促进植株对磷素的吸收，增加植株体内磷素的积累量；能够提高玉米抗旱性，在干旱胁迫下能够提高玉米植株对氮素的吸收利用。② 施用海洋侧孢短芽孢杆菌菌肥能提高植株钾积累量，随着施用量的增加，植株内钾累积量增加，在干旱情况下，适量的海洋侧孢短芽孢杆菌和有机肥能提高玉米对钾素的累积，增加玉米产量。

四、海洋微生物肥料的生存环境

微生物肥料是一类农用活菌制剂，从生产到使用都要注意给产品中微生物一个合适的生存环境，主要是水分含量、pH 值、温度、载体中残糖含量、包装材料等。由于在实验室中的培养环境较为适宜，微生物长势较好，然而真正投放田间时，由于营养、温度、湿度等环境条件原因，往往造成实际情况与实验室结果相差较大。例如，产品中水分含量过高易滋生霉菌，过多的霉菌常可造成种子霉烂，导致缺苗断垄；温度过高过低可导致产品中微生物数量减少；产品冻融或反复冻融也是造成产品中活菌数量剧减的一个重要原因。

海洋微生物由于生活环境恶劣，尤其是一些极端环境微生物，例如存在于深海中的嗜热菌、嗜冷菌、嗜酸菌、嗜碱菌、嗜压菌和嗜盐菌等，他们能够很好地适应恶劣环境，因此很可能具有比陆地微生物肥料更为稳定的作用和优势。中国海洋微生物菌种保藏管理中心（Marine Culture Collection of China，MCCC）从 2004 起整合了全国 10 家涉海科研院所在内的近海、深海与极地的微生物菌种资源，初步建立了我国第一个具有代表性的海洋微生物菌种保藏管理中心，目前库藏海洋微生物 16 000 多株，其中细菌 518 个属，1 973 个种；酵母 38 个属，128 个种；真菌 90 个属，170 个种，涵盖了国内海洋微生物的所有的分离海域和生境，来源多样，除了我国各近海，还包括三大洋及南北极，有较多的嗜盐菌、嗜冷菌、活性物质产生菌、重金属抗性菌、污染物降解菌、模式弧菌、光合细菌、海洋放线菌、海洋酵母以及海洋丝状真菌等。随着我国海洋微生物研究的不断深入、研究方法的不断改进、菌种资源的持续增多，这些都为进行海洋微生物农用活性的筛选和研究提供了有力的保证。

第五节 海洋微生物与水产养殖

中国是世界上最大的水产品生产和消费国家，根据 2020 年《中国渔业统计年鉴》显示，中国水产品总产量 6 549.02 万 t，其中养殖产量 5 224.20 万 t，占总产量的

79.8%，捕捞产量 1 324.82 万 t，占总产量的 20.2%；全国水产品人均占有量46.39kg。因此为满足人们对水产品日益增长的需求，近年来水产养殖业发展迅速，已经成功实现了从"以捕捞为主"向"以养殖为主"的转变。

随着规模化、集约化、高密度养殖逐渐成为我国水产养殖业的发展主流，养殖水体的自身污染日益严重，养殖水体质量日益下降，养殖环境日趋恶化，导致了一些水产疾病的出现与蔓延。种种迹象表明，病害已成为制约水产养殖业持续健康发展的主要瓶颈。为了防止病害的发生与蔓延，人们在水产养殖水体中投注了大量的化学合成药物和抗生素等药物，这在抑制、杀灭病原生物的同时也杀灭了有益微生物，并造成水体环境的污染。由此，水产微生态制剂的研制开发被提到了议事日程。

澳大利亚联邦科学与工业研究组织（CSIRO）已经生产出一种对虾饲料添加剂，可以使生长速度提高约 30%，生产出更健康的虾，并且不需要用鱼制品生产虾的日粮，是世界上第一个可持续发展的饲料添加剂。该饲料使用的原料完全来自海洋环境中处于海洋食物链最底层的海洋微生物。研究人员历时十多年研究，对发生在养虾池塘和入海河口的天然海洋微生物作用进程及微生物在虾营养中所起的作用加以认识和理解，以此为基础，最终研发出了 Novacq 添加剂。研究人员找到了如何培植和收获海洋微生物，以及将它们转化为可用作饲料添加剂原料之一的生物活性成分的方法。近年来，该添加剂在澳大利亚和亚洲地区进行了大量试验，并被证实完全可以替代虾饲料中所采用的鱼粉和鱼油。

一、海洋微生物制剂对水产养殖环境的调控

海洋微生物制剂作为新型的水质、底质净化改良剂，能够清除或分解养殖环境中长时间积累的有害氨基酸、亚硝基氮、硫化氢等物质以及大量残饵、粪便、腐殖质及有害物质，使之先分解为小分子多肽、高级脂肪酸等，再分解为更小的分子有机物氨基酸、低级脂肪酸、单糖、环烃等，最后分解为硝酸盐、硫酸盐等，防止氨、氮、硫化氢的产生，提高底质氧化还原电位和溶解氧，有效地调控和改善水质，并能在有效修复养殖水体的同时不破坏水体生态平衡，促进生物饲料中有益藻类生长繁殖，且能为有益单胞藻类为主的浮游植物提供营养物质，促进其繁殖，维持藻相和菌相平衡，形成理想的水环境。这些以藻类为主的浮游植物通过光合作用为养殖环境中的浮游动物、底栖动物、鱼虾类等水产养殖动物的呼吸和有机物的分解矿化提供氧气，从而形成良性循环，既调整和改善了水质、底质环境，又有益于水产养殖动物的生长。郑天凌等（2006）筛选了海洋来源的胞外酶活性高的有机物降解转化菌，包括蛋白质降解菌、油脂降解菌、淀粉降解菌、几丁质降解菌、纤维素降解菌、有机磷降解菌、光合细菌、乳酸菌、氨化细菌、亚硝化细菌、硝化细菌、反硝化细菌、无机磷溶解菌、

硫氧化细菌，对筛选的菌株进行了酶活测定，筛出具有较高活性的菌株 49 株，利用透明圈法进行功能菌的筛选，选出了 15 株具有淀粉酶活性和 24 株具有蛋白酶活性的菌株。

二、海洋产酶微生物制剂在水产饲料中的应用

以抗生素为代表的现行病害防治手段正在世界范围内被许多国家禁用和取缔。目前我国水产养殖中，抗生素、激素的大量使用及滥用的弊端日益显露出来，危害人民身体健康，水产养殖产品出口受限，制约该产业的发展和出口创汇。利用海洋微生物产生的活性和酶类等特性优势，开发具有天然性、多功能性、无毒副作用、无药残、无抗药性的绿色生态制剂——海洋微生物制剂，作为水产饲料添加剂饲喂水产动物，已显示出效果显著和防治主动等特点，具有广阔的应用空间。海洋微生物添加剂中除了有益菌外，还含有由这些微生物在其代谢过程中产生的丰富维生素、酶、多肽等多种营养成分和某些重要的协同因子，是一种基本的营养源和胃肠调节剂，并可促进某些酶系的活性。芽孢杆菌在繁殖扩大过程中产生的蛋白酶、淀粉酶、脂肪酶能迅速降解鱼虾残留饲料和排泄物中蛋白质、淀粉、脂肪等有机物，在养殖环境中其他微生物的共同作用下，大部分进一步降解为二氧化碳和水，小部分成为新细胞合成的物质。芽孢杆菌类微生态制剂具有较高的蛋白酶、淀粉酶和脂肪酶活性，同时还具有降解植物饲料中复杂碳水化合物的酶，这些酶如纤维酶、果胶酶等有助于肠道对有机质的消化作用，从而表现出良好的抗病促生长效应。海洋微生物制剂中乳酸菌等优势菌群所产生的有机酸可直接参与机体代谢，为水生动物提供能量，降低肠道 pH 值，提高消化酶的活性，抑制或杀灭有害菌和潜在的病原微生物，增殖有益菌，减少营养物质的消耗，增强对矿物质和维生素的吸收，改变肠道微生态区系，使肠内腐败菌减少，导致胺、氨浓度下降，同时还合成 B 族维生素和促生长因子，为动物提供营养。海洋微生物添加剂可促进特定的菌群生长繁殖，被激活的微生物能促进对乳酸的利用，而对氨的利用可促进菌体蛋白的合成，改变微生物蛋白氨基酸的组成。通过细菌的大量繁殖，合成大量菌体蛋白，调节消化吸收，从而达到促进水生动物生长，提高饲料转化率的目的。益生菌还可产生非特异性免疫调节因子，激活免疫细胞和巨噬细胞，增强水生动物机体免疫功能，防止水生动物的传染性疾病和调整机体生理机能，替代抗生素等化学药物，避免药物残留，保证水产养殖动物产品质量和人类生存环境与健康。

水产饲料中添加蛋白酶，可使高分子的蛋白质降解为低分子的肽及各种氨基酸，易被消化吸收，提高饲料利用效率。由于水产动物消化道环境呈中性或偏碱性，对水产饲料中添加外源酶时需注意选择适宜中性偏碱性等条件下的酶类，才能达到较佳效果，因此，中性偏碱性的蛋白酶作为饲料酶在水产养殖的应用越来越受到关注。研究

者从大连海域的鱼类、贝类、海参肠道中经过初筛分离得到株产碱性蛋白酶的海洋细菌，再从其中经过复筛筛选得到株产碱性蛋白酶较高的海洋细菌枯草芽孢杆菌 HS1-156，对菌株的发酵液冷冻离心粗提物的酶学性质进行了初步研究，发现菌株所产碱性蛋白酶最适温度为40℃，在25～45℃范围内该菌种的蛋白酶具有良好的热稳定性，属于一种中温蛋白酶。该酶最适范围内具有良好的稳定性，因此它应属于碱性蛋白酶类。对菌株产酶发酵培养基进行了优化研究。通过单因素试验，确定该菌株产酶培养基中，最佳碳源为葡萄糖，最佳氮源为牛肉膏和酵母粉混合物，添加金属离子促进产酶。通过正交试验，确定了最佳产酶培养基组成为葡萄糖、牛肉膏、酵母粉。对该菌株产酶发酵条件经过优化，确定最佳发酵条件为培养基初始 pH 值 8.0、发酵温度30℃、接种量3%。最终经过发酵培养基和发酵条件优化后，菌株产碱性蛋白酶的酶活力达到比优化前的产酶量提高了 3.7 倍。

研究者从海参肠道内的海泥中分离得到 1 株枯草芽孢杆菌菌株，能产生广谱抗水产养殖病原菌物质，该菌对革兰氏阴性菌和革兰氏阳性菌具有较强的抗性，抑菌活性较高，遗传稳定性较好，具有一定的开发价值。对该海洋枯草芽孢杆菌产活性物质进行了初步确定，蛋白分子质量范围检测，以及它对温度、酸碱度、紫外线照射和有机溶剂处理的稳定性。经蛋白酶检测后，能够确定菌株产的活性物质属于蛋白质；用饱和度的硫酸铵沉淀提取的粗蛋白，抑菌活性最高；采用超滤方法分离蛋白，并检测活性物质的分子量大于50kDa。菌株发酵液对高温具有一定的耐受性，有较宽的值适应范围，紫外线照射与有机溶剂对发酵液的抑菌活性影响很小。通过酪素平板、羧甲基纤维素钠平板、淀粉平板检测后，发现菌株具有产蛋白酶、纤维素酶以及淀粉酶的能力。

三、海洋微生物对水产病害的防治

病害的防治和控制已经成为水产养殖应该解决的首要问题，海洋微生物制剂用于特定的养殖环境中，能很快生长繁殖成水中优势菌群，通过食物场所竞争及分泌类抗生素物质，直接或间接地抑制病原微生物和有害病菌的生长繁殖，还可以产生活性物质，刺激养殖动物提高免疫功能，增强抵抗力，减少疾病的发生。

益生菌由 Parker 于 1974 提出，将其定义为"有助于肠道微生物平衡的生物体和物质"。此后，又对其原始定义提出了很多修改。但其被广泛接受的定义是由 Fuller 提出的：指能改善宿主动物肠道微生物平衡的活微生物饲料添加剂。Verschuere 等对此定义又提出了修改："对宿主具有有益作用（如调节宿主相关微生物群体，确保提高食物的利用或增强其营养价值，增强宿主对疾病的快速响应或提高其生存环境质量）的微生物活菌群"。由此可见，益生菌不仅有助于宿主营养吸收，而且可以改善宿主生存环境。常见的益生菌包括可产孢的芽孢杆菌和酿酒酵母。芽孢杆菌具有附着能力并能够产生细菌素，而酿酒酵母具有免疫调节作用，也能够产生抑菌物质。

　　在水产养殖中微生物起到非常重要的作用。益生菌能够通过产生拮抗化合物或竞争（竞争营养和或竞争生存位点）来抑制病原菌。益生菌群能够直接吸收或降解有机质来改善养殖水产动物的水生生态系统的水质。有益微生物群也能够产生多种胞外酶（如淀粉酶、蛋白酶、脂肪酶等），这些酶能降解残余的饲料和池塘中的粪便。另外，它们还能通过提高食物消化和利用来增强水产养殖动物的营养摄取。在水产养殖中，益生菌的稳定性受多种因素的影响，包括种类、菌株的生物类型、温度、pH 值、水活度、渗透压、机械摩擦以及氧气，有效的益生菌处理可为水产动物广谱性和非特异性疾病提供保护。益生菌抑制病原菌包含多种机制，如产生类细菌素类物质、竞争附着位点、竞争营养物（在海洋微生物中尤其是铁）、改变致病菌的酶活性、免疫调节功能以及提高食物的消化和利用等。用于水产养殖中的益生微生物有革兰氏阳性菌和阴性菌、噬菌体、酵母菌以及单细胞藻类。已有人根据益生微生物的体外拮抗作用以及在消化肠道中的黏附、定殖和生长的结果对其进行选择。

　　渔用疫苗是指利用具有良好免疫原性的水生动物病原及其代谢产物制备而成，用于接种水产动物以产生相应的特异性免疫力，使其能预防疾病的一类生物制品。渔用疫苗的种类包括死疫苗、活疫苗、单价疫苗、多价疫苗、联合疫苗、合成肽疫苗、活载体疫苗、基因缺失疫苗和 DNA 疫苗。渔用疫苗的研究工作始于 20 世纪 40 年代，1942 年加拿大的 Duff 研制了第一个渔用疫苗——杀鲑气单胞菌疫苗。20 世纪 70 年代，欧美等国积极开展水产疫苗的研制。1975 年，三文鱼疖疮病 ERM 疫苗在美国获得生产许可；由荷兰 Intervet 公司推出的防治鲑鱼弧菌病和肠型红嘴病的福尔马林细菌性灭活疫苗在北美鲑鱼养殖生产中取得了巨大的商业成功。1988 年，挪威法玛克公司开发出抗冷水弧菌病的细菌灭活疫苗，使挪威鲑鱼产量由 1987 年的 4.60×10^4t 上升到 2.92×10^5t，年人均产量由 30t 增加到 152t，而抗生素的使用量却由 48.560kg 骤降至 1.031kg。此后，世界首例疖点病细菌灭活鱼疫苗、世界首例传染性鲑鱼贫血病病毒疫苗和传染性造血坏死病毒病疫苗相继开发，使得欧洲的鲑鱼养殖业的重大传染性病害得到有效控制，并显著减少了抗生素在水产养殖中的使用。20 世纪 90 年代后期，渔用疫苗商品化发展迅速，据不完全统计，全球 2003 年获准生产有 38 种，2006 年已超过 100 种，到 2012 年超过 140 种。进入 21 世纪后，随着基因工程技术的发展和人们对疫苗安全性认知的深入，以基因工程疫苗为主要特征的水产疫苗陆续被商业许可。

　　原居林等（2008）为了筛选可用于水生动物疾病防治的生防菌，以从福建琅琦岛海泥中分离得到的 1 株对多种水产病原菌具有较强抑制作用的菌株 FA-F-5 为研究对象，通过形态观察、生理生化测定、16S rDNA 序列测定对其进行鉴定，并对其发酵条件和产生活性物质的理化性质进行了研究，初步判定菌株 FA-F-5 为弗氏链霉菌（*Streptomyces fradiae*）；FA-F-5 产生的抑菌活性物质的最佳发酵条件为：发酵培养基配方为麦芽糖 15g/L、黄豆粉 25g/L、$CaCO_3$ 31g/L、K_2HPO_4 0.5g/L、$MgSO_4 \cdot 7H_2O$ 0.5g/L、海盐 10g/L，发酵培养基初始 pH 值 = 8.0，培养温度 25℃，种子液菌龄 48h，接种量 100mL/L，装液量 100mL/L，发酵时间 7d；该抑菌活性物质具有较好的热稳定性和 pH 值稳定性；纸电泳试验证实该抑菌活性物质呈弱碱性。放线菌 FA-F-5 能够产生抑制多种水产病原菌的抑菌活性物质，有望开发成为新一代生物渔药的生防菌。

张欢（2011）利用琼脂块法初筛得到抗菌活性的菌株，从 135 个菌株中筛选得到 26 株具抗菌活性的菌株，占到筛选总数的 19.20%。经过复筛后，最终得到 16 株具有显著抑菌活性的菌株，其中有 6 株菌只对弧菌有较强抑制作用，有 7 株菌只对溶壁有较强抑制作用，有 3 株菌对弧菌和溶壁均有较强抑制作用。最终选取一株具有广谱抗菌活性的菌株（命名为 HS-A38）进行下一步的研究。对菌株 HS-A38 的代谢产物中的活性成分理化性质进行了研究。活性粗提物经过不同的温度、酸碱和有机溶剂的处理，采用牛津杯法测抑菌活性，结果发现，该活性物质耐高温强，经 121℃ 处理仍有活性；该活性物质 pH 值耐受性范围广，在 pH 值 2.0~12.0 仍然具有活性；该活性物质在常见有机溶剂中能保持活性，并且在甲醇中耐受性最佳。菌株 HS-A38 发酵液经过盐酸沉淀，有机溶剂萃取，甲醇溶解后点样于薄层层析板，再经过茚三酮显色，并结合生物自显影技术，发现 4 种物质，初步推断为直链类的脂肽化合物，并且初步分析得到 2 个化合物具有抑制副溶血弧菌的能力。优化了菌株 HS-A38 的培养基组成。通过单因素实验和响应面实验设计得到最佳的培养基组分为：葡萄糖 8.49g/L，豆粕粉 12g/L，尿素 0.625g/L，酵母膏 4.0g/L，K_2HPO_4 4.0g/L，$ZnSO_4$ 0.053g/L，优化后的活菌浓度达到 1.64×10^9 CFU/mL，与优化前菌体浓度 7.22×10^8 CFU/mL 相比，提高了 2 倍多。

研究者对分别采自大连近海岸、山东日照近海岸、海南海口近海海泥样品、陕西后河、西安温泉的泥土样品，采用稀释平板法分离、纯化，共分离到放线菌 90 株。采用琼脂扩散法和平板孔径扩散法，以大肠杆菌（*Eschenchia coli*）、金黄葡萄球菌（*Staphlococcus aureus*）、肠型点状产气单胞菌（*Aeromonas punctata f. instestinalis*）、鳗弧菌（*Vibrio anguillarum*）、嗜水气单胞菌（*Aeromonas hydrophila*）为测试菌，进行抗菌活性菌种筛选，筛选出一株具有抗菌谱广、活性较强的放线菌 DL-4。通过对 DL-4 的 16S rDNA 序列测定，与 GenBank 数据库中的 16S rDNA 序列进行比对，其同弗氏链霉菌（*Streptomyces rubrolavendulae*）相似，系统进化树分析表明二者之间的进化距离相隔较近，结合放线菌 DL-4 的形态特征、培养特征及生理生化特性，将其确定为弗氏链霉菌（*Streptomyces fradiae*）。为了提高抗菌物质的产量，对菌株发酵培养基组分和发酵条件进行优化。采用平板孔阱扩散法测发酵液的活性，确定培养基最佳组成为：可溶性淀粉 10g/L，蛋白胨 5g/L；发酵条件优化结果表明最适起始 pH 值 8.0，最适接种量为 5%，最适培养温度为 37℃，最适培养时间 96h。通过实验可知海洋放线菌 DL-4 的原始发酵液相当于庆大霉素的效价为 75.469μg/mL。菌株 DL-4 发酵液对大肠杆菌的 MIC 值和 MBC 值分别为 9.43μg/mL 和 18.87μg/mL。该实验对代谢产物稳定性进行了研究，结果表明发酵液中的抑菌活性物质具有一定的遗传稳定性，酸碱稳定性和热稳定性较强，在自然光和紫外光下稳定，在 4℃ 和室温条件下贮藏也较稳定。根据捷克八溶剂系统纸层析鉴定结果，初步确定菌株 DL-4 抗菌活性物质可能是多烯类抗生素。通过活性追踪实验，对链霉菌 DL-4 菌株发酵液的预处理、旋转蒸发仪浓缩、有机溶剂萃取、D201 型树脂吸附、聚酰胺柱层析、葡聚糖凝胶和反相柱洗脱，获得抑菌活性物质粗品。

研究者从辽宁、山东、浙江、福建、广西、海南、陕西 7 个省份的近海海域或淡水水体中采集的污泥样品中，分离到 86 株淡水放线菌和 77 株海洋放线菌。以鳗弧菌（*Vibrio anguillarum*）、肠型点状产气单胞菌（*Aeromonas punctata f. instestinalis*）、大肠杆菌（*Eschenchia coli*）和金黄色葡萄球菌（*Staphylococcus aureus*）为指示菌，进行抗菌活性筛选，初筛采用琼脂扩散法，复筛采用挖孔法，获得 6 株杀菌作用强的放线菌。对这 6 株菌进行形态特征、培养特征观察以及生理生化试验，初步确定 6 株菌均属于链霉菌属。选择编号为 F1~F12 的放线菌进行鲫鱼防治试验，结果显示，治疗组鲫鱼体内气单胞菌数量与对照组相比明显减少且差异显著（$P<0.05$），可见杀菌放线菌对水产病原菌有较好的杀灭作用，可用于新型微生物渔药的开发。随后，对一株抗多种水产病原菌的海洋放线菌进行细胞壁化学组分和 16S rDNA 序列分析，初步鉴定为弗氏链霉菌（*Streptomyces fradiae*）。通过正交试验确定其最佳发酵培养基为：葡萄糖 1.5%、牛肉膏 2%、海盐 1.5%、$MgSO_4 \cdot 7H_2O$ 0.05%、K_2HPO_4 0.05%、$CaCO_3$ 0.1%。最佳发酵条件为：温度 3℃、初始 pH 值 6.0、接种量 10%、种子液菌龄 48h。生物活性检测显示原始发酵液的生物效价相当于硫酸卡那霉素为 550.81μg/mL，对嗜水气单胞菌的 MIC 值和 MBC 值分别为 13.67μg/mL 和 27.35μg/mL。对由嗜水气单胞菌引起的鱼病的最佳治疗剂量为 3 050μg/（kg·d），且无急性毒性。通过稳定性试验，发酵液中的抗菌活性成分对热、pH 值、光和贮藏时间都很稳定。

由于海洋放线菌在水产养殖中具有重要的应用价值，目前众多课题组将海洋放线菌应用于水产养殖致病菌引起病害的预防。还有研究表明利用海洋放线菌治疗和预防致病性弧菌引起的虾病害，能够抑制弧菌菌膜的形成，其在养殖池塘水系中具有降解淀粉、蛋白等大分子与产抗菌类物质以及可形成耐热耐干燥的孢子等优点，海洋放线菌具有成为益生菌的潜力。国外学者报道海洋链霉菌作为益生菌应用于促进斑节对虾（*Penaeus monodon*）的生长。从海洋放线菌中提取抗菌物质，并将其与食物一同喂养凡纳滨对虾，对携带白点综合征病毒的对虾产生抗病毒效应。

参考文献

暴增海，马桂珍，王淑芳，等，2012. 一株海洋梅久兰链霉菌的分离鉴定及其抗真菌作用研究 [J]. 食品科学，33（19）：240-243.

陈福龙，王秀芳，陈丹，等，2013. 具有杀蚜活性的海洋真菌筛选及其活性成分分析 [J]. 植物保护学报，40（2）：155-159.

陈莉，2012. 深海枝芽孢杆菌 A493 活性物质 ZH11 纯化方法研究 [D]. 武汉：华中农业大学.

陈晓明，王程龙，薄瑞，2016. 中国农药使用现状及对策建议 [J]. 农药科学与管理，2：4-8.

陈志芳，余向阳，陈育如，等，2005. 海洋源杀虫细菌 100206 菌株的发酵条件 [J]. 江苏农业学报，21（3）：180-184.

陈卓，2014. 高通量抗菌活性筛选模型的构建及两株海洋真菌次级代谢产物的研究 [D]. 厦门：厦门大学.

程中山，徐树兰，陈其津，等，2008. 代谢产物具杀虫活性的红树林真菌 1893 菌株培养条件的研究 [J]. 环境昆虫学报，30（2）：120-126.

邓燚杰，2008. 海洋微生物源河豚毒素和杀虫活性物质的研究 [D]. 沈阳：沈阳药科大学.

窦宏举，刘建良，2015. 海藻菌露在辣椒上的肥效试验 [J]. 农村科技，2：34.

杜丹超，2009. 天然海鱼共附生放线菌农用活性菌株的分离筛选及分类鉴定 [D]. 福州：福建农林大学.

方丽萍，2006. 海洋放线菌的筛选及农用作物活性研究 [D]. 杨凌：西北农林科技大学.

付泓润，马桂珍，葛平华，等，2013. 海洋微生物及其代谢产物在植株保护上的研究与应用进展 [J]. 河南农业科学，42：7-12.

葛平华，马桂珍，付泓润，等，2012. 海洋解淀粉芽孢杆菌 GM-1 菌株发酵液抗菌谱及稳定性测定 [J]. 科研与开发，51（10）：730-741.

郭刚，2003. 海洋微生物抗稻瘟菌（*Pyricularia grisea*）活性菌株的筛选 [D]. 海口：华南热带农业大学.

何晨阳，陈功友，2010. 我国植物病原细菌学的研究现状和发展策略 [J]. 植物保护，3：12-14.

何海兵，2016. 两株禾谷镰刀菌拮抗真菌的次级代谢产物研究 [D]. 杭州：浙江大学.

胡志钰，2002. 海洋动植物共附生放线菌农抗活性物质的初步研究 [D]. 厦门：厦门大学.

黄瑞环，芶剑渝，韩小斌，等，2019. 烟草主要病害拮抗菌的筛选鉴定及除草活性分析 [J]. 烟草科技，52（12）：17-22.

黄庶识，许兰兰，黄曦，等，2010. 3 株抗水稻和荔枝病原菌的海洋真菌的分离鉴定 [J]. 基因组学与应用生物学，4：63-70.

黄瑶，杨耿周，张雅娟，等，2009. 拮抗香蕉枯萎病菌海洋细菌的筛选和鉴定 [J]. 广东海洋大学学报，29（6）：72-77.

贾炜，田黎，陶晶晶，等，2011. 一株南极生境来源木霉菌株抗菌及诱导植物抗盐抗寒作用的初步研究 [J]. 极地研究，23（3）：189-195.

江红霞，郑怡，雷红娟，等，2008. 4 种微藻提取物抗植物病原菌活性的研究 [J]. 河南农业科学，10（8）：83-89.

雷敬超，李传浩，黄惠琴，等，2007. 杀线虫海洋放线菌的筛选及菌株 HA07011 的鉴定 [J]. 生物技术通报，6：146-149.

李闯，2017. 3 株海洋生境木霉与农药相关性状的研究 [D]. 青岛：青岛科技大学.

李光玉，孙风芹，杨永鹏，等，2019. 我国海洋微生物菌种资源保藏与共享服务现状 [J]. 生物资源（2）：130-137.

李国敬，2013. 海洋侧孢短芽孢杆菌（AMCC10172）生物有机肥对干旱条件下玉米生长发育影响的研究 [D]. 泰安：山东农业大学.

李晶，李淑营，葛蕾蕾，等，2011. 海藻微生物肥料促进植物生长的研究 [J]. 安徽农业科学，39（11）：6480-6482.

李俊峰，韩晓红，段效辉，2014. 海洋微生物活性物质研究进展 [J]. 氨基酸和生物资源，36（4）：12-16.

李琳，2012. 海洋细菌 AiL3 菌株防治香蕉枯萎病作用及其对根际微生物种群影响初步研究 [D]. 湛江：广东海洋大学.

李侠，郑法新，程璐，2007. 6 种海洋微藻提取物抑菌活性研究 [J]. 德州学院学报，23（6）：61-64.

李越中，陈琦，1998. 海洋微生物资源多样性 [J]. 中国生物工程杂志，18：

34-40.

刘超，相立，王森，等，2016. 土壤熏蒸剂棉隆加海藻菌肥对苹果连作土微生物及平邑甜茶生长的影响 [J]. 园艺学报，43（10）：1995-2002.

刘淼，王继红，姜健，等，2014. 海洋微生物应用于生物农药的研究进展 [J]. 中国农学通报，30：232-236.

刘全永，胡江春，薛德林，等，2001. 海洋细菌 LU-B02 生物活性物质发酵条件及理化性质研究 [J]. 微生物学杂志，21（1）：10-11.

刘旭，2010. 蒲枝凹顶藻、鸭毛藻及鸭毛藻共生真菌次生代谢产物研究 [D]. 青岛：中国科学院研究生院（海洋研究所）.

刘志航，袁忠林，罗兰，2015. 对玉米螟具有生物活性的海洋放线菌筛选与鉴定 [J]. 玉米科学，23（2）：148-151.

柳凤，欧雄常，何红，等，2010. 红树内生细菌 AmS2 菌株对芒果炭疽病菌的抑制作用 [J]. 植物保护学报，37（5）：453-458.

罗寒，李晓栋，李晓明，等，2017. 红树林来源内生真菌杂色曲霉 Aspergillus versicolor MA-229 次级代谢产物研究 [J]. 中国抗生素杂志，42（4）：334-340.

吕雪鑫，谢明杰，姜健，等，2013. 海洋微生物防治农作物病虫害的研究进展 [J]. 中国农学通报，30：40-45.

穆大帅，卢德臣，郑维爽，等，2017. 我国海洋细菌新物种鉴定与资源研发进展 [J]. 生物资源，5-11.

聂亚锋，陈志谊，刘永锋，等，2010. 海洋细菌及其抗菌物质对几种植物病原真菌的作用 [C] //彭友良，王宗华. 中国植物病理学会 2010 年学术年会论文集. 北京：中国农业科学技术出版社.

聂亚锋，刘永锋，李德全，等，2007. 海洋源拮抗细菌对水稻纹枯病的防治 [J]. 2007，23（5）：420-427.

牛德庆，2008. 具有杀虫活性极地微生物的筛选与研究 [D]. 青岛：国家海洋局第一海洋研究所.

欧雄常，柳凤，何红，等，2013. 红树内生细菌 AmS2 对多种植物病原真菌的抑制作用 [J]. 广东农业科学，5：73-75.

彭炜，2010. 植物细菌性病害和病原细菌分类研究进展 [C] //吴孔明. 公共植保与绿色防控. 北京：中国农业科学技术出版社.

齐希猛，2012. 海洋细菌 TC-1 防治香蕉枯萎病及抗菌蛋白抑菌的机理初步研究 [D]. 湛江：广东海洋大学.

邵彦坡，2007. 海洋放线菌 B5 菌株发酵液中抑菌活性成分研究 [D]. 杨凌：西北农林科技大学.

沈硕，李玮，欧阳明安，等，2010. 2株海洋真菌的鉴定及其代谢产物的抑菌活性［J］. 中国生物防治学报，S1：62-68.

史晓讯，2010. 丝状海洋真菌杀线虫代谢物的性质及发酵条件研究［D］. 天津：天津师范大学.

宋明徽，2013. 产碱性蛋白酶海洋细菌筛选及发酵研究［D］. 大连：大连工业大学.

宋姗姗，王乃利，高昊，等，2006. 海洋真菌96F197抗癌活性成分研究［J］. 中国药物化学杂志，16（2）：93-98.

宋银平，2016. 海洋藻栖木霉次生代谢调控的研究［D］. 烟台：中国科学院烟台海岸带研究所.

孙好芬，2012. 两株热带马尾藻内生真菌次生代谢产物研究［D］. 青岛：中国科学院研究生院（海洋研究所）.

孙健健，2013. 海洋生境木霉与芽孢杆菌的生防应用潜力研究［D］. 青岛：青岛科技大学.

孙军，蔡立哲，陈建芳，等，2019. 中国海洋生物研究70年［J］. 海洋学报，41（10）：81-98.

唐吉亮，于晶霞，2012. 海洋奇力牌双动力生物菌在作物上的应用［J］. 现代农业，2012（9）：31.

陶晶晶，2011. 几株海洋生境芽孢杆菌和木霉菌农药潜力的研究［D］. 青岛：青岛科技大学.

田新朋，张偲，李文均，2011. 海洋放线菌研究进展［J］. 微生物学报，51（2）：161-169.

王丹，2019. 海洋真菌农用生物活性筛选及木贼镰刀菌D39次级代谢产物研究［D］. 北京：中国农业科学院.

王丹，苟剑渝，韩小斌，等，2019. 海洋真菌次级代谢产物在植物保护中的研究与应用［J］. 中国生物防治学报，35（1）：146-158.

王高学，段星，原居林，等，2008. 一株抗多种水产病原菌放线菌的鉴定、发酵优化及其应用［J］. 上海水产大学学报，17（5）：591-597.

王高学，顾忠旗，原居林，等，2007. 杀灭水产病原菌的放线菌筛选及防治试验研究［J］. 安徽农业科学，35（9）：2613-2614，2673.

王佳新，李媛，王秀东，等，2017. 中国农药使用现状及展望［J］. 农业展望，13（2）：56-60.

王磊, 宿红艳, 杨润亚, 等, 2011. 海洋交替单胞菌 YTW-10 的鉴定及抑菌活性分析 [J]. 海洋科学, 2011, 35 (7): 14-19.

王璐, 2012. 海洋共附生抗菌微生物的筛选与鉴定及活性物质的研究 [D]. 大连: 大连工业大学.

王蓉, 何晓娜, 刘维, 等, 2013. 海洋放线菌作为益生菌在水产养殖中的潜在应用 [J]. 安徽农业科学, 41 (24): 10007-10009.

王淑芳, 暴增海, 马桂珍, 等, 2012. 海洋假单胞菌 GY-1 菌株的抗菌作用及其胞外抗菌蛋白的分离纯化 [J]. 食品科学, 33 (21).

王一非, 2008. 海洋拮抗酵母 *Rhodosporidium paludigenum* 对果实采后病害生物防治的研究 [D]. 杭州: 浙江大学.

王勇, 2011. 抗水产病原菌海洋放线菌菌株 DL-4 的鉴定、发酵优化及其生物学特性研究 [D]. 杨凌: 西北农林科技大学.

向梅梅, 2001. 植物病原真菌分子生物学研究进展 [J]. 仲恺农业工程学院学报, 14 (4) 52-58.

肖永堂, 郑忠辉, 黄耀坚, 等, 2005. 海洋真菌杀虫活性的初步研究 [J]. 厦门大学学报自然科学版, 4 (6): 547-552.

许兰兰, 黄曦, 李昆志, 等, 2011. 海洋真菌的筛选及其对离体荔枝果霜霉病和炭疽病的防效 [J]. 中国生物防治学报, 27 (2): 214-220.

徐丽华, 娄恺, 张华, 等, 2010 微生物资源学 [M]. 2 版. 北京: 科学出版社.

徐年军, 严小军, 2006. 海洋微生物的化学生态学研究进展 [J]. 应用生态学报, 17: 2436-2440.

解树涛, 宋晓妍, 石梅, 等, 2006. 康宁木霉 (*Trichoderma koningii*) SMF2 分泌的 peptaibols 类抗菌肽 Trichokonins 抑菌活性研究 [J]. 山东大学学报 (理学版), 41 (6): 140-144.

阎世江, 刘洁, 2014. 海洋微生物应用于生物农药的研究进展 [J]. 农药市场信息, 10: 4-6.

杨遂群, 2018. 五株海藻及红树林来源真菌次级代谢产物的分子多样性挖掘与生物活性研究 [D]. 北京: 中国科学院大学.

原居林, 王高学, 王建福, 等, 2008. 海洋放线菌 FA-F-5 对水产病原菌的抑制作用 [J]. 西北农林科技大学学报 (自然科学版), 36 (1): 79-85.

袁丽, 胡强, 韩丹翔, 2020. 微藻与水产 [J]. 生命世界 (2): 14-17.

袁瑞, 2017. 微生物农药在植物病虫害防治中的应用策略探讨 [J]. 农业与技术, 10: 17.

张偲，等，2013. 中国海洋微生物多样性 [M]. 北京：科学出版社.

张偲，张长生，田新朋，等，2010. 中国海洋微生物多样性研究 [J]. 中国科学院院刊，25 (6)：651-658.

张成省，李义强，尤祥伟，2018. 面向未来的海水农业 [M]. 北京：中国农业科学技术出版社.

张欢，2011. 具有抗菌活性海洋微生物的筛选及活性产物的研究 [D]. 大连：大连工业大学.

张璐，齐希猛，刘婷婷，等，2011. 一株拮抗芒果炭疽菌海洋细菌的鉴定和发酵培养基优化 [J]. 广东海洋大学学报，31 (4)：75-80.

张爽，潘华奇，任大明，等，2011. 海洋细菌 B177 的鉴定及活性物质研究 [J]. 沈阳农业大学学报，42 (3)：329-334.

张秀明，张晓华，2009. 海洋微生物培养新技术的研究进展 [J]. 海洋科学，33：99-104.

张莹莹，2017. 海洋生物菌剂在辣椒上的应用效果 [J]. 农村科技，1：21-22.

张忠波，2013. 海洋奇力双动力生物菌剂在大豆玉米生产上的应用效果分析 [J]. 农民致富之友，(5)：3.

赵超，2008. 抗植物病原真菌海洋黄杆菌及其活性物质研究 [D]. 武汉：华中农业大学.

赵成英，刘海珊，朱伟明，2016. 海洋曲霉来源的新天然产物 [J]. 微生物学报，3：331-362.

赵丽，刘丽，胡春江，等，2011. 产杀虫抗菌单端孢霉烯族毒素海绵真菌 *Myrothecium verrucaria* Hmp-F73 的筛选和鉴定 [J]. 中国生物防治学报，27 (3)：331-337.

郑天凌，田蕴，苏建强，等，2006. 海洋微生物研究的回顾与展望 [J]. 厦门大学学报（自然科学版），45：150-157.

智雪萍，陈梅，2012. 海藻生物菌肥在葡萄上的应用试验 [J]. 河北果树，2：45.

朱峰，林永成，丁健华，等，2007. 红树内生海洋真菌 1924# 和 3893# 混合发酵次级代谢产物的研究 [J]. 林产化学与工业，27 (1)：8-10.

祝耀华，2013. 红树林沉积物的真菌多样性及其代谢产物的生物活性研究 [D]. 汕头：汕头大学.

邹积雪，季乃云，2019. 松节藻来源长枝木霉 DL5-4 化学成分及其生物活性研究 [J]. 化学与生物工程，3：18-22.

ABRAHAM S, BASUKRIADI A, PAWIROHARSONO S, et al., 2015. Insecticidal activities of ethyl acetate extract of indonesian mangrove fungus *Emericella nidulans* BPPTCC 6038 on Spodoptera litura [J]. Microbiology Indonesia, 9 (3): 97-105.

ARON1 A T, GENTRY E C, MCPHAIL K L, et al., 2020. Reproducible molecular networking of untargeted mass spectrometry data using GNPS [J]. Nature Protocols, 15: 1954-1991. https: //doi. org/10. 1038/s41596-020-0317-5.

BLUNT J W, CARROLL A R, Copp B R, et al., 2018. Marine natural products [J]. Natural Product Reports, 35 (1): 8-53.

BLUNT J W, COPP B R, KEYZERS R A, et al., 2017. Marine natural products [J]. Natural Product Reports, 34 (3): 235-294.

BUTTON D K, SCHUT F, QUANG P, 1993. Vialibity and isolation of marine bacteria by dilution culture: theory, procedures, and initial results [J]. Applied and Environmental Microbiology, 59 (3): 881-891.

CARROLL A R, COPP B R, DAVIS R A, et al., 2019. Marine natural products [J]. Natural Product Reports, 36 (1): 122-173.

CARROLL A R, COPP B R, DAVIS R A, et al., 2020. Marine natural products [J]. Natural Product Reports, 37 (2): 175-223.

CHAKRABORTY S, NEWTON A C, 2011. Climate change, plant diseases and food security: an overview [J]. Plant Pathology, 60 (1): 2-14.

COHEN E, KOCH L, THU K M, et al., 2011. Novel terpenoids of the fungus *Aspergillus insuetus* isolated from the Mediterranean sponge *Psammocinia* sp. collected along the coast of Israel [J]. Bioorganic & Medicinal Chemistry, 19 (22): 6587-6593.

CONNON S A, GIOVANNONI S J, 2002. High-throughput methods for culturing microorganisms in very-low-nutrient media yield diverse new marine isolates [J]. Applied and Environmental Microbiology, 68 (8): 3878-3885.

DELONG E F, 1992. Archaea in coastal marine environments [J]. Proceedings of the National Academy of Sciences of the United States of America, 89: 5685-5689.

FISHER M C, HENK D A, BRIGGS C J, et al., 2012. Emerging fungal threats to animal, plant and ecosystem health [J]. Nature, 484 (7393): 186-194.

GAL H I, ATANASOVA L, KOMON Z M, et al., 2011. Marine isolates of *Trichoderma* sp. as potential halotolerant agents of biological control for arid-zone agriculture [J]. Applied and Environmental Microbiology, 77 (15) 5100-5109.

HOU X M, LI Y Y, SHI Y W, et al., 2019. Integrating molecular networking and [1]H

NMR to target the isolation of chrysogeamides from a library of marine-derived *Penicillium fungi* [J]. The Journal of Organic Chemistry, 84 (3): 1228-1237.

HOU X M, LIANG T M, GUO Z Y, et al., 2019. Discovery, absolute assignments, and total synthesis of asperversiamides A-C and their potent activity against *Mycobacterium marinum* [J]. Chemical Communications, 55 (8): 1104-1107.

HUANG R H, GOU J Y, ZHAO D L, et al., 2018. Phytotoxicity and anti-phytopathogenic activities of marine-derived fungi and their secondary metabolites [J]. RSC Advances, 8 (66): 37573-37580.

KIM H K, KIM B S, MOON S S, 1998. Purifieation ofantifungal antibiotie Nh-Bl from actinomycete Nh50 antagonistic to plant pathogenic fungi [J]. Korean J. of Pl. Path, 14: 191-200.

LI W S, XIONG P, ZHENG W X, et al., 2017. Identification and antifungal activity of compounds from the mangrove endophytic fungus *Aspergillus clavatus* R7 [J]. Marine Drugs, 15 (8): 259.

LI X D, LI X M, LI X, et al., 2016. Aspewentins D-H, 20-nor-isopimarane derivatives from the deep Sea Sediment-Derived Fungus *Aspergillus wentii* SD-310 [J]. Journal of Natural Products, 79 (5): 1347-1353.

LI Z X, WANG X F, REN G W, et al., 2018. Prenylated diphenyl ethers from the marine algal-derived endophytic fungus *Aspergillus tennesseensis* [J]. Molecules, 23 (9): 2368.

NUMATA A, TAKAHASHI C, MATSUSHITA T, et al., 1992. Fumiquinazolines, novel metabolites of a fungus isolated from a saltfish [J]. Tetrahedron Letters, 33 (12): 1621-1624.

REN J W, XUE C M, TIAN L, et al., 2009. Asperelines A-F, peptaibols from the marine-derived fungus *Trichoderma asperellum* [J]. Journal of Natural Products, 72 (6): 1036-1044.

SWATHI J, SOWJANYA K M, NARENDRA K, et al., 2013. Isolation, identification & production of bioactive metabolites from marine fungi collected from coastal area of Andhra Pradesh, India [J]. Journal of Pharmacy Research, 6 (6): 663-666.

WANG J F, HE W J, HUANG X L, et al., 2016. Antifungal new oxepine-containing alkaloids and xanthones from the deep-sea-derived fungus *Aspergillus versicolor* SCSIO 05879 [J]. Journal of Agricultural and Food Chemistry, 64 (14): 2910-2916.

WANG R, GUO Z K, LI X M, et al., 2015. Spiculisporic acid analogues of the marine-derived fungus, *Aspergillus candidus* strain HDf2, and their antibacterial activity [J]. Antonie van Leeuwenhoek: Journal of Microbiology and Serology, 108 (1): 215-219.

XIONG L, LI J, KONG F, 2004. *Streptomyces* sp. 173, an insecticidal microorganism from marine [J]. Letters in applied microbiology, 38 (1): 32-37.

YANG J Y, SANCHEZ L M, RATH C M, et al., 2013. Molecular networking as a dereplication strategy [J]. Journal of Natural Products, 76: 1686-1699.

ZENGLER K, WALCHER M, CLARK G, et al., 2005. High-throughput cultivation of microorganisms using microcapsules [J]. Methods Enzymol, 397: 124-130.

ZHAO D L, WANG D, TIAN X Y, et al., 2018. Anti-phytopathogenic and cytotoxic activities of crude extracts and secondary metabolites of marine-derived fungi [J]. Marine Drugs, 16 (1): 36.